普通高等教育规划教材

植物生理学

第二版

郝建军　于　洋　张　婷　主编

化学工业出版社

·北京·

内容简介

本教材共分11章，主要介绍植物的光合作用，同化物的运输与分配，呼吸作用，水分代谢，矿质营养，细胞信号转导，植物生长物质，光对植物生长发育的调控，植物的生长发育与运动，植物的生殖、衰老和脱落，植物的逆境生理等方面的基本概念、原理、调控及在相关领域的应用。

本教材继承了经典植物生理学理论联系生产实践的特点，引进了分子生物学的相关内容，吸收了近年来国内外植物生理学最新研究成果，是一本能够反映当今植物生理学发展水平的最新教材。

本书为供高等农林、师范及综合院校的农学、园艺、植物保护、土壤和生物技术等专业本科生和专科生的教材，也可作为植物学科各领域教学和科研人员的参考书。

图书在版编目（CIP）数据

植物生理学/郝建军，于洋，张婷主编．—2版．—北京：化学工业出版社，2013.2（2021.1重印）
普通高等教育规划教材
ISBN 978-7-122-16128-4

Ⅰ．①植…　Ⅱ．①郝…②于…③张…　Ⅲ．①植物生理学-高等学校-教材　Ⅳ．①Q945

中国版本图书馆CIP数据核字（2012）第304490号

责任编辑：王文峡　　文字编辑：周　倜
责任校对：吴　静　　装帧设计：杨　北

出版发行：化学工业出版社（北京市东城区青年湖南街13号　邮政编码100011）
印　　装：北京盛通商印快线网络科技有限公司
787mm×1092mm　1/16　印张18½　字数454千字　　2021年1月北京第2版第3次印刷

购书咨询：010-64518888　　售后服务：010-64518899
网　　址：http://www.cip.com.cn
凡购买本书，如有缺损质量问题，本社销售中心负责调换。

定　　价：49.00元

编 审 人 员

主　编　郝建军　于　洋　张　婷

副主编　李颖畅　李　明　陈耀明

编　者　（按姓名汉语拼音排序）

陈耀明　郝建军　康宗利

李　明　李颖畅　李云鹏

杨玉红　于　洋　张　婷

主　审　张宪政

第二版前言

本教材第一版，由化学工业出版社组织编写，于 2005 年出版，至今已有 7 年的时间，期间得到读者们的鼓励与支持，并提出不少宝贵的意见。同时，植物生理学发展迅速，因此，教材应不断更新，及时反映该领域科学研究的新成就并改正错误和不足，才能满足广大读者的需要。

在第一版教材的基础上，本书做了以下具体修改：

绪论，增添了复习思考题。

删去第一版第一章“植物细胞的结构及功能”。根据植物生理学的研究内容，第二版教材共分四篇：第一篇“植物的物质代谢和能量代谢”包括第一章“植物的光合作用”、第二章“植物体内同化物的运输与分配”、第三章“植物的呼吸作用”、第四章“植物的水分代谢”、第五章“植物的矿质营养”；第二篇“植物的信息传递”由第六章“细胞信号转导”、第七章“植物生长物质”和第八章“光对植物生长发育的调控”组成；第三篇“植物的形态建成”包括第九章“植物的生长发育与运动”、第十章“植物的生殖、衰老和脱落”；第四篇“植物的类型变异”，在植物生理学中类型变异主要研究代谢类型及生理功能的变异，这些内容在光合作用、呼吸作用等章中已经涉及。所以本篇仅有第十一章“植物的逆境生理”。

第一章，用 Bowye 和 Leegood 的卡尔文循环图替换了第一版教材中的图片，将光呼吸独立编成第四节。

第二章，植物体内有机物质的运输与分配改为同化物的运输与分配并全章保持一致。

第四章，将膜的流动镶嵌模型编入“植物细胞对水分的吸收”的第一部分，新增“水分跨膜运输的途径及动力”。

第五章，在第二节中首先编写细胞对溶质的吸收，随后编写植物吸收矿质元素的特点。在前部分内容中重新编写“被动吸收”和“主动吸收”。

第六章，修改并将细胞信号转导独立成章。

第七章，重新编写生长素、赤霉素和脱落酸的作用机理部分。

第八章，重新编写第一版教材中光形态建成部分并独立成章，更名为“光对植物生长发育的调控”。

第九章，丰富了植物向光性和向重力性机理的内容。

第十章，更新了花器官发育的基因调控。

第十一章，重新编写了第一节植物生理生化基础。改写了抗旱、抗冷等机理。将植物的涝害和抗涝性、冷害和抗冷性、冻害和抗冻性、热害与抗热性、盐害与抗盐性独立成节。

本教材由郝建军、于洋、张婷主编，李颖畅、李明、陈耀明副主编。其中第一章、第二章由郝建军、于洋、李颖畅编写；第三章、第四章由郝建军、于洋、李明编写；第五章、第六章由郝建军、张婷、李云鹏编写；第七章、第九章由郝建军、张婷编写；绪论与第八章由郝建军、于洋编写；第十章、第十一章由郝建军、张婷、陈耀明编写。全书由张宪政教授审定。

本教材修订过程中，化学工业出版社提出了指导性意见并给予大力支持。该教材中参考了国内外教材、专著及有关科学期刊。在第一版教材中，杨玉红、康宗利参加了部分编写，在此一并表示衷心的感谢。

欢迎广大读者对书中不妥及疏漏之处批评指正，以便其在不断的使用和修改中得以完善。

编者

2013 年 1 月于沈阳农业大学

第一版前言

植物生理学是生命科学的基础学科之一，是各类院校与生物学相关专业的本科及研究生必修的一门专业基础课。因此，植物生理学教材建设备受国内外同行的重视。随着分子生物学、分子遗传学、基因工程、生物化学、环境生态及信息转导的研究成果日新月异，教材内容往往需要不断修改、充实和完善。

本教材是编者在多年教学实践的基础上，参考国内外近几年出版的一些植物生理学教材、专著和有关科学期刊编写而成。在编写过程中，重视基本概念、基本知识、基本理论以及理论与生产实践相结合，同时注意反映当代植物生理学的发展水平，吸收分子生物学、分子遗传学、基因工程、生物化学、环境生态及信息转导的最新研究成果，修改、充实、更新和完善了原有的内容，体现了先进性、完整性和实用性。在内容编排上，尽量做到由浅入深，由易到难，便于教学和自学。

本教材由郝建军和康宗利主编。全书共分十章，其中绪论、第二～五章由郝建军编写，第七章至第十章由康宗利编写，第一章、第六章由杨玉红编写，于洋、李颖畅（渤海大学）和王援朝也参加了各章的一些编写工作。全书由张宪政审定。

本教材的编写得到了沈阳农业大学、渤海大学诸多领导和广大师生的关心、指导和帮助，在此一并表示感谢。该教材中参考了国内外教材、专著及有关科学期刊，在此表示衷心的感谢。

尽管我们尽了最大的努力，希望本书能够成为读者需要的教材，但是由于编者水平有限，加之时间紧迫，书中缺点和错误在所难免，敬请读者批评指正。

编　者

2005 年 3 月

于沈阳农业大学

目录

第二篇　植物的信息传递

第三篇　植物的形态建成

第四篇　植物的类型变异

附录　汉英名词对照表

参考文献

绪　论

一、植物生理学的定义与内容

植物生理学（plant physiology）是研究植物生命活动规律及其与外界环境相互关系的科学。植物的生命活动就是在水分代谢、矿质营养、呼吸作用、光合作用、物质转化与运输分配等物质代谢和能量代谢的基础上，表现出种子萌发、营养体生长、分化、生殖、成熟、衰老的整个生活过程。植物生理学就是研究植物生活过程中物质代谢、能量代谢、形态建成，在遗传信息和外界环境信号影响下，如何在时间和空间上有序地进行生长发育的规律和机理。植物生理学的研究内容基本上可以分为五大部分。

1. 研究植物的物质代谢

通过研究植物的水分代谢、矿质营养、呼吸作用、光合作用，来了解植物如何利用 H_2O、CO_2、无机离子合成碳水化合物、脂肪、蛋白质、核酸、维生素、生理活性物质（如植物激素等生长物质）和种类繁多的次生物质（如萜类、酚类、生物碱等），以及这些物质又是如何转化、分解或者排出体外。这是植物生命活动的物质基础。

2. 研究植物的能量转化

绿色植物在把无机物合成有机物的同时，还把光能转化成电能，并通过 ATP 等高能物质以化学能的形式贮存于有机物之中。同时，通过有机物质的分解与氧化，将所释放的能量以 ATP 形式用于植物的生长发育。这是植物生命活动的能量基础。

3. 研究植物的形态建成

在物质代谢与能量转化的基础上，植物通过细胞分裂分化、器官形成，不断地完善与更新，使植物个体由小变大，从营养生长转向生殖生长，最终开花、受精、结实、成熟、衰老、脱落或休眠等，完成整个生活史。在这样复杂的生活周期中，既有通过各种酶类、内源生长物质（包括促进剂和抑制剂）、某些色素（如光敏素）的内部调控，又有温度、光照、水分、气体、盐类、pH 等环境条件（包括顺境与逆境）的外部影响。所有这些均为控制植物的生长发育，满足人们的需要提供理论依据。

4. 研究植物的信息传递

植物生活周期在时空上有条不紊地进行是与信息传递分不开的，以核酸为载体的遗传信息世代传递，它是植物个体发育沿确定方向进行的基础，并使植物体不断进化、发展。除遗传信息外，外源和内源物理、化学信号在植物整体水平上的传递，以及在细胞水平上的信号传递（细胞信号转导），形成多种信息传递系统，它们不仅使植物体内相互联系进行协调的生长发育过程，而且也表现出与环境的协调与统一。在这一过程中，包括遗传信息在内的信息传递是控制生长发育的开关。大量事实表明，采用物理、化学、生物等方法和技术不仅能改变信息的传递，而且能改变信息的类型来影响植物的生长发育，这为人类改变植物的种性和调控植物提供了新的途径。

5. 研究植物的类型变异

类型变异是植物对复杂生态条件和特殊环境胁迫的综合反应。由于环境因子的复杂性和特殊性，必然导致植物在形态结构、生命周期、代谢途径、生理功能、种群类型等方面发生变异，并表现出相应的复杂性和多样性。而植物生理学则主要研究代谢类型及生理功能的变异。例如碳素同化类型、呼吸代谢多条途径以及电子传递和末端氧化类型、感温类型、感光类型、逆境蛋白类型（如热击蛋白、厌氧蛋白、盐胁迫蛋白）等。

上述五个部分构成植物生理学的全部内容，其关系是：物质代谢和能量转化是形态建成的基础，信息传递是形态建成的开关，形态建成是物质代谢、能量转化和信息传递的必然结果，而类型变异则是植物适应各种环境条件的综合表现。

由以上五个部分的研究也可以看出，植物生理学是从分子→亚细胞→细胞→组织→器官→个体→群体不同水平上来研究植物生命活动的规律性及其与外界环境条件的关系。

二、植物生理学的产生与发展

植物生理学的产生和发展与其他学科一样是由生产实践的需要和生产力及其他基础学科的发展决定的。远在科学的植物生理学诞生之前，劳动人民在生产实践中就总结出许多植物生理学的知识，但正式成为一门独立学科的课程，则开始于 19 世纪 Liebig 的营养学说（1840 年）创立之后，Sachs《植物生理学讲义》（1882 年）的问世，Pfeffer 巨著《植物生理学》的出版，这两部著作实际上是对 19 世纪植物生理学的总结，标志着植物生理学已达到成熟阶段，成为一门独立的学科，对植物生理学的发展起了很大的推动作用。至此，植物生理学从植物学和农学中脱颖而出，成为一门引人注目的生命科学。

1771 年，英国化学家 J. Priestley 观察到，在光下燃烧的蜡烛与薄荷枝条放在同一个密闭的玻璃罩内蜡烛不熄灭；同样，将老鼠与薄荷放在同一个玻璃罩内，老鼠亦未死。他指出，植物有“净化”空气的作用（现在把 1771 年定为光合作用发现的年代）。1779 年，荷兰的 J. Ingenhousz 证实，植物只有在光下才能“净化”空气。在 1782 年，瑞士的 J. Senebier 用化学分析方法证明，CO_2 是光合作用必需的，而 O_2 是光合作用的产物。这些工作使人们逐渐认识到叶片在植物营养中的重要作用。1804 年，N. T. De Saussure 出版了《植物化学分析》一书。正确指出，水参与光合作用；植物放出 O_2 的体积大致等于吸收 CO_2 的体积；植物不能同化空气中的氮素，必须供给硝酸盐作为氮源。

1840 年 Liebig 出版的《化学在农学和生理学上的应用》一书，根据植物灰分的分析结果和农业中物质循环的一般见解，提出植物体内碳素是从大气中获得的，而所有的矿质都是从土壤中获得的；只有无机物质才能供给植物以原始材料，于是矿质营养学说问世了。

绿色植物利用太阳能、CO_2 和 H_2O 进行物质和能量改造的光合作用，同时进行吸收 O_2 放出 CO_2 的呼吸作用，奠定了植物生理学物质和能量代谢与循环的基础；无土培养法成功地证明了植物从土壤吸收必需的营养元素，植物不能直接利用空气中的氮素，豆科植物通过与其他微生物共生固定大气中的氮素及氮肥在肥料中的作用等一系列矿质营养的理论，为作物施肥奠定了理论基础，直接推动了农业生产的发展；Pfeffer 和 Vant Hoff 提出的渗透学说有力地推动了人们对水分进出细胞的研究；Garner Allard（1920）发现的植物光周期现象促进发育生理学的迅速发展；19 世纪末 Darvin（1859）关于植物运动的研究，开辟了植物对环境刺激感应能力（excitability）研究的新领域；对植物向性运动的研究最终导致生长素的发现；内源激素的相继发现大大丰富了植物调节控制的理论等。这一系列成就使植物生理学从孕育、诞生到茁壮成长，是植物生理学发展的黄金时期，并与其他学科一起极大地推动了农业生产的发展，提高了作物产量。这一时期，自然科学的三大发现——细胞学说、能量守恒定律、进化论的观点，为植物生理学的发展提供了良好的基础。

20 世纪初，随着各学科领域的深化和发展及生产实践的需要，许多原属植物生理学范畴的内容逐渐分化出去，变为独立学科。如植物营养已超出了植物生理学的内容而转变为农业化学；在早期植物生理学中占有一定地位的微生物学，如菌根、固氮菌与寄主的共生固氮及寄生现象的生理等逐渐离开了植物生理学，而完全属于微生物学研究的对象；萌芽时期的病毒学也属于植物生理学范畴，但不久即分离出去。尤其是20世纪30年代以后，由于同位素、电子显微镜、X射线衍射、色谱、电泳、超速离心等现代化研究技术的发展和应用，人们能够深入到细胞内部探索生命活动的秘密，生物化学得到了突飞猛进的发展，原属植物生理学核心部分的代谢生理脱离植物生理学。这种变化意味着，虽然植物生理学为其他学科的出现提供了良好条件，但自身似乎被削弱。该时期的研究工作主要偏向于个体生理与环境的关系，可称之为生态生理和个体生理，虽然与农业生产有一定关系，但自身理论的发展受到了很大限制。

后来，由于生物化学、生物物理学、分子生物学及其他先进生物科学的新思想、新方法的有力推动，植物生理学各个领域的研究从20世纪50年代初开始取得了惊人的成就。Carvin等用^{14}C示踪技术和色谱技术相结合，揭开了数十年不能解决的CO_2固定还原之谜；快速荧光光谱和其他光谱扫描技术，使得对光合作用原初反应的研究达到了瞬息万变的惊人程度；20世纪60年代左右对C_3、C_4、CAM途径及光呼吸的发现把光合作用研究推向了一个崭新的阶段；核磁共振、X射线衍射、电镜技术、高速冷冻离心技术等其他新技术对于了解细胞的结构与功能、探索细胞内部代谢反应的分工等，都起到了很大的推动作用。20世纪50年代形成的许多植物生理学的理论与方法，如细胞对离子的吸收与运输、同化物的运输与分配、吸水力概念、植物对逆境的适应等都得到了更新与调整；新的植物激素的相继发现，分子生物学的渗入等为植物生理学增添了许多新的内容与光彩。植物生理学的发展出现了又一个高潮，形成了“百花齐放、百家争鸣”的繁荣景象。

中国是一个具有悠久历史的国家，古代劳动人民在从事农业生产中早就对植物的生命活动积累了不少知识。例如，公元前14～11世纪殷墟甲骨文中就有旱害和涝害的记载，这比古希腊至少要早1000年。其后，在闻名于世的《氾胜之书》（公元前1世纪）、《齐民要术》（533～544年）、《农政全书》（1625年）、《天工开物》（1637年）等著作中，分别有关于植物性别、种子萌发的处理与贮藏、生长发育等植物生理学的知识。但是，由于中国长期处于封建社会，劳动人民积累的生产知识和经验，难以上升到理论水平。

中国现代实验性的植物生理学是从国外引进的。最早是张挺从日本留学回国，从1914年起到武昌高等师范任教，讲授植物生理学，并编有讲义。其次是钱崇澍1915年从美国留学回来，先后在江苏甲种农业学校、金陵大学、东南大学、厦门大学讲授植物生理学，编印讲义和实验指导；1917年他与W. J. V. Osterhout发表了关于“铜锶铈”对水绵特殊作用的文章，这是中国第一篇植物生理学研究的论文。再后是李继侗1925年从美国回来，在南开大学讲授植物生理学，并指导实验；1929年他在英国的《植物学年刊》(Annals of Botany)上发表了题为《光对光合速率变化的瞬时效应》一文，最早启示光反应不止一个，被国外学者认为是光合作用中很重要的一篇论文；他是中国从事植物生理学实验研究的第一人。

20世纪30年代初，是中国植物生理学的教学与研究、培养人才与建立队伍的起始时期。李继侗1929年在清华大学、罗宗洛1930年从日本回来先后在中山大学和中央大学、汤佩松1933年从美国回来在武汉大学分别建立了实验室，并且系统地开展组织培养、矿质营养和呼吸代谢等方面的研究，培养了不少人才，为中国的植物生理学奠定了基础。值得提出的是，1941年汤佩松和王竹溪发表《活细胞水分关系的热力学论述》。在分析植物细胞的水分关系时，他们在这篇论文中根据热力学原理首先提出了“势能”和“化学势差”的观点，比国外第一次使用“水势”术语早将近10年，就连美国著名植物生理学家、水势概念的提出者之一P. J. Kramer也高度评价了这篇论文的超时代意义，承认了汤佩松、王竹溪的先驱性贡献和首创地位。

此后，殷宏章、汤玉韦、娄成后、汪振儒、李中宪、石声汉等人的出色工作，对中国植物生理学的发展也做出了重要贡献。他们的论文经常被国外学者引用。

新中国成立前，由于队伍小，设备差，再加上颠沛流离的不安定条件，中国的植物生理学工作是分散而无计划的，研究范围相当狭窄。新中国成立后，尽管中国的植物物理学也有不少曲折，但确实取得了很大的进展。表现在：①设立研究与教学机构，在某些重点大学设置植物生理学专业，并在相关的高等院校开设植物生理学课程；②创办学术刊物，出版教材和专著；③扩大队伍，已从新中国成立前的20人左右发展到现在的5000人以上；④扩展研究领域，新中国成立前主要集中于生长、营养和代谢方面，新中国成立以来不但补齐了空白，而且又有创新，包括从分子、细胞、组织、器官、个体到群体各个水平的深入研究，有些研究（如在光合磷酸化、微生物生理、组织培养、植物信息理论、活性氧代谢等领域）接近或达到世界先进水平；⑤密切结合农业生产实践，新中国成立以来中国的植物生理工作者针对中国农业生产上存在的与植物生理学密切相关的问题进行深入研究，对提高产量、改善品质起到推动作用。

目前中国植物生理学正处于全面发展时期，以研究植物生命活动为己任的植物生理工作者，应努力为推动中国的农业发展做出贡献。

三、学习植物生理学的目的与任务

植物生理学属于基础理论学科，主要任务是探索植物生命活动的基本规律；然而植物生理学又是一门实践性很强的学科，与农业、林业、环境等的关系极为密切。人类的文明得以实现和维持，在很大程度上依赖于植物，也依赖于人类对植物的认识程度和控制能力。植物通过它们的功能为地球上的生命活动提供必需的能源、食物和气体。研究这些功能的植物生理学必然成为合理的植物生产和利用的基础。人类在与自然的斗争中，要用自然科学去了解自然，目的在于改造自然，利用自然，从自然中获得更多财富。学习和研究植物生理学的目的，应该是在揭发和认识生命活动规律的基础上，发挥人的主观能动性，去干涉和控制植物，为经济建设服务。当今，由于人口不断增加，工业迅速发展，耕地面积日益减少，将面临着人口、粮食、能源、资源和环境等一系列的严重问题，尤其是农业已发展到今天的水平，对植物生理学将提出更多更高的要求。例如，美国农学家S. H. Wittwer曾提出农业上亟待解决的11项重大研究课题：光合效率与作物产量，生物固氮，品种改良，遗传工程，营养吸收效率，菌根和土壤微生物，抗逆性，大气污染，提高作物体系的竞争能力，病虫综合防治，激素控制与植物发育。其中的大部分属于植物生理学范畴。植物生理学的深入研究将为21世纪的农业发展做出重要贡献。

四、学习植物生理学的方法

第一，植物生理学是以植物学和生物化学为基础的一门科学，所以要想学好此门课程，一定要先学好植物学和生物化学这两门课程。

第二，植物生理学研究和探讨的核心内容是植物生命活动过程中的“功能及其调控机理”。在学习时，必须注意到植物生命活动的一些重要特性：①植物的整体性，植物虽有各种器官的分化和功能的分工，但各器官、功能间既相互协调又相互制约；②植物与环境的统一性，物质流、能量流和信息流构成了植物生命活动的全过程，植物只有与外界不断地进行物质、能量和信息交换才能生存，而且信息流起着调控生命活动的作用；③植物自身的可变性，即植物的遗传性是长期进化形成的，还将不断地发生适应、变异和进化。

第三，植物生理学是一门实验性科学，其主要研究方法是实验。要充分重视实验的作用，但在学习时要充分认识到各种分析方法的局限性。各种实验研究往往只对少数植物样本某一部分的某些生理活动加以分析，而且是在特定条件下进行的，所得研究结果的普遍性将受到许多限制。因此，必须在分析的基础上进行综合，不仅要联系个体内的各种生理过程，而且要将植物体与其生存环境条件联系起来。同时，植物生理学应该从微观到宏观，从分子、细胞水平到整体、群体水平各种层次进行研究，研究结果相互补充和相互促进，这样才能获取关于植物生命活动规律及其机理的正确认识。

第四，要结合农业生产实践学习植物生理学。生产实践决定植物生理学的产生，而学习植物生理学的根本目的是指导生产实践。生产实践不断向植物生理学提出新的课题，实践经验是植物生理学的宝贵财富。要克服只注重理论学习而轻视实验技术、重视生理机理而忽视生产实践、重室内实验而轻田间实验的不良倾向。

最后，在学习本课程时要做到课堂学习与自学相结合。对于一些前沿内容，尤其要加强自学的力度，多阅读专业期刊中的最新文献，因为任何教材都难以及时反映这些领域的最新成果。同时，还应该充分利用国内外丰富的网络资源不断地学习和更新有关知识。

复习思考题

1. 植物生理学的定义是什么？如何理解植物的生命活动？举例说明。
2. 植物生理学的研究内容是什么？
3. 植物生理学的发展与其他科学技术的发展有什么关系？
4. 学习植物生理学的目的是什么？
5. 根据自己学习的情况，探讨学习植物生理学的方法。

第一篇
植物的物质代谢和能量代谢

第一章　植物的光合作用

植物的光合作用是地球上唯一能够大规模地把太阳能转变成化学能，把无机物合成为有机物，并放出氧气的过程，它为人类、动物、植物和微生物的生命活动提供食物、能量和氧气。它对生物的生存、演化和繁荣有着非常重要的作用，因此，光合作用不仅是生物科学也是整个自然科学研究的中心课题之一。

第一节　光合作用的概念和意义

一、光合作用的概念和特点

光合作用（photosynthesis）是绿色植物利用太阳能，将 CO_2 和 H_2O 合成有机物，并释放 O_2 的过程。光合作用的总反应式为

$$CO_2 + H_2O \xrightarrow[\text{绿色细胞}]{\text{光能}} (CH_2O) + O_2$$

光合作用是一个复杂的氧化还原过程，其中 H_2O 的 O 被氧化（$2O^{2-} \xrightarrow{-4e^-} O_2^0$），而 CO_2 中的 C 则被还原（$C^{4+} \xrightarrow{+4e^-} C^0$），即

$$2H_2O^{2-} + C^{4+}O_2 \xrightarrow[\text{绿色细胞}]{\text{光}} (C^0H_2O) + H_2O + O_2^0$$

（氧化：$O^{2-} \rightarrow O_2^0$；还原：$C^{4+} \rightarrow C^0$）

因此，光合作用有三个突出的特点：①H_2O 被氧化到 O_2 水平；②CO_2 被还原到糖（CH_2O）水平；③氧化还原过程所需能量来自光能，即发生了光能的吸收、转换与贮存。

二、光合作用的意义

1. 把无机物质转变成有机物质

光合作用生成的有机物质不仅用于构成植物体本身，同时也为异养生物和人类制造了大量的有机物质。据估计，地球上每年通过光合作用固定的 CO_2 约 7×10^{11} t，折合成有机物则为 5×10^{11} t。其中水生浮游植物占 39%，陆生植物占 61%，因此，人们把绿色植物喻为合成有机物质的“绿色工厂”。

2. 将光能转变成化学能

绿色植物在同化 CO_2 的过程中，把光能转变成化学能，并贮存在有机化合物中。每年光合作用所贮存的太阳能为 7.14×10^{21} J（约为人类所需能量的 100 倍）。所以，人们又把绿色植物称为“巨型能量转换站”，它是地球上各种生物赖以生存的能量源泉。

3. 维持大气 O_2 与 CO_2 的相对平衡

地球上绿色植物通过光合作用每年向大气释放 5.53×10^{11} t O_2，它是地球上一切需氧生物 O_2 的来源。大气之所以能经常保持 21%的含氧量，主要是依靠光合作用。光合放氧为地

球上需氧生物的生存提供了良好的环境条件。

第二节　叶绿体与光合色素

真核生物的光合作用是在叶绿体（chloroplast）中进行的。叶绿体是由前质体（proplastid）在光下发育而成的。一个成熟的叶细胞可含有数百个叶绿体。

一、叶绿体

（一）叶绿体的形态

叶绿体在光学显微镜下就可以看到。植物种类不同，叶绿体的形态亦不同。例如，水绵的叶绿体呈带状，衣藻的为杯状，小球藻的呈钟状；而高等植物的叶绿体大多呈扁平的椭圆形，直径为 3～6μm（很少超过 10μm），厚为 2～3μm。据统计，每个叶肉细胞含有 20～200 个叶绿体，主要集中于栅栏组织中；蓖麻叶片的叶绿体数目很大，为 5×10^7 个/cm^2。这样，叶绿体的总表面积远远大于叶片面积，有利于充分吸收光能和 CO_2。

高等植物尤其是被子植物，叶绿体在细胞质中的位置随光照方向和强度发生移动。在强光下叶绿体的窄面受光，同时向与光源方向平行的细胞壁移动，避免过度受热；在弱光下叶绿体以扁平的一面受光，并沿着与光源方向垂直的细胞壁分布，可接受更多的光能。这是植物对外界条件长期适应的结果。

（二）叶绿体的结构

高等植物叶绿体的结构极为精细。据电镜观察，叶绿体是由被膜、类囊体和间质三部分组成的。叶绿体的被膜为双层膜（即内膜与外膜），包围在叶绿体外面；外膜与内膜间距为 20nm，两层膜均具有控制物质进出的能力，尤其是内膜选择性更强，因而叶绿体的被膜是个功能性的屏障。

叶绿体被膜内为可流动的淡黄色物质，称为间质（stroma）或基质。间质的电子密度较小，主要成分是可溶性蛋白质（如 Rubisco 就是间质中含量最丰富的蛋白质），还有 DNA（表明叶绿体在遗传上具有一定的自主性）、核糖体、淀粉粒和嗜锇颗粒（亦称脂类颗粒）。嗜锇颗粒是叶绿体特有的，主要成分是脂类物质，起脂类贮存库的作用。例如，光下合成类囊体结构时，嗜锇颗粒被动用，而叶片衰老类囊体解体时又可积累起来。CO_2 的固定与还原在间质中进行。

在叶绿体的间质中，有许多由单位膜封闭形成的扁平小囊（称之为类囊体）所构成的层膜结构。类囊体内腔中充满水和溶解的无机盐。由两个或更多的类囊体垛叠在一起而形成的结构称为基粒（grana）（图 1-1），组成基粒的类囊体称为基粒类囊体（grana thylakoid）或基粒片层（grana lamella）。一个基粒类囊体直径为 0.25～0.8μm，厚约 0.01μm。类囊体与类囊体互相接触的部位称为堆叠区或紧贴区（appressed region），其他部位则称为非堆叠区或非紧贴区（nonappressed region）。贯穿在间质中，连接基粒的类囊体称为间质类囊体（stroma thylakoid）或间质片层（stroma lamella）。基粒类囊体的非堆叠区和间质类囊体都直接与基质相接触，它们的结构组成与基粒类囊体的堆叠区有所不同，因此在光反应中的作用也不同。类囊体膜是叶绿体中进行光能吸收与转换的场所，被称之为光合膜（photosynthetic membrane）。叶绿体类囊体垛叠成基粒，使捕获光能的有效面积扩大并高度密集，这不仅对光能的吸收、利用更为有利，而且能加速代谢进程和物质的运转。实验已证明，凡具有发达基粒的叶绿体，都具有较高的光合效率。

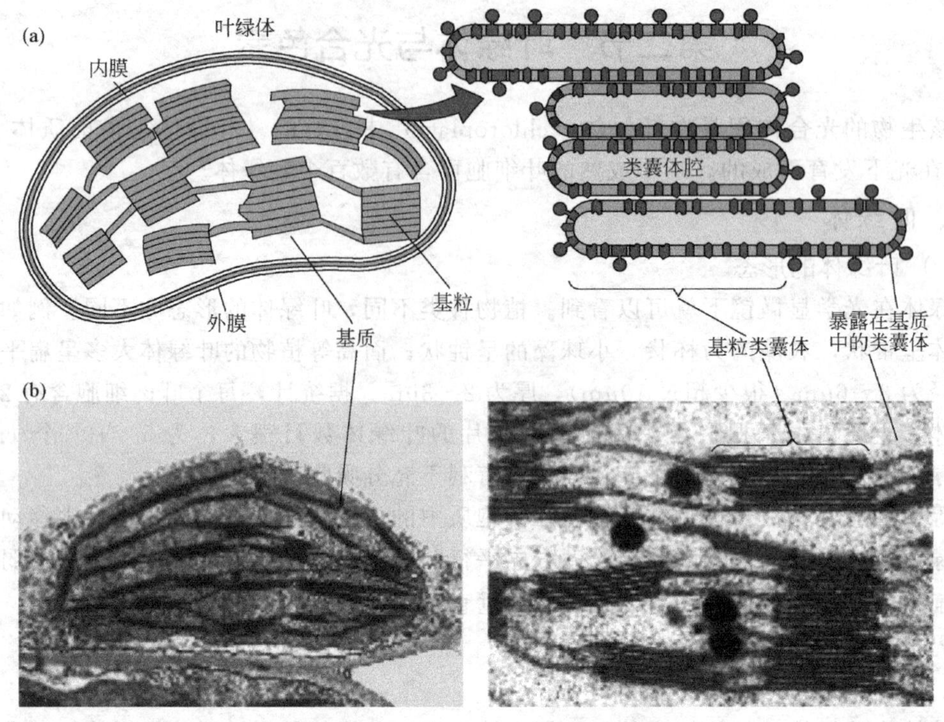

图 1-1 叶绿体的结构示意（引自 Buchanan 等，2002）

（a）叶绿体的结构模式；（b）类囊体片层堆叠模式

二、光合色素

（一）光合色素的种类和结构

光合生物在光合作用中吸收光能和传递光能的色素称为光合色素（photosynthetic pigment），光合作用过程起始于光合色素对太阳能的吸收。

1. 种类与结构

各类植物叶绿体中所含色素多达数十种，按照分子组成和结构，可分为三大类：叶绿素、类胡萝卜素和藻胆素。高等植物含前两种色素，后一种色素只存在于藻类。

（1）叶绿素（chlorophyll，简称 chl） 高等植物含两种叶绿素：蓝绿色的叶绿素 a 和黄绿色的叶绿素 b。按化学性质来说，叶绿素是叶绿酸的酯，叶绿酸是双羧酸，分别被甲醇（CH_3OH）和叶绿醇（$C_{20}H_{39}OH$）所酯化。叶绿素 a 和叶绿素 b 的分子式如下所示。

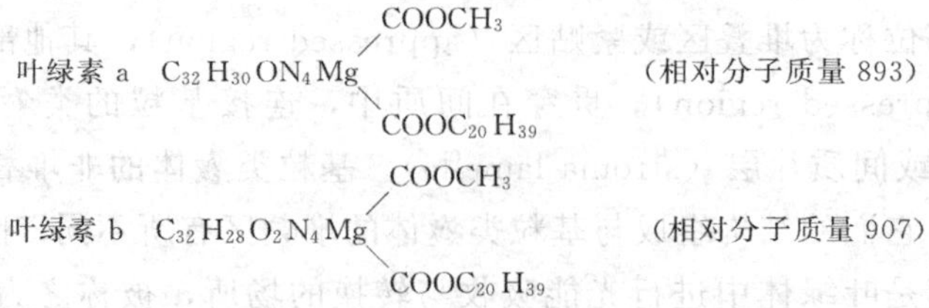

叶绿素 a $C_{32}H_{30}ON_4Mg$ ($COOCH_3$, $COOC_{20}H_{39}$)（相对分子质量 893）

叶绿素 b $C_{32}H_{28}O_2N_4Mg$ ($COOCH_3$, $COOC_{20}H_{39}$)（相对分子质量 907）

叶绿素分子的主要结构部分是卟啉环，它是由 4 个吡咯环和 4 个甲烯基连接而成的大环，Mg 原子居于中央，并与 4 个吡咯环的 N 原子结合（2 个共价键，2 个配位键），形成镁卟啉。其中Mg偏向带正电荷，而4个N则偏向带负电荷，呈极性，因而具有亲水性。此外，尚有由羰基和羧基组成的副环（Ⅴ），其羧基以酯键与甲醇结合，而叶绿醇则以酯键与第Ⅳ吡咯环侧链上的丙酸结合。叶绿素a和叶绿素b的区别仅在于第Ⅱ吡咯环上的甲基为醛基（—CHO）所取代（如图1-2）。

如果说镁卟啉是亲水性的“头部”，则叶绿醇残基就是亲脂性的“尾部”，二者互相垂直，这对叶绿素分子在光合膜上有序排列十分重要。还需注意的是，镁卟啉环存在着一个由连续共轭双键组成的共轭体系，这是叶绿素能够吸收光能并快速而高效传递光能的根本所在。少数处于特殊状态的叶绿素a可将光能转换为电能。

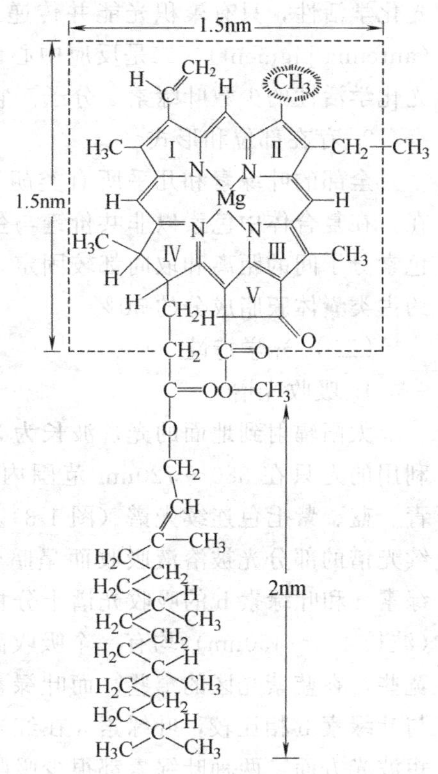

图1-2　叶绿素a的分子结构
虚线环中的—CH_3改为—CHO则为叶绿素b

（2）类胡萝卜素（carotenoid）　叶绿体中的类胡萝卜素有两种：胡萝卜素（carotene）和叶黄素（xanthophyll）。胡萝卜素呈橙黄色，叶黄素呈黄色。胡萝卜素是不饱和的碳氢化合物，有α、β、γ三种同分异构体。其中，以β-胡萝卜素在植物中的含量最高。β-胡萝卜素是由8个异戊二烯单位形成的一种四萜，含有一系列共轭双键，两端各有一个对称排列的紫罗兰酮环。叶黄素是具有两个—OH的碳氢化合物；是胡萝卜素的衍生物。这两种色素都能够吸收光能，并迅速高效地传给反应中心色素分子。β-胡萝卜素和叶黄素的结构式如下。

β-胡萝卜素（$C_{40}H_{56}$）

叶黄素（$C_{40}H_{56}O_2$）

类胡萝卜素是一种辅助色素，能量从类胡萝卜素向叶绿素传递的效率比叶绿素间的传递要低。但类胡萝卜素对叶绿素有保护作用。因为，激发态的叶绿素如果不能通过激发能传递或光化学反应予以猝灭，则与环境中的分子氧反应，生成单线态氧（即处于激发态的氧）。类胡萝卜素可以猝灭激发态的叶绿素，生成激发态的类胡萝卜素，而激发态的类胡萝卜素不足以形成单线态氧，只能通过热损耗返回基态。所以，缺乏类胡萝卜素的变种很难在光和氧分子同时存在的条件下生存。

根据在光合作用中所起的作用，光合色素又可分为两类。一类为聚光色素（light-harvesting pigment），包括绝大多数叶绿素a和全部的叶绿素b、类胡萝卜素和藻胆素。它们无光化学活性，只有聚积光能并传递给反应中心色素的作用。所以，聚光色素又称天线色素(antenna pigment)。二是反应中心色素（reaction center pigment)，为处于特殊状态的具有光化学活性的少数叶绿素 a 分子。它们既是光能的“捕捉器”又是光能的“转换器”。

2. 存在部位和形式

全部的叶绿素和几乎所有类胡萝卜素都存在于类囊体膜上，以色素蛋白复合体形式存在。在复合体中色素以非共价键与蛋白质结合。一条多肽链上可结合若干个色素分子，各个色素分子间的距离和取向都较固定，这使得能量传递和电子传递可以有效地进行。光合色素约占类囊体膜脂成分的 50%。

（二）光学特性

1. 吸收光谱

太阳辐射到地面的光，波长为 300～2600nm，其中 380～760nm 为可见光，光合作用可利用的光只在 380～720nm 范围内。当光束通过三棱镜时，光即被分成红、橙、黄、绿、青、蓝、紫七色连续光谱（图 1-3)。如果把叶绿素溶液放在光源与分光镜之间，则上述连续光谱的部分光被溶液吸收而呈暗带，这种光谱称为吸收光谱（absorption spectrum)。叶绿素 a 和叶绿素 b 的吸收光谱十分相似，两者在红光区（波长为 640～660nm）和蓝紫光区(波长 430～450nm）均有一个吸收高峰。但也略有不同，首先，叶绿素 a 在红光区的吸收峰宽些，在蓝紫光区的窄些，而叶绿素 b 在红光区的吸收峰窄些，在蓝紫光区的宽些；其次，与叶绿素 b 相比较，叶绿素 a 在红光部分的吸收峰偏向长波光方面，而在蓝紫光部分则偏向短波光方面。两种叶绿素都很少吸收绿光［图 1-4（a)]，故呈绿色。类胡萝卜素的吸收峰都在蓝紫光区，不吸收红光、橙光和黄光［图 1-4（b)]。

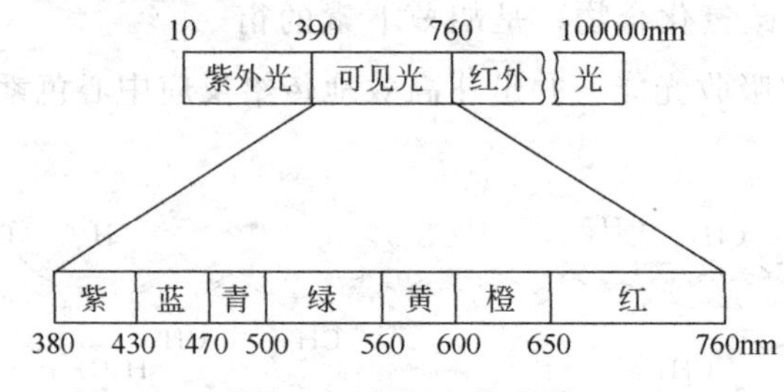

图 1-3 太阳光的光谱

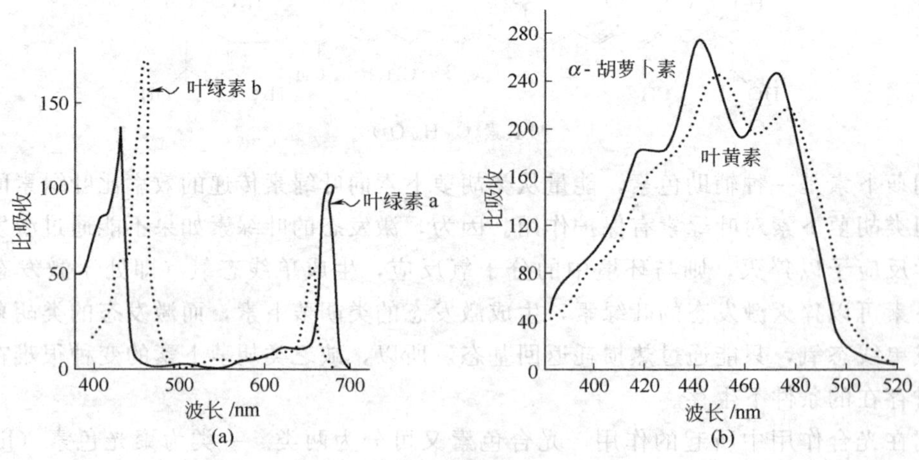

图 1-4 光合色素的吸收光谱

2. 荧光与磷光

叶绿素的酒精溶液在透射光下为翠绿色，而在反射光下为暗红色，这称为荧光（fluorescence）现象。这是因为叶绿素受光激发后发射荧光。离体叶绿素的荧光强度较强（占其吸收光的10%左右），活体叶绿素的荧光强度较低（占其吸收光的0.1%～1%）。当荧光出现后，立即中断光源，叶绿素溶液还能继续辐射出极微弱的红光，称为磷光（phosphorescence）现象。

（三）叶绿素的生物合成

叶绿素的生物合成（biosynthesis）过程十分复杂，并且受环境条件影响较大。

1. 生物合成途径

可分为两个阶段，整个过程如图 1-5。

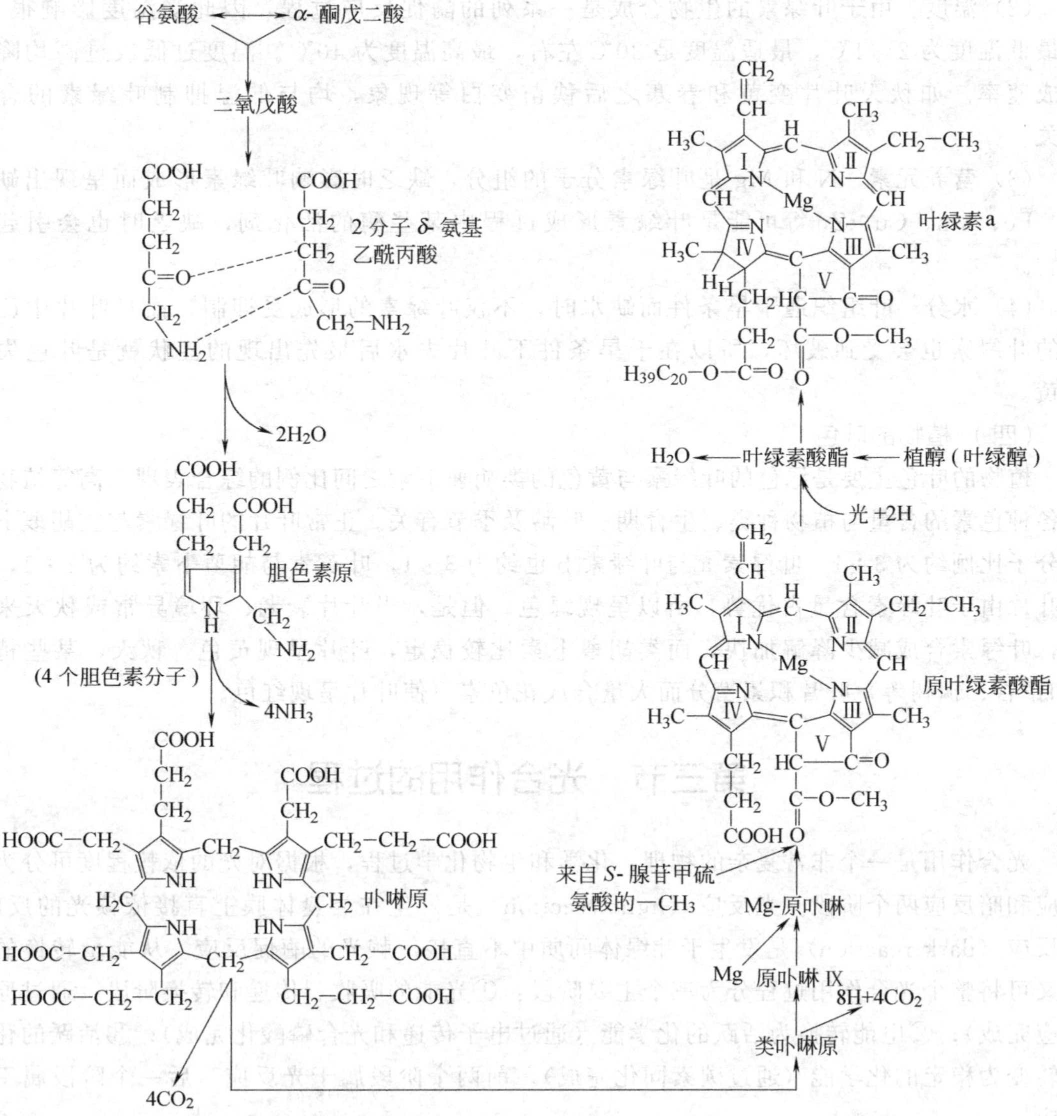

图 1-5 叶绿素 a 的生物合成途径

(1) 与光无关的酶促反应阶段 谷氨酸或 α-酮戊二酸是合成叶绿素的起始物质，它们结合成δ-氨基乙酰丙酸（ALA），2分子ALA合成含吡咯环的胆色素原（porphobilinogen），4分子胆色素原聚合成卟啉原（porphyrinogen），再转化为原卟啉Ⅸ（protoporphyrin Ⅸ），并与镁结合成Mg-原卟啉（Mg-protoporphyrin），再经甲基化反应转变为原叶绿素酸酯。

（2）与光有关的转化阶段　原叶绿素酸酯在光照条件下加氢转变为叶绿素酸酯，然后与叶绿醇结合形成叶绿素a。叶绿素a氧化即形成叶绿素b。

2. 影响叶绿素合成的外界条件

（1）光照　光是影响叶绿素形成的一个主要条件，从原叶绿素酸酯合成叶绿素酸酯是个需光的还原过程。因此，植物在无光条件下，不能合成叶绿素，但却能合成类胡萝卜素，这时植物呈黄色，称为黄化植物。

（2）温度　由于叶绿素的生物合成是一系列的酶促反应过程，因此受温度影响很大，其最低温度为2～4℃，最适温度是30℃左右，最高温度为40℃。温度过低或过高均降低合成速率。如秋天叶片变黄和春寒之后秧苗变白等现象，均与低温抑制叶绿素的合成有关。

（3）营养元素　N和Mg是叶绿素分子的组分，缺乏时影响叶绿素形成而呈现出缺绿病。Fe、Mn、Cu、Zn等可能是叶绿素形成过程中某些酶的活化剂，缺乏时也会引起缺绿病。

（4）水分　叶组织遇干旱条件而缺水时，不仅叶绿素的形成受抑制，而且叶片中已形成的叶绿素也会受到破坏，所以在干旱条件下叶片失水后最先出现的症状就是叶色失绿发黄。

（四）植物的叶色

植物的叶色主要是绿色的叶绿素与黄色的类胡萝卜素之间比例的综合表现。高等植物叶片各种色素的含量与植物种类、生育期、叶龄及季节有关。正常叶片的叶绿素与类胡萝卜素的分子比例约为3∶1，叶绿素a与叶绿素b也约为3∶1，叶黄素与胡萝卜素约为2∶1，正常叶片由于叶绿素含量占优势，所以呈现绿色。但是，当叶片衰老、环境异常或秋天来临时，叶绿素合成减少降解加快，而类胡萝卜素比较稳定，叶片呈现黄色。秋天，某些植物（如银杏、枫树等）叶片积累糖分而大量合成花色素，使叶片呈现红色。

第三节　光合作用的过程

光合作用是一个非常复杂的物理、化学和生物化学过程，根据对光的依赖程度可分为光反应和暗反应两个阶段。光反应（light reaction）是发生在类囊体膜上直接依赖光的反应；暗反应（dark reaction）是发生于叶绿体间质中不直接依赖光的酶促反应。从能量转换的角度又可将整个光合作用过程分为三个主要阶段：①光能的吸收、传递和转换阶段（通过原初反应完成）；②电能转换为活跃的化学能（通过电子传递和光合磷酸化完成）；③活跃的化学能转变为稳定的化学能（通过碳素同化完成）。前两个阶段属于光反应，后一个阶段属于暗反应。

一、原初反应

原初反应（primary reaction）是光合作用的起点，包括光能的吸收、传递与转换，即从光合色素分子被光激发起到引起第一个光化学反应为止的过程，速度极快，在10^{-15}～11^{-9}s内完成，且与温度无关。

（一）光能的吸收

1. 光的性质

光具有波粒二象性。光的粒子称为光子（photon）。每个光子都具有一定的能量，这种含一定能量的光子称为光量子或量子（quantum），其能量E可用下式表示

$$E=Nh\nu=NhC/\lambda$$

式中，N是阿伏加德罗常数，6.023×10^{23}；h是普朗克常数，6.626×10^{-34}J·s；C为光速，其值为3×10^{10}cm/s；λ为波长，nm；ν为光的频率。

上式表明，光子的能量与其频率成正比，而与波长成反比。

2. 光能的吸收

光只有被物质吸收才能引起化学反应。根据爱因斯坦光化学定律，每个分子一次只能吸收一个光量子。分子吸收光量子后，可引起分子中的一个电子从低能级的轨道跃迁到高能级的轨道，这时分子处于高能量的不稳定的状态，称之为激发态（excited state），而原来低能量稳定的状态称为基态（ground state）。

叶绿素分子中某个电子吸收光量子后从基态转变为激发态，但波长不同的光量子所引起的激发态能量水平不同。例如，红光量子能量水平较低，叶绿素分子中这个电子吸收红光量子后所处的激发态能量水平也较低，称为第一单线态（first singlet state）；叶绿素分子中某个电子吸收能量水平较高的蓝光量子后所处的激发态，称为第二单线态（second singlet state）；叶绿素分子中某个电子还可处于能量水平更低的激发态，即第一三线态（first triplet state）。处于第二单线态的分子能量水平高极不稳定，迅速（11^{-15}s）转变为第一单线态，在转变时，将多余的能量以热能的形式释放。处于第一单线态的电子的激发能有三种变化：一是将能量传递给其他色素，最后传至反应中心色素进行光化学反应；二是将能量以荧光形式释放返回基态；三是被激发的电子自旋方向发生反转，转入长寿命（10^{-2}～10^{-1}s）的第一三线态。第一三线态分子所具有的能量不能用于光化学反应，它可通过释放磷光返回基态（图1-6）。

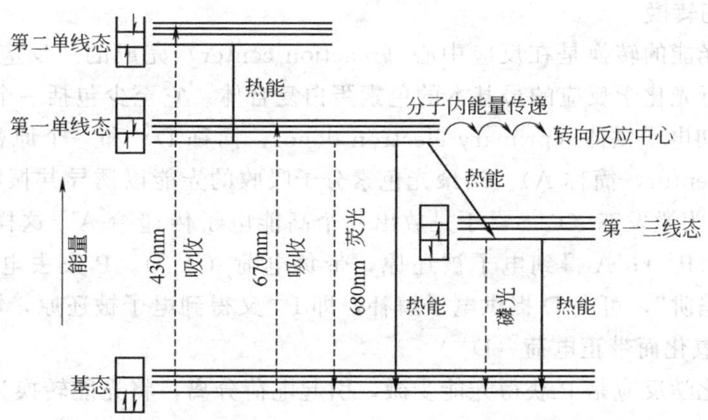

图1-6　叶绿素分子受光激发时电子能量水平图解（引自李合生，2002）

此外，只有那些所具有的能量足以使聚光色素从基态转变为激发态的光量子才能被吸收，所以各种光合色素具有不同的吸收光谱。

（二）光能的传递

在叶绿体的类囊体膜上，光合色素分子紧密而有序地排列，可将吸收的光能以激子传递和诱导共振的方式进行传递。相同色素分子间，一个色素分子的某个电子接受一个光量子激发后，高能量电子在返回原来轨道时发出的激发能叫做激子。此激子能使相邻色素分子激发，即把激发能传递给相邻色素分子，激发的电子可以以相同的方式发出激子并被另一色素分子的某个电子吸收，这种相同色素分子间激发能的传递称为激子传递。诱导共振传递是指在不同色素分子间，一个色素分子吸收光能被激发后这个高能电子振动引起临近另一个色素分子中某个电子振动（共振），当第二分子的电子振动被诱导起来，就发生电子激发能传递，第二个分子又能以同样的方式激发第三个分子，这种依靠电子振动在分子间激发能的传递称为诱导共振传递。光能传递的速率很快，而且，能量传递效率也很高，类胡萝卜素吸收光能的 90% 传递给叶绿素 a，叶绿素 b 则 100% 地传给叶绿素 a。光能沿着吸收波长较长即能量水平较低的方向传递，最后把大量的光能传递到反应中心色素（reaction center pigment，简称P）（图 1-7）。反应中心色素具有光化学活性，能发生氧化还原反应。在类囊体膜上反应中心色素有两种：一种是 P_{700}（即在 700nm 波长处有一吸收高峰的叶绿素 a），是 PSⅠ的反应中心色素分子；另一种是 P_{680}（即在 680nm 波长处有一吸收高峰的叶绿素 a），是 PSⅡ的反应中心色素分子。

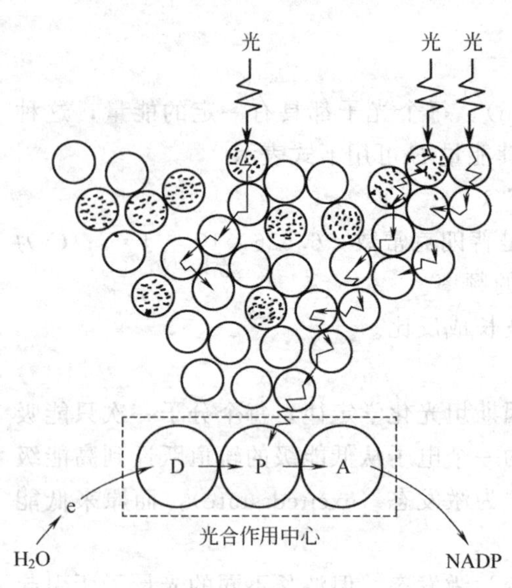

图 1-7　光合作用原初反应能量吸收、传递与转换图解

粗的波浪箭头表示光能的吸收；细的波浪箭头表示能量的传递；直线箭头表示电子传递

空心圆圈代表聚光色素分子；有黑点圆圈代表类胡萝卜素等辅助色素

P—反应中心色素分子；D—原初电子供体；A—原初电子受体；e—电子

（三）光能的转换

实验表明，光能的转换是在反应中心（reaction center）完成的。反应中心是指在叶绿体或载色体中进行光化学反应的最基本的色素蛋白复合体。它至少包括一个反应中心色素分子（P），一个原初电子供体（primary electron donor，简称 D）和一个原初电子受体（primary electron acceptor，简称 A）。当聚光色素分子吸收的光能以诱导共振等方式传至 P，P 由基态（P）转变为激发态（P^*），于是放出一个高能电子传递给 A。这样，P 失去电子被氧化，带正电荷（P^+）；A 得到电子被还原，带负电荷（A^-）。P 失去电子而留下的“空位”或称能量“陷阱”，可由 D 提供电子填补，即 P^+ 又得到电子被还原，恢复到基态（P），而 D 失去电子被氧化而带正电荷（D^+）。

简言之，光化学反应是 P 获得光能受激，引起电荷分离，将光能转换为电能。

$$D \cdot P \cdot A \longrightarrow D \cdot P^* \cdot A \longrightarrow D \cdot P^+ \cdot A \longrightarrow D^+ \cdot P \cdot A^-$$

以上是原初反应的关键。事实上，上述氧化还原反应并未结束，A^- 要将电子传给下一个受体，一直传至最终受体；同样，D^+ 要向它前面的供体夺取电子，直至最终电子供体。在高等植物中，最终电子受体是 $NADP^+$，最终电子供体是 H_2O。

完成原初反应，需要反应中心色素与聚光色素协同作用。反应中心色素以及与它协同作用的聚光色素所构成的进行原初反应的单位，可称之为光合单位（photosynthetic unit）。

二、光合电子传递和光合磷酸化

光合作用的原初反应使光能转换成电能，而电能只有转化为活跃的化学能，即形成同化力（ATP、NADPH），才能用于 CO_2 的同化和硝酸盐的还原。然而同化力（assimilatory power）的形成是通过光合电子传递和光合磷酸化实现的。

（一）两个光系统

1943 年 Emerson 等以绿藻和红藻为材料，研究其不同光波的光合效率（以量子产额表示，即每吸收 1 个光量子所释放的 O_2 分子数），发现当光的波长大于 685nm（长波红光）时，虽然被叶绿素大量吸收，但光合效率急剧下降，这种现象被称为红降（red drop）；后来（1957 年）又观察到，在长波红光（>685nm）条件下补照短波红光（约 650nm），则光合效率高于这两种波长的光单独照射时的光合效率之和，这种现象称为双光增益效应或爱默生效应（Emerson effect）。这两种现象的存在及以后的大量研究证明，光合作用包含两个不同的光化学反应，分别由两个色素系统进行，一个吸收短波红光（680nm），即 PSⅡ；另一个吸收长波红光（700nm），即 PSⅠ。目前已从叶绿体的类囊体膜结构中分离出两种光系统，它们都是色素蛋白复合体，其中既含有聚光色素又含有反应中心色素。

（二）光合电子传递

光合电子传递是指在原初反应中产生的高能电子（最终来源于水）经过一系列的电子传递体，传递给 $NADP^+$，产生还原型的 NADPH 的过程。

1. 光合链的组成

在类囊体膜上，由一系列电子传递体所构成的光合电子传递体系可称为光合电子传递链，简称为光合链（photosynthetic chain）。光合电子传递链的组成如图 1-8 所示。

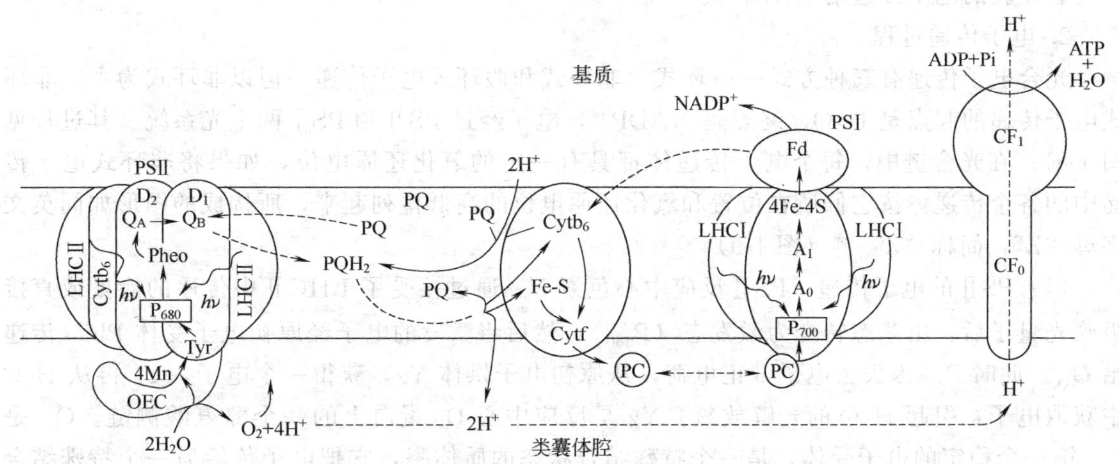

图 1-8　光合电子传递链的组成及电子传递过程

PSⅡ、Cytb-f 复合体和 PSⅠ共同运转，将类囊体腔内 H_2O 中的电子越过类囊体膜传递给基质中的 $NADP^+$，同时向类囊体腔释放 H^+ 和从基质向类囊体腔转运 H^+

(1) PSⅡ复合体　该复合体颗粒较大，直径为 17.5nm，位于类囊体膜内侧，至少含 12 种不同的多肽，多数为膜内在蛋白。从功能上 PSⅡ复合体可分为三大部分，即 PSⅡ反应中心复合体、放氧复合体和 PSⅡ捕光色素复合体。PSⅡ反应中心复合体含有 32～34kDa 的多

肽 D_1 和 D_2、$Cytb_{559}$、原初电子供体 Y_Z、反应中心色素 P_{680}、电子受体去镁叶绿素（pheophytin，Pheo）、质体醌 Q_A 和 Q_B、叶绿素 a 和 β-胡萝卜素等。PSⅡ捕光色素复合体（PSⅡ light-harvesting complex，LHCⅡ）由 250 个叶绿素、许多叶黄素、$Cytb_{559}$ 和膜内在蛋白等组成，其作用是吸收光能并传递给 P_{680}。放氧复合体（oxygen-evolving complex，OEC）包含 32kDa、24kDa 和 18kDa 的三条多肽，它们与辅助因子 Mn^{2+}、Ca^{2+}、Cl^- 一起参与水的分解、氧的释放。PSⅡ复合体主要分布于基粒类囊体的堆叠区，主要特征是进行水的光解和释放 O_2。

（2）质体醌（PQ） PQ 是 PSⅡ复合体与细胞色素 b_6-f 复合体之间的电子传递体，其特点是脂溶性，可在膜内运动。

（3）细胞色素 b_6-f 复合体（$Cytb_6$-f complex） 由 4 条内部多肽组成，即 $Cytb_6$、Cytf、铁硫蛋白（Fe-S 或 FeS_R）和一个 17kDa 多肽，其中 $Cytb_6$-f 含血红素铁，铁硫蛋白含非血红素铁，17kDa 多肽不含铁。$Cytb_6$-f 复合体的作用是接受来自 PSⅡ复合体的电子，并传递给质体蓝素。

（4）质体蓝素（PC） PC 是一种小分子的含铜蛋白，存在于类囊体膜的内表面，特点是可在膜上移动。PC 是 $Cytb_6$-f 复合体与 PSⅠ复合体之间的电子传递体。

（5）PSⅠ复合体 复合体颗粒较小，直径为 11nm，位于类囊体膜外侧。它由两大部分组成，其核心部分是 PSⅠ反应中心复合体，包含反应中心色素 P_{700} 电子受体 A_0（叶绿素 a 的单分子体）、A_1（叶绿醌，亦称 VK）和三种不同的铁硫蛋白（Fe_4-S_4 蛋白）［它们分别是 FeS_X（F_X）、FeSA（F_A）、FeS_B（F_B）］。环绕在反应中心周围的是 PSⅠ捕光复合体（LHCⅠ），由叶绿素、β-胡萝卜素和蛋白质构成。PSⅠ复合体分布于基粒的非堆叠区和间质类囊体，其主要特征是进行 $NADP^+$ 的还原。

（6）铁氧还蛋白（ferredoxin，Fd） Fd 是一种可溶性蛋白，其作用是将来自 PSⅠ复合体类囊体腔的电子传递给 $NADP^+$。

2. 电子传递过程

光合电子传递有三种方式——环式、非环式和假环式电子传递，但以非环式为主。非环式电子传递的起点是 H_2O、终点是 $NADP^+$，电子经过 PSⅡ和 PSⅠ两个光系统（其过程见图 1-8）。在光合链中，每个电子传递体都具有一定的氧化还原电位，如果将非环式电子传递中的各个传递体按它们所在位置和氧化还原电位的高低排列起来，所构成的图形如同英文字母“Z”，简称“Z”链（图 1-9）。

（1）PSⅡ的电子传递 PSⅡ反应中心色素 P_{680} 通过接受了 LHCⅡ中传递的能量或直接吸收光量子后，由基态转变为激发态（P_{680}^*），然后将激发的电子经原初电子受体 Pheo 传递给 Q_A。此时 P_{680} 因失去电子带正电荷，从原初电子供体 Y_Z，获得一个电子，Y_Z 再从 H_2O 中获取电子，引起 H_2O 的光解放氧。Y_Z 是反应中心 D_1 蛋白上的一个酪氨酸侧链。Q_A 是 P_{680} 第一个稳定的电子受体，是一个特殊结合状态的质体醌，它把电子传给另一个特殊结合状态的质体醌 Q_B。Q_A 和 Q_B 的吸收光谱相同，只是 Q_B 在还原时没有 550nm 处吸收变化。结合 Q_B 的蛋白是许多除草剂的结合部位，例如敌草隆（DCMU）可以阻断 Q_A 向 Q_B 的电子传递。Q_B 从 Q_A 处连续接受两个电子以后从基质结合两个质子，并被质体醌（PQ）从反应中心置换下来，本身成为氢醌（PQH_2）。

（2）$Cytb_6$-f 复合体的电子传递 PQ 具有脂溶性，它能在膜的疏水区移动，PQH_2 向 $Cytb_6$-f 复合体传递电子，并释放 H^+ 到类囊体腔内。电子从 $Cytb_6$-f 复合体向 PSⅠ传递时，

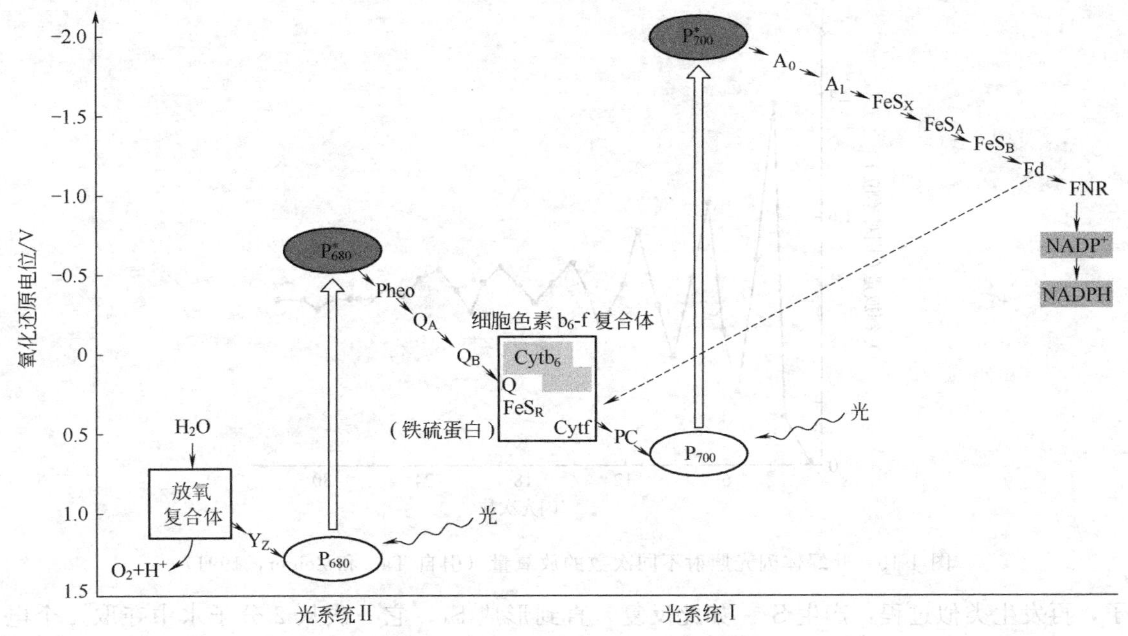

图 1-9　叶绿体中的电子传递模式

先通过铁硫中心和细胞色素 f(Cytf)，随后经过质体蓝素（PC）传递到 PSⅠ，反应中心为因失去电子而带正电荷的 P_{700}。

（3）PSⅠ的电子传递　P_{700}受光激发后，以非常快的速度把电子传递给它的电子受体，其传递顺序为 P_{700}→A_0→A_1→铁硫中心（包含 F_X、F_A、F_B）。铁硫中心在氧化还原时，其吸收光谱在 430nm 处发生变化；故也曾被称为 P_{430}。铁硫中心将电子传递给铁氧还蛋白(Fd)，Fd 经 Fd-NADP 还原酶（ferredoxin-NADP reductase，FNR）把电子传递给 $NADP^+$，$NADP^+$接受 2 个电子和 1 个 H^+ 后形成 NADPH，至此，完成了电子从水到 $NADP^+$ 的非环式传递。

在光合链中，如果 Fd 将电子通过 $Cytb_6$ 传递给 PQ，再传回 PSⅠ，就形成了围绕 PSⅠ的环式电子传递。

Fd 若将电子传递给分子 O_2(Melher 反应)，就形成了假环式电子传递。

（4）水的光解与氧的释放　P^*_{680}失去电子后形成 P^+_{680}，从 Tyr（酪氨酸残基）获得电子，Tyr 为原初电子供体（Y_Z）。失去电子的 Tyr 又通过锰簇（Mn cluster）从水分子中获得电子，使水分子裂解（water splitting），同时放出氧气和质子。闪光诱导动力学研究表明，每释放 1 分子氧要裂解 2 个 H_2O，同时，可产生 4 个电子和 4 个质子，这一过程需要 4 个光量子。法国学者 Joliot（1969）证明，将已经暗适应的叶绿体以极快的闪光照射，每次闪光后放氧是不均等的。第一次闪光无氧的释放，第二次闪光有少量氧释放，第三次闪光放氧量最多，第四次闪光放氧量次之。此后，每 4 次闪光出现一个放氧高峰。量子需要量和闪光次数精确一致（图 1-10）。

随后在 1970 年 Kok 等提出了 H_2O 氧化机制模型，该模型认为：放氧复合体上的锰簇有 5 种形式，分别为 S_0、S_1、S_2、S_3 和 S_4。S_0 为不带电荷状态，S_1 带 1 个正电荷，依次到 S_4 带 4 个正电荷。每次闪光后 PSⅡ的反应中心色素 P_{680} 接受 1 个光量子就发射 1 个电子，它就有能力从 S_0 获得 1 个电子而复原。同时 S_0 就向前移动到 S_1，P_{680} 再接受 1 个光

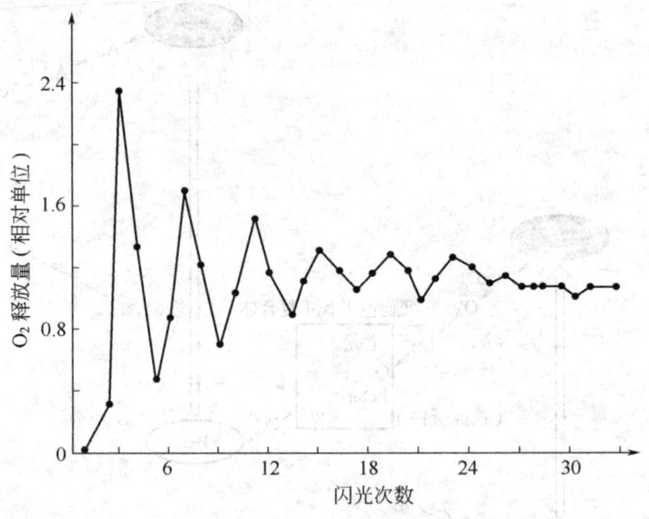

图 1-10　叶绿体闪光照射不同次数的放氧量（引自 Taiz 和 Zeiger，1991）

子，再发生类似过程，产生 S_2。如此反复，直到形成 S_4，它一次从 2 分子水中夺取 4 个电子，使 H_2O 氧化，释放 1 分子 O_2，然后 S_4 回到 S_0 位置。S_0 再在受光激发的 P_{680} 参与下逐级增加正电荷进行循环，分解水。该循环过程又称之为水氧化分解钟（water oxidizing clock）或 Kok 钟（Kok clock）。该模型还认为，S_0 和 S_1 是稳定状态，S_2 和 S_3 在暗中又返回到 S_1，S_4 不稳定。这样，叶绿体在暗反应后，有 3/4 的锰簇处于 S_1 状态，1/4 处于 S_0 状态。所以，最大放氧量出现在第三次闪光后（图 1-11）。

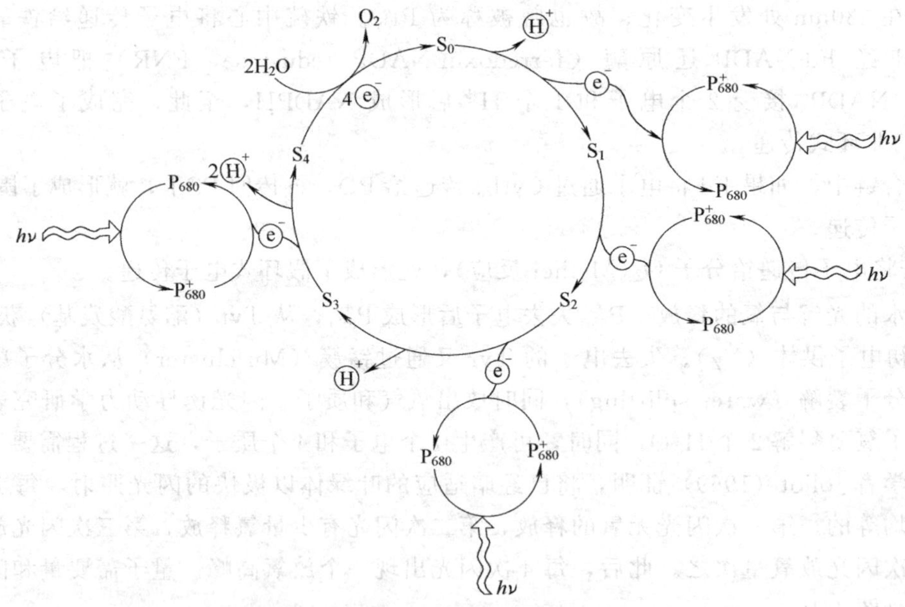

图 1-11　放氧系统的 5 种状态（引自萧浪涛和王三根，2004）

（三）光合磷酸化

在光下叶绿体把光合电子传递与磷酸化作用相偶联，使 ADP 与 Pi 形成 ATP 的过程，称之为光合磷酸化（photosynthetic phosphorylation 或 photophosphorylation）。

1. 光合磷酸化的类型

由于与磷酸化偶联的光合电子传递方式不同，光合磷酸化有不同的类型。

(1) 非环式光合磷酸化（noncyclic photophosphorylation）　有两个光系统参加，电子传递是单方向的，能引起 H_2O 的光解放氧和 ATP 与 NADPH 的生成，即

$$2ADP + 2Pi + 2NADP^+ + 2H_2O \xrightarrow{光} 2ATP + 2NADPH + 2H^+ + O_2$$

在这个过程中，电子传递链是一个开放的通路，故称为非环式光合磷酸化。

(2) 环式光合磷酸化（cyclic photophosphorylation）　只通过 PSⅠ进行，即 PSⅠ产生的电子经过 Fd 和 $Cytb_6$ 后，再通过 PQ、Fe-S 蛋白、Cytf 及 PC，传回 P_{700}，形成一闭合的回路。因此既不引起水的光解，也不产生 NADPH，只形成 ATP。

(3) 假环式光合磷酸化　基本上与非环式光合磷酸化相同，但由于 $NADP^+$ 供应不足，O_2 是电子的最终受体，虽然引起水的光解放 O_2 和 ATP 的形成，但不能生成 NADPH，而生成 $O_2^{\cdot -}$。

2. 光合磷酸化的机理　光合磷酸化是与电子传递偶联的，电子传递一旦受阻，磷酸化也就停止了。一般认为伴随着电子传递和氧化还原的进行，形成了一种高能态而用于磷酸化。目前被普遍接受的两个学说是化学渗透学说和变构学说。

(1) 化学渗透学说　化学渗透学说是 Mitchell (1961) 提出的并普遍为人们所接受。他认为高能态就是质子动力势（proton motive force，PMF），由质子浓度差和电位差组成。PMF 的产生是由于水的光解和 PQ 循环。在类囊体膜内水光解释放 H^+，PQ 循环不断地将类囊体膜外的 H^+ 转移到膜内，形成跨膜的 H^+ 梯度和电势梯度（膜内高膜外低）。当膜内 H^+ 穿过 ATP 合成酶（CF_0-CF_1，偶联因子）流出膜外时，ATP 合成酶利用其释放的能量催化 ADP 与 Pi 合成 ATP（图 1-12）。

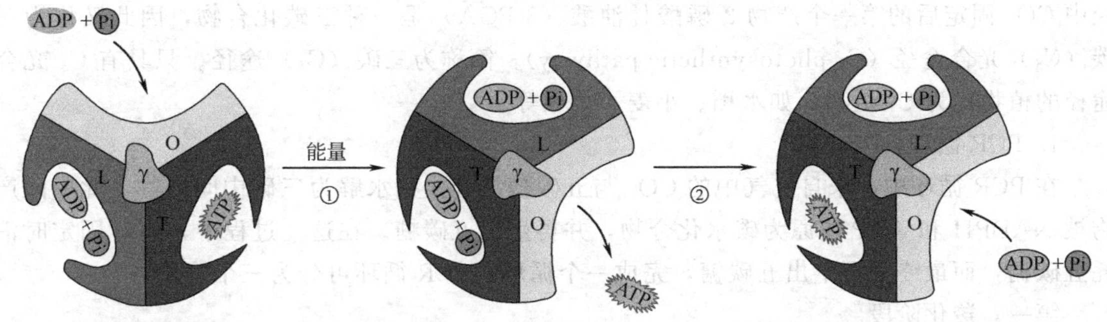

图 1-12　ATP 合成的结合转化机制（引自 Buchanan 等，2000）

①输入能量后，通过 γ 亚基的转动，引起 β 亚基的构象依紧张（T）、松弛（L）和开放（O）的顺序变化，完成 ADP 和 Pi 的结合、ATP 的形成以及 ATP 的释放三个过程；②下一个 ADP 和 Pi 的结合

(2) 变构学说即结合转化机制　由 Paul Boyer 提出的 ATP 酶催化 ADP 形成 ATP 的机制称为结合转化机制（binding change mechanism）或变构学说。P. D. Boyer 和 J. E. Walker 由于在 ATP 酶催化 ADP 形成 ATP 研究工作方面的贡献获得了 1997 年诺贝尔化学奖。

变构学说认为：在 ATP 形成过程中，与 ATP 合成酶活性密切相关的 F_0 的 3 个 β 亚基各具一定的构象，分别称为紧张（tight）、松弛（loose）和开放（open），各自对应于底物的结合、产物形成和释放等三个过程（图 1-12）。构象的相互依次转化是和质子的通过引起 γ 亚基的旋转相偶联的。当质子顺质子电化学梯度流过 F_0，使 γ 亚基转动，γ 亚基的转动引

起β亚基的构象依紧张→松弛→开放的顺序发生改变，使 ATP 得以合成并从催化复合体上释放。具体说，ADP 与 Pi 与开放状态的β亚基结合；在质子流的推动下γ亚基的转动使β亚基转变为松弛状态并在较少的能量变化情况下，ADP 与 Pi 自发地形成 ATP，再进一步转变为紧张状态；β亚基继续变构成松弛状态，使 ATP 被释放，并可以再次结合 ADP 与 Pi 进行下一轮的 ATP 合成（图 1-12）。在 ATP 的整个合成过程中，主要耗能的步骤是 ATP 的释放，而非 ATP 的合成。

三、二氧化碳的固定与还原

CO_2 的固定与还原是在叶绿体间质中进行的有许多酶参与的酶促反应，在有同化力存在的条件下这一过程在暗中也能进行（但光对某些酶具有调节作用），故通常称为暗反应（dark reaction）。暗反应不仅把光反应形成的活跃化学能转化为稳定化学能，而且把无机物转化为有机物。高等植物 CO_2 的固定有三条途径：光合碳还原循环（C_3 途径）、四碳二羧酸途径（C_4 途径）和景天酸代谢途径（CAM 途径）。其中，C_3 途径是最基本的 CO_2 同化（CO_2 assimilation）途径，因为只有 C_3 途径能够将 CO_2 还原成糖，另外两条途径只起固定、转运或暂存 CO_2 的作用。

（一）光合碳还原循环（C_3 途径）

CO_2 的同化是一个十分复杂的问题。20 世纪 50 年代卡尔文（Calvin）与本森（Benson）等利用放射性同位素示踪、纸色谱和放射自显影等技术，以绿藻为材料，经过 10 年的努力，阐明了光合碳循环的基本途径，被认为是 50 年代光合作用研究的杰出贡献。这一途径以其发现者命名为卡尔文循环（Calvin cycle），或称光合碳还原循环（photosynthetic carbon reduction cycle，简称 PCR 循环）。由于这个循环中的 CO_2 受体是核酮糖-1,5-二磷酸（RuBP），故又称为还原的戊糖磷酸途径（reductive pentose phosphate pathway）。在这个途径中 CO_2 固定后的第一个产物 3-磷酸甘油酸（3-PGA）是一种三碳化合物，因此又称为三碳（C_3）光合途径（C_3 photosynthetic pathway），简称为三碳（C_3）途径。只具有 C_3 光合途径的植物称为 C_3 植物，如水稻、小麦、大豆等。

1. PCR 循环生化过程

在 PCR 循环中，来自空气中的 CO_2 与五碳糖结合，并水解为三碳中间产物。此中间产物被 NADPH 和 ATP 还原为碳水化合物，并再生出五碳糖。在这一过程中，CO_2 固定时消耗五碳糖，而最终又再生出五碳糖，完成一个循环。PCR 循环可分为三个阶段。

第一，羧化阶段。

① 核酮糖-1,5-二磷酸（ribulose-1,5-bisphosphate，RuBP）在核酮糖二磷酸羧化酶/加氧酶（ribulose bisphosphate carboxylase/oxygenase，Rubisco）催化下与 CO_2 结合，产物很快水解为 2 分子 3-磷酸甘油酸（3-phosphoglyceric acid，3-PGA）。

$$3\ \underset{\text{RuBP}}{\begin{array}{c}OH_2OPO_3^{2-}\\ |\\ C{=}O\\ |\\ H{-}C{-}OH\\ |\\ H{-}C{-}OH\\ |\\ CH_2OPO_3^{2-}\end{array}} + 3CO_2 + 3H_2O \longrightarrow 6\ \underset{\text{3-PGA}}{\begin{array}{c}CH_2OPO_3^{2-}\\ |\\ HO{-}C{-}H\\ |\\ COO^-\end{array}} + 6H^+$$

Rubisco 是植物体内含量最丰富的酶，约占叶片可溶蛋白质总量的 40%。在叶绿体基质中，其浓度可高达 4mol/L，500 倍于 CO_2 的浓度。Rubisco 的分子质量为 560kDa，由 8 个大亚基（约 56kDa）和 8 个小亚基（约 14kDa）构成，活性部位位于大亚基上。大亚基由叶绿体基因编码，小亚基由核基因编码。羧化反应分两步进行：羧化和水解。

$$\underset{\text{RuBP}}{\begin{array}{l} {}^1CH_2OPO_3^{2-} \\ {}^2C{=}O \\ H-{}^3C-OH \\ H-{}^4C-OH \\ {}^5CH_2OPO_3^{2-} \end{array}} \xrightarrow[\text{羧化}]{CO_2 \quad H^+} \underset{\text{中间产物}}{\begin{array}{l} {}^1CH_2OPO_3^{2-} \\ HO-{}^2C-COO^- \\ {}^3C{=}O \\ H-{}^4C-OH \\ {}^5CH_2OPO_3^{2-} \end{array}} \xrightarrow[\text{水解}]{H_2O \quad H^+} \underset{\text{3-PGA}}{\begin{array}{l} {}^1CH_2OPO_3^{2-} \\ H-{}^2C-COO^- \\ OH \\ + \\ {}^3COO^- \\ H-{}^4C-OH \\ {}^5CH_2OPO_3^{2-} \end{array}}$$

由于此羧化反应具有很大的自由能变化，并且 Rubisco 对 CO_2 的亲和力也很高，这两点使得在低浓度 CO_2 条件下羧化反应仍向正方向进行。羧化中间产物 2-羧基-3-酮基阿拉伯糖醇-1,5-二磷酸（2-carboxy-3-ketoarabinitol-1,5-bisphosphate）是一种与酶结合的不稳定化合物，水解产生 2 分子稳定的 3-PGA。

第二，还原阶段。

② 3-PGA 磷酸化形成 1,3-二磷酸甘油酸（1,3-diphosphoglyceric acid，DPGA），反应由 3-磷酸甘油酸激酶（3-phosphoglycerate kinase）催化。

$$6\ \underset{\text{3-PGA}}{\begin{array}{c} CH_2OPO_3^{2-} \\ HO-C-H \\ COO^- \end{array}} + 6ATP^{4-} \longrightarrow 6\ \underset{\text{1,3-BPGA}}{\begin{array}{c} CH_2OPO_3^{2-} \\ HO-C-H \\ C \\ O \quad OPO_3^{2-} \end{array}} + 6ADP^{3-}$$

③ 在 NADP：3-磷酸甘油醛脱氢酶催化下，1,3-BPGA 被 NADPH 还原为 3-磷酸甘油醛（3-phosphoglyceraldehyde，3-PGald，旧称 GAP）。

$$6\ \underset{\text{1,3-BPGA}}{\begin{array}{c} CH_2OPO_3^{2-} \\ HO-C-H \\ C \\ O \quad OPO_3^{2-} \end{array}} + 6NADPH + 6H^+ \longrightarrow 6\ \underset{\text{3-PGald}}{\begin{array}{c} CH_2OPO_3^{2-} \\ HO-C-H \\ C \\ O \quad H \end{array}} + 6NADP^+ + 6HOPO_3^{2-}$$

在还原阶段，光反应中生成的 NADPH 和部分 ATP 被利用，CO_2 被还原为糖（3-PGald）。光合作用的贮能作用完成。

第三，更新阶段。

④ 由丙糖磷酸异构酶（triose-phosphate isomerase）催化，3-PGald 转变为二羟丙酮磷酸（dihydroxy acetone phosphate，DHAP）。

$$2\ \underset{\text{3-PGald}}{\begin{array}{c} CH_2OPO_3^{2-} \\ HO-C-H \\ C \\ O \quad H \end{array}} \rightleftharpoons 2\ \underset{\text{DHAP}}{\begin{array}{c} CH_2OH \\ C{=}O \\ CH_2OPO_3^{2-} \end{array}}$$

⑤ 在醛缩酶（aldolase）催化下，3-PGald 与 DHAP 结合为果糖-1,6-二磷酸（fructose-

1,6-bisphosphate，F-1,6-BP）

3-PGald + DHAP ⇌ F-1,6-BP

⑥ F-1,6-BP在果糖-1,6-二磷酸磷酸（酯）酶（fructose-1,6-bisphosphate phosphatase）催化下将C1上的Pi水解下来，生成果糖-6-磷酸（fructose-6-phosphate，F-6-P）

F-1,6-BP + H_2O ⟶ F-6-P + $HOPO_3^{2-}$

⑦ 在转酮酶（transketolase）作用下，F-6-P上端的2个碳转移到3-PGald上，形成木酮糖-5-磷酸（xylulose-5-phosphate，Xu-5-P），并释放出赤藓糖-4-磷酸（erythrose-4-phosphate，E-4-P）。

F-6-P + 3-PGald ⇌ E-4-P + Xu-5-P

⑧ 由醛缩酶催化，E-4-P与DHAP结合形成景天庚酮糖-1,7-二磷酸（sedoheptulose-1,7-bisphosphate，S-1,7-BP）。

E-4-P + DHAP ⇌ S-1,7-BP

⑨ 景天庚酮糖-1,7-二磷酸磷酸（酯）酶（sedoheptulose-1,7-bisphosphate phosphatase）催化S-1,7-BP水解为景天庚酮糖-7-磷酸（sedoheptulose-7-phosphate，S-7-P）。

S-1,7-BP + H_2O ⟶ S-7-P + $HOPO_3^{2-}$

⑩ 在转酮酶作用下，S-7-P上端的2个碳转移到3-PGald上，形成核糖-5-磷酸（ribose-5-phosphate，R-5-P）和Xu-5-P。

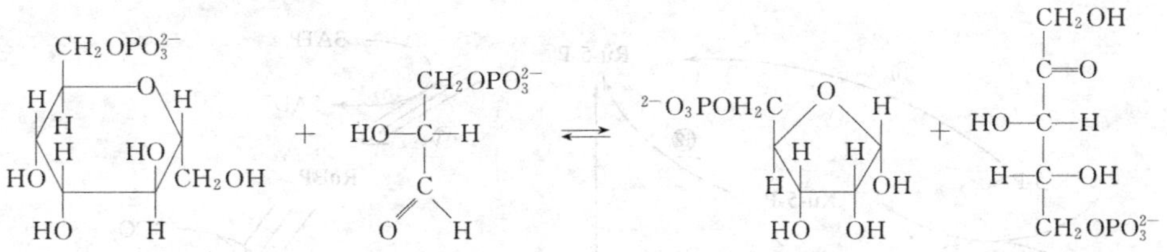

$$\text{S-7-P} + \text{3-PGald} \rightleftharpoons \text{R-5-P} + \text{Xu-5-P}$$

S-7-P　　3-PGald　　R-5-P　　Xu-5-P

⑪ 由核酮糖-5-磷酸差向异构酶（ribulose-5-phosphate epimerase，差向异构酶改变化合物的构型）催化，Xu-5-P 转变为核酮糖-5-磷酸（ribulose-5-phosphate，Ru-5-P）。

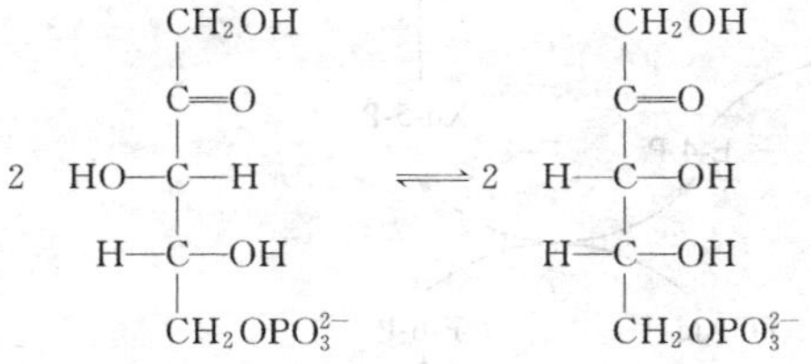

$$2\ \text{Xu-5-P} \rightleftharpoons 2\ \text{Ru-5-P}$$

Xu-5-P　　Ru-5-P

⑫ 由核糖-5-磷酸异构酶（ribose-5-phosphate isomerase）催化，R-5-P 转变为 Ru-5-P。

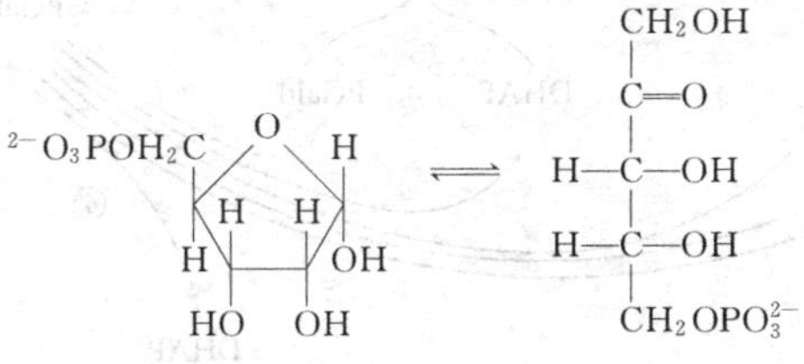

$$\text{R-5-P} \rightleftharpoons \text{Ru-5-9}$$

R-5-P　　Ru-5-9

⑬ 在核酮糖-5-磷酸激酶（ribulose-5-phosphate kinase，Ru-5-PK）催化下，Ru-5-P 转变为核酮糖-1,5-二磷酸（RuBP）。

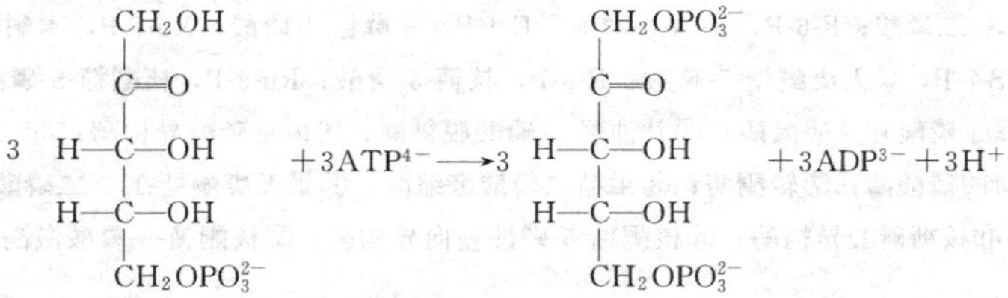

$$3\ \text{Ru-5-P} + 3ATP^{4-} \longrightarrow 3\ \text{RuBP} + 3ADP^{3-} + 3H^{+}$$

Ru-5-P　　RuBP

PCR 循环的总反应式如下。

$$3CO_2 + 5H_2O + 9ATP^{4-} + 6NADPH \longrightarrow \text{3-PGald} + 9ADP^{3-} + 8HOPO_3^{2-} + 6NADP^{+} + 3H^{+}$$

由上式可以看到，每还原 1 分子 CO_2 需消耗 3 分子 ATP 和 2 分子 NADPH。

若按每同化 1mol CO_2 可贮能 467kJ，每水解 1mol ATP 和氧化 1mol NADPH 可分别释放能量 29kJ 和 217kJ 计算，则通过 PCR 循环同化 CO_2 的能量转换效率为 90% [467/(29×3+217×2)]，这是一个相当高的效率。

PCR 循环产生的磷酸三碳糖（3-PGald 或 DHAP）可在叶绿体内形成淀粉，或被转运到细胞液中，形成蔗糖或参加其他代谢。

图 1-13 总结了 PCR 循环的过程。

在一些文献中，PCR 循环的总反应式以固定 6 分子 CO_2 形成 1 分子果糖-6-磷酸为基础表述。

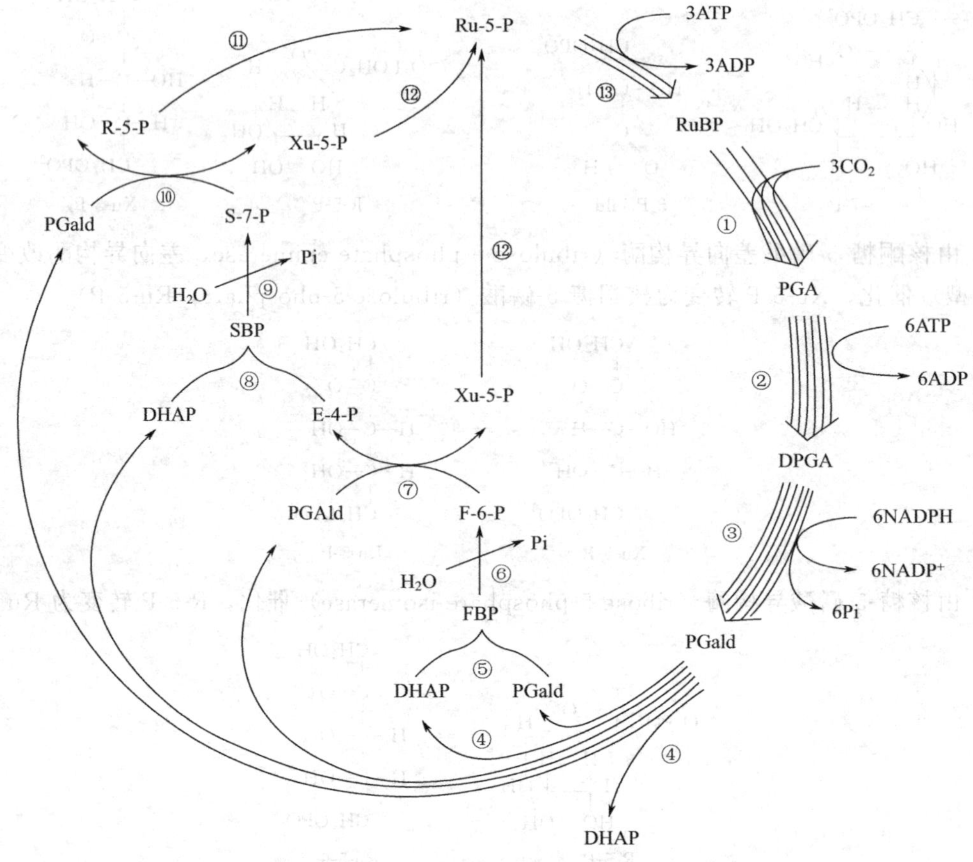

图 1-13　卡尔文循环（引自 Bowyer 和 Leegood，1997）

每一线条代表每 1mol 代谢物的转变。①是羧酸化阶段；②和③是还原阶段；其余反应是更新阶段。RuBP，核酮糖-1,5-二磷酸；PGA，3-磷酸甘油酸；DPGA，1,3-二磷酸甘油酸；PGald，3-磷酸甘油醛；DHAP，二羟丙酮磷酸；FBP，果糖-1,6-二磷酸；F-6-P，果糖-6-磷酸；E-4-P，赤藓糖-4-磷酸；Xu-5-P，木酮糖-5-磷酸；SBP，景天庚酮糖-1,7-二磷酸；S-7-P，景天庚酮糖-7-磷酸；R-5-P，核糖-5-磷酸；Ru-5-P，核酮糖-5-磷酸。循环中的酶如下：①Rubisco；②3-磷酸甘油酸激酶；③甘油醛-3-磷酸脱氢酶；④丙糖磷酸异构酶；⑤二磷酸醛缩酶；⑥果糖-1,6-二磷酸磷酸酶；⑦转酮酶；⑧果糖二磷酸醛缩酶；⑨景天庚酮糖-1,7-二磷酸酶；⑩转酮酶；⑪核糖磷酸异构酶；⑫核酮糖-5-磷酸差向异构酶；⑬核酮糖-5-磷酸激酶

$$6CO_2+11H_2O+18ATP+12NADPH \longrightarrow F\text{-}6\text{-}P+18ADP^{3-}+17Pi+12NADP^{+}+6H^{+}$$

这样，分步反应中的①～③、⑦～⑬中各反应物的系数均应乘以 2，④的系数变为 5，⑤和⑥的系数为 3。但实际上从 PCR 循环中输出的是磷酸三碳糖，而不是 F-6-P，所以上式并不恰当。

2. PCR 循环的调节

（1）PCR 循环的自催化作用（autocatalysis）　在 PCR 循环中，作为 CO_2 的受体，要求 RuBP 需有一定的浓度。植物具有增加 RuBP 浓度的机制。在 PCR 循环中，开始被固定的 CO_2 并不形成磷酸三碳糖输出，而是用来增加 RuBP 的量，这样使得以后固定 CO_2 的速率增大。

$$5RuBP+5CO_2+9H_2O+16ATP+10NADPH \longrightarrow 6RuBP+14Pi+6H^{+}+16ADP^{3-}+10NADP^{+}$$

（2）光的调节作用　虽然 PCR 循环不直接要求光的参加，但光可以调节反应的进行，

因为有些酶在光下被活化，在暗中被钝化，称之为光调节酶。例如，Rubisco、NADP-PGald 脱氢酶、FBP 酯酶、SBP 酯酶和 Ru-5-P 激酶。其中 Rubisco、FBP 酯酶和 SBP 酯酶的活性与叶绿体间质的 pH 值和 Mg^{2+} 浓度有关。在光反应中，H^+ 从叶绿体间质向类囊体内转移，同时交换出 Mg^{2+}。这样间质的 pH 值从 7.0 上升到 8.0，Mg^{2+} 浓度也增加，从而使这三种酶的活性升高。在暗中情况逆转，间质 pH 值降至 7.0，Mg^{2+} 浓度随之降低，导致酶的钝化。

Rubisco 在光下活化的机制是其活性部位的一个赖氨酸上的 ε-NH_2，在 pH 值较高时不带电荷，可以与 CO_2 形成带负电荷的氨基甲酸（carbamate），后者再与 Mg^{2+} 结合形成 Rubisco-CO_2-Mg^{2+} 活性复合体（ECM）（图 1-14），酶被激活。这里参与活化的 CO_2 分子与被固定的 CO_2 分子是不同的。Rubisco 活化中的氨甲酰化作用（carbamylation）由 Rubisco 活化酶（Rubisco activase）催化。此酶在光下起作用，要求有 ATP 和 RuBP 以表现活性。

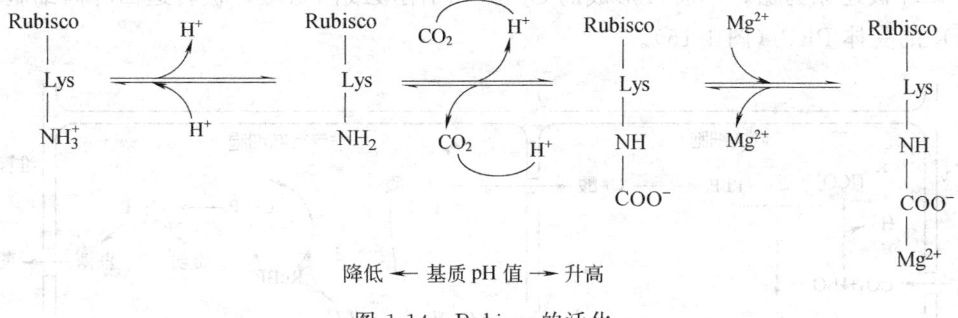

图 1-14 Rubisco 的活化

在一些植物的叶中存在一种 Rubisco 的抑制物 2-羧基阿拉伯糖醇-1-磷酸（2-carboxy arabinitol-1-phosphate，CA1P），其结构与 RuBP 的羧化中间产物相似。在夜间，CA1P 与 Rubisco 紧密结合，从而抑制 Rubisco 催化羧化反应；RuBP 可与未活化的 Rubisco 结合，使后者不被活化；与活化的 ECM 结合的 RuBP 可被异构化为 XuBP，结果也使酶不能表现活性。Rubisco 活化酶可以使 CA1P、RuBP、XuBP 与 Rubisco 脱离，从而使 Rubisco 活性升高。活化酶的上述作用需消耗 ATP，而光照则促进光合磷酸化中 ATP 的形成。

果糖-1,6-二磷酸磷酸酯酶（FBPase）和核酮糖-5-磷酸激酶（Ru-5-PK）等酶中含有二硫基团（—S—S—），当被还原为 2 个巯基（—SH HS—）时，表现活性。照光时来自 H_2O 的电子由 PSⅠ通过 PSⅡ将铁氧还蛋白（Fd）还原（$Fe^{3+} \rightarrow Fe^{2+}$），后者通过硫氧还蛋白（thioredoxin，简写为 Td）又使 FBPase 和 Ru-5-PK 的相邻半胱氨酸上的巯基处于还原状态（—SH HS—）。在暗中则相反，巯基氧化形成二硫键（—S—S—），酶失活。

(3) 光合产物的输出调节 叶绿体内 CO_2 还原形成的磷酸丙糖通过叶绿体膜上的 Pi 转运器向外输出，其输出的速率受细胞质中 Pi 的调节。因为磷酸丙糖输出到细胞质和 Pi 输入到叶绿体呈等量关系。当细胞质中蔗糖合成减少时，Pi 的释放也就减少，使输入到叶绿体内的无机磷减少，导致 ATP 合成受阻，ATP 水平下降和磷酸丙糖的输出受阻，影响 C_3 途径进行。另一方面，叶绿体内磷酸丙糖的积累可促进淀粉的合成，叶绿体内淀粉的积累使光合功能下降，淀粉粒本身对光合膜精细结构也有损伤。

（二）四碳二羧酸途径（C_4 途径）

Hatch 和 Slack 在前人研究的基础上，于 20 世纪 60 年代中期发现一条不同于 C_3 途径

的 CO_2 固定途径，由于在该途径中 CO_2 被固定后的第一个产物是草酰乙酸，以及原初稳定产物苹果酸或天冬氨酸都是含四个碳的二羧酸化合物，故称之为四碳二羧酸途径（C_4-dicarboxylic acid pathway），简称 C_4 途径，该途径亦称为 C_4 光合碳同化循环（C_4 photosynthetic carbon assimilation cycle，简称 C_4 PCA 循环）或哈奇-斯拉克循环（Hatch-Slack cycle）。具有 C_4 光合途径的植物称为 C_4 植物，这类植物大多起源于热带或亚热带，主要集中于禾本科、莎草科、菊科、苋科等 20 多个科的 1300 多种植物中，其中禾本科占 75%，但农作物中却不多，只有玉米、高粱、甘蔗、黍与粟等数种适合于在高温、强光与干旱条件下生长的植物。

1. C_4 二羧酸途径生化过程

C_4 植物的碳同化过程基本可分为四个阶段：①在叶肉细胞中，通过磷酸烯醇式丙酮酸（PEP）的羧化作用形成 C_4 二羧酸（苹果酸或天冬氨酸）固定 CO_2；②C_4 二羧酸由叶肉细胞通过胞间连丝转运到维管束鞘细胞内；③在鞘细胞内 C_4 二羧酸脱羧释放 CO_2，此 CO_2 进入 PCR 循环被还原为糖；④脱羧形成的 C_3 酸（丙酮酸或丙氨酸）被转运回叶肉细胞，并再生出 CO_2 的受体 PEP（图 1-15）。

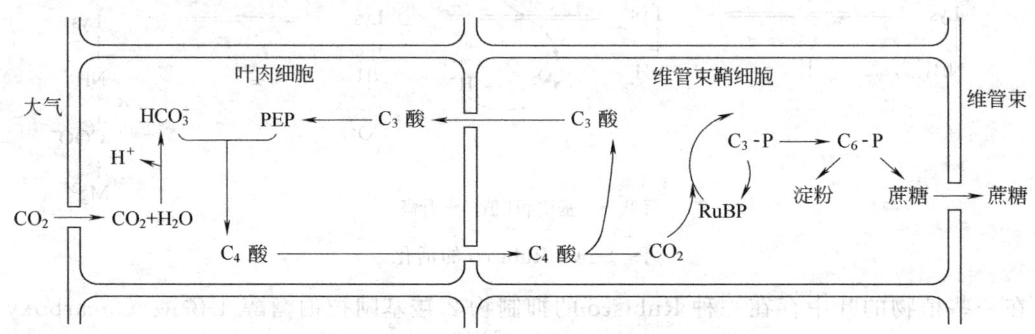

图 1-15 C_4 光合碳同化途径示意

根据被转运到鞘细胞中的 C_4 酸的性质和催化脱羧反应的酶的不同，又可以将 C_4 植物分为三种类型：①具有高活性的依赖 NADP 的苹果酸酶（NADP malic enzyme）的苹果酸型（NADP-ME 型）；②具有高活性的依赖 NAD 的苹果酸酶（NAD malic enzyme）的天冬氨酸型（NAD-ME 型）；③具有高活性的 PEP 羧激酶（phosphoenol pyruvate carboxykinase）的天冬氨酸型（PEP-CK 型）。

C_4 途径的具体反应步骤如下。

（1）由 PEP 羧化酶（phosphoenol pyruvate carboxylase）催化 PEP 与 HCO_3^- 形成草酰乙酸（oxaloacetic acid，OAA）。

$$\underset{\text{PEP}}{\begin{matrix} CH_2 \\ \| \\ C-O-PO_3^{2-} \\ | \\ COO^- \end{matrix}} + H^*CO_3^- \longrightarrow \underset{\text{OAA}}{\begin{matrix} {}^*COO^- \\ | \\ CH_2 \\ | \\ C=O \\ | \\ COO^- \end{matrix}} + HOPO_3^{2-}$$

此反应在叶肉细胞的细胞液中进行。OAA 不稳定，在分离提取时发生降解，因此不易检测到。

（2）形成的 OAA 转化为苹果酸（malic acid）（NADP-ME 型）或天冬氨酸（aspartic

acid）（NAD-ME 型和 PEP-CK 型），这两种 C_4 二羧酸是最初能够检测到的含大量标记 $^{*}C$ 的物质。

① 由 NADP 苹果酸脱氢酶（NADP malate dehydrogenase）催化，OAA 还原为苹果酸。反应在叶绿体中进行。

$$\underset{\text{OAA}}{{}^{*}COO^- - CH_2 - C(=O) - COO^-} + NADPH + H^+ \longrightarrow \underset{\text{苹果酸}}{{}^{*}COO^- - CH_2 - CH(OH) - COO^-} + NADP^+$$

② 由天冬氨酸转氨酶（aspartate aminotransferase）催化，OAA 接受谷氨酸的—NH_2 形成天冬氨酸，反应在细胞液中进行。

$$\underset{\text{OAA}}{{}^{*}COO^- - CH_2 - {}^{*}C(=O) - COO^-} + \underset{\text{谷氨酸}}{COO^- - CH_2 - CH_2 - CH(NH_2) - COO^-} \longrightarrow \underset{\text{天冬氨酸}}{{}^{*}COO^- - CH_2 - CH(NH_2) - COO^-} + \underset{\alpha\text{-酮戊二酸}}{COO^- - CH_2 - CH_2 - C(=O) - COO^-}$$

（3）形成的苹果酸或天冬氨酸进入鞘细胞。天冬氨酸经过②的逆反应转变为 OAA，在 NAD-ME 型中，OAA 再在 NAD 苹果酸脱氢酶催化下被还原为苹果酸。

$$OAA + NADH + H^+ \longrightarrow 苹果酸 + NAD^+$$

（4）苹果酸或 OAA 脱羧释放 CO_2 并形成三碳羧酸。

① 在 NADP-ME 型中，苹果酸由 NADP 苹果酸酶催化脱羧形成丙酮酸，反应在叶绿体中进行。

$$\underset{\text{苹果酸}}{{}^{*}COO^- - CH_2 - CH(OH) - COO^-} + NADP^+ \longrightarrow \underset{\text{丙酮酸}}{CH_3 - C(=O) - COO^-} + {}^{*}CO_2 + NADPH$$

② 在 NAD-ME 型中，苹果酸由 NAD 苹果酸酶催化脱羧。反应在线粒体中进行。

③ 在 PEP-CK 型中，OAA 由 PEP 羧激酶催化脱羧形成 PEP，反应在细胞液中进行。

$$\underset{\text{OAA}}{{}^{*}COO^- - CH_2 - C(=O) - COO^-} + ATP \longrightarrow \underset{\text{PEP}}{CH_2 = C(O - PO_3^{2-}) - COO} + {}^{*}CO_2 + ADP$$

脱羧释放的 CO_2 都进入叶绿体中参加卡尔文循环。

（5）在 NADP-ME 型中，脱羧形成的丙酮酸由鞘细胞转运回叶肉细胞。NAD-ME 型中，丙酮酸在丙氨酸转氨酶（alanine aminotransferase）催化下形成丙氨酸，然后进入叶肉细胞。

$$
\begin{array}{cccccccc}
 & & COO^- & & & & COO^- \\
 & & | & & & & | \\
CH_3 & & CH_2 & & CH_3 & & CH_2 \\
| & & | & & | & & | \\
C{=}O & + & CH_2 & \rightleftharpoons & H{-}C{-}NH_2 & + & CH_2 \\
| & & | & & | & & | \\
COO^- & & H{-}C{-}NH_2 & & COO^- & & C{=}O \\
 & & | & & & & | \\
 & & COO^- & & & & COO^- \\
\text{丙酮酸} & & \text{谷氨酸} & & \text{丙氨酸} & & \alpha\text{-酮戊二酸}
\end{array}
$$

在 PEP-CK 型中，脱羧形成的 PEP 可能直接进入叶肉细胞，也可能先转变为丙酮酸，再形成丙氨酸进入叶肉细胞。

(6) 在 NADP-ME 型中进入叶肉细胞的丙酮酸由叶绿体中的丙酮酸磷酸双激酶（pyruvate phosphate dikinase，PPDK）催化，重新形成 CO_2 的受体 PEP。

$$\text{丙酮酸} + ATP + HOPO_3^{2-} \longrightarrow PEP + AMP + H_2P_2O_7^{2-}$$

进入叶肉细胞的丙氨酸（NAD-ME 型或 PEP-CK 型）经过（5）的逆反应转变为丙酮酸，再经反应（6）形成 PEP。

C_4 途径不同类型的 CO_2 固定过程总结于图 1-16。

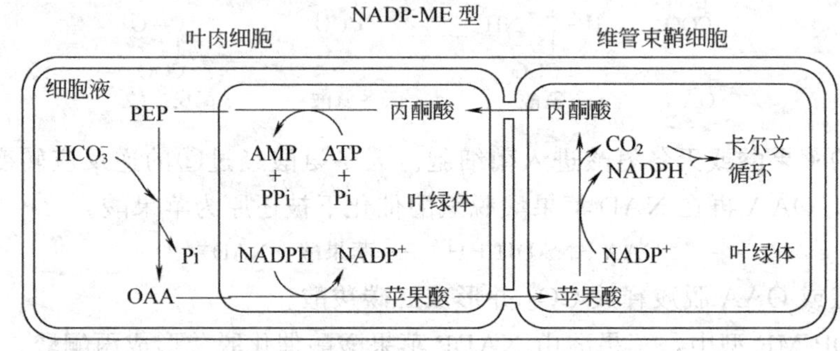

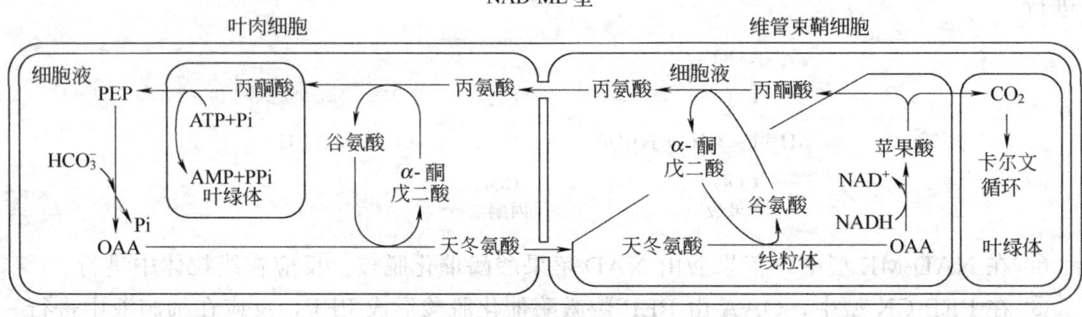

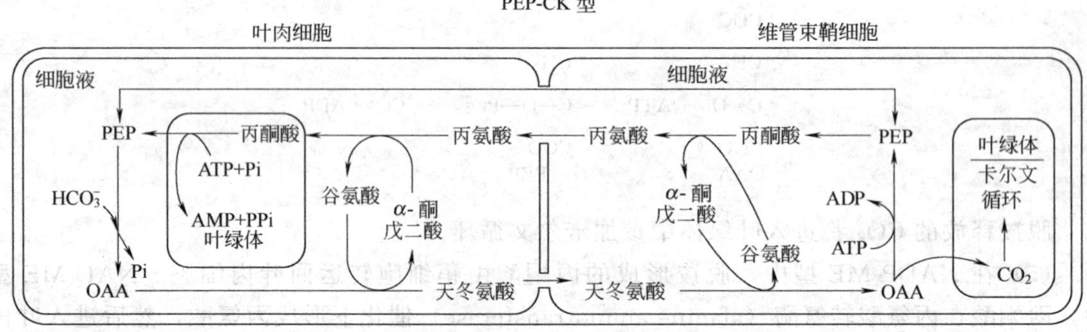

图 1-16 C_4 途径的三种类型示意

2. C_4 二羧酸途径调节

PEP 羧化酶、NADP-苹果酸脱氢酶和丙酮酸磷酸双激酶（PPDK）都在光下被激活，而在暗中则失活。NADP-苹果酸脱氢酶的活性通过 Fd-Td 体系调节，PPDK 的活性与其活性部位苏氨酸的磷酸化状态有关。在 PPDK 调节蛋白的催化下，黑暗时苏氨酸磷酸化，PPDK 变为失活状态。

$$\text{PPDK-Thr-OH} + \text{ADP} \longrightarrow \text{PPDK-Thr-OP} + \text{AMP}$$

照光时苏氨酸脱磷酸，PPDK 转变为活化态。

$$\text{PPDK-Thr-OP} + \text{Pi} \longrightarrow \text{PPDK-Thr-OH} + \text{PPi}$$

PEP 羧化酶的活性与其活性部位丝氨酸的磷酸化状态有关。光下在蛋白激酶的催化下丝氨酸接受 ATP 的磷酸而具有活性，暗中则脱磷酸失活。此外，PEP 羧化酶的活性被 PEP、G-6-P、甘氨酸促进，被苹果酸、OAA 和天冬氨酸抑制。

（三）景天酸代谢途径

景天酸代谢途径（crassulacean acid metabolism pathway，简称 CAM 途径）是在 C_4 途径之后在景天科的落地生根属、茄蓝菜属、景天属等植物中首先发现的，后来发现，龙舌兰科、凤梨科、苦杏科、大戟科、仙人掌科等 19 科 230 多种植物均存在这一途径。具有 CAM 途径的植物称为 CAM 植物。

1. CAM 途径生化过程

CAM 植物多属肉质植物或半肉质植物，在适应干热的进化过程中气孔运动是夜开昼闭，因而 CO_2 固定也很特殊。夜晚气孔开放，吸进 CO_2，与 PEP 结合成草酰乙酸（OAA），进一步还原为苹果酸，积累于液泡中。白天气孔关闭，液泡中的苹果酸便运至细胞质氧化脱羧，放出的 CO_2 进入 C_3 途径，合成淀粉，而所产生的丙酮酸进入线粒体，亦被氧化成 CO_2 进入 C_3 途径。所以植物体在夜晚的有机酸含量很高，糖类物质含量下降；白天则相反，酸度下降，而糖分增多（图 1-17）。不过，在水分充足时 CAM 植物的气孔白天也开放，CO_2 直接进入 C_3 途径。

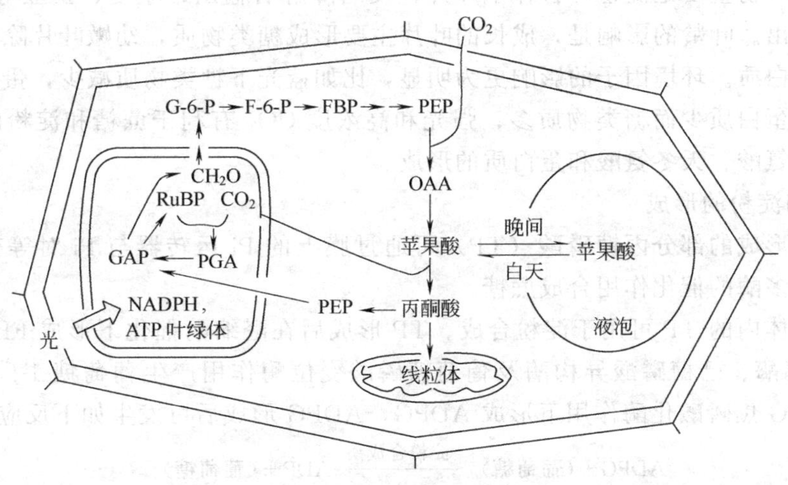

图 1-17 CAM 途径示意

CAM 途径与 C_4 途径有许多相似之处，都有 PEP 羧化酶，都是 C_3 途径的附加过程。但两者也存在明显差异：C_4 植物的 C_3 和 C_4 途径分别在维管束鞘细胞和叶肉细胞两个部位进行，从空间上把两个过程分开；CAM 植物没有特殊形态的维管束鞘，其 C_3 和 C_4 途径都是在具有叶绿体的叶肉细胞中进行的，它们是通过时间（白天和夜间）把 CO_2 固定和还原巧妙地分开。C_4 植物的光合速率远远高于 CAM 植物。

2. CAM 途径调节

PEP 羧化酶是 CAM 植物夜间固定 CO_2 的关键酶，其活性的昼夜变化有效地调节 CAM 途径。研究表明，葡萄糖-6-磷酸（G-6-P）和 Pi 是该酶的正效应剂，而苹果酸则是负效应剂。在夜间，呼吸过程的糖酵解作用使淀粉转变成 G-6-P，使 PEP 羧化酶活性升高，CO_2 固定加强；虽然苹果酸的量不断增加，但由于积累在液泡中，并未对 PEP 羧化酶固定 CO_2 产生抑制作用。相反，在白天，苹果酸不断从液泡运至细胞质，从而抑制 PEP 羧化酶的活性，这是一种反馈抑制，可避免与 Rubisco 竞争苹果酸脱羧后释放的 CO_2。

PEP 羧化酶的构象亦发生昼夜变化，白天为二聚体，对苹果酸的抑制作用很敏感，并且对 PEP 的亲和力降低，不进行羧化作用；夜间为四聚体，则对苹果酸的抑制作用不敏感，并且对 PEP 的亲和力高，可进行羧化作用。此外，PEP 羧化酶的磷酸化状态亦发生昼夜变化，夜间 PEP 羧化酶在蛋白激酶的作用下被 ATP 磷酸化，白天则发生脱磷酸化作用，前者对苹果酸的抑制不敏感，而后者敏感。

四、光合作用的产物

1. 光合作用的直接产物

长期以来，糖类物质被认为是光合作用的唯一产物，后来利用 $^{14}CO_2$ 供给小球藻，在未形成糖类物质之前就发现 ^{14}C 进入到氨基酸（甘氨酸、丙氨酸、丝氨酸等）和有机酸（丙酮酸、苹果酸、乙醇酸等）中。当以 ^{14}C-醋酸饲喂离体叶片，照光后 ^{14}C 进入叶绿体中的某些脂肪酸（棕榈酸、油酸、亚油酸）。由此可见，糖类物质、蛋白质、脂肪酸和有机酸都是光合作用的直接产物，只不过是糖类物质所占比例很高而已，而蔗糖和淀粉又是糖类物质中更为重要的两种光合产物。此外，还有果糖与葡萄糖。

光合产物的种类和数量与植物种类、生育期及环境等因子有关。例如，棉花、大豆、烟草的最初光合产物主要是淀粉，暂存于叶片，夜间降解后输出；小麦、蚕豆等主要是蔗糖，并以此向外输出。叶龄的影响是，成长的叶片主要形成糖类物质，幼嫩叶片除糖类物质外还产生较多的蛋白质。环境因子的影响更为明显，比如蓝光下糖类物质减少，蛋白质较多；红光下则相反，蛋白质少而糖类物质多；强光和高浓度 CO_2 有利于蔗糖和淀粉的形成，而弱光则有利于谷氨酸、天冬氨酸和蛋白质的形成。

2. 蔗糖和淀粉的形成

叶绿体内形成的部分丙糖磷酸（TP）可通过膜上的 Pi 运转器与 Pi 对等交换进入细胞质，并经过许多酶的催化作用合成蔗糖。

留在叶绿体内的 TP 可用于淀粉合成。TP 形成后在醛缩酶催化下形成 FBP，FBP 先后经 FBP 磷酸酯酶、己糖磷酸异构酶及葡萄糖磷酸变位酶作用产生葡萄糖-1-磷酸（G-1-P），G-1-P 在 ADPG 焦磷酸化酶作用下形成 ADPG，ADPG 形成后可发生如下反应。

$$\text{ADPG}+\underset{\text{引　子}}{(\text{葡萄糖})_n}\xrightarrow{\text{淀粉合成酶}}\text{ADP}+(\text{葡萄糖})_{n+1}$$

如此重复反应即形成直链淀粉。合成支链淀粉还需要 Q 酶的作用。

3. 蔗糖与淀粉合成的调节

光照可以促进叶绿体内淀粉的合成。照光时硫氧还蛋白体系（thioredoxin system）运转，Mg^{2+} 从类囊体中运到叶绿体基质，二者可以活化 FBP 磷酸酯酶（催化反应 FBP→F-6-P），

Pi是ADPG焦磷酸化酶的抑制剂，随着光合磷酸化的进行，Pi参与形成ATP浓度降低，ADPG焦磷酸化酶的活性增大。此外，光照时卡尔文循环运转，其中间产物3-PGA、PEP、F-6-P、FBP等及同化的初级产物TP都对ADPG焦磷酸化酶有促进作用。

细胞液中蔗糖的合成在很大程度上受TP和果糖-2,6-二磷酸（F-2,6-BP）浓度变化的调节。F-2,6-BP以很低的浓度存在于细胞液中，它强烈抑制细胞液中F-1,6-BP磷酸酶的活性（但不抑制叶绿体中同工酶的活性），激活依赖焦磷酸的果糖-6-磷酸激酶（PPi-dependent F-6-P kinase，催化反应F-6-P＋PPi→F-1,6-BP＋Pi）的活性。因此，当F-2,6-BP的浓度增高时，蔗糖合成的前体F-6-P含量降低，蔗糖合成受到抑制。那么什么因素影响F-2,6-BP的浓度呢？F-2,6-BP由F-6-P合成，并可水解为F-6-P。

$$\text{F-6-P} \underset{\text{Pi} \ \textcircled{2} \ H_2O}{\overset{\text{ATP} \ \textcircled{1} \ \text{ADP}}{\rightleftharpoons}} \text{F-2,6-BP}$$

反应①由F-6-P激酶（F-6-P kinase）催化，反应②由F-2,6-BP磷酸酯酶（F-2,6-BP phosphatase）催化。Pi促进F-6-P激酶而抑制F-2,6-BP磷酸酯酶的活性，TP则抑制前者的活性。这样当细胞液中TP/Pi比值低时，通过促进F-2,6-BP的合成而抑制了F-1,6-BP的水解，从而抑制蔗糖的合成，反之则促进蔗糖的合成。

细胞液中的TP来自叶绿体。位于叶绿体被膜上的TP-Pi转运器将细胞液中的Pi运进叶绿体的同时将TP运出。当细胞液中Pi含量高时，有利于这种转运的进行，从而使细胞液中TP/Pi比值升高，而叶绿体中TP/Pi的比值降低，这样便促进细胞液中蔗糖的合成，而抑制叶绿体中淀粉的合成。

第四节 光呼吸（C_2 循环）

在20世纪60年代初期应用红外CO_2分析仪和同位素示踪技术发现，一些植物的绿色细胞在光下，一方面进行光合作用，吸收CO_2释放O_2；另一方面也进行严格依赖于光的吸收O_2释放CO_2的呼吸作用，这种特殊的呼吸作用，被称为光呼吸（photorespiration）。光呼吸与一般呼吸不同，一般呼吸在光下和暗中都可以进行，不直接需要光照，被相对地称为暗呼吸（dark respiration）。

光呼吸的底物是乙醇酸。光呼吸的代谢过程就是乙醇酸的产生和氧化过程，这个过程被称为C_2光呼吸碳氧化循环（C_2 photorespiration carbon oxidation cycle，简称PCO循环或C_2循环），或氧化的光合碳循环（oxidative photosynthetic carbon cycle），光呼吸代谢过程亦称为乙醇酸途径（glycolate pathway）。

一、光呼吸的生化过程

光呼吸的底物乙醇酸是由RuBP加氧反应产生的，催化这一反应的酶是Rubisco。已证实，Rubisco具有双重催化功能，既可以催化羧化反应，又可以催化加氧反应。催化羧化反应时可称为RuBP羧化酶；催化加氧反应时可称为RuBP加氧酶。Rubisco的催化方向决定于CO_2分压与O_2分压状况，当CO_2分压高O_2分压低时，催化RuBP与CO_2生成2分子PGA，进入C_3循环；当O_2分压高CO_2分压低时，则催化RuBP与O_2反应生成1分子PGA和1分子磷酸乙醇酸（C_2化合物），后者在磷酸酯酶作用下转化为乙醇酸。

光呼吸的代谢过程如下。

1. RuBP 氧化

光呼吸是从 RuBP 被氧化开始的。在 Rubisco 的催化下，O_2 与 RuBP 结合，形成磷酸乙醇酸（phosphoglycolate）和 3-磷酸甘油酸（3-PGA）。

$$\underset{\text{RuBP}}{\begin{array}{c}CH_2OPO_3^{2-}\\|\\C{=}O\\|\\H{-}C{-}OH\\|\\H{-}C{-}OH\\|\\CH_2OPO_3^{2-}\end{array}} + O_2 \longrightarrow \underset{\text{磷酸乙醇酸}}{\begin{array}{c}CH_2OPO_3^{2-}\\|\\COO^-\end{array}} + \underset{\text{3-PGA}}{\begin{array}{c}CH_2OPO_3^{2-}\\|\\HO{-}C{-}H\\|\\COO^-\end{array}} + 2H^+$$

这一反应的细节如下。

$$\begin{array}{c}CH_2OPO_3^{2-}\\|\\C{=}O\\|\\H{-}C{-}OH\\|\\H{-}C{-}OH\\|\\CH_2OPO_3^{2-}\end{array} \longrightarrow \underset{\text{烯二醇中间产物}}{\begin{array}{c}CH_2OPO_3^{2-}\\|\\C{-}OH\\\|\\C{-}OH\\|\\H{-}C{-}OH\\|\\CH_2OPO_3^{2-}\end{array}} \xrightarrow{^{18}O_2} \begin{array}{c}CH_2OPO_3^{2-}\\|\\H^{18}O{-}^{18}O{-}C{-}OH\\|\\C{=}O\\|\\H{-}C{-}OH\\|\\CH_2OPO_3^{2-}\end{array} \xrightarrow[H_2O^{18}]{H_2O}$$

$$\begin{array}{c}CH_2OPO_3^{2-}\\|\\C\\\swarrow\ \searrow\\^{18}O\quad O^-\end{array} + \begin{array}{c}COO^-\\|\\H{-}C{-}OH\\|\\CH_2OPO_3^{2-}\end{array} + 2H^+$$

从上述反应中可以看到，O_2 的一个原子结合到磷酸乙醇酸中。

2. 乙醇酸的形成

在磷酸乙醇酸磷酸酯酶（phosphoglycolate phosphatase）的作用下，磷酸乙醇酸脱去磷酸形成乙醇酸（glycolate）。

$$\underset{\text{磷酸乙醇酸}}{\begin{array}{c}CH_2OPO_3^{2-}\\|\\COO^-\end{array}} + H_2O \longrightarrow \underset{\text{乙醇酸}}{\begin{array}{c}CH_2OH\\|\\COO^-\end{array}} + HOPO_3^{2-}$$

以上两步反应在叶绿体中进行。形成的乙醇酸由叶绿体膜上的转运蛋白运出叶绿体，并扩散进入另一细胞器过氧化物体（peroxisome）。

3. 乙醛酸的形成

乙醇酸在乙醇酸氧化酶（glycolate oxidase）催化下被氧化生成乙醛酸（glyoxylate）和过氧化氢。

$$\underset{\text{乙醇酸}}{\begin{array}{c}CH_2OH\\|\\COO^-\end{array}} + O_2 \longrightarrow \underset{\text{乙醛酸}}{\begin{array}{c}H\quad\ O\\\searrow\ \swarrow\!\!\!/\\C\\|\\COO^-\end{array}} + H_2O_2$$

过氧化氢在过氧化氢酶的作用下分解。

$$H_2O_2 \longrightarrow H_2O + 1/2O_2$$

4. 甘氨酸的形成

在乙醛酸：谷氨酸转氨酶（glyoxylate：glutamate aminotransferase）作用下，乙醛酸接受谷氨酸的氨基，形成甘氨酸（glycine）和 α-酮戊二酸（α-ketoglutarate）（氨基的提供者也有可能是丙氨酸），甘氨酸转入线粒体。

$$\underset{\text{乙醛酸}}{\mathrm{HC({=}O){-}COO^-}} + \underset{\text{谷氨酸}}{\mathrm{{}^-OOC{-}CH_2{-}CH_2{-}CH(NH_2){-}COO^-}} \longrightarrow \underset{\text{甘氨酸}}{\mathrm{NH_2{-}H_2C{-}COO^-}} + \underset{\alpha\text{-酮戊二酸}}{\mathrm{{}^-OOC{-}CH_2{-}CH_2{-}C({=}O){-}COO^-}}$$

5. 丝氨酸的形成

在线粒体中，2分子甘氨酸转变为1分子丝氨酸（serine），并释放1分子 CO_2 和1分子 NH_4^+。形成的丝氨酸进入过氧化物体。

$$2\ \underset{\text{甘氨酸}}{\mathrm{NH_2{-}H_2C{-}COO^-}} + NAD^+ + H_2O + H^+ \longrightarrow \underset{\text{丝氨酸}}{\mathrm{CH_2OH{-}CH(NH_2){-}COO^-}} + CO_2 + NH_4^+ + NADH$$

此反应实际分两步进行。首先1分子甘氨酸在甘氨酸脱羧酶（glycine decarboxylase）作用下释放 CO_2 和 NH_3，由四氢叶酸（tetrahydrofolic acid，THFA）接受亚甲基，形成亚甲基四氢叶酸（N^5,N^{10}-methylene tetrahydrofolic acid，meth. THFA），即

$$\text{甘氨酸} + THFA + NAD^+ + H_2O \longrightarrow CO_2 + NH_4^+ + \text{meth. THFA} + NADH$$

然后另一分子甘氨酸在丝氨酸羟甲基转移酶（serine hydroxymethyltransferase）催化下接受亚甲基四氢叶酸中的亚甲基，形成丝氨酸。

$$\text{甘氨酸} + \text{meth. THFA} + H_2O \longrightarrow \text{丝氨酸} + THFA$$

甘氨酸是光呼吸中释放的 CO_2 的直接来源。反应中生成的氨将会进一步转化，不会在细胞内积累，否则将对代谢活动产生毒害。

6. 羟基丙酮酸的形成

在过氧化物体中，丝氨酸在丝氨酸转氨酶（serine aminotransferase）作用下将氨基转移给 α-酮戊二酸，形成羟基丙酮酸（hydroxypyruvate）和谷氨酸。

$$\underset{\text{丝氨酸}}{\mathrm{CH_2OH{-}CH(NH_2){-}COO^-}} + \underset{\alpha\text{-酮戊二酸}}{\mathrm{{}^-OOC{-}CH_2{-}CH_2{-}C({=}O){-}COO^-}} \longrightarrow \underset{\text{羟基丙酮酸}}{\mathrm{CH_2OH{-}C({=}O){-}COO^-}} + \underset{\text{谷氨酸}}{\mathrm{{}^-OOC{-}CH_2{-}CH_2{-}CH(NH_2){-}COO^-}}$$

7. 甘油酸的形成

羟基丙酮酸在羟基丙酮酸还原酶（hydroxypyruvate reductase）作用下被还原为甘油酸（glycerate），甘油酸通过转运蛋白进入叶绿体。

$$\mathrm{CH_2OH{-}C({=}O){-}COO^-} + NADH + H^+ \longrightarrow \underset{\text{甘油酸}}{\mathrm{CH_2OH{-}CH(OH){-}COO^-}} + NAD^+$$

8. 3-磷酸甘油酸的形成

甘油酸在甘油酸激酶（glycerate kinase）的作用下磷酸化，形成3-磷酸甘油酸。

$$\underset{\text{甘油酸}}{\mathrm{H{-}C(CH_2OH)(COO^-){-}NH_2}} + ATP \longrightarrow \underset{\text{3-PGA}}{\mathrm{HO{-}C(CH_2OPO_3^{2-})(COO^-){-}H}} + ADP + H^+$$

3-PGA可以再进入卡尔文循环形成RuBP或合成淀粉。

由于光呼吸代谢过程的部分产物（3-PGA）可以进入C_3途径从而构成一种循环，所以称之为C_3光呼吸碳氧化循环。

以上是光呼吸的总历程。它涉及三种细胞器：叶绿体、过氧化物体和线粒体。图1-18总结了光呼吸代谢的总过程以及各步反应在细胞内的定位。

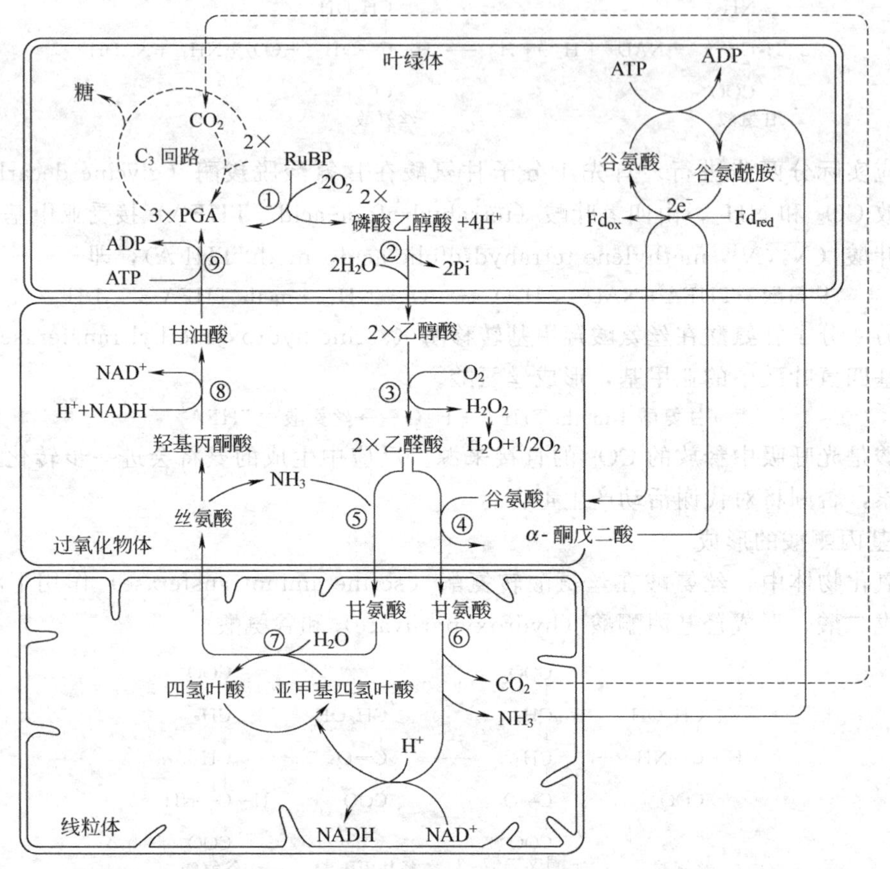

图1-18 光呼吸途径及其在细胞内的定位（引自Ogren，1984）

①Rubisco；②磷酸乙醇酸磷酸酯酶；③乙醇酸氧化酶；④谷氨酸乙醛酸转氨酶；⑤丝氨酸乙醛酸转氨酶；⑥甘氨酸脱羧酶；⑦丝氨酸羟甲基转移酶；⑧羟基丙酮酸还原酶；⑨甘油酸激酶

反应①～⑨的总反应式（将反应①～⑤乘以系数2）如下。

$$2RuBP + 3O_2 + H_2O + ATP + \text{谷氨酸} \longrightarrow 3PGA + CO_2 + ADP + 2Pi + \alpha\text{-酮戊二酸} + NH_4^+ + 3H^+$$

二、C_2循环与C_3循环的调节

光呼吸与光合碳循环密切相关（图1-19）。对这两个循环的调节，即碳素向两个循环的分配关键在于Rubisco的催化方向，而该酶的催化方向又受O_2分压与CO_2分压调节。当

CO_2 分压高 O_2 分压低时，Rubisco 羧化活性高，CO_2 进入 C_3 循环，促进碳素积累，光合速率增高；当 O_2 分压高 CO_2 分压低时，Rubisco 加氧活性高，O_2 进入 C_2 循环，放出 CO_2，消耗已同化的碳素，光合速率减低。

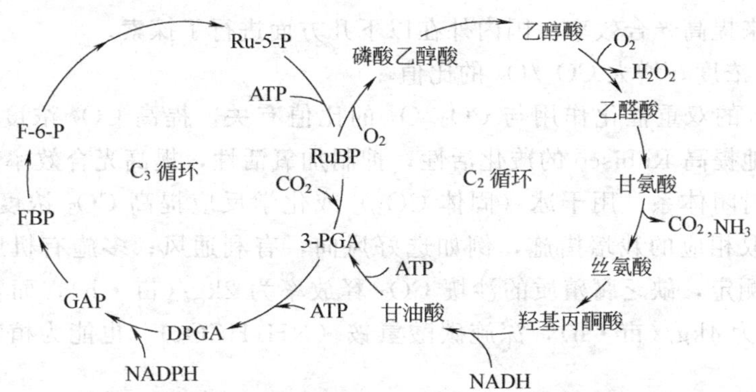

图 1-19　C_2 循环与 C_3 循环的调节

三、光呼吸的生理功能

关于光呼吸的生理功能，目前尚未取得一致意见，鉴于光呼吸使 C_3 植物损失已固定碳素的 25%～30%（有时甚至高达 50%），一度曾使人们认为，光呼吸是一种浪费，对植物是有害无益的。但是，许多资料表明，光呼吸在高等植物中普遍存在，是个不可避免的过程。从进化的观点出发，光呼吸可能是对内部环境（消除过多的乙醇酸和 O_2）的代谢调整，也可能是对外部条件（高光强）的主动适应。因此，对植物本身来说，光呼吸可能是一种自身防护体系。

1. 消除乙醇酸的毒害

Rubisco 的活性中心结构决定它不能很好地区分 CO_2 和 O_2，既可以催化羧化反应，也可以催化加氧反应，所以在有氧条件下乙醇酸的产生不可避免。乙醇酸积累过多对植物有毒害作用，植物通过光呼吸代谢，将其转化为丙糖磷酸或氨基酸。从这个意义上讲，光呼吸代谢过程（乙醇酸产生之后）是 Rubisco 加氧反应的结果。

2. 防止高光强对光合器的破坏

当光合作用的光反应形成的同化力超过 CO_2 同化的需要时，尤其在高光强和低 CO_2 的条件下，叶绿体内 $NADPH/NADP^+$ 比值升高，电子传递给 O_2 形成超氧阴离子自由基 O_2^- 对叶绿体产生伤害。而光呼吸代谢可消耗 NADPH，减少 O_2^- 的形成，从而保护叶绿体不受高光强的破坏。

3. 降低 O_2 浓度维持光合碳还原循环运转

光呼吸代谢是需 O_2 很多而且产生 CO_2 的反应，通过光呼吸代谢可降低叶绿体周围的 O_2/CO_2 比值，因此在高光强和低 CO_2 条件下，光呼吸代谢可维持 Rubisco 的羧化活性和光合碳还原循环的持续运转。同时光呼吸代谢也可通过降低 O_2 浓度减少 O_2^- 的产生。

此外，光呼吸代谢过程中产生的氨基酸（甘氨酸、丝氨酸）是对氨基酸合成的补充。关于光呼吸代谢的生理功能，仍有待于进一步证明。从拟南芥、烟草、番茄、大麦等植物中得到的光呼吸缺陷突变体（缺失某种 C_2 循环的酶）在正常空气中不能存活，只能在高 CO_2 浓度下（光呼吸受到抑制）存活。这说明在正常空气中光呼吸是植物的一个必需生理过程。

但是，对光呼吸代谢生理功能的真正阐明将依赖于 Rubisco 加氧活性专一抑制剂的发现，或利用分子生物学的手段完全去除 Rubisco 的加氧活性。

四、光呼吸的调节控制

由于光呼吸大量消耗光合作用固定的碳素，很多人都重视研究光呼吸的调节控制，希望通过控制光呼吸来提高光合效率。国内外在以下几方面进行了探索。

1. 提高 CO_2 浓度，增大 CO_2/O_2 的比值

由于 Rubisco 的双重催化作用与 CO_2/O_2 的比值有关，提高 CO_2 浓度，增大 CO_2/O_2 的比值，可有效地提高 Rubisco 的羧化活性，抑制加氧活性，提高光合效率。在生产上，对于温室或大棚等封闭体系，用干冰（固体 CO_2）或化学反应提高 CO_2 浓度是行之有效的，对于大田则应采取相应的栽培措施，例如选好风向，有利通风；多施有机肥，增加土壤的 CO_2 释放率。据测定，缺乏腐殖质的沙壤 CO_2 释放率为 2kg/(亩・h)，而富含腐殖质的土壤 CO_2 释放率则为 4kg/(亩・h)，深施碳酸氢铵（NH_4HCO_3），也能为植物提供相当多的碳素。

2. 应用光呼吸抑制剂

利用一些化学药剂抑制乙醇酸的产生或氧化，可抑制光呼吸。主要光呼吸抑制剂有以下几种。

（1）α-羟基磺酸盐　能够抑制乙醇酸氧化酶的活性，从而抑制乙醇酸的氧化。例如，用 3mmol/L α-羟基磺酸盐处理烟草叶圆片，可有效地抑制乙醇酸氧化，提高光合速率，但时间延长则未见效果，可能是由于抑制乙醇酸氧化，使其积累，对植物产生有害影响。

（2）亚硫酸氢钠（$NaHSO_3$）　也是抑制乙醇酸氧化酶的活性，以 100mg/L $NaHSO_3$ 喷施大豆叶片，1～6 天后光合速率平均提高 15.6%，对光呼吸的抑制高达 32.2%。

（3）2,3-环氧丙酸　抑制谷氨酸:乙醛酸转氨酶活性，Zelitch 报告能抑制乙醇酸的合成，但未得到其他研究者的证实。

较多的关于光呼吸抑制剂的试验报告来自实验室内对离体材料的研究。光呼吸抑制剂的专一性也常常不清楚，而且尚未发现没有其他不利效应的 Rubisco 加氧活性专一抑制剂。因此，光呼吸抑制剂的作用和应用还需进一步的探索。

3. 选育低光呼吸品种

不同光合类型植物的光呼吸强度不同，据此可将植物分为两大类：一类为高光呼吸植物，其特点是光呼吸强，光合效率低，包括大豆、烟草、小麦、水稻和绝大多数树木等 C_3 植物；另一类为低光呼吸植物，其特点是光呼吸很低，光合效率较高，光合作用几乎不受 O_2 浓度变化的影响，包括甘蔗、玉米、高粱等 C_4 植物。

进一步的研究表明，不同类型植物的 Rubisco 的加氧活性也不相同。Pierce（1988）比较了来自不同植物的 Rubisco 对 CO_2 的专一性（用 v_o/v_c 表示，v_o 为加氧速率，v_c 为羧化速度），发现不同类型植物 v_o/v_c 值不同。C_3 植物的 v_o/v_c 值约为 80%，C_4 植物为 70%～80%，绿藻约为 60%，蓝细菌约为 50%，光合细菌在 20%以下。

因此，在理论上可通过育种方法选育出低光呼吸品种，或用分子生物学的方法改造 Rubisco，降低其加氧活性以降低光呼吸。

第五节　影响光合作用的因素

植物的光合作用和其他生命活动一样，经常受到外界条件和内在因素的影响而不断地发

生变化。了解影响植物的内外因素，并加以控制，对于提高作物光合速率和产量有着重要意义。

一、光合作用的指标

1. 光合速率

光合速率亦称光合强度。所谓光合速率（photosynthetic rate）是指单位时间单位叶面积吸收 CO_2 的量或放出 O_2 的量，或者是指单位时间单位叶面积积累干物质的量。其单位是 $\mu molCO_2/(m^2 \cdot s)$，或 $gDW/(m^2 \cdot h)$。通常，在测定光合速率时没有把呼吸作用考虑进去，测定的结果实际上是净光合速率（net photosynthetic rate）或表观光合速率（apparent photosynthetic rate），即真正光合速率与呼吸速率的差值。

真正光合速率＝净光合速率＋呼吸速率

2. 光合生产率

光合生产率又称净同化率，指每天每平方米叶面积实际积累的干物质质量（克），其单位是 $gDW/(m^2 \cdot d)$，它是测定田间作物光合速率的常用方法。

二、影响光合作用的内部因素

1. 叶龄

叶片的光合速率与叶龄关系密切。从叶片发生到衰老凋萎，其光合速率呈单峰曲线变化。在叶片发育进程中，新形成的嫩叶光合速率很低，光合产物不能满足自身需要，必须从成熟叶片输入同化物质。当叶片充分伸展后光合速率达到最高，以后随叶片衰老而逐渐降低。叶片内 Rubisco 羧化活性也有类似变化，这可能是光合速率变化的内在原因之一，另外，光合作用与光合色素（尤其是叶绿素）的含量也有关系，比如新形成的嫩叶中叶绿素含量低（呈黄绿色），随叶龄增加叶绿素含量亦提高，以后叶片衰老，叶绿素含量又逐渐降低。

2. 源库关系

在植物体内源与库是相互协调的供需关系，但库的强弱也会影响叶片的光合速率。比如，摘除其他叶片而保留一片叶和所有的花果，此叶的光合速率急剧增加；可是，当摘去花、果实、顶芽，将会降低叶片的光合速率，如果对苹果枝条进行环割，则叶片光合速率明显下降。

三、影响光合作用的外部因素

1. 光照

光照是光合作用形成同化力的能量来源，同时也影响光合作用其他过程，如调节暗反应中某些酶的活性（光活化 Rubisco、FBP 酯酶和 SBP 酯酶等），光也是叶绿素合成和叶绿体发育的必要条件，所以光在多方面影响光合作用。

在一定范围内，光合速率随光照强度的增加而加快，但光强超过这一范围之后，光合速率的增加转慢，最后，当光照超过某一强度时，光合速率不再增加，这种现象称为光饱和（light saturation）现象，开始达到光饱和时的光强称为光饱和点（light saturation point）。不同植物的光饱和点差异很大，C_3 植物在 $3\times10^4\sim5\times10^4$ lx（勒克斯），C_4 植物可高达 10×10^4 lx 以上。产生光饱和现象的原因主要有两方面：一是光合色素和光化学反应来不及利用更多的光能；二是暗反应速度较慢，不能与光反应协调配合。例如，夏季晴天中午每个叶绿素分子每秒钟可接受 10 个光量子，其余的来不及利用而浪费。

光饱和点时的光合速率表示同化 CO_2 的最大能力。在光饱和点以下，光合速率随光照强度的减弱而降低，当光照降到某一强度时，光合作用吸收的CO_2与呼吸作用放出的CO_2数量相等，这时的光强称为光补偿点（light compensation point）。在光补偿点时有机物质的形成与消耗相等，植物不能积累干物质。如果考虑夜间的呼吸消耗，则消耗大于积累。因此，从全天来看，植物生长所需的光照强度必须高于光补偿点。不同植物的光补偿点不同，一般来说，阴生植物的光补偿点较低，为全日照的1%以下；阳生植物的光补偿点较高，占全日照的3%～5%。不过，光补偿点的数值不是固定不变的，它与温度、水分和矿质营养等条件有密切关系。

光补偿点在实践上有很大的意义。间作套种时作物种类、品种的搭配，林带树种的配置，间苗、修剪、采伐的程度，冬季温室栽培蔬菜避免高温等都与光补偿点有关。

光质不仅影响光合产物的种类，而且影响光合速率。例如，菜豆在橙光和红光下光合速率最快，蓝光、紫光次之，绿光最差。在自然条件下植物或多或少地受到光质的影响，深水层绿光、蓝光较多，高山上蓝紫光较多，阴天蓝光、绿光多，密林遮阳下绿光多。

2. 温度

光合作用的光反应和暗反应都受温度的影响，除了少数的例子以外，一般植物可在10～35℃下正常地进行光合作用，其中以25～35℃最适宜，在35℃以上时就开始下降，40～50℃时即完全停止。在低温时，酶促反应下降，气孔关闭，膜流动性和通透性变小，极限低温会使膜脂凝固，故限制了光合作用的进行。光合作用在高温时降低的原因，一方面是高温增大膜的流动性和通透性，破坏叶绿体和细胞质的结构，并使叶绿体的酶钝化；另一方面是在高温时，呼吸速率大于光合速率，净光合速率下降。

3. CO_2

CO_2是光合作用的原料之一，陆生植物所需要的CO_2主要是从大气中通过气孔扩散进入叶片的。但是，空气中的CO_2浓度很低，约为0.033%，由于光合作用对CO_2的同化及扩散阻力的存在，叶绿体基质内CO_2的浓度更低。据测定光合作用最适的CO_2浓度约为0.1%。所以，在一定范围内，光合速率随CO_2浓度升高而直线增大；当CO_2浓度高于一定值后，光合速率的增加变缓，最后不再增加。光合速率开始不变时的CO_2浓度称为CO_2饱和点（CO_2 saturation point）。当光合作用吸收的CO_2与呼吸作用放出的CO_2数量相等时环境中的CO_2浓度称为CO_2补偿点（CO_2 compensation point）。

在光合速率直线上升的阶段，CO_2浓度是光合作用的限制因子。直线的斜率可以反映Rubisco的量和活性，称为羧化效率（carboxylation efficiency）。当CO_2浓度达到一定值后，Rubisco的活性及RuBP再生等成为限制因子，因此光合速率不再随CO_2浓度的升高而增大。

4. O_2浓度

早在1920年，德国的O. Warburg曾发现，O_2对藻类的光合作用产生抑制，这种现象称为瓦布格效应（Warburg effect）。

关于瓦布格效应的机理，目前已有较深入的了解：第一，O_2提高Rubisco加氧活性，加强C_3植物的光呼吸；第二，O_2能与$NADP^+$竞争光合链上传递的电子，使NADPH形成量减少；第三，在强光下，O_2加速光合色素的光氧化，降低对光能的吸收、传递与转换的能力，降低光合电子传递速率；第四，O_2能损伤光合膜，O_2接受光合链中的电子后变成超氧自由基（$O_2+e^- \longrightarrow O_2^{\cdot-}$）；还可与$H^+$及光合链中的$e^-$生成$H_2O_2$，$H_2O_2$可与$H^+$及$e^-$结合，产生羟自由基（$HO^{\cdot}$），在光下，$O_2$在叶绿体内还可直接转化成非常活跃的单线态氧（$^1O_2$）。上述四种活性氧均具有很强的氧化能力，可引起膜脂过氧化和脱脂化等，造成膜结构破坏，导致光合能力大大降低。

5. 水分

水分虽然是光合作用原料之一，但光合作用所利用的水分还不到植物所吸收水分的1%。因为作物吸收的水分绝大部分被蒸腾作用所消耗，所以水分对光合作用的影响主要是间接的。比如，叶片水分不足，脱落酸含量激增，引起气孔迅速关闭，限制CO_2进入叶内；缺水引起叶片淀粉水解加强，糖分过多，光合产物输出缓慢；缺水致使细胞分裂与伸长受阻，光合面积减少，并加速成熟叶片衰老。

6. 矿质元素

矿质元素直接或间接地影响光合作用。这些影响包括：作为叶绿素的组分（N、Mg）或叶绿素生物合成的必要因子（Fe、Mn、Cu、Mg）；参与水的光解（Mn、Cl、Ca）；作为光合电子传递体组分（Fe、Cu、S）或者H^+跨膜移动的对应离子（Mg）；作为某些酶的组分（Zn）或激活剂（Mg）参与同化力的形成；作为丙糖磷酸的对映体参与Pi运转器的运输（N、P）；参与光合产物运输和调节气孔运动（K）；促进光合产物的运输（B）。

上述影响光合作用的外界因素，彼此并非是孤立的，而是相互联系、相互制约、相互影响的。例如，水分不足会引起气孔关闭，影响CO_2的进入量；CO_2供应不足，作物不能充分利用光能，表现光饱和点下降等。另外，各种外界因子也可能同时对光合作用发生影响，当各因子同时作用于光合作用时，光合速率往往受最低因子所限制。例如，溶液培养的水稻在缺氮条件下在小于3000lx的条件下即达光饱和，增加光能再不能使光合速率增高，只有增加氮肥供应才能提高光合速率。CO_2与光照强度间的关系亦相似，在弱光下，很低的CO_2浓度即达到饱和，因为光照强度成为限制因子，只有增加光强才能提高光合速率；但当光强达到一定程度后，CO_2又可能成为限制因子，又需要提高CO_2浓度才能使光合速率增高。所以，在分析各因子对光合作用的影响时还要注意其综合作用。

农业生产上可通过控制环境条件，提高作物的光合速率，促使更多光合产物的积累，为增加产量提供物质基础。

四、光合速率的日变化

在水分充足、温度适宜、晴朗无云的条件下，光合速率的日变化呈单峰曲线，即从早晨到中午逐渐增加，中午最高，下午又逐渐下降，日落停止。但在盛夏的高温、高光强的条件下，光合速率的日变化呈双峰曲线，一个在上午，另一个在下午，中午降低而呈“午休”现象。其原因有三：一是蒸腾强烈，水分供应不上，气孔关闭，CO_2供应不足；二是光合产物不能及时运走，堆积在叶肉细胞，造成反馈抑制；三是正常呼吸及光呼吸加强。在农业生产上，采用适时灌溉或选用抗旱品种，可有效地缓和“午休”现象，增强光合能力。

第六节 C_3植物、C_4植物、CAM植物的比较

根据光合作用的碳同化途径的不同，可把高等植物分为三类：C_3植物、C_4植物和CAM植物。不同光合类型的植物具有不同的生态适应性。C_3植物起源于温带，适应于低光照低温度及高湿度环境；C_4植物起源于热带，适应于高光强高温度及低湿度条件；而CAM植物则适应高温度及干旱环境。植物的这种适应性与它们的结构和光合特性有关。

结构与功能是有密切联系的，是统一的。C_3 植物与 C_4 植物叶片的结构有明显的差异（见图 1-20）。C_4 植物的叶片基本上都存在花环状结构，围绕着维管束有两类不同功能的光合细胞紧密排列，内层为维管束鞘细胞，其外为一至数层叶肉细胞，两类细胞之间有许多胞间连丝相连，这些维管束鞘细胞中含有许多叶绿体，这些叶绿体比叶肉细胞的叶绿体大，没有基粒；叶肉细胞的叶绿体小，有基粒。而 C_3 植物却无这种结构，维管束鞘细胞小，不含叶绿体，周围的叶肉细胞排列较松散。由于 C_3 植物只有叶肉细胞内有叶绿体，整个光合过程都是在叶肉细胞里进行，故其淀粉也只有在叶肉细胞内积累，维管束鞘细胞不积存淀粉。C_4 植物则不同，C_4 植物具有两种羧化酶，PEP 羧化酶主要存在于叶肉细胞，用于 CO_2 的固定，Rubisco 集中于维管束鞘细胞，使 CO_2 转化为有机物质，维管束鞘细胞形成淀粉，在叶肉细胞中没有淀粉。

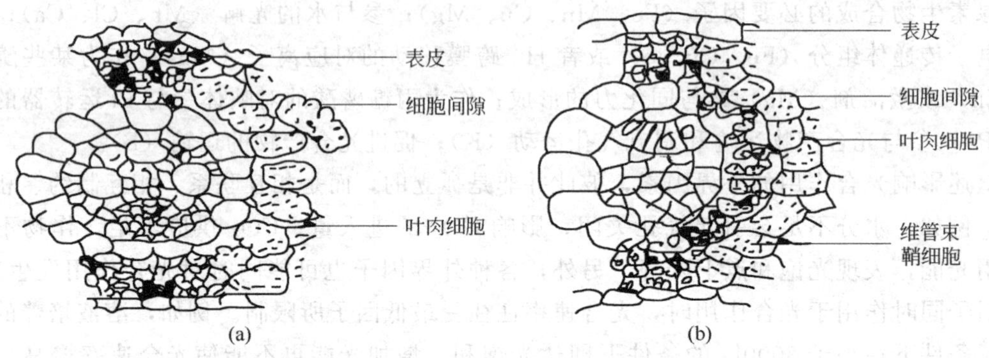

图 1-20　水稻（a）、玉米（b）叶片解剖结构

在高光强高温度及低湿度条件下，C_4 植物光合效率远高于 C_3 植物，从光合特性方面分析，主要原因如下。

① C_4 植物的 CO_2 固定和还原分别由 C_4 途径和 C_3 途径来完成，C_4 途径犹如 CO_2 泵，将外界的 CO_2 “压”进维管束鞘细胞，增加维管束鞘细胞的 CO_2 浓度，增大 CO_2/O_2 的比值，促进 Rubisco 的羧化反应，降低加氧反应，从而抑制了光呼吸和提高了光合效率。

② C_4 植物催化 CO_2 固定的 PEP 羧化酶对 CO_2 的亲和力大于 C_3 植物的 Rubisco。PEP 羧化酶对 CO_2 的 K_m（米氏常数）值为 $7\mu mol/L$，而 Rubisco 的 K_m 值则为 $450\mu mol/L$，前者对 CO_2 的亲和力比后者高 65 倍。虽然在低湿度和高温度条件下，叶片气孔开度变小，进入叶肉的 CO_2 数量减少，同时 CO_2 在细胞液中的溶解度也迅速降低，但 C_4 植物仍然能固定较多的 CO_2。

③ C_4 植物的叶肉细胞排列紧密，而且具有高 CO_2 亲和力的 PEP 羧化酶，可以重新固定维管束鞘细胞光呼吸或呼吸释放的 CO_2，减少碳素损失。

④ 高光强可满足 C_4 植物同化 CO_2 对 ATP 的额外需求。也有人认为，C_4 植物维管束鞘细胞的叶绿体缺少基粒，也就缺少 PSⅡ，这样在进行光反应时不释放 O_2 有利于 Rubisco 催化的羧化反应。另外，维管束鞘细胞的光合产物可以就近运输到维管束韧皮组织，从而避免了光合产物积累对光合作用可能产生的抑制作用。

在高光高温低湿条件下，C_3 植物光合效率低于 C_4 植物的主要原因是光呼吸加强；在低光低温高湿条件下，C_3 植物光合效率并不一定低于 C_4 植物。

C_3 植物、C_4 植物和 CAM 植物有关光合作用的解剖特征和生理特征总结于如表 1-1。

表 1-1　C_3 植物、C_4 植物和 CAM 植物的某些光合特征和生理特征

特　征	C_3 植物	C_4 植物	CAM 植物
叶结构	维管束鞘不发达，其周围叶肉细胞排列疏松	维管束鞘发达，其周围叶肉细胞排列紧密	维管束鞘不发达，叶肉细胞的液泡大
叶绿体	只有叶肉细胞有正常叶绿体	叶肉细胞有正常叶绿体，维管束鞘细胞有叶绿体，但基粒不发达	只有叶肉细胞有正常叶绿体
叶绿素 a/b	约 3∶1	约 4∶1	≤3∶1
CO_2 补偿点/(mg/L)	30～150	<10	光照下 0～200；黑暗中<5
CO_2 固定途径	只有 C_3 循环	C_4 途径和 C_3 循环	CAM 途径和 C_3 循环
CO_2 原初受体	RuBP	PEP	光照下：RuBP；黑暗中：PEP
光合作用最初产物	C_3 酸(PGA)	C_4 酸(草酰乙酸、苹果酸、天冬氨酸)	光照下：PGA；黑暗中：苹果酸
羧化酶的种类及 CO_2 亲和力	RuBP 羧化酶 $K_m=450\mu mol/L$	PEP 羧化酶 $K_m=7\mu mol/L$	PEP 羧化酶
强光下的净光合速率/[mg CO_2/(dm²·h)]	15～35	40～80	1～4
光呼吸	多，易测出	很少，难测出	很少，难测出
光饱和点	低	高	低
同化产物再分配	慢	快	不等
干物质生产/[gDW/(dm²·d)]	0.5～2	4～5	0.015～0.018
蒸腾系数/(g 水/gDW)	450～950	250～350	光照下 150～600；黑暗中 18～100
同化 $1CO_2$ 需 ATP 同体 $1CO_2$ 需光量子	3 15(在 2% O_2 中为 12)	5 14	

应该指出的是，上述 C_3 植物、C_4 植物性状的差异是根据一些典型的特征相比较而言，不能把它们看作是唯一或固定不变的。有些植物的光合类型往往可随植物的器官、生育期、环境条件而变化；在 C_3 植物和 C_4 植物之间也可能存在一些过渡类型。例如，谷子是 C_4 植物，它的功能叶具有典型的 C_4 途径，而幼叶与衰老叶并无此途径；高粱开花后由 C_4 途径转变为 C_3 途径；甘蔗为 C_4 植物，但其茎叶绿体只有 C_3 途径。CAM 植物，如果水分充足白天气孔开放，就直接通过 C_3 途径同化 CO_2。高凉菜在短日条件下为 CAM 型，在长日、低温、昼夜温差小的条件下却为 C_3 型。

第七节　作物的光能利用率及提高途径

通常，占作物干重 90%～95%的有机物质是来自光合作用。因此，如何使植物最大限度地利用太阳辐射能以进行光合作用，是农业生产中的一个根本性问题。

一、作物光能利用率

作物光能利用率是指在单位土地面积上，作物光合产物中贮存的能量占作物光合期间照射在同一地面上太阳总能量的百分率。

$$\mathrm{Eu}=\frac{\Delta W\times H}{\sum S}\times 100\%$$

式中　ΔW——测定期间的干物质的增加量，g/m^2；

H——每克干物质所含能量，一般作物为16744～17800J/g，平均可按17270J/g或17.2kJ/g计；

$\sum S$——为测定期间的太阳能累计值，kJ/m^2。

如测定某一时刻单叶的光能利用率，可根据当时投射在叶片上的辐射能量及叶片的光合速率来计算。已知每同化1mgCO_2可贮存11.67J的能量，即同化1μmol CO_2贮能0.4695J的能量。

$$\mathrm{Eu}=\frac{\text{光合速率}[\mu molCO_2/(m^2\cdot s)]\times 0.4696J/\mu mol}{\text{叶片接受的辐射能}[J/(m^2\cdot s)]}\times 100\%$$

二、光能利用率低的原因

1. 漏光损失

作物生长初期植株较小，或由于基本苗数过少，肥水不足，致使群体稀疏，没有足够的绿色叶片来吸收光能，引起漏光损失。如栽培措施得当，使其较早封行，则可减少作物生育后期田间漏光损失。

2. 反射及透射损失

照射到叶面上的太阳光能并未全部被吸收，其中一部分被反射并散失到空间（10%～15%），另一部分透过叶片（5%）。这部分能量损失因植物种类、品种、叶片厚薄等不同而有很大的差异。株型紧凑、叶片较直立的植物，其反射光的损失就较少；叶片较厚，则透光的损失减少；反之，叶面的蜡质及茸毛较多，则反射光也较多。

3. 蒸腾损失

被叶片吸收的太阳光能，部分以热能形式消耗于蒸腾过程。

4. 环境条件不适

① 光强的限制在弱光下虽然其他条件适合，光合速率也很低，因为受到光照强度的限制，当光照强度增加到光饱和点以上时，超过光饱和点的光又不能用于光合作用，甚至直接或间接地使植物受到损伤。

② 温度过低或过高影响酶活性。

③ CO_2供应不足，使光合速率受到限制。

④ 肥料不足或施用不当，影响光合作用进行或使叶片早衰等。

三、提高光能利用率的途径

（一）增加光合面积

光合面积即植物的绿色面积，常以叶面积系数或叶面积指数加以衡量，它是指单位土地面积上作物叶面积与土地面积之比。叶面积系数过小，不能充分利用太阳辐射能；叶面积系数过大，叶片相互遮荫，通风透光差。生产实践表明，小麦、玉米、水稻、棉花、大豆的最适叶面积系数应在4～5之间。为此，在生产上可采取合理密植，以肥水调节植物的叶面积系数。近年来，通过育种手段，培育出理想株型品种，其特点是：株型紧凑，矮秆，叶小，叶厚并直立，分蘖密集。理想株型品种既能提高密植程度，适当扩大光合面积，减少漏光损失，又能减少反射损失，提高群体的光能利用率。此外，合理的间混套种也可减少漏光损失。

（二）延长光合时间

1. 延长生育期

大田作物可根据当地气象条件选用生育期较长的中晚熟品种，适时早播，地膜覆盖等办法。蔬菜或瓜类作物可采用温室育苗，适时早栽，或者利用塑料大棚。在田间管理过程中，尤其要防止生长后期叶片早衰，最大限度地延长生育期。

2. 提高复种指数

复种指数是指全年内农作物收获面积对耕地面积之比。提高复种指数的办法就是将一年一熟制改为一年二熟制或二年三熟制，其措施是通过轮、间、套种，在一年内巧妙地搭配各种作物，从时间上和空间上更好地利用光能，缩短田地空闲时间，减少漏光率。

（三）加强田间管理，提高光合效率

例如，通过水（灌溉）肥（主要是氮肥）调控作物的长势，尽早达到适宜的叶面积系数，提高田间 CO_2 浓度（大棚或温室施放干冰、田间增施有机肥），降低作物的光呼吸（利用 2,3-环氧丙酸及其他盐类、$NaHSO_3$、α-羟基磺酸盐等）。

复习思考题

1. 光合作用有何生理意义？
2. 试述叶绿体的结构和功能。
3. 简述光合色素的种类及各自的结构和作用。
4. 光合作用的特点有哪些？
5. 说明原初反应的过程及其作用。
6. 如何证明光合电子传递由两个光系统参与？
7. 简述三种光合电子传递的过程及与其偶联的磷酸化后的产物。
8. 试述 ATP 合成的变构学说的要点。
9. C_3 途径可分几个阶段？各阶段的作用是什么？
10. 说明 C_3 途径和 C_4 途径在 CO_2 同化上的区别。
11. 简述 C_4 途径和 CAM 途径在 CO_2 同化上的异同点。
12. 光呼吸的特点和生理功能有哪些？
13. 为什么 C_4 植物的光呼吸低于 C_3 植物？
14. 从光合作用机理上来讨论环境因子对光合作用的影响。
15. 在生产实践中如何应用光补偿点、光饱和点、CO_2 补偿点及 CO_2 饱和点的知识？
16. 作物光能利用率不高的原因有哪些？怎样提高作物的光能利用率？

第二章　植物体内同化物的运输与分配

高等植物是由多种器官组成的，这些器官有较明确的分工，因此，它们之间必须通过物质与信息不断运输和交换，才能协调各器官的整体性，使植物体保持正常生长与发育。例如，叶片是进行光合作用合成同化物的主要基地，根系则是吸收水分与矿质的重要场所。同时，在植物生命活动过程中，各个器官之间进行频繁的物质交换，互通有无，即进行物质的运输与分配。这不仅是个重要的理论问题，而且具有重要的实践意义，因为物质的运输与分配是决定作物产量高低及品质好坏的重要因素。作物的经济产量不但决定于叶片制造光合产物的多少，而且还决定于光合产物向经济器官（籽粒、块根、块茎、果实等）运输与分配的能力和数量。有关水分和矿质运输与分配的问题已经讲述，本章只介绍同化物的运输与分配。

第一节　同化物运输的形式、途径和度量

一、同化物运输的形式

了解韧皮部内运输物质的化学性质，对弄清运输的动力十分重要。关于运输流的化学组成，已经过充分的研究，主要研究方法：①通过伤流，直接从伤口收集伤流，然后用物理或化学分析的新技术，即可对运输物质取得可靠的定性与定量的结果；②用放射性同位素标记物质来追踪运输物质的含量及性质，这种方法现在已经得到广泛的应用；③蚜虫吻针法，蚜虫为吸取食物而将口器（吻针）刺入一个筛管，筛管内汁液在膨压推动下可以连续不断地通过吻针送给蚜虫。在研究时，用 CO_2 或药将蚜虫麻醉，将蚜虫躯体切除，吻针留在原处，这时吻针的尖端可继续流出汁液达几天之久，这样采集的汁液加以分析更能接近自然。根据蚜虫给人们的启发，也可采用锐利的针头刺入韧皮，抽取伤流液加以分析。当然，上述方法都有一定误差，非韧皮部的内含物也会混入样品，不过大致可代表韧皮部内运输物质的性质与数量。

现已基本证明，筛管汁液中干物质含量占11%～25%，其中90%是糖类，尤以蔗糖最多，蔗糖是韧皮部中碳水化合物运输的主要形式，其原因有如下几点。

(1) 蔗糖是最主要的光合产物，绿色细胞中含量较高。

(2) 蔗糖的理化性质决定它适于长距离运输。

① 蔗糖具有很高的水溶性，适于筛管中运输。例如，0℃时100mL水中溶解蔗糖179g，100℃时则溶解487g。

② 蔗糖具有很高的稳定性，适于从源运到库。这种稳定性决定于两方面：a. 蔗糖是非还原糖，其非还原端可保护葡萄糖不被分解；b. 蔗糖的糖苷键水解时需要的自由能高，$\Delta G=-29400J$，而淀粉水解时自由能则为 $\Delta G=-16800J$。

③ 蔗糖具有较高的能量，2个葡萄糖分子氧化可产生76个ATP，而蔗糖分解为两个己糖则产生77个ATP，虽然相差无几，但也是一个比较稳定的贮能形式。

④ 蔗糖具有很高的运输速率。据测定蔗糖的运输速率为107cm/h，而$^{32}PO_4^{3-}$为87cm/h。总之，蔗糖作为运输的主要形式具有很大的生理意义。在许多植物韧皮部汁液中的浓度常常高达0.3～0.9mol/L。

除蔗糖外，在某些植物（如榆树、槭树、菩提树等）的筛管汁液中还有少量棉籽糖（三碳糖）、水苏糖（四碳糖）和毛蕊花糖（五碳糖），这三种糖在结构上也都有一个蔗糖残基。此外，在少数植物中，有机物是以糖醇（山梨醇和甘露醇）的形式运输。例如，蔷薇科植物的有机物主要以山梨醇的形式运输。

除糖类以外，韧皮部汁液中还有少量其他物质。例如，有机酸（柠檬酸、酒石酸、苹果酸）、氨基酸及酰胺（天冬氨酸、谷氨酸、丝氨酸、天冬酰胺等）以及大的分子（如核苷酸、核酸、蛋白质、酶、维生素、脂类、植物激素甚至病毒分子）。只是数量很少，如氨基酸含量只有0.03%～0.5%，且随季节变化，有时分析不出。

韧皮部汁液中也含有少量无机离子，如K^+、Na^+、Ca^{2+}、Mg^{2+}、Cl^-、HPO_4^{2-}和SO_4^{2-}等，其中以K^+的含量最多。筛管内H^+浓度较低（pH＝7.5～8.8），而在细胞壁空间H^+浓度较高（pH＝5.0～6.0），这种H^+梯度可能与同化物的装卸密切相关。此外，韧皮部汁液中还有ATP、P蛋白和ATP酶，这并非是一种单纯的运输物质，而且还是参与运输的动力，据测定在韧皮部中每产生1个ATP，可运转600000～900000个蔗糖分子移动0.02cm。

二、同化物运输的途径

按照距离的远近，可分为短距离运输与长距离运输，前者系指细胞内与细胞间的运输，后者则为输导组织的运输。二者既相对独立又密切相关，前者为后者奠定基础，后者是前者的必然结果。

（一）短距离运输

同化物在细胞内进入专门输导组织进行长距离运输之前，常常在细胞间先进行短距离运输，可分为质外体途径、共质体途径及其交替途径。短距离运输是一种非管道化的运输。

1. 共质体途径

共质体途径运输主要是通过胞间连丝实现的。电生理技术证明，由于胞间连丝的存在，外加到组织一端的电流可跨过两层质膜的高电阻把两个细胞偶联起来，如用高渗溶液把胞间连丝拉断时，电偶联的程度也随之切断，可见胞间连丝是细胞间电导通道。同样，胞间连丝也是细胞间物质与信息的通道，如无机离子、糖类、氨基酸、蛋白质、内源激素、核酸等均可通过胞间连丝进行转移。娄成后等发现，不仅细胞核、染色质可通过胞间连丝穿壁进入邻近细胞，而且细胞质与一些细胞器也可部分或全部撤退到另一细胞中。在无胞间连丝的细胞间可通过质膜直接进行物质传递。

2. 质外体途径

质外体是连续的自由空间，开放系统，因此同化物在质外体的运输完全是靠自由扩散的物理过程，其速度很快。

植物组织内的同化物运输，既可通过质外体途径又可通过共质体途径，多数情况下是两条途径交替进行。例如，当质外体两端的扩散梯度平衡时，运输物质将由质外体进入共质体，在共质体内，由于细胞质的环流促进了物质在细胞间的转移。当运输两端再度出现渗透梯度时，溶质即可透膜进行质外体运输。这样，在细胞内与细胞间反复进行交替运输。

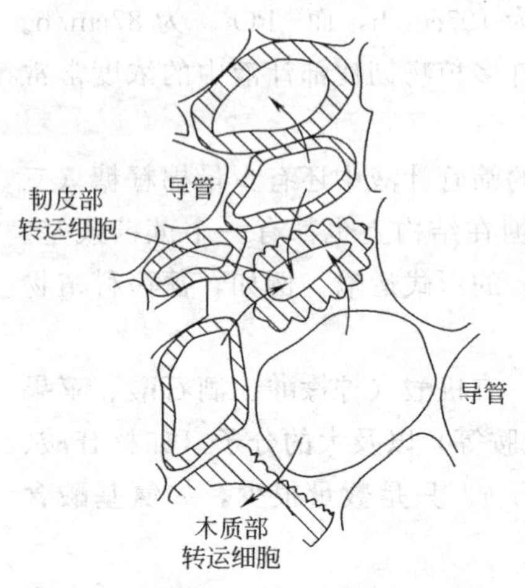

图 2-1　韧皮部与木质部的转运细胞（引自李合生，2002）
箭头表示溶质转移方向

近年来发现，在交替运输过程中需要一种特化的薄壁细胞对物质起转运过渡的作用，即转运细胞（transfer cell）。与其他细胞相比，转运细胞具有一些明显的特征：一是细胞壁与质膜向内伸入细胞质中，形成很多皱褶，或呈片层或类似囊泡，扩大了质膜的表面，增加了溶质向外转运的面积；二是囊泡的运动可挤压胞内物质向外分泌到输导系统，即所谓出胞现象（exocytosis）。转运细胞最初发现来自于腺体细胞，现已查明，在许多植物的根、茎、叶、花序的维管束附近也存在着转运细胞（图 2-1）。

（二）长距离运输

早在 17 世纪中叶，意大利植物学家 M. Malpighi 曾用环割方法证明，在一些木本植物的茎中存在着两条物质流：一是由根系经木质部向茎叶运转水分和矿质的上行流；二是由叶片向根系输送光合产物的下行流。后来发现，在植物的一生中并非总是如此，如早春糖槭导管中含糖最高达 8%，而夏季时糖仍以韧皮部运输为主；同样，筛管也能转运一些无机离子。然而总的来说，同化物主要通过韧皮部运输，无机物质主要通过木质部运输。由此可见，同化物的长距离运输实则是一种管道化的运输。

被子植物的韧皮部是由筛管、伴胞与韧皮薄壁细胞组成。其中，筛管是同化物运输的主要通道。筛管是由许多筛管细胞串联成的长距离运输通道，被子植物的筛管细胞分化完善，具有明显的筛板和筛孔，裸子植物的筛管长，未分化出筛孔。

筛管细胞是活细胞，但核与液泡均消失，细胞器大为减少，线粒体和质体被推到侧壁。筛孔边缘常有一圆胼胝质，正常发挥运输作用的筛管中胼胝质一般只占筛管直径的 11%左右，其余 90%在结构上是空的，如图 2-2。筛管中含有一种特殊蛋白质，称 P 蛋白（P pro-

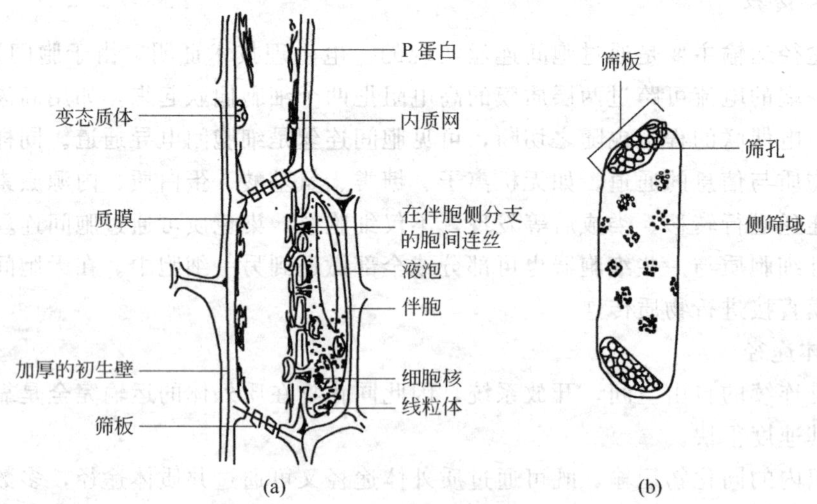

图 2-2　成熟筛管分子的结构（引自 Taiz 和 Zeiger，1991）
(a) 筛管分子的纵切面（并示伴胞。通常在小叶脉中，伴胞比筛管分子大，在大叶脉和茎、根中，伴胞比筛管分子小）；(b) 筛管分子的侧面观

tein)，即韧皮蛋白（phloem protein)，是被子植物筛管所特有，呈管状、丝状或线状。P蛋白可能就是收缩蛋白，类似动物的肌动球蛋白。这种蛋白的收缩、活动与ATP酶释放能量相互联系，因此对筛管内同化物运输起了供能推动作用。筛管中的各种内含物（如原生质联络索、韧皮蛋白等）都能穿过筛孔从一个筛管细胞到另一个筛管细胞。筛管的寿命与导管相比极为短暂，许多落叶树的筛管只能存活一个生长季节。筛管衰老时或在某些环境因子影响下，筛孔周围的胼胝质（一种以β-1,3-键结合的高聚态葡萄糖，呈螺旋形结构）明显增加，这是植物的一种主动适应。例如，一些木本植物在秋冬季进入休眠时，筛孔为大量的胼胝质堵塞，翌年春天新芽萌动时胼胝质又消失，孔道畅通；植株被环割时胼胝质与P蛋白均会迅速生成，封闭筛管的创伤面，防止物质外流。

伴胞与筛管细胞配对并列。伴胞是个完整的细胞，具有全套细胞器并富于酶活性，它同筛管细胞之间有很多胞间连丝相联，靠近伴胞的胞间连丝有大量分支，以扩大通道。伴胞主要是协助筛管细胞完成运输，它为筛管细胞提供结构物质——蛋白质，提供信息物质——RNA，维持筛管细胞间渗透平衡，调节同化物向筛管的装载与卸出。韧皮部周围还有一些薄壁细胞，承受筛管中的同化物作短距离运输，并有加工和贮存物质的作用。

在果树生产中已利用同化物在韧皮部运输的知识。例如，在果树开花期进行枝条环割，可起截流作用，使光合产物集中运向花果，有利于坐果及果实膨大。但需掌握环割的深度与宽度，如环割适当，切口上下树皮可重新连接，同化物依然向下运输；如环割过宽，切口不能愈合，导致根系因饥饿而死亡。俗话说的“树怕扒皮”，就是这个道理。

三、同化物的运输方向

绝大多数同化物在韧皮部的运输是非极性的，既可向上，又可向下，甚至能同时进行双向运输。例如，叶片产生的同化物可沿韧皮部向下运输至根系，又能向上运输至植物的顶端生长点。1930年明希(Munch)将苹果同一枝条环割两处（R)，用以观察苹果果实生长状况。结果表明，与叶片相连的果实a与果实c生长良好，而与叶片完全分开的果实b则不生长（图2-3)，这表明叶片产生的同化物既可向上运输，又可向下运输。

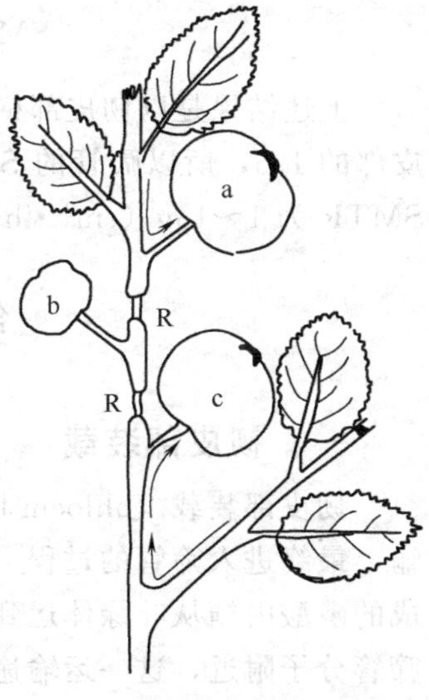

图2-3　证明光合产物运输方向的苹果枝条环割试验

同化物的双向运输在叶片中的表现更为明显。例如，叶片在一生的生长中，既输入同化物也输出同化物，有时两者同时进行。当嫩叶刚展开时，主要是输入光合产物，当叶片展开到最终面积的30%时，它的尖端比底部长得快，上部产生的同化物开始向外输出，但输出的同化物直接运出叶外，叶片下部生长所需的同化物要从外部输入，此时期叶片呈现出双向运输现象。此现象可能与叶脉中的不同通道运输有关。当叶片完全长成后，就成为同化物的完全输出者。

在维管系统内，同化物除了进行纵向运输外，尚能进行横向运输，在正常条件下横向运输很弱，只有当纵向运输受阻时，横向运输才加强。

总之，同化物运输方向可归纳如下：同化物在韧皮部的运输，既可向上，又可向下，还能进行双向运输，也能进行横向运输。

同化物在韧皮部中的运输方向还与被运输的物质有关，绝大多数同化物可以多向运输，但有极少数物质只能做单向运输。例如，IAA在韧皮部中只能从形态学的上端运向下端，这就是所谓的极性运输。

四、同化物运输的度量

（一）运输速度

指被运输的物质在单位时间内所移动的距离，一般为50～100cm/h，因植物的种类不同而异，如大豆84～100cm/h、马铃薯20～80cm/h。同一植物生育期不同，运输速度也不同，南瓜幼龄时，同化物运输速度较快（72cm/h），老龄时则较慢（30～50cm/h）。此外，运输物的种类不同，其运输速度也不同，在大豆筛管中，丙氨酸、丝氨酸、天冬氨酸的运输速度较快，而甘氨酸、谷氨酰胺、尿素的运输速度较慢。

（二）运输率

为了阐明同化物在韧皮部的运输效率，提出了比集运转率（specific mass transfer rate, SMTR）的概念。SMTR是指单位时间内通过单位韧皮部横切面干物质的量。其单位是g/(cm²·h)，可用下式计算

$$\mathrm{SMTR}=vc$$

式中 v——流速，cm/h；

c——浓度，g/cm³。

或
$$\mathrm{SMTR}=\frac{\text{转运的干物质质量(g)}}{\text{韧皮部的横切面积}(\mathrm{cm}^2)\times\text{时间(h)}}$$

以马铃薯为例来计算同化物的运输率如下，一个韧皮部横切面为0.0042cm²的地下茎，经过100天块根增长为210g，其中有机物质占24%，即积累了50g有机物，则运输率为

$$\mathrm{SMTR}=\frac{210\times 24\%}{24\times 100\times 0.0042}=5.0\mathrm{g/(cm^2\cdot h)}$$

上述结果是以韧皮部横切面计算的，而运输同化物是通过筛管，筛管横切面积仅为韧皮部的1/5，所以筛管的SMTR应为4.9×5=24.5g/(cm²·h)。据计算，大多数植物的SMTR为1～13g/(cm²·h)，最高可达200g/(cm²·h)。

第二节 同化物运输的机理

一、韧皮部装载

韧皮部装载（phloem loading）是指同化物从合成部位通过共质体和质外体进行胞间运输，最终进入筛管的过程。这一过程需要经过3个步骤：第一步，白天叶肉细胞光合作用形成的磷酸丙糖从叶绿体运到胞质溶胶，合成蔗糖；第二步，叶肉细胞的蔗糖运到叶脉末梢的筛管分子附近，这一运输途径的距离常常只有几个细胞的距离，属于短距离运输途径；第三步，蔗糖主动转运到筛管分子-伴胞（SE-CC）复合体，最终进入筛管分子中。同化物进入SE-CC复合体的过程，称为筛分子装载（sieve-element loading）。

（一）韧皮部装载的途径

一般认为，同化物装载到SE-CC复合体的过程存在两条途径：共质体途径和质外体途径。

1. 共质体途径

同化物通过胞间连丝进入伴胞，最后进入筛管。这可以由下面的实验证明：将荧光染料

荧光黄（lucifer yellow）注射到一个叶肉细胞的细胞质中，它很容易从一个细胞进入另一个细胞，直到进入筛管，而染料是不能透过质膜的，也就是说，注射进入细胞质中的染料不能进入质外体。显然，它是通过胞间连丝完全经共质体途径进入筛管的。具有共质体装载的植物，其叶脉末梢处的转移细胞与邻近的叶肉细胞及SE-CC复合体之间存在高密度的胞间连丝联系，而转移细胞与周围其他细胞间很少甚至缺乏胞间连丝。

2. 质外体途径

蚕豆、玉米、甜菜等植物叶片的SE-CC复合体与叶肉细胞间胞间连丝很少，在这些植物中，叶肉细胞产生的蔗糖在韧皮部薄壁细胞跨质膜后释放进入质外体空间，然后逆浓度梯度进入伴胞，最后进入筛管（图2-4）。

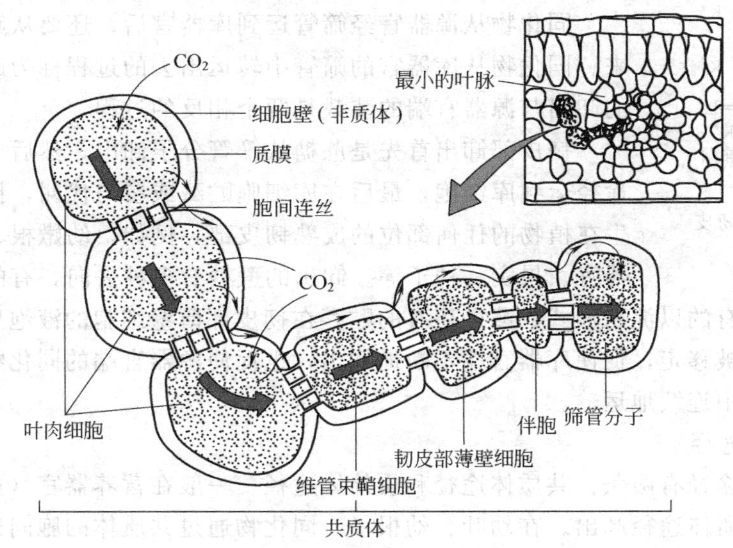

图2-4　叶中韧皮部装载途径的示意（引自Taiz和Zeiger，1991）

粗箭头示共质体途径；细箭头示质外体途径

例如，当用0.8mol/L甘露醇（低水势溶液）使细胞发生质壁分离破坏共质体时，渗入的^{14}C-蔗糖，同样可以进入韧皮部。另外，实验表明，甜菜和蚕豆的质外体存在运输的糖，如蔗糖和水苏糖，这些糖是由叶绿体内形成的光合作用初产物磷酸丙糖转运到叶肉细胞的细胞质中合成的，在甜菜等植物的叶面外施蔗糖，会像光合产物一样累积在SE-CC复合体中，因此这些植物的同化物在韧皮部的装载有时通过质外体途径，有时通过共质体途径，两种途径是交替进行、互相转换、相辅相成的。

（二）筛分子的质外体装载机理

现已证实：有些植物叶片SE-CC复合体中的蔗糖浓度显著高于周围叶肉细胞的蔗糖浓度，例如，有人测得甜菜SE-CC复合体内的蔗糖浓度为800mmol/L，周围叶肉细胞只有50mmol/L左右，它们之间的浓度之比为16∶1，而质外体中蔗糖浓度更低，只有20mmol/L，仅为SE-CC复合体中蔗糖浓度的1/40。因此，同化物从叶肉细胞转运入SE-CC复合体是逆浓度梯度进行的，显然不是扩散。这种逆浓度梯度进行的运输是需要能量的主动转运过程，受载体的调节。

早在20世纪70年代末就已发现，糖分子逆浓度梯度的跨膜迁移总是和质子运输相伴随，因此提出了糖-质子协同转运模型（也称共转运，cotransport）。该模型认为：在筛管分

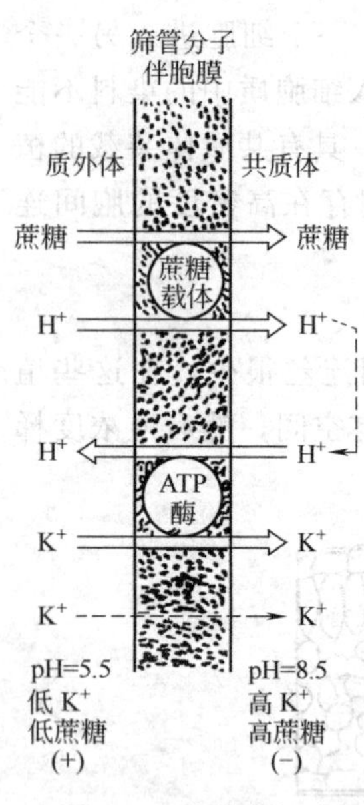

图 2-5　蔗糖在韧皮部装载示意

子或伴胞质膜中 H^+-ATP 酶不断地将 H^+ 泵到细胞壁（质外体），致使质外体中的 H^+ 浓度高于共质体，胞外较酸（pH＝5.5），胞内较碱（pH＝8.5），即形成了跨膜 H^+ 电化学势梯度（也称质子动力势），它是驱动 H^+ 返回细胞的动力。这种跨膜移动与一种载体蛋白相偶联，而这种载体可以把蔗糖或其他糖与 H^+ 一起运入细胞（图 2-5）。筛管分子以及伴胞膜两侧的电化学势梯度是由膜上 H^+-ATP 酶分解 ATP 释放能量，推动共质体的 H^+ 的输出和质外体 K^+ 的输入来维持的。

二、同化物在库端的卸出

同化物从源器官经筛管运到库器官后，还要从筛管分子中运出来。同化物从库器官的筛管中转运出去的过程称为卸出。库器官端的卸出与源器官端的装载是两个相反的过程。

韧皮部卸出首先是蔗糖从筛管分子卸出，然后通过短距离运输途径运到库细胞，最后在库细胞贮藏或参与代谢，韧皮部卸出可发生在植物的任何部位的成熟韧皮部，例如，幼嫩根、茎、叶、贮藏器官、果实、种子等。卸出的蔗糖有多种去向，有的转变为已糖进入糖酵解途径，有的以淀粉形式贮藏，还有的贮存在韧皮部薄壁细胞的液泡里。这样，卸出的蔗糖就不断地被移走，促使库器官端不断地卸出，也促使源器官端的同化物不断地装载进入筛管和在筛管中连续地运输。

（一）卸出途径

同化物卸出途径有两条：共质体途径和质外体途径。一般在营养器官（如根和叶）中同化物主要通过共质体途径卸出。在幼叶、幼根里，同化物通过共质体的胞间连丝到达生长细胞和分生细胞，在细胞溶质中进行代谢和在液泡中贮存。

同化物卸出到生殖器官（如发育着的玉米种子和大豆种子）时，是通过质外体途径。因为母体和胚之间没有胞间连丝，同化物必须通过质外体，然后才进入胚。同化物卸出到贮存器官（如甜菜根、甘蔗茎）时，也是通过质外体。通过质外体卸出时，在有些植物（如玉米和甘蔗）中蔗糖被细胞壁中的蔗糖酶分解为葡萄糖和果糖之后进入库细胞；而在甜菜根和大豆种子中蔗糖通过质外体时并不水解，而是直接进入贮藏部位（图 2-6）。

在同一植物同一器官中，共质体途径卸出和质外体途径卸出并非相互排斥，而是在一定生理状态下相互补充协调。例如，在豆类茎秆中，输导组织与邻近贮藏细胞之间的同化物运输通过质外体途径，而输导组织与邻近其他细胞之间有足够的胞间连丝，进行共质体运输。一旦自由空间里的蔗糖浓度过高，共质体途径就成为卸出的主要途径。

（二）卸出机制

使用代谢抑制剂可抑制糖进入库组织，这表明同化物进入库组织是依赖能量的。经质外体卸出时，糖至少需要跨膜两次，即 SE-CC 复合体的质膜和接受细胞的质膜；若进入液泡，还要跨过液泡膜，膜上的载体蛋白参与糖分的跨膜转运。试验表明，同化物从韧皮部卸出到库细胞的跨膜过程中至少有一个运输步骤是依赖能量的主动过程。有研究证明：蔗糖进入大豆种皮质外体和胚的吸收是以转运蛋白为载体的主动过程；小麦胚吸收蔗糖是主动的；玉米种子细胞壁里的转化酶可将双糖分解为单糖，以维持质外体蔗糖的低浓度。一般来说，蔗糖与质子同向运输在胚吸收蔗糖过程中起作用，即蔗糖流与质子电化学势差驱动的质子流方向

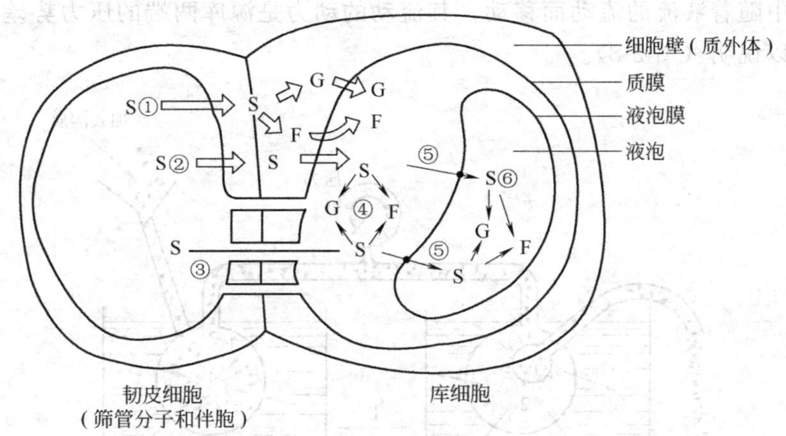

图 2-6　蔗糖卸出到库组织的可能途径（引自 Taiz 和 Zeiger，1991）

蔗糖 S 在进入库细胞前先进入质外体①②，或从胞间连丝③进入库细胞。蔗糖进入库细胞前分解为葡萄糖 G 和果糖 F①，也可以不变②，有些蔗糖是在库细胞质中水解为果糖和葡萄糖④，有些蔗糖则进入液泡后可以不发生转变⑤，也可分解为葡萄糖和果糖⑥，又可再合成蔗糖，贮存在液泡中

相同。但当蔗糖进一步穿越液泡时，蔗糖与质子反向运输起作用，因为液泡的 pH 比细胞质更低，除此之外，甘蔗茎和甜菜根细胞质中积累了高浓度的蔗糖，蔗糖要从细胞质不断运至液泡，一定要有能量才能逆浓度梯度运输（图 2-7）。

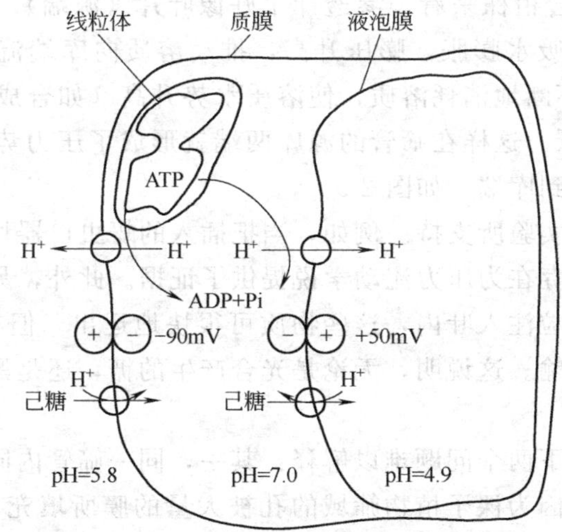

图 2-7　蔗糖与质子同向运输和反向运输跨膜过程

（引自潘瑞炽，2001）

三、同化物运输的动力

同化物在筛管中长距离运输的动力有两种：一是源库之间存在着压力势差，促使同化物运输，这是一种不需能的物理过程，因此称为被动运输；二是在筛管中存在某种生化机制，促进同化物定向运输，这是一种需能的生理过程，所以叫做主动运输。

（一）压力流动学说（pressure flow theory）

压力流动学说又叫集流学说，是德国植物学家 Munch 于 1930 年提出的。该学说认为，同化物在筛管中随着液流的流动而移动，其流动的动力是源库两端的压力势差。这一学说可用物理模型加以说明（图 2-8）。

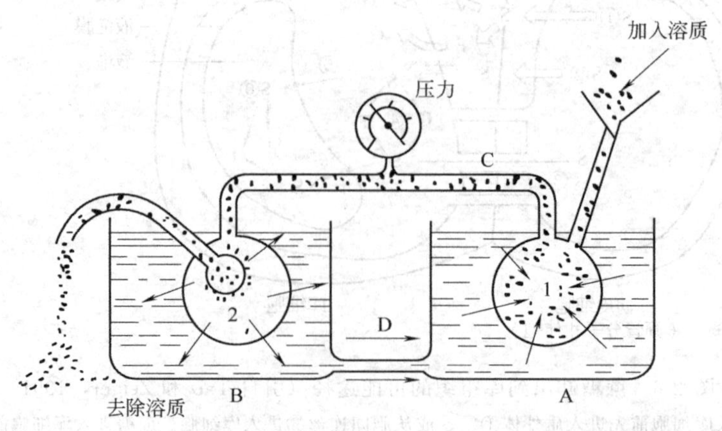

图 2-8 压力流动学说的两种渗透压力计系统模式

两水槽中各有一个渗透计，溶质不断加入到渗透计 1 使其水势降低，水分就大量进入其中，使其膨压升高，推动溶质从渗透计 1 经管道 C 流向渗透计 2，接着溶质被从渗透计 2 移去，故渗透计 2 的水势升高，水分从渗透计 2 进入水槽 B，膨压减小。这样水从 A 槽经 C 管到 B 槽，再经过 D 管回到水槽 A，而溶质加入渗透计 1 后，随水分沿 C 管到渗透计 2，最后就移动出去

利用图 2-8 的原理结合植株来看，渗透计 1 好像叶片（源端），光合产物源源不断地装入筛管细胞，水势降低，吸水膨胀，膨压升高，推动溶质向库端流动；与此同时，在库端（根、块根、块茎）由于不断地消耗溶质，使溶质水势升高（如合成新细胞用去糖分或块根将糖合成淀粉），膨压降低。这样在筛管的源库两端就形成了压力势差，叶肉细胞内的同化物便随水分一起沿筛管流到库端，如图 2-9。

压力流动学说为若干实验所支持。例如，当把插入的蚜虫口器切断后，韧皮部的液流就会不断地流出，正压力的存在为压力流动学说提供了证据。此外，另一个有力的依据是在光下把激素类物质或病毒颗粒注入叶内，这些物质可很快地运出，但在黑暗中则不能被运输，如果加进去糖，则也能运输。这说明，无论是光合产生的糖，还是黑暗中供给的糖都能用来产生压力梯度。

但压力集流学说对如下两个问题难以解释：其一，同一筛管内同时存在着双向运输；其二，不适用于裸子植物，因为裸子植物筛域的孔被大量的膜所填充，这将阻碍集流的通过。对于裸子植物韧皮部的运输，可能有其自己的运输动力，现在还了解得不多。

（二）细胞质泵动学说（cytoplasmic pumping theory）

早在 1885 年 H. Devries 就提出原生质环流可能是同化物运输的动力，并可解释双向运输，即筛管内的原生质在流动时，便可把同化物从一个筛管细胞运到另一个筛管细胞（图 2-10）。但试验证明，当筛管成熟后，原生质环流即减弱，最后完全停止。因此，该学说难以成立。20 世纪 60 年代，英国赛尼（Thaine）等支持并发展了这一观点。他们认为，筛管细胞内腔的细胞质呈几条长丝，形成胞间连束（transcellular strand），纵跨筛管细胞，其直径约为 1μm 或数微米。束内呈环状的蛋白质丝反复地、有节奏地收缩与扩张，形成一种蠕动，推动束内液流，糖分亦随之流动（图 2-11）。此学说可以成功地解释双向运输现象，因为单个筛管细胞中的不同束可能在同一时间向相反方向运输，即在一束中细胞质的移

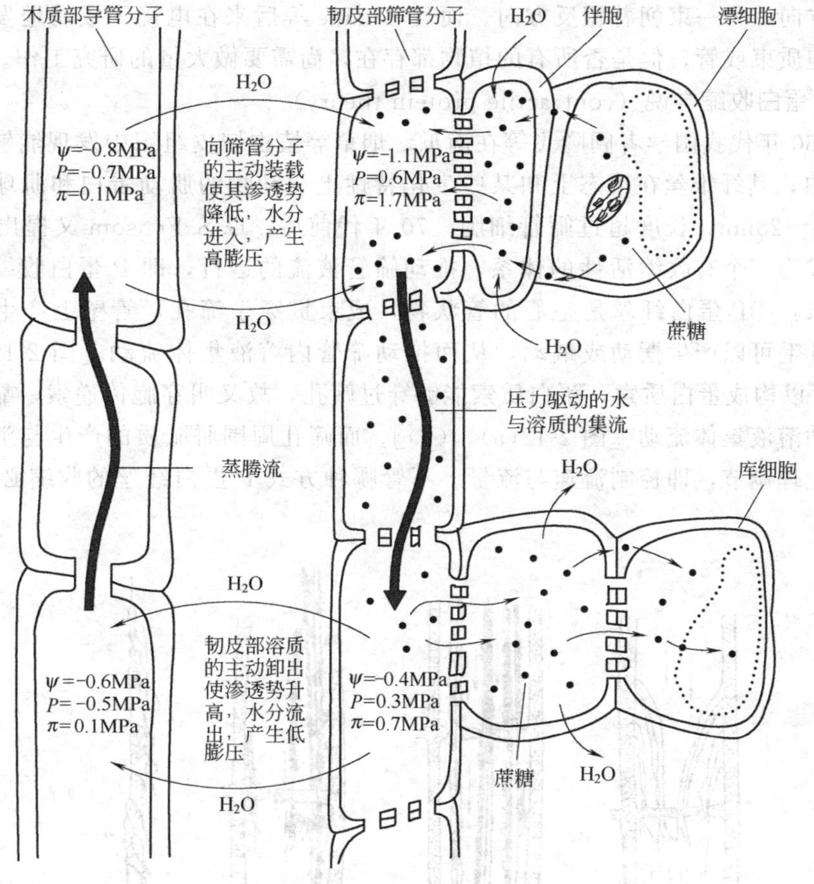

图 2-9　植物体中压力流动模型的示意

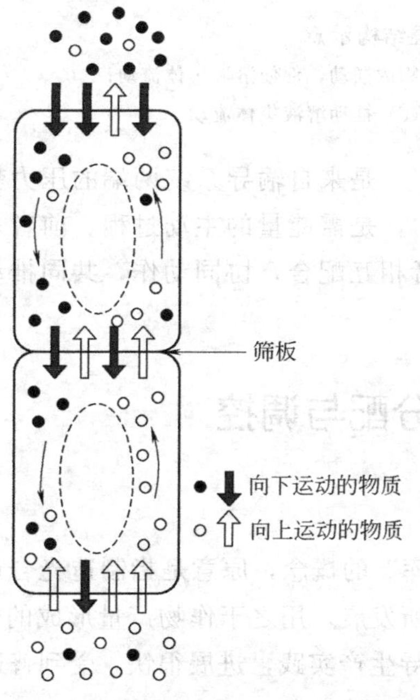

图 2-10　筛管中的原生质环流引起物质双向运输示意

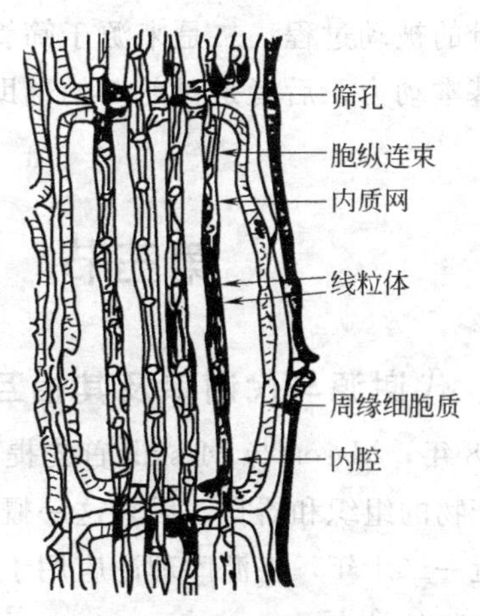

图 2-11　筛管中胞间连束模式

动朝着一个方向，另一束朝着相反方向。而且 Thaine 等后来在电镜下成功地发现南瓜筛孔中存在着细胞质束或管，但是否所有的植物都存在，尚需要做大量的研究工作。

（三） P 蛋白收缩学说（contractile protein theory）

20 世纪 60 年代我国学者阎隆飞等在南瓜、烟草等植物韧皮组织中发现能够收缩的蛋白质，即 P 蛋白，其纤维丝在形态上和某些生化特性上与动物的肌动蛋白和肌球蛋白极为相似，直径为 6～28nm，长度超过筛管细胞。70 年代前后，D. S. Fensom 又提出筛管的 P 蛋白纤丝可能成为一个有收缩活性的体系，推动筛管液流的运行，即 P 蛋白收缩学说。该学说有两个要点：①P 蛋白纤丝是空心的管状物，成束贯穿于筛孔，管壁上产生大量的微纤毛，这些微纤毛可以产生摆动或蠕动，从而推动筛管内溶液集体流动 [图 2-12(c)，(d)]；②P 蛋白也可以构成蛋白质索，蛋白质索能够穿过筛孔，故又叫穿胞传递索，靠传递索本身的蠕动可推动溶液集体流动 [图 2-12(a)，(b)]。而筛孔周围胼胝质的产生与消失则可对这种蠕动予以生理调节，即控制流速与流量。不管哪种方式 P 蛋白纤丝的收缩必须消耗 ATP 才能做功。

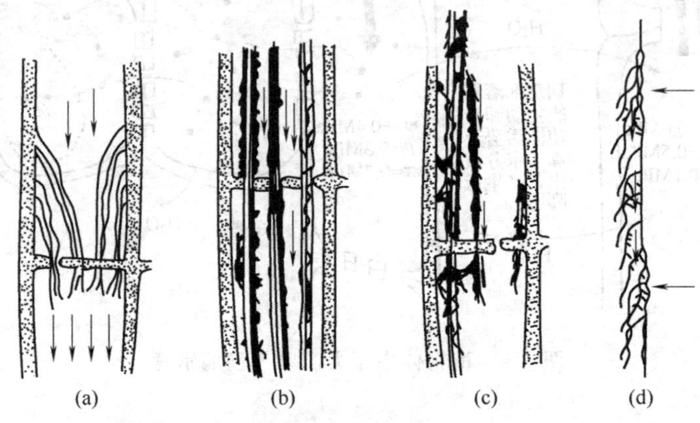

图 2-12 筛细胞内部纤维结构示意

（a），（b）丝状质连接细胞壁或顺轴穿行靠丝状物的摆动，促使溶液集体流动；（c）沿轴丝状体靠外面柱状物的泵动；（d）推动溶液集体流动

综上所述，同化物运输的动力有两方面的来源：一是来自输导系统两端的压力势差，是不需能量的被动过程；二是来源于筛管内的中间动力，是需能量的主动过程。前者是同化物运输的基本动力，后者是对前者的辅助与补充。二者相互配合，协同动作，共同推动同化物的运转。

第三节 同化物的分配与调控

一、代谢源与代谢库及其相互关系

1928 年，Mason 与 Maskill 首先提出“源”和“库”的概念，原意是指制造光合产物和接纳光合产物的组织和器官。后来这一概念被 Evans 等所发展，用之于作物产量形成的分析。尤其是最近一二十年，将源库理论应用于作物栽培，指导生产实践，进展很快，受到普遍关注。

（一） 代谢源

代谢源（metabolic source）是指制造或输出同化物的组织或器官。绿色植物代谢源通常是指长成的叶片，但在种子萌发期间，种苗的代谢源是种子的胚乳或子叶。二年生植物或多年生宿根性植物，第二年春季萌发新芽时，其代谢源是上年延续的营养器官（如块根、块茎、匍匐茎或地下宿根）。

（二）代谢库

代谢库（metabolic sink）是指贮存或输入同化物的器官或组织。例如，植物幼叶、根、茎、花、果实、发育的种子等。因为这些器官本身不能制造与输出同化物，完全依靠接纳来源于功能叶片的光合产物进行生命活动。

在同一株植物，源与库是相对的，这就是说，在植物的某一特定生育阶段，总有一些器官以制造并输出养料为主，而另一些器官以接纳养料为主。前者具有源的作用，后者具有库的特征。随着生育期的不同，源库的地位也会发生变化。例如，当叶片未达终叶的一半时，必须从功能叶片获得养料，只进不出，是个消耗养料的代谢库；随着叶片长大，养料的输入渐少，输出渐多，直至叶片完全长成之后，完全成为输出养料的代谢源。

（三）源库关系

1. 源对库的影响

源是制造同化物的器官。由于源是库的供应者，故源对库的影响显而易见。例如，作物抽穗后，剪掉叶片，穗重会下降，剪叶越多，下降越明显，这是由于源减少后，光合产物向穗部输送量减少所致。所以，在作物生育后期要加强田间管理，防止叶片早衰，使源叶充分发挥作用，对作物产量的提高极为有利。

2. 库对源的影响

库是接纳同化物的部位。但库接纳物质不是被动的，库对源也产生积极的影响。例如，小麦籽粒的干物质有40%来源于旗叶，如果把正在灌浆的麦穗剪掉，则旗叶的光合速率急剧下降。其原因是同化物输出受阻，无处可运的同化物多以淀粉形式积累于叶片中，因而抑制光合作用的继续进行，这是一种反馈抑制作用。这种抑制是由于：①淀粉粒对叶绿体产生物理遮盖，阻碍叶绿体吸收光能；②增加生化上的羧化阻力；③叶绿体因淀粉的存在而膨胀，增加 CO_2 的扩散阻力。

3. 源库关系的三种类型

近年来，对某些作物的源库关系进行深入研究发现，作物产量形成的源库关系有三种类型。

(1) 源限制型　这是一种源小库大的类型，叶片产生的同化物满足不了库的需要，限制产量形成的主要因素是源的供应能力。这一类型的多次开花植物如棉花、果树等，往往由于生殖体（库）数目过多，当库把源的同化物源源不断调入时，时常导致叶片早衰和花、果实的脱落；而水稻等一次开花植物的特征是，颖花形成能力强，总库容（颖花数×千粒重）最大，而源的供应能力满足不了库的需求，因此结实率低，空壳率高。并且在灌浆方面，强势粒与弱势粒之间差异显著，弱势粒在开花后相当一段时间内增重缓慢，当强势粒灌浆即将结束时才开始灌浆。

(2) 库限制型　这是属于源大库小的类型，限制产量形成的主要因素是库的接纳能力（即总库容量）。这一类型的作物单位叶面积的载花量小，源的供应能力远远超过库的需求量，强势粒与弱势粒在灌浆进程上基本一致，因此结实率高且饱满。

(3) 源库互作型　这是一种过渡状态的中间类型。不论是定源增库，还是定库增源，产量均随之增加。此种类型的产量是由源库协同调节的，即增源与增库均能达到增产目的，所以这种类型的最大特点是源库自身的调节能力强，可塑性大。对于制定栽培措施有更大的回旋余地，可根据具体情况灵活而定。

二、同化物分配的规律

（一）分配方向

植物体内同化物的分配方向是由源到库，始终不变。例如，叶片产生的同化物不断地供给自己的库，一直到全部输出为止。从在植株相对的位置来看，无论库位于源的上方还是下方，同化物总是向库所在位置分配，毫无例外。因此，同化物的分配方向决定于源库的相对位置，即与同化物运输的方向相同：纵向（包括单向与双向）和横向。

（二）分配特点

1．按源-库单位进行分配

所谓源-库单位是源、库及其连接二者的输导系统。例如，水稻抽穗后顶部三片叶（剑叶、倒 2 叶、倒 3 叶）与穗组成源-库单位，即这三片叶的光合产物主要供应穗部，而倒 4、倒 5 两片叶的光合产物供应根系。当然，植物的源-库单位并非固定不变，在特定的条件下可重新组成源-库单位。比如，在水稻生育后期若倒 4、倒 5 两片叶早衰，倒 3 叶便参与根系组成源-库单位，以维持根系的正常生理功能。

2．优先分配给生长中心

作物在不同生育期中各有明显的生长中心，这些生长中心是最强的库，因为代谢强烈，生长旺盛，需要大量营养物质，所以在与其他库竞争营养物质时具有很强的优势。这样，不管是根系吸收的矿质元素与水分，还是叶片制造的光合产物，均优先分配给生长中心，以满足其生长发育之需要。例如，水稻、小麦叶片的同化物，在分蘖期主要运往新生叶片、分蘖和根，孕穗期和抽穗期主要运到穗和茎，而生育后期，穗子几乎是同化物的惟一接受中心了。

3．就近运输，同侧运输

从叶片着生位置而言，叶片的光合产物具有明显的就近运输、同侧运输的特点。例如，大豆开花结荚时，叶片的同化物主要供应本节的花荚，很少运到其他节位的花荚中，表现出就近供应的现象；如果去掉本节位的花荚，叶片的同化物便会运到同侧的邻近节位花荚之中，很少运往对侧，呈现出同侧运输的特征。利用放射性同位素示踪方法对甜菜进行实验也得到了类似的结果（图 2-13）。

4．成龄叶片之间无同化物供应关系

同化物在叶片之间的分配具有严格的规则：成龄叶片输出的同化物只能进入尚未成熟的幼叶，一旦幼叶长大成为源以后就不再接受外来的同化物，甚至当某一成龄叶由于遮光而遭受饥饿时也是如此。这意味着已成为源的功能叶片之间不存在同化物分配关系。例如，把已能进行光合作用的幼叶遮荫，或置于缺乏 CO_2 的光下，结果是同侧下位叶正常运来的 ^{14}C-有机物几乎不再进入该叶，导致该叶生长停止，不久便枯萎脱落。

三、同化物的再分配与再利用

植物体内的同化物，除了像细胞壁这样的骨架外，其他物质不论是有机的，还是无机的，包括细胞的各种内含物都可以进行再分配与利用。

（一）同化物在各器官之间经常进行再分配

一般来说，运到库中的光合产物，在用于这个器官生长的同时，一部分还能运出分配至

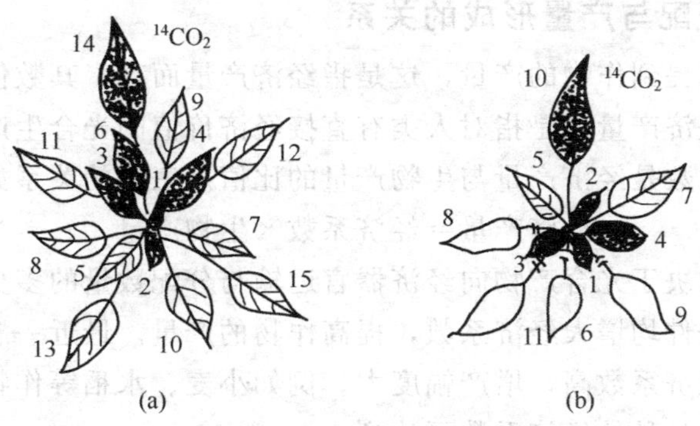

图 2-13 同化物的同侧运输

(a) 向甜菜植株的一张成熟叶片供给$^{14}CO_2$ 4h之后，^{14}C在各叶中的分布。明暗度表示放射性强度。^{14}C仅运输给植株一侧的幼叶

(b) 除去植株一侧的成熟叶片，仅保留未成熟的幼叶。然后，将$^{14}CO_2$供给未去叶一侧的成熟叶片。结果在植株两侧幼叶与第7叶都有放射性

叶片旁附注的数字越大，表示叶龄越大

其他器官。例如，有人试验南瓜叶运转^{14}C的18%～50%进入根，在短时间即被摄入有机酸、氨基酸，而后根中^{14}C约40%在76h内再运转到地上部。已证明，麦类、水稻等在抽穗前蓄积在茎和叶鞘中的碳水化合物，在抽穗后转移到穗。示踪试验表明，抽穗前小麦叶同化^{14}C贮存于茎上部两个节间部位的糖，抽穗后再运转到穗，这相当于穗最终干物质的5%～11%。

（二）生殖器官对营养体同化物的征调

一般来说，植物体内的溶质往往是从源运到库，通常是源中被运输的物质浓度较高，而库中的浓度较低，但是，有时物质会从同化物浓度较低的器官运往浓度较高的器官中。这种逆浓度梯度而发生的物质运输，被称之为对该物质的动员、征调。

一个正在发育的器官，如生殖器官不仅能吸引叶片同化物向其运输，而且能征调下部其他器官已贮存的同化物，在生育后期生殖器官所需要的同化物多是来自贮藏器官或衰老器官。例如，小麦籽粒饱满度达到25%时，植株对N和P的吸收已完成了90%，所以籽粒在最后充实中，完全靠营养体内已有的营养元素进行再度分配转让，一直达到充分成熟。据分析，小麦叶片衰老时，原有85%N和90%P都从叶片转移到穗部。所谓“麦熟一晌，枝叶枯黄”是再利用的结果。

作物茎叶中的有机物即使是在收获后也可以继续撤离，对于增加产量具有一定意义。例如，北方农民为了减少秋季早霜危害，在预计严重霜冻到达前夕，把玉米连秆带穗一起收获，竖立成垛，让茎、叶不致冻死，茎叶中的有机物和细胞内含物继续向籽粒转移，可增产5%～10%。为了给后茬腾地，以及调配劳力和机械等原因，小麦、水稻、谷子、芝麻、棉花等作物都可适时提早带秆收割，适当延迟脱粒，也有提高粒重作用。

（三）花器官中细胞内含物在受精后的被征调

多数植物的花瓣在受精前可以较长时间保持新鲜，而受精后一两天甚至几小时内花瓣就会迅速萎缩与凋谢，蛋白质等大分子化合物出现解体，大量的氨基酸、糖、矿质盐等物质转移到正在发育的子房。花丝、花萼等花器官的内含物也逐渐被征调转移。

综上所述，再分配与再利用是指贮藏器官或衰老器官中的原生质解体，把细胞中积累的同化物以及细胞内含物转移分配给新生器官或其他需要器官。

四、光合产物分配与产量形成的关系

在农业生产中常常提到作物的产量，这是指经济产量而言，其数值决定于经济系数与生物产量。具体地说，经济产量就是指对人类有直接经济价值的光合生产，而生物产量则为光合生产的总量，经济系数是经济产量与生物产量的比值。三者的关系如下：

经济产量＝经济系数×生物产量

经济系数的大小取决于光合产物向经济器官运输与分配数量的多少。凡是有利于光合产物向经济器官分配的条件均增大经济系数，提高作物的产量。最近一二十年的矮化育种，培育出许多优良品种，经济系数高，增产幅度大。例如小麦、水稻等作物，高秆品种的经济系数为0.3左右，而矮化品种的经济系数可达到0.5～0.55。

构成作物经济产量的物质主要有三个来源：一是经济器官生长期间由功能叶片输入的；二是经济器官形成之前在其他营养器官暂存的物质，以后经济器官膨大时再输入；三是某些经济器官（如麦类的穗与芒）自身合成的。其中，功能叶制造的光合产物是构成经济产量的最主要来源。但作物种类不同还是有一定的差异。例如，小麦、大麦等由于开花后主要功能叶（旗叶、倒2叶）衰老进程加速，因此籽粒中的物质来自茎秆暂存的以及穗芒合成的物质占有相当大的比例。而水稻却不同，其剑叶、倒2叶和倒3叶衰老迟缓，寿命较长，许多良种可达青秆成熟，功能叶片的光合产物成为籽粒贮藏物质的主要来源。

要想提高经济产量必须使光合产物更多地输入经济器官，这需要考虑如下三个因素。

首先，输出器官的推力，这是指源对光合产物的输出能力。研究发现，功能叶片的光合速率与光合产物输出速率之间存在着显著的正相关，灌浆期间水稻剑叶的光合速率最高，光合产物的输出速率也最大。从时间上看，光合作用的日变化决定着光合产物运输的日变化。例如水稻，上午6～11时，光合弱输出也少；以后光合逐渐加强，运输速率亦加快；以下午14～18时的输出量最多；随后逐渐减少直至第二天早晨。

其次，输入器官的拉力，这是指库对光合产物吸取的能力。据沈允纲的试验表明，在不去穗的正常情况下，有71.4%～84.5%的^{14}C光合产物运入稻穗；然而去穗后虽然叶鞘与茎内的^{14}C明显增多，但57.4%～91.0%的^{14}C却仍滞留于叶片。由此可见，穗是灌浆期间吸取同化物能力最强的输入器官，绝非其他器官可以替代。

最后，输导组织的运输能力，这是指源库间输导系统的联系程度。一般来说，同化物的分配，源与库的输导系统联系直接的比联系间接的多（如给小麦第二次分蘖饲喂$^{14}CO_2$，滞留分蘖最多，分配到第一分蘖的较少，而主茎更少），输导系统畅通的同化物分配数量多（由于水稻第二次或第三次枝梗上颖花的花梗维管束比第一次枝梗的体积小且数量少，因此分配的同化物减少），输导系统的距离也制约着同化物分配的方向与数量（就近供应，近多远少）。

五、同化物运输与分配的调控

（一）代谢调控

同化物的输出、输入及走向受细胞代谢状况的调节控制。

1. 细胞内蔗糖浓度

蔗糖是同化物运输的最佳形式。研究发现，若叶内蔗糖浓度高于某一值时，其运输速率明显增加；如蔗糖浓度低于此值时，则运输速率明显降低，此蔗糖浓度被称为阈值。由此可以推测，叶内蔗糖可分为可运态与非可运态两种状态，低于阈值的蔗糖属于非运态，很难输出。如能外喂蔗糖或暗中促使淀粉水解，提高可运态蔗糖浓度，输出才可重新发生。就目前所知，甜菜叶内蔗糖浓度的阈值是 15mg/cm^2。凡是能影响这个阈值的因素均能影响同化物的输出率。例如，K/Na 的值能够调节叶绿体内淀粉含量与细胞质内蔗糖浓度的比例，当甜菜叶内两者比值低（Na 含量相对较高）时，有利于淀粉向蔗糖转化，提高输出率；反之亦然。

2. 功能叶内 Pi 含量

一般功能叶中含有较高的 Pi，有利于光合产物向外输出。因为在正常情况下，细胞质中的 Pi 能与叶绿体内的丙糖磷酸进行穿梭式交换，使得更多的同化力与丙糖磷酸进入细胞质；促进蔗糖的合成（请参看蔗糖与淀粉的形成）。

3. 细胞内能量代谢

利用敌草隆和二硝基苯酚证明，光合作用和呼吸作用为运输提供能量。在膜中已发现 ATP 酶，ATP 或者作为动力，或者提高膜透性而起作用。

（二） 激素调控

就目前所知，除乙烯（ETH）以外，其他内源激素均促进植物体内同化物的运输与分配。采用^{14}C 或^{32}P 示踪法证明各种激素都有调节同化物运输与分配的作用，并具有累加效应（表 2-1）。又如，用去顶的豌豆和菜豆做试验发现，IAA 刺激根系从营养液中吸收^{32}P，促进^{14}C-蔗糖在植株体内运输；用 GA 预先处理天竺葵叶圆片，可提高叶片组织对^{32}P 的吸收速度；用 6-苄基腺嘌呤（6-BA）处理去顶的南瓜枝蔓时明显刺激^{32}P 流向叶片，而用 6-BA 处理根系则促进同化物由地上部运向地下部，还观察到非蛋白质氨基酸（γ-氨基丁酸）的运转；当把 ABA 引入到大麦的幼嫩颖果时，可促进旗叶中^{14}C-蔗糖运往籽粒。

表 2-1　各种激素对菜豆同化物运输的影响（^{32}P）

处　理	平均计量/(脉冲/min)	标 准 差
细胞分裂素	23.6	1.7
赤霉素(GA)	84.8	16.9
激动素(KT)	58.1	17.8
吲哚乙酸(IAA)	453.4	143.1
吲哚乙酸＋赤霉素(IAA＋GA)	849.6	278.6
吲哚乙酸＋激动素(IAA＋KT)	889.4	255.4
吲哚乙酸＋激动素＋赤霉素(IAA＋KT＋GA)	1943.1	312.4

关于植物激素促进物质运输的机理，可从如下三个方面理解：一是激素能改变膜的理化性质，提高膜的透性，如 IAA、GA、CTK 均增加膜对葡萄糖的透性；二是 IAA 可与质膜上的受体结合，产生去极化作用（depolarization），降低膜势，有利于离子或同化物进出质膜；三是植物激素促进 RNA、蛋白质（酶）的合成，不但吸引氨基酸加入蛋白质中，而且能合成某些与物质同化运输相关的酶类，如 GA 诱导 α-淀粉酶、β-1,3-葡萄糖苷酶的合成，CTK 能诱导和活化硝酸还原酶、丙氨酸转氨甲酰酶、天冬氨酸转氨甲酰酶等。但是这些机理的细节尚不清楚。

（三） 环境影响

1. 营养元素

对同化物运输影响最大的营养元素是 N、P（已介绍）、K、B。

(1) N　供 N 必须适量，使 C/N 维持在适宜的比例。如 N 过多，导致植物营养生长过于旺盛，光合产物用于生长多，用于茎鞘贮藏较少，进而减少再度向籽粒的分配。据研究，水稻贮于茎鞘中的糖占成熟期总糖量的比例是：高N时为8%，中N时为30%，低N时为40%，这对于灌浆期动用暂存物质促进籽粒饱满至关重要。然而N素过低，容易引起功能叶片早衰。

(2) K　对同化物运输与分配的影响表现在两个方面：一是促进碳水化合物的运输；二是促进运入库中的蔗糖转化为淀粉，以利维持韧皮部两端的压力势差。

(3) B　对同化物的运输具有明显的促进作用。一方面，B能促进蔗糖的合成，提高可运态蔗糖所占比例；另一方面，B能以硼酸的形式与游离态的糖结合，形成带负电的复合体(图2-14)，容易透过质膜。例如，将蚕豆的离体叶片或番茄植株浸在^{14}C-蔗糖溶液中时，当加入B后，可加强对蔗糖的吸收与运输。因此，在作物灌浆期叶面喷施硼肥有利于光合产物输入籽粒，具有增产效果。

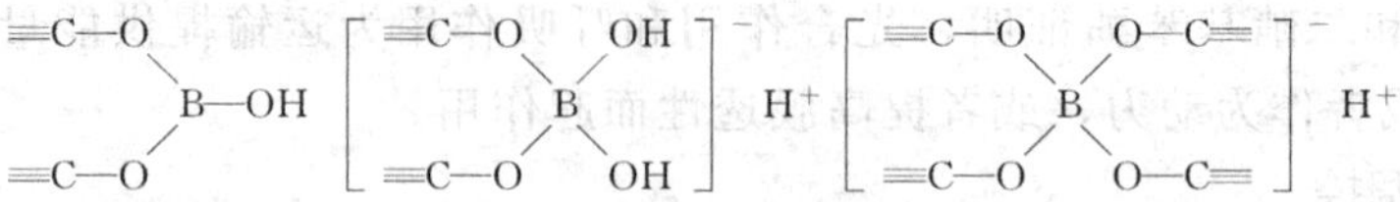

图 2-14　硼酸与糖形成配合物的形式

2. 光照

光照具有促进同化物运输作用。通常，在光下同化物的运输速率高于夜间。例如，玉米植株从黑暗转入光下，^{14}C-同化物输出速率迅速增加，2～3h后达到最大值；再转入黑暗时，同化物输出速率又明显下降。产生此种现象的原因可能由于叶内有效蔗糖浓度决定的：光下蔗糖及ATP含量升高，运输速率加快；暗中蔗糖浓度降低，运输速率变慢。不过，在光下同化物的运输并非处于平稳的状态，而是处于动态的变化之中。

3. 温度

温度影响同化物的运输速率。不同温度处理植株的试验表明，低温抑制同化物运输，20～30℃时的运输量最大，温度再升高，运输又下降。这是因为温度低时，呼吸作用减弱，提供的能量减少，从而削弱了原生质的中间动力，以及增加了筛管内液流黏度，减慢了溶液流动速度，同时低温还会导致胼胝质增加，堵塞筛孔，阻碍运输。温度太高时，呼吸作用增强，糖分被大量消耗，叶部可供运出的同化物量减少，同时原生质中的酶也可能被钝化，筛孔可能为胼胝质堵塞。

温度也影响同化物的分配方向。例如，当土温高于气温时，光合产物向根部运输的比例大；当气温高于土温时，光合产物向冠部运输比例大。昼夜温差对同化物分配有很大影响。在生理温度允许的范围内，昼夜温差大有利于同化物向籽粒分配。例如，小麦在昼温25℃，夜温10℃时，单穗质量高达1.070g；而昼温仍为25℃，夜温升至15℃时，单穗重仅为0.751g。水稻也有类似现象。究其原因，昼夜温差大，延迟叶片衰老，白天光合积累较多，夜间呼吸消耗较少。

表 2-2　$^{14}CO_2$ 喂小麦旗叶24h后^{14}C-同化物在对照与受旱植株各器官的分配

组　织	对照植株/%	受旱植株/%	组　织	对照植株/%	受旱植株/%
旗叶	26.4±3.8	57.4±4.3	下部节间	17.5±2.1	2.9±1.2
穗	34.7±3.9	33.7±3.5	根	16.3±2.7	3.1±0.6
上部节间	5.2±0.9	3.0±0.9			

4. 水分

水既是同化物的运输介质，又是光合作用的原料，所以水分不足必定影响同化物的运输与分配。其原因为：①水分不足，气孔关闭，光合速率降低，使得叶肉细胞内可运态蔗糖浓度降低，结果从源叶输入到韧皮部内的同化物质减少；②在缺水条件下，筛管内集流运动的速度降低。试验表明，干旱对小麦运输的影响是，旗叶输出同化物减少了40%（表2-2），而分配到穗的同化物不减少，分配到植株基部与根系的同化物数量明显下降。这就是在干旱条件下基部叶片和根系易于早衰与死亡的原因之一。

复习思考题

1. 如何证明高等植物的同化物长距离运输是通过韧皮部，而水分的长距离运输是通过木质部的？
2. 高等植物同化物运输的类型有哪些？各自的含义是什么？
3. 蔗糖作为高等植物韧皮部运输的主要形式的优势有哪些？
4. 简述压力流动学说的要点的实验依据。
5. 试述同化物源端是如何装载和库端的卸出方式。
6. 说明作物产物产量形成的源库关系。
7. 试述同化物运输与分配的规律。
8. 简述环境因子对同化物运输的影响。

第三章 植物的呼吸作用

植物通过呼吸作用将有机物不断分解，同时释放出贮存在其中的能量。光合作用属于新陈代谢的同化作用（assimilation）或合成作用（anabolism）。而呼吸作用则属于异化作用（disassimilation）或分解作用（catabolism）。

呼吸作用是植物生命活动的基本反应过程，是植物能量代谢的核心和有机物转换的枢纽，对维持植物正常的生命活动起着重要作用。研究呼吸作用不但具有重要的理论意义，而且对调节和控制植物的生长发育、提高产量、改善品质、抗病免疫、农产品贮藏加工等具有广泛的实践意义。

第一节 概　述

一、呼吸作用的概念

呼吸作用（respiration）是指有机物质在生活细胞中被氧化成二氧化碳和水并释放能量的过程。呼吸作用是一切活细胞都具有的一种代谢活动。根据呼吸时有无氧的参加，呼吸作用分为有氧呼吸和无氧呼吸两大类型。

1. 有氧呼吸（aerobic respiration）

有氧呼吸是指生活细胞在氧气的参与下，把有机物质彻底氧化分解，产生 CO_2 和 H_2O，同时释放能量的过程。碳水化合物、脂肪、有机酸、蛋白质等都可以作为呼吸的底物，葡萄糖是植物细胞呼吸最常用的物质，因此有氧呼吸可用下式表示：

$$C_6H_{12}O_6+6O_2 \longrightarrow 6CO_2+6H_2O+\text{能量}(2871.6\text{kJ})$$

有氧呼吸是高等植物进行呼吸的主要方式。一般所指的呼吸作用就是指有氧呼吸，但是，在某些条件下，植物也被迫进行无氧呼吸。

2. 无氧呼吸（anaerobic respiration）

一般指在无氧条件下，细胞把有机物质分解成为不彻底的氧化产物，同时释放能量的过程。这一过程在高等植物中称为无氧呼吸，在微生物中称为发酵。酒精是高等植物无氧呼吸的一种产物，除了酒精以外，高等植物无氧呼吸也可以产生乳酸，例如甜菜块根、马铃薯块茎、玉米种胚等在无氧呼吸时产生乳酸。酒精型无氧呼吸（酒精发酵）与乳酸型无氧呼吸（乳酸发酵）的反应式如下：

$$C_6H_{12}O_6 \longrightarrow 2C_2H_5OH+2CO_2+226\text{kJ}$$

$$C_6H_{12}O_6 \longrightarrow 2CH_3CHOHCOOH+197\text{kJ}$$

无氧呼吸的主要特征是呼吸时不利用氧，底物氧化不彻底，所以释放的能量比较少。

二、呼吸作用的生理意义

呼吸作用是植物物质代谢和能量代谢的中心，植物体内进行的物质代谢和能量代谢与呼吸作用密不可分。在植物的生命活动过程中，呼吸作用具有重要的生理意义，主要表现在以下几方面。

1. 呼吸作用提供植物生命活动所需要的大部分能量

在碳水化合物等有机物被逐步氧化分解时，能量释放的速度较慢，而且逐步释放，适合于细胞利用。释放出来的能量，一部分以热的形式散发，一部分能量转移到ATP中。当ATP在ATP酶的作用下分解时释放的能量可用于各种生理活动，例如植物对矿质营养的吸收和运输、各种有机物的合成和运输、原生质运动、细胞的分裂、植物的生长发育等。此外，当环境温度较低时，以热的形式释放的能量可以提高植物体温，促进代谢。

2. 呼吸作用为其他有机物的合成提供原料

呼吸作用的底物氧化分解经历一系列的中间过程，呼吸过程中产生一系列的中间产物，这些中间产物不稳定，成为合成植物体内多种重要物质（如氨基酸、蛋白质、核苷酸、核酸、脂肪、色素等）的原料，而各种物质的代谢也通过这些中间产物建立起联系。

3. 提供还原力

在呼吸过程中，伴随着物质的降解，不断地进行脱氢反应，生成$NADH+H^+$、$NADPH+H^+$、$FADH_2$等，这是细胞内生物合成的还原力。例如，硝酸盐的还原与氨基酸的合成、脂肪酸的合成分别以$NADH+H^+$或$NADPH+H^+$作为还原力。

4. 抵抗病菌的侵害

病菌侵入时，首先分泌水解酶类，使植物组织受到破坏而侵入，但植物本身的呼吸可以抑制病菌的水解酶。通过植物的呼吸作用可以把病菌放出的毒素分解破坏掉。另外，植物还可利用呼吸的能量和中间产物形成某些隔离组织以阻止病斑的扩大。所以植物染病后局部组织的呼吸都有加强的趋势，特别是抗病品种更为显著。

此外，在遗传基因所确定的范围内，呼吸代谢过程参与对植物形态建成和生理功能的控制。

三、呼吸作用的主要历程

对呼吸作用过程的研究开始于酵母菌和肌肉细胞，这是由于酿造工业和医学方面的需要而发展起来的。植物呼吸作用的研究在此基础上进行。在各种生物的细胞中，呼吸的过程基本相同。

如果以淀粉为底物，最终形成CO_2和H_2O，那么呼吸作用分为2个阶段：第一阶段为底物氧化分解，包括糖酵解、三羧酸循环和磷酸戊糖途径；第二阶段为电子传递和氧化磷酸化。

糖酵解在细胞液中进行，它将淀粉或其他多糖、葡萄糖等六碳糖转变为丙酮酸；三羧酸循环在线粒体衬质中进行，它将丙酮酸转变为CO_2；电子传递和氧化磷酸化在线粒体内膜上进行，它将O_2还原为H_2O，并形成ATP。

糖酵解、三羧酸循环和磷酸戊糖途径主要涉及糖的分解，电子传递和氧化磷酸化则主要涉及能量的转换。

第二节 呼吸代谢的过程

一、底物氧化分解

植物呼吸代谢的底物主要是糖类物质，所以呼吸作用实际上是细胞内糖类物质降解氧化的过程。现已发现，高等植物的呼吸代谢并非只是一条途径，而是由定位于细胞内不同区域的相互联系的糖酵解、三羧酸循环、戊糖磷酸途径等多条途径共同实现的。不同种植物、同种植物不同器官或组织，当处于不同的生育期或处于不同的环境条件，或者具有不同的呼吸底物时，所采取的呼吸途径都可能不同。

（一）糖酵解途径

糖酵解（glycolysis）指淀粉或葡萄糖及其他六碳糖转变为丙酮酸的一系列反应。糖酵解在细胞质中进行，催化这一过程的各种酶均存在于细胞质中。糖酵解的具体步骤是1912～1935年间，在对酵母菌产生乙醇和肌肉中糖原（glycogen）分解为丙酮酸的过程中确定的。由于Embden、Meyerhof和Parnas三位生物化学家对阐述这一途径的生化反应做了重要贡献，因此糖酵解途径又称为EMP途径（EMP pathway）。糖酵解的具体步骤见图3-1。

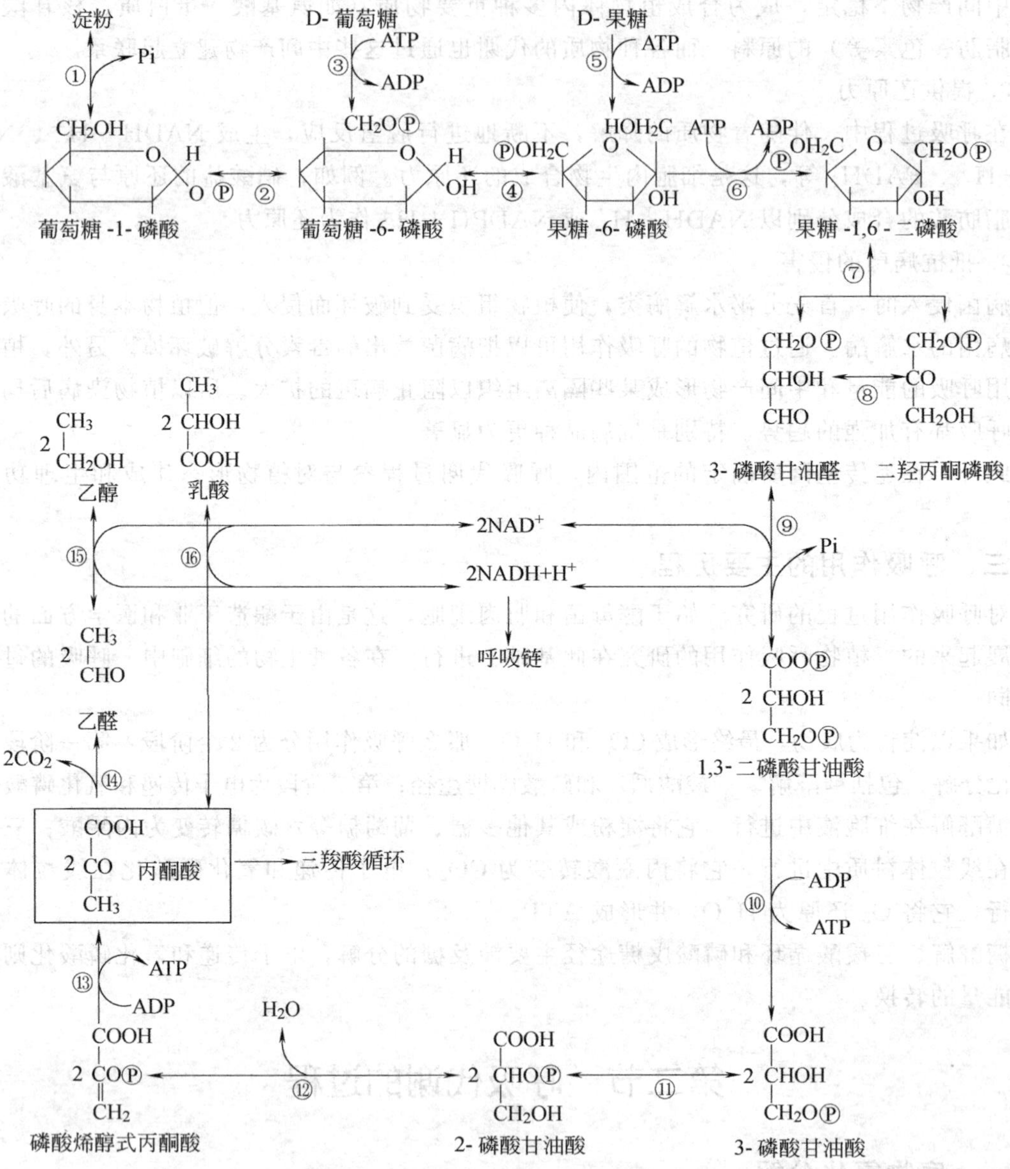

图3-1 糖酵解途径的生化过程

①淀粉磷酸化酶；②葡萄糖磷酸变位酶；③己糖激酶；④己糖磷酸异构酶；⑤果糖激酶；⑥果糖磷酸激酶；⑦醛缩酶；⑧丙糖磷酸异构酶；⑨3-磷酸甘油醛脱氢酶；⑩磷酸甘油酸激酶；⑪磷酸甘油酸变位酶；⑫烯醇化酶；⑬丙酮酸激酶；⑭丙酮酸脱羧酶；⑮乙醇脱氢酶；⑯乳酸脱氢酶

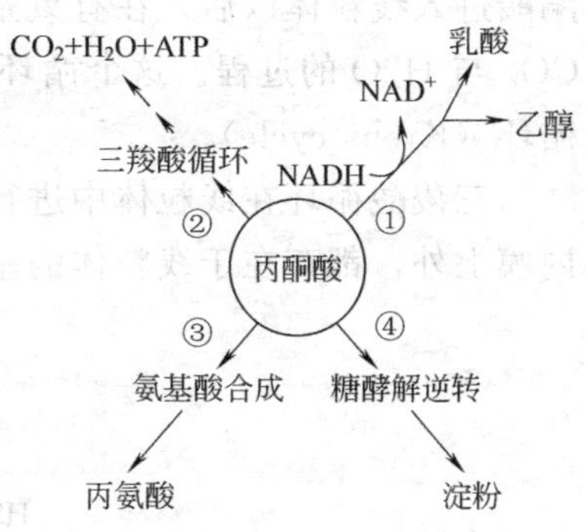

图 3-2　丙酮酸在代谢中的地位
①丙酮酸脱氢转化成乳酸；②丙酮酸进入三羧酸循环，彻底氧化分解；③丙酮酸通过氨基转换作用生成丙氨酸；④丙酮酸通过糖异生作用转化为淀粉

从图 3-1 可以看出，糖酵解途径的底物是淀粉、葡萄糖或果糖，终产物是丙酮酸。如果底物是淀粉，淀粉在淀粉磷酸化酶的作用下形成葡萄糖-1-磷酸。如果底物是葡萄糖或果糖，也需要磷酸化作用，磷酸基由 ATP 提供。终产物丙酮酸十分活跃，能够通过不同的代谢途径转化为多种物质（图 3-2）。例如，在有氧条件下丙酮酸进入三羧酸循环，被彻底氧化成 CO_2 和 H_2O；而在无氧条件下，则生成酒精或生成乳酸。所以，对高等植物来说，不管是有氧呼吸或无氧呼吸，糖的分解必须先经过糖酵解阶段，形成丙酮酸。糖酵解是有氧呼吸和无氧呼吸的共同途径。

从图 3-1 还可以看出，在糖酵解途径中，由己糖激酶、果糖激酶、果糖磷酸激酶、丙酮酸激酶所催化的反应（图 3-1 中的反应③、⑤、⑥和⑬）是不可逆的，因此它们具有调控作用，是糖酵解过程的关键反应，其余反应则都为可逆反应。

在整个糖酵解途径中，只有一步氧化还原反应，即 3-磷酸甘油醛被氧化为 1,3-二磷酸甘油酸（反应⑨），这一反应生成 NADH，但没有 O_2 的参加，也不生成 CO_2。糖酵解中有两步通过底物水平的磷酸化作用生成 ATP 的反应（反应⑩，⑬），如果以葡萄糖为起始物，也有两步消耗 ATP 的反应（反应③，⑥）。这样 1mol 葡萄糖经糖酵解生成 2mol 丙酮酸，同时生成 2mol NADH、2mol ATP（生成 4mol，消耗 2mol）。

糖酵解的总反应可以概括为：

$$C_6H_{12}O_6+2NAD^+ +2ADP+2Pi \longrightarrow 2CH_3COCOOH+2（NADH+H^+）+2ATP+H_2O$$

糖酵解的作用是：①将淀粉、葡萄糖等转变为丙酮酸，丙酮酸可通过三羧酸循环被彻底氧化，同时产生更多的 ATP；②糖酵解的部分中间产物可与其他物质的代谢建立联系；③生成还原力 NADH，NADH 可在线粒体中被氧化，同时生成 ATP；④生成 ATP。

糖酵解中葡萄糖的氧化是不彻底的。葡萄糖中大部分能量保存在丙酮酸中，只有约 60kJ 的能量贮存在 2mol ATP 中，440kJ 的能量贮存在 2mol NADH 中。

糖酵解在无氧条件下可以顺利地进行，但其产物丙酮酸和 NADH 在线粒体中被进一步氧化则需要在有氧条件下才能进行。如果缺氧，丙酮酸和 NADH 会积累起来。这时通过发酵作用，丙酮酸会转变为乳酸或乙醇，而 NADH 则重新氧化为 NAD^+。通过乳酸发酵，在乳酸脱氢酶（lactic acid dehydrogenase）的作用下，丙酮酸被 NADH 还原为乳酸；通过酒精发酵，丙酮酸先在丙酮酸脱羧酶（pyruvic acid decarboxylase）的作用下脱羧生成乙醛和 CO_2，然后乙醛在乙醇脱氢酶（alcohol dehydrogenase）的作用下，被 NADH 还原为乙醇。

葡萄糖进行乳酸发酵的总反应为：

$$C_6H_{12}O_6+2ADP^{3-}+2HOPO_3^{2-} \longrightarrow 2CH_3CHOHCOO^- +2ATP^{4-}+2H_2O$$

葡萄糖进行酒精发酵的总反应为：

$$C_6H_{12}O_6+2ADP^{3-}+2HOPO_3^{2-}+2H^+ \longrightarrow 2CH_3CH_2OH+2CO_2+2ATP^{4-}+2H_2O$$

在无氧条件下，通过酒精或乳酸发酵，实现了 NAD^+ 再生，使糖酵解得以继续进行。

（二）三羧酸循环

三羧酸循环（tricarboxylic acid cycle，简写为 TCA 循环）是指糖酵解途径所形成的丙酮酸进入线粒体以后，在有氧条件下经过一个包括二羧酸和三羧酸的循环而完全氧化，形成CO_2与H_2O的过程。这个循环是英国化学家 Hans Krebs 首先发现的，所以又叫做 Krebs 循环（Krebs cycle）。

三羧酸循环在线粒体中进行，催化三羧酸循环各反应的酶除琥珀酸脱氢酶存在于线粒体内膜上外，都存在于线粒体的基质中。三羧酸循环的生化反应过程如图 3-3 所示。

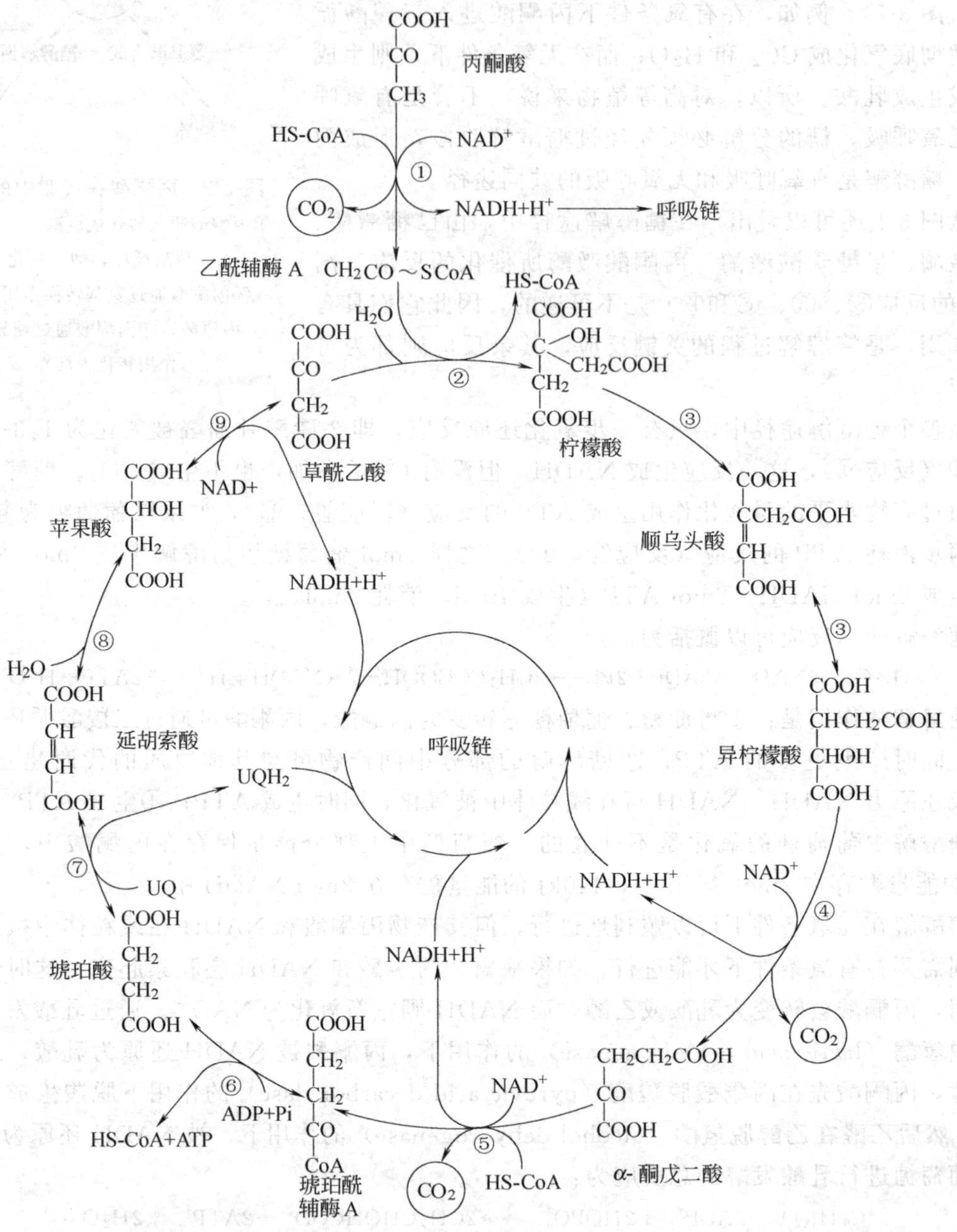

图 3-3 三羧酸循环的生化反应过程

①丙酮酸脱氢酶；②柠檬酸合成酶；③乌头酸酶；④异柠檬酸脱氢酶；⑤α-酮戊二酸脱氢酶；⑥琥珀酸硫激酶；⑦琥珀酸脱氢酶；⑧延胡索酸酶；⑨苹果酸脱氢酶

三羧酸循环中催化丙酮酸脱羧反应的是丙酮酸脱氢酶复合体。丙酮酸脱氢酶复合体包括五种酶，并包含焦磷酸硫胺素、硫辛酸、FAD 等辅助因子。糖酵解产生的中间产物丙酮酸进入线粒体后，在丙酮酸脱氢酶复合体的催化下形成乙酰辅酶 A。

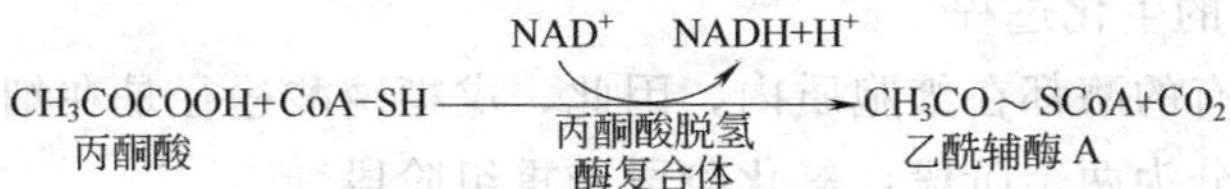

乙酰辅酶 A（乙酰 CoA）是丙酮酸的活化形式，1 分子丙酮酸以乙酰 CoA 的形式与草酰乙酸缩合形成循环中的第一个三羧酸化合物柠檬酸，从而进入三羧酸循环。丙酮酸在进入三羧酸循环之前发生一次脱羧，形成 1 分子 CO_2 进入三羧酸循环后又发生两次脱羧，形成 2 分子 CO_2，将 1 分子丙酮酸分解完毕，而后经过一系列反应，草酰乙酸得到再生。接着草酰乙酸再与 1 分子乙酰 CoA 发生反应，开始下一次循环。

从图 3-3 能够看出：

第一，三羧酸循环每进行一次，1 分子丙酮酸以脱羧形式被氧化分解。脱羧部位在反应①、反应④与反应⑤，这是呼吸作用中 CO_2 的来源。

第二，在三羧酸循环中有五次脱氢过程，其中四对氢用来还原 NAD^+，形成 $NADH+H^+$，另一对将 FAD 还原成 $FADH_2$。然而，丙酮酸分子只含 4H，另外的 6H 从何而来？原来在反应②和反应⑧各有 1 分子 H_2O 参与反应；此外，在反应⑥，腺苷二磷酸和无机磷生成腺苷三磷酸（即 $ADP+Pi \rightarrow ATP$）时所产生的 1 分子 H_2O（来自 Pi）也参与反应。由此可见，额外的 6H 正是来自这 3 分子 H_2O。三羧酸循环中的五对氢经过一系列呼吸电子传递体的传递，释放出能量。因而氢的氧化过程实质上是放能过程。

第三，经过三羧酸循环，丙酮酸被彻底氧化为 CO_2 但在此过程中并没有 O_2 参与，丙酮酸分子中只含有 3 个氧原子，而经 TCA 循环释放出的 3 分子 CO_2，其中有 6 个氧原子，这多出的 3 个氧原子分别来自反应②和反应⑧中的 H_2O 及反应⑥中的磷酸（$HOPO_3^{2-}$）。

第四，丙酮酸在进入三羧酸循环之前和以后的各个反应均由酶进行催化，其中的一些酶起着调控反应速度的作用。这些是反应①的丙酮酸脱氢酶复合体，反应②的柠檬酸合成酶，反应④的异柠檬酸脱氢酶和反应⑤的 α-酮戊二酸脱氢酶。除这 4 步反应以外的其他反应都是可逆的。

三羧酸循环的总反应式如下：

$$2CH_3COCOO^- + 8NAD^+ + 2FAD + 2ADP^{3-} + 2HOPO_3^{2-} + 4H_2O \longrightarrow$$
$$6CO_2 + 8NADH + 8H^+ + 2FADH_2 + 2ATP^{4-}$$

三羧酸循环中的一些中间产物是许多重要物质生物合成的前体。例如卟啉的主要碳原子来自琥珀酰 CoA，谷氨酸、天冬氨酸是由 α-酮戊二酸和草酰乙酸转变而成。

三羧酸循环的作用是：①生成了 NADH 和 $FADH_2$，它们可以通过氧化磷酸化作用生成 ATP；②生成了 ATP；③通过部分中间产物与其他物质的代谢建立联系。三羧酸循环是糖、脂肪、蛋白质和核酸及其他物质的共同代谢过程。这些物质可以通过三羧酸循环发生联系。

（三）戊糖磷酸途径

在研究呼吸作用时发现，向组织中加入糖酵解的抑制剂（碘乙酸、氟化物），对葡萄糖的消耗影响不大，可见葡萄糖还有其他的代谢途径。在这一途径中，磷酸五碳糖是重要的中间产物，因此将它称为戊糖磷酸途径（pentose phosphate pathway，PPP）；又因为在此途径中葡萄糖-6-磷酸被氧化为 6-磷酸葡萄糖酸，后者又被进一步氧化，所以这一途径又被称为已糖磷酸途径（hexose monophosphate pathway，HMP）或已糖磷酸支路（shunt），或磷酸葡萄糖酸途径（phosphogluconate pathway），也称为葡萄糖的直接氧化途径。

1. 戊糖磷酸途径的生化过程

戊糖磷酸途径所有的酶都在细胞质内，因此，戊糖磷酸途径是在细胞质中进行的。戊糖磷酸途径的全过程可分为两个阶段：氧化阶段和重组阶段。

（1）氧化阶段　葡萄糖-6-磷酸（G-6-P）经两次脱氢和一次脱羧，形成核酮糖-5-磷酸（Ru-5-P）和 NADPH。

① 在葡萄糖-6-磷酸脱氢酶（glucose-6-phosphate dehydrogenase）的作用下，G-6-P 氧化生成 6-磷酸葡萄糖酸内酯（6-phosphogluconolactone，6-PGL）。

$$\begin{array}{c} OH \\ HC- \\ HCOH \\ HOCH \quad O \\ HCOH \\ HC- \\ CH_2OPO_3^{2-} \\ \text{G-6-P} \end{array} + NADP^+ \longrightarrow \begin{array}{c} O \\ C- \\ HCOH \\ HOCH \quad O \\ HCOH \\ HC- \\ CH_2OPO_3^{2-} \\ \text{6-PGL} \end{array} + NADPH + H^+$$

② 葡萄糖酸内酯在内酯酶（lactonase）的作用下迅速水解为 6-磷酸葡萄糖酸（6-phosphogluconate，6-PG）。

$$\begin{array}{c} O \\ C- \\ HCOH \\ HOCH \quad O \\ HCOH \\ HC- \\ CH_2OPO_3^{2-} \\ \text{6-PGL} \end{array} + H_2O \longrightarrow \begin{array}{c} O \\ C-O^- \\ HCOH \\ HOCH \\ HCOH \\ HCOH \\ CH_2OPO_3^{2-} \\ \text{6-PG} \end{array} + H^+$$

③ 6-磷酸葡萄糖酸脱氢酶（6-phosphogluconate dehydrogenase）催化 6-磷酸葡萄糖酸氧化脱羧，生成核酮糖-5-磷酸（Ru-5-P）。

$$\begin{array}{c} O \\ C-O^- \\ HCOH \\ HOCH \\ HCOH \\ HCOH \\ CH_2OPO_3^{2-} \\ \text{6-PG} \end{array} + NADP^+ \longrightarrow \begin{array}{c} H_2COH \\ C=O \\ HCOH \\ HCOH \\ CH_2OPO_3^{2-} \\ \text{Ru-5-P} \end{array} + CO_2 + NADPH$$

至此，1 分子葡萄糖变为 1 分子五碳糖，释放 1 分子二氧化碳，并脱下 2 对氢原子，形成 2 分子 NADPH＋H^+，总反应如下：

$$\text{G-6-P} + 2NADP^+ + H_2O \longrightarrow \text{Ru-5-P} + CO_2 + 2NADPH + 2H^+$$

催化反应①、③的脱氢酶都对 $NADP^+$（而不是 NAD^+）高度特异。在氧化阶段，开始时的 G-6-P 可由淀粉磷酸解或葡萄糖磷酸化形成（图 3-1）。

（2）重组阶段　即葡萄糖-6-磷酸的再生化阶段。经过一系列异构变化及基团转移反应，中间经过三碳糖、四碳糖、五碳糖、七碳糖的变化，最后生成葡萄糖-6-磷酸，这个阶段的各反应均是可逆反应（图 3-4）。

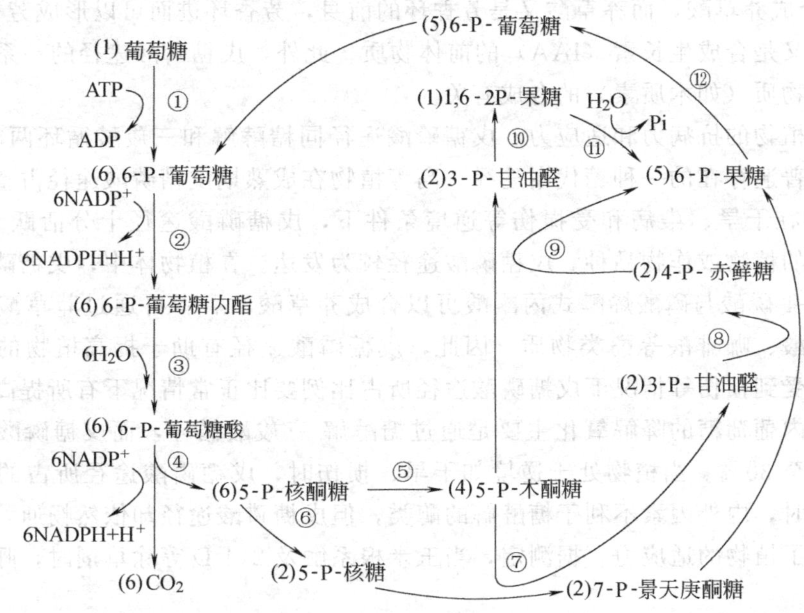

图 3-4　戊糖磷酸途径示意

①己糖激酶；②葡萄糖-6-磷酸脱氢酶；③6-磷酸葡萄糖酸内酯酶；④6-磷酸葡萄糖酸脱氢酶；⑤磷酸戊糖表异构酶；⑥磷酸核糖异构酶；⑦,⑨转酮醇酶；⑧转醛醇酶；⑩醛缩酶；⑪磷酸酯酶；⑫己糖磷酸异构酶

戊糖磷酸途径的总反应式如下：

$$6G\text{-}6\text{-}P + 12NADP^+ + 7H_2O \longrightarrow 6CO_2 + 12NADPH + 12H^+ + 5G\text{-}6\text{-}P + Pi$$

戊糖磷酸途径与糖酵解途径虽然都是在细胞质中进行的已糖降解氧化过程，然而两种途径却有本质的区别：第一，氧化还原辅酶不同，糖酵解是 NAD^+，戊糖磷酸途径为 $NADP^+$；第二，两种途径的中间过程和中间产物不同。糖酵解过程是将葡萄糖先分解为两个三碳糖，然后再脱氢，所以其中间产物均为三碳化合物，而戊糖磷酸途径是将葡萄糖-6-磷酸直接脱氢，并经过复杂的中间产物生成变化，中间产物有三碳糖、四碳糖、五碳糖、六碳糖、七碳糖等糖类，此外戊糖磷酸途径还存在脱羧过程。

2. 戊糖磷酸途径的意义

（1）戊糖磷酸途径作为生物合成中的 $NADPH+H^+$ 来源之一。在戊糖磷酸途径中所生成的 $NADPH+H^+$ 在许多生物合成中作为还原剂而起着重要作用。凡是某一生物合成中包含有烟酰胺核苷酸作为还原剂时，其辅酶大多为 $NADP^+$。所以，在许多生物合成中，例如长链脂肪酸和固醇的生物合成、葡萄糖还原成山梨醇、二氢叶酸还原成四氢叶酸、葡萄糖醛酸还原为 L-古洛糖酸（L-gulonic acid）、苯丙氨酸转化为酪氨酸、丙酮酸还原羧化为苹果酸（由苹果酸酶催化）以及形成不饱和脂肪酸的羟化作用中，均以 $NADPH+H^+$ 作还原剂。由于 $NADPH+H^+$ 作为还原剂用于脂肪酸的合成，因而在脂肪合成旺盛的组织中，戊糖磷酸代谢途径所占比重较大。油料作物在种子成熟期，其代谢途径从以 EMP-TCA 为主，转为以 HMP 途径为主。

（2）戊糖磷酸途径的中间产物是生物合成代谢的原料来源，并通过其中间产物与其他代谢建立联系。戊糖磷酸途径形成的中间产物在代谢活动中十分活跃，沟通各种代谢反应。例如，核酮糖-5-磷酸与核糖-5-磷酸是合成核酸的原料；赤藓糖-4-磷酸与磷酸烯醇式丙酮酸（PEP）可以合成莽草酸，而莽草酸又是芳香环的前身，芳香环进而可以形成芳香族氨基酸，其中的色氨酸又是合成生长素（IAA）的前体物质。此外，戊糖磷酸途径的一系列中间产物与细胞壁结构物质（如木质素）的合成有关。

（3）提高植物的抗病力和适应力。戊糖磷酸途径同糖酵解和三羧酸循环两个途径一样，也是植物体中普遍存在的一种糖代谢途径。高等植物在成熟期戊糖磷酸途径占整个呼吸代谢的 50%。植物在干旱、染病和受损伤等逆境条件下，戊糖磷酸途径十分活跃。研究表明，凡是抗病力强的植物或作物品种，戊糖磷酸途径较为发达。在植物体中，戊糖磷酸途径的中间产物赤藓糖-4-磷酸与磷酸烯醇式丙酮酸可以合成莽草酸，后者再通过莽草酸途径合成能够抗病的绿原酸、咖啡酸等酚类物质。因此，戊糖磷酸途径有助于提高植物的抗病力。此外，在干旱、受到损伤等情况下戊糖磷酸途径所占比例要比正常情况下有所提高。正常情况下，植物细胞内葡萄糖的降解氧化主要是通过糖酵解-三羧酸循环，而戊糖磷酸途径所占比例为百分之几至 30%。当植物处于逆境如干旱、损伤时，戊糖磷酸途径所占的比例明显增加。处于逆境时，内外因素不利于糖酵解的酶类，但戊糖磷酸途径却依然畅通，甚至还能加强，因而提高了植物的适应力。据测定，当玉米根系触及 2,4-D 等除草剂时，呼吸途径就会发生上述变化。

（四）乙醇酸氧化途径

乙醇酸氧化途径（glycolic acid oxidation pathway）是水稻根系中的一种糖降解途径（图 3-5）。水稻根呼吸产生的部分乙酰 CoA 不进入 TCA 循环，而是形成乙酸，乙酸在一系列酶作用下依次形成乙醇酸、乙醛酸、草酸、甲酸及 CO_2，并不断形成 H_2O_2，使根系周围保持较高的氧化状态，用以氧化各种还原物质（如 H_2S、Fe^{2+} 等），抑制土壤中还原性物质对水稻根系的毒害，以保持根系正常的生理机能。

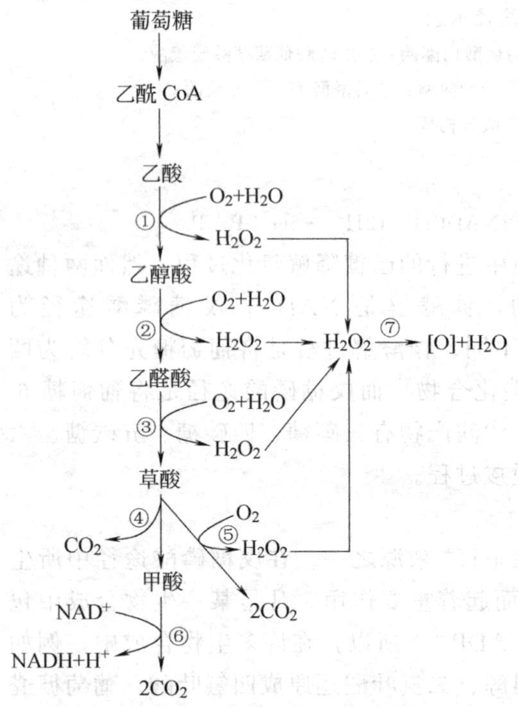

图 3-5　水稻根中乙醇酸途径

（引自：萧浪涛和王三根，2004）

①,②乙醇酸氧化酶；③黄素氧化酶；④草酸脱羧酶；⑤草酸氧化酶；⑥甲酸脱氢酶；⑦过氧化氢酶

（五）乙醛酸循环途径

糖类物质是植物呼吸作用的直接底物，而花生等油料作物种子贮存的脂肪在萌发时必须转化为碳水化合物才能被植物利用。脂肪转化为糖类必须先分解生成甘油和脂肪酸，甘油通过其他反应转变为糖，而脂肪酸则通过乙醛酸循环（glyoxylic acid cycle）转化为糖。

乙醛酸循环途径是指脂肪酸经 β-氧化形成的乙酰 CoA 在乙醛酸体中生成乙醛酸转化为糖的过程。图 3-6 显示了乙醛酸循环及与之相配合的将脂肪酸转变为蔗糖的反应过程。

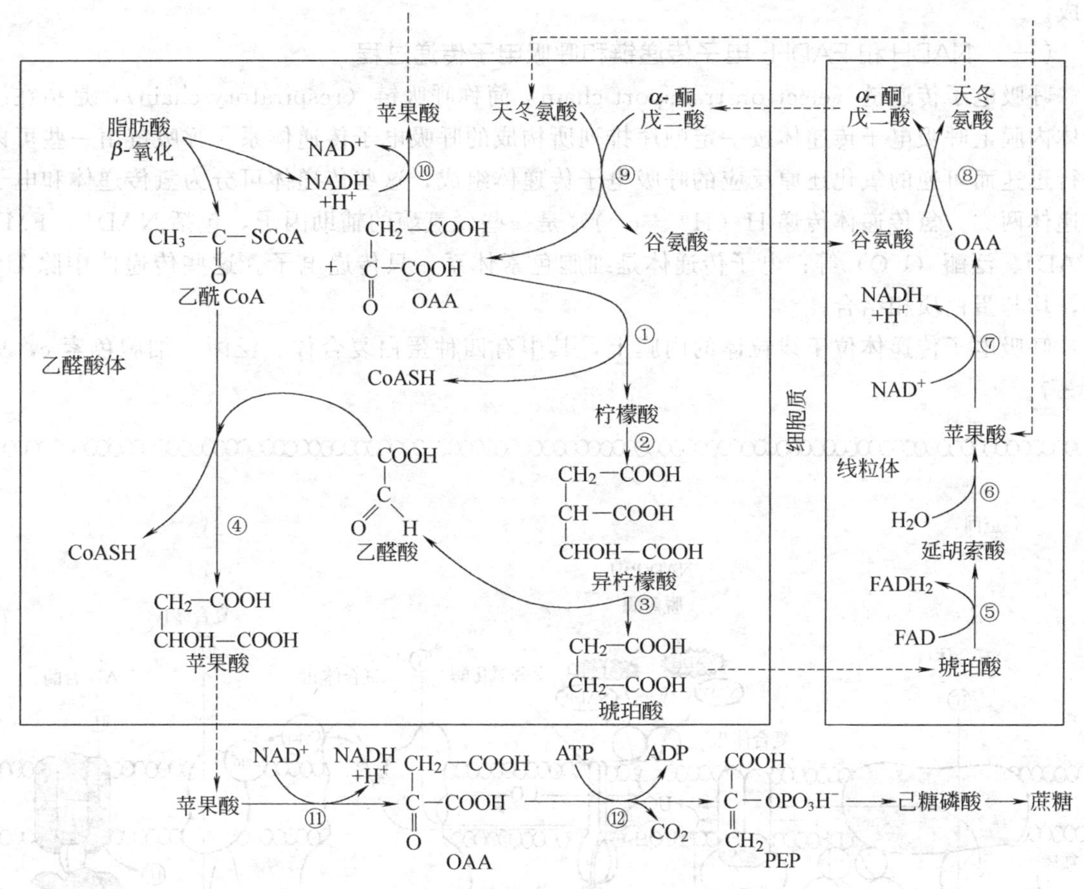

图 3-6　脂肪酸转变为蔗糖的乙醛酸途径

在乙醛酸体中，由β-氧化生成的乙酰CoA与草酰乙酸（OAA）结合，形成柠檬酸（反应①与三羧酸循环中的反应②相同）。柠檬酸转变为异柠檬酸（反应②）后，在异柠檬酸裂解酶（isocitrate lyase）的作用下形成琥珀酸和乙醛酸（glyoxylate）（反应③）。在苹果酸合成酶（malate synthetase）的催化下，乙醛酸与另一分子乙酰CoA结合，形成苹果酸（反应④）。苹果酸由乙醛酸体运进细胞液，在NAD^+-苹果酸脱氢酶作用下氧化为OAA（反应⑪）。在PEP羧激酶（PEP carboxy kinase）作用下，OAA脱羧磷酸化，形成磷酸烯醇式丙酮酸PEP（反应⑫）。PEP将通过糖酵解的逆反应形成己糖磷酸，再进一步生成蔗糖。琥珀酸由乙醛酸体进入线粒体，通过与三羧酸循环中相同的反应（反应⑦、⑧、⑨），转化为草酰乙酸，同时形成NADH和$FADH_2$。NADH和$FADH_2$，将通过呼吸链被氧化，生成H_2O和ATP。通过反应⑧、⑨的转氨基作用，可以向乙醛酸体中补充维持乙醛酸循环运转所必需的OAA。反应⑩与反应⑦配合，则可以将乙醛酸体内在β-氧化中形成的NADH转运到线粒体中。

二、呼吸电子传递

在糖酵解和三羧酸循环中，底物上的H（$H^+ + e^-$）转移到NAD^+或FAD上，形成NADH和$FADH_2$，二者在线粒体中进一步氧化，并伴随有ATP的形成。在这一过程中，NADH和$FADH_2$中的电子经过一系列电子传递体，最终传递给分子O_2生成H_2O。与叶绿体中的电子传递相似，也通过偶联反应，将电子传递过程中释放的能量用于ATP的合成。

（一）NADH和$FADH_2$电子传递链和呼吸电子传递过程

呼吸电子传递链（electron transport chain）简称呼吸链（respiratory chain），是指在线粒体内膜上呼吸电子传递体按一定顺序排列所构成的呼吸电子传递体系。呼吸链由一些可以进行迅速而可逆的氧化还原反应的呼吸电子传递体组成，这些传递体可分为氢传递体和电子传递体两类。氢传递体传递 H（$H^+ + e^-$），是一些脱氢酶的辅助因子，包括 NAD^+、FMN（FAD）、泛醌（UQ）等；电子传递体是细胞色素体系，只传递电子。这些传递体中除 UQ 外，均与蛋白质相结合。

呼吸电子传递体位于线粒体的内膜上，其中有四种蛋白复合体、泛醌、细胞色素 c，见图 3-7。

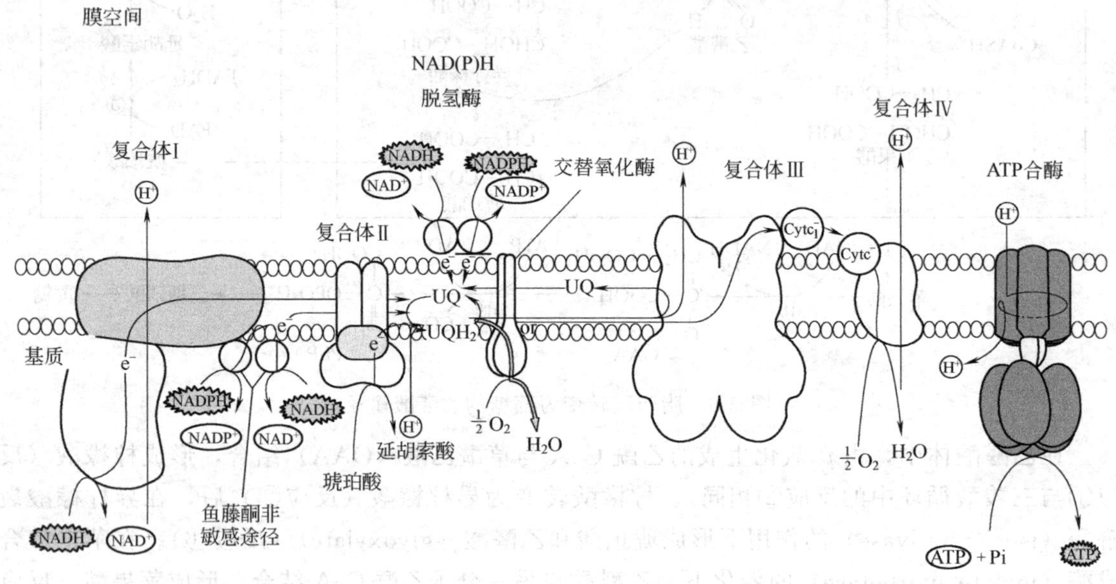

图 3-7 线粒体内膜上的复合体及其电子传递（引自 Buchannan 等，2000）

1. 复合体Ⅰ（complex Ⅰ）

复合体Ⅰ又称为 NADH:泛醌氧化还原酶（NADH:ubiquinone oxido-reductase），含黄素单核苷酸（flavin mononucleotide，FMN）和一些类似叶绿体中铁氧还原蛋白的铁-硫蛋白（Fe-S）。它将位于线粒体基质中的 $NADH + H^+$ 的 2 个 H^+ 经 FMN 转运到膜间空间，同时再经过 Fe-S 将 2 个电子传递到泛醌（ubiquinone，UQ，又称辅酶 Q，CoQ），UQ 再与基质中的 H^+ 结合，生成还原型的泛醌（UQH_2）。

2. 复合体Ⅱ（complex Ⅱ）

复合体Ⅱ又称为琥珀酸:泛醌氧化还原酶（succinate:ubiquinone oxido-reductase），含琥珀酸脱氢酶（succinate dehydrogenase）、黄素腺嘌呤二核苷酸（flavin adenine dinucleotide，FAD）和 3 个铁硫蛋白。它催化将琥珀酸氧化为延胡索酸，并将 H 转移到 UQ 生成 UQH_2。

3. 泛醌

泛醌是复合体Ⅰ和复合体Ⅱ与复合体Ⅲ之间的电子传递体，其特点是可在膜内移动。

4. 复合体Ⅲ（complex Ⅲ）

复合体Ⅲ又称为泛醌:细胞色素 c 氧化还原酶（ubiquinone: cytochrome oxido-reductase），含 2 个 b 型细胞色素，1 个 Fe-S 中心和 1 个 $Cytc_1$。它将 UQH_2 中的电子经 Cytb→Fe-S→$Cytc_1$ 传递到 Cytc，UQH_2 在将电子传递给复合体Ⅲ将 2 个 H^+ 释放到膜间空间。也有人认为在电子从 Fe-S 传到 $Cytc_1$ 之前，先传递给 UQ，同时 UQ 与基质中的 H^+ 结合生成 UQH_2。UQH_2 再将电子传给 $Cytc_1$，同时将 2 个 H^+ 释放到膜间空间。

5. 细胞色素 c(Cytc)

Cytc 是复合体Ⅲ与复合体Ⅳ之间的电子传递体，其特点是可在膜上运动。

6. 复合体Ⅳ(complex Ⅳ)

复合体Ⅳ又称细胞色素氧化酶（cytochrome oxidase），含有 Cyta 和 $Cyta_3$ 及 2 个铜原子（与肽结合，通过 Cu^+→Cu^{2+} 的变化，在 a 和 a_3 间传递电子）。它将 Cytc 中的电子传递给分子 O_2，被激活的 O_2 再与基质中的 H^+ 结合形成 H_2O。在这一电子传递过程中也通过某种机制将基质中的 2 个 H^+ 转运到膜间空间。

在电子传递过程中，复合体Ⅰ、Ⅲ、Ⅳ3 个位置，质子越过线粒体内膜产生驱动 ATP 合成的质子动力势。对于在电子传递过程中如何实现 H^+ 的跨膜转运，特别是复合体Ⅳ中 H^+ 的转运，尚没有很好的解释。

复合体Ⅰ～Ⅳ都是膜的内部蛋白，它们以 1∶1∶1∶1 的比率存在。UQ 和 Cytc 是电子传递体系中可移动的单位。UQ 是电子传递体系中的非蛋白组分，它的含量很高；Cytc 是惟一的可移动的蛋白组分。所有这些电子传递体在线粒体内膜上以一定的顺序排列，构成了呼吸电子传递链。

各复合体除相互间有一定顺序外，每一复合体或复合体中的各成分在膜上也有一定的位置，也就是说其分布是不对称的。例如，NADH 和琥珀酸的氧化及 O_2 的还原都在内膜的基质侧进行（即与各反应有关的组分均分布在内膜上靠基质的一侧）；复合体Ⅲ中的 Fe-S、Cytc 和复合体Ⅳ中的 Cyta 位于内膜的靠膜间空间一侧，而复合体Ⅲ中的 Cytb 和复合体Ⅳ中的 $Cyta_3$，则位于内膜的基质侧。Cytc 位于膜间空间（图 3-7）。

在内膜的基质侧还有不同于复合体Ⅰ的 NADH 脱氢酶，它可以将内源 NADH（来自三羧酸循环）氧化，并将 H 传递给 UQ；在内膜的膜间空间侧也有 NAD(P)H 脱氢酶，它可以将来自糖酵解的 NADH 或来自戊糖磷酸途径的 NADPH 氧化，并将 H 传递至 UQ。

泛醌在线粒体内膜疏水相中以游离库存在，实际上，植物有 3 个泛醌库，除与复合体Ⅰ和Ⅱ相连的主库外，还有与内膜外侧 NADH 脱氢酶相连和与内膜内侧 NADH 脱氢酶相连的泛醌库。3 个泛醌库将来自 4 个脱氢酶的电子传递给复合体Ⅲ。

（二）抗氰呼吸

大多数有机体的有氧呼吸因电子传递途径受氰化物（CN^-）的阻断而被强烈抑制。但在许多高等植物中，呼吸链中有一条对 CN^- 不敏感的支路，因此呼吸作用受 CN^- 的抑制作用很小。这种对于 CN^- 等不敏感的呼吸作用称为抗氰呼吸（cyanide resistant respiration, CRR）。某些真菌、苔藓、藻类及少数种类的细菌和动物中，也存在抗氰呼吸。

抗氰呼吸是呼吸作用中 NADH 等物质脱下的电子不经过细胞色素 b、c、aa_3 而被传递给 O_2。研究表明，在进行抗氰呼吸的有机体中，存在一条电子传递的支路或交替途径（alternative pathway），即电子可能从 $CoQH_2$ 经交替氧化酶（alternative oxidase）传递给 O_2。交替途径与正常呼吸链比较如下：

$$NADH + H^+ \longrightarrow FADH_2 \xrightarrow{2H^+} CoQH_2 \longrightarrow Cytb \longrightarrow Cytc_1 \longrightarrow Cytc \longrightarrow Cytaa_3 \longrightarrow O_2$$ 正常呼吸链

$CoQH_2 \xrightarrow{2e^-}$ 交替氧化酶 $\xrightarrow{2e^-} O_2$ 交替途径

交替途径可被水杨基氧肟酸（salicythydroxamic acid，SHAM）抑制。与沿电子传递主路相比，当电子经交替途径传递时，相伴随的 H^+ 的运转要少得多，产生的 H^+ 电化学势梯度也小得多，因而形成的 ATP 也将很少，亦即 P/O 值小，电子传递过程中释放的大部分能量以热的形式释放出来。因为抗氰呼吸有很多热量释放出来，所以将抗氰呼吸又称为放热呼吸（thermogenic respiration）。

抗氰呼吸的典型例子是天南星科植物的佛焰花序（spadix）。由于花序主要进行抗氰呼吸，放出大量热量，使花器官温度高出环境十几到二十几摄氏度。这促使 NH_3、胺类等一些物质的挥发，放出腐臭味，吸引蝇类、甲虫类等昆虫传粉。这种放热也保证了早春开花的一些植物（如天南星科、睡莲科等）花序的发育。此外，抗氰呼吸放出的热量也有益于一些种子的萌发。

在一般情况下，电子传递是沿主路进行，因为交替氧化酶对 O_2 的亲和力低于细胞色素氧化酶。但是当臭菘（*Symplocarpus foetidus*）的佛焰花序开始产热时，它的交替氧化酶活性则提高约 7 倍，而电子沿主路的传递则降至 1/10。在这种情况下，电子则主要沿交替途径进行，便于热量的大量生成。

除了抗氰呼吸外，在植物和微生物中，还有一些其他的电子传递途径，到目前至少已发现有五条电子传递途径。

（三）线粒体外的末端氧化酶

此类氧化酶存在于细胞质、质体和乙醛酸体等微体内，只催化 H_2O 或 H_2O_2 的形成，而不产生 ATP。

1. 黄素氧化酶（flavin oxidase）

黄素氧化酶亦称黄酶，其辅基 FAD（黄素腺嘌呤二核苷酸）不含金属。黄素氧化酶催化从底物脱下的 2H，传递给 CoQ，或者传递给 O_2 生成 H_2O_2。在乙醛酸体（glyoxysome）中，黄素氧化酶参与脂肪酸氧化分解和 H_2O_2 的形成。

脱氢酶
还原的脂肪酸 → 氧化的脂肪酸；FAD → $FADH_2$；$FADH_2$ → FAD；O_2 → H_2O_2
黄素氧化酶

2. 酚氧化酶（phenol oxidase）

酚氧化酶包括一元酚氧化酶（monophenol oxidase）［如酪氨酸酶（tyrosinase）］和多酚氧化酶（polyphenol oxidase）［如儿茶酚氧化酶（catechol oxidase）］。酚氧化酶为含铜的酶，存在于质体和微体中，在植物体内普遍存在，催化酚类氧化成醌类。酚氧化酶与细胞内其他底物氧化相偶联，可以起到末端氧化酶的作用。

AH_2 → A；NAD^+ → $NADH + H^+$；醌 → 酚；$\frac{1}{2}O_2$ → H_2O
酚氧化酶

在正常情况下，酚氧化酶与其底物酚是分隔开的。植物组织受伤或受病菌侵染时，细胞结构受到破坏，酶与底物接触发生反应。酚氧化酶把伤口释放出来的酚类氧化为醌类，可使组织避免感染，起到保护作用。在生产中，也经常采取一些措施抑制褐变，或利用酚氧化酶的作用产生特定的颜色。制绿茶时把采下的茶叶立即焙炒杀青，破坏多酚氧化酶，保持茶叶的绿色。但在制红茶时，要用揉捻来使细胞破裂，使多酚氧化酶与底物儿茶酚接触，底物氧化为醌，变成红褐色的物质，从而制成红茶。

3. 抗坏血酸氧化酶（ascorbic acid oxidase）

抗坏血酸氧化酶是一种含铜的酶，催化抗坏血酸的氧化。

$$\text{L-抗坏血酸} + \frac{1}{2}O_2 \xrightarrow{\text{抗坏血酸氧化酶}} \text{L-脱氢抗坏血酸} + H_2O$$

抗坏血酸氧化酶在植物中普遍存在，以蔬菜和果实中较多。抗坏血酸氧化酶定位于细胞液中，也可与细胞壁结合。抗坏血酸在呼吸作用时与其他的氧化还原反应相偶联，抗坏血酸氧化酶起到末端氧化酶的作用。

$$AH_2 \rightarrow A;\quad NADP^+ \rightarrow NADPH_2;\quad NADPH_2 \rightarrow NADP^+ \ (\text{谷胱甘肽还原酶}),\ GSSG \rightarrow 2GSH;\quad 2GSH \rightarrow GSSG,\ \text{脱氢抗坏血酸} \rightarrow \text{抗坏血酸};\quad \text{抗坏血酸} \rightarrow \text{脱氢抗坏血酸},\ \frac{1}{2}O_2 \rightarrow H_2O \ (\text{抗坏血酸氧化酶})$$

偶联反应中 GSH 与 GSSG 分别为还原型谷胱甘肽和氧化型谷胱甘肽。

4. 乙醇酸氧化酶（glycolate oxidase）

乙醇酸氧化酶是一种黄素蛋白酶，催化乙醇酸氧化为乙醛酸，并产生 H_2O_2。

$$C_2H_5OH + NAD^+ \xrightarrow{\text{乙醇脱氢酶}} CH_3CHO + NADH_2$$
$$NADH_2 + \text{COOH—CHO} \xrightarrow{\text{乙醛酸还原酶}} NAD^+ + \text{COOH—CH}_2\text{OH}$$
$$\text{COOH—CH}_2\text{OH} + O_2 \xrightarrow{\text{乙醇酸氧化酶}} \text{COOH—CHO} + H_2O_2$$
$$H_2O_2 \xrightarrow{\text{过氧化氢酶}} H_2O + \frac{1}{2}O_2$$

5. 过氧化物酶（peroxidase）与过氧化氢酶（catalase）

过氧化物酶和过氧化氢酶均含铁。过氧化物酶广泛存在于植物组织中，有多种同工酶，此酶常常与植物抗性的提高有关。过氧化物酶的作用是以 H_2O_2 为电子受体而催化氧化反应。

$$\text{对苯二酚 (HO—C}_6\text{H}_4\text{—OH)} + H_2O_2 \longrightarrow \text{对苯醌 (O=C}_6\text{H}_4\text{=O)} + 2H_2O$$

过氧化氢酶也是植物组织中常见的酶，主要存在于过氧化物体中，叶绿体中亦有存在。过氧化氢酶的作用是催化 H_2O_2 分解，在这一反应中 H_2O_2 既作为电子供体又作为电子受体，反应产物是 H_2O 与 O_2。

$$H_2O_2+H_2O_2 \xrightarrow{\text{过氧化氢酶}} 2H_2O+O_2$$

可以看出，过氧化氢酶的功能是消除了 H_2O_2 的有害作用。

应当指出的是，植物体内的多种末端氧化酶有助于植物适应各种外界条件，尤其是氧气和温度的变化。细胞色素氧化酶对氧的亲和力最强，因此在低氧浓度情况下，仍能发挥良好的作用。例如，在含氧量达3%时，水稻植株细胞色素氧化酶的活性已达到饱和，而黄素蛋白酶即使处于含氧量达50%的条件下其活性仍未达到饱和。因此，水稻幼苗能够适应淹水低氧条件，除依靠无氧呼吸外，还依靠在低氧时细胞色素氧化酶活性加强而黄素氧化酶活性降低这一变化。再以温度变化来说，黄素氧化酶对温度变化不敏感，温度降低时活性降低很小，所以低温下，黄素氧化酶照常催化有关的生化反应，因而使水稻能够适应低温环境。

三、氧化磷酸化

1. 氧化磷酸化概念

当氢从底物（AH_2）被脱氢酶脱下后经呼吸链传至氧过程中，逐渐释放能量，并通过偶联机制，使ADP变成ATP，即氧化作用与磷酸化作用同时进行。这种伴随着呼吸电子传递过程发生的磷酸化作用称为氧化磷酸化（oxidative phosphorylation）。氧化磷酸化作用可表示为：

$$AH_2+\frac{1}{2}O_2+n\mathrm{ADP}+n\mathrm{Pi}\longrightarrow A+n\mathrm{ATP}+(n+1)H_2O$$

氧化磷酸化作用是生活细胞中形成ATP的主要途径。在生物体内还可通过底物水平磷酸化合成ATP。底物水平磷酸化即底物被氧化的过程中，形成了含高能磷酸键的磷酸化合物，如X～P，此化合物的能量在酶的催化下，经磷酸化转移到ADP上，生成ATP。

$$X\sim P+\mathrm{ADP}\longrightarrow \mathrm{ATP}+X$$

例如，在糖酵解的氧化反应中，3-磷酸甘油醛脱下氢，并磷酸化生成一个具有高能磷酸键的物质1,3-二磷酸甘油酸。这个高能化合物所含的能量，可使ADP磷酸化形成ATP。此外，α-酮戊二酸氧化脱羧生成琥珀酰辅酶A，琥珀酰辅酶A也是一种高能化合物，它也可以使ADP磷酸化生成ATP，但是通过底物水平磷酸化所形成的ATP数量很少，大部分ATP是通过氧化磷酸化形成的。

氧化磷酸化中氧化放能与磷酸化贮能之间的偶联关系，常用磷氧比（P/O ratio）这一指标来反应。所谓磷氧比，是指电子传递链每消耗1个氧原子$\left(\frac{1}{2}O_2\right)$所用去的无机磷Pi或产生的ATP的分子数的比值。P/O是线粒体氧化磷酸化活力功能的一个重要指标。在呼吸链（图3-7）中从NADH氧化开始到 H_2O 要经过四个形成质子动力势的部位，约合成3个ATP，所以P/O近似于3。三羧酸循环中琥珀酸脱氢酶的受氢体是FAD，它与辅酶Q直接相连。从 $FADH_2$ 开始时，电子走完呼吸链只经过三个形成质子动力势的部位，约合成2个ATP，P/O约为2。实际测定表明，通过 $NADH+H^+$ 进入呼吸链的2H，其P/O的比值为2.4～2.8，近似等于3，通过 $FADH_2$ 进入呼吸链的2H，其比值为1.7～1.8，近似等于2。

2. ATP合成酶（ATP synthase）

在线粒体内膜上存在ATP合成酶（又称复合体Ⅴ），由两个主要组分 F_1 和 F_0 构成。

F_1 是一种外在膜蛋白复合体，由五种不同的亚基（$\alpha_3\beta_3\gamma\delta\varepsilon$）构成，是催化 ADP 和 Pi 合成 ATP 的部位（也可催化 ATP 的水解）。F_1 位于内膜的面向基质侧。F_0 是一种内在蛋白，由 3 种亚基（a_1，b_2，$c_{10\text{-}12}$）组成，主要功能是作为内膜的质子通道，线粒体对 H^+ 是不通透的。在 $\Delta\mu_{H^+}$ 驱动下，H^+ 从膜间空间通过 F_0 越过内膜，激活 F_1 合成 ATP。

3. 氧化磷酸化的机理

氧化磷酸化作用机制目前有化学偶联学说、构象偶联学说与化学渗透等学说。目前被普遍接受的是化学渗透学说（chemiosmotic hypothesis）。

化学渗透学说是英国生物化学家 P. Mitchell 于 1961 年提出的。这一学说可用图 3-7 说明。

呼吸链存在于线粒体内膜中，在电子传递过程中，每有一对电子从 NADH 传递到 O_2，就可以将 3～4 对 H^+ 从线粒体基质中转运到膜间空间，膜间的 H^+ 不能自由返回膜内侧，形成一个跨膜的 pH 梯度 ΔpH（膜外侧 H^+ 浓度高于内侧），同时产生跨膜的电势差 ΔE_m（膜间空间较正），它们构成了跨膜的 H^+ 电化学势梯度 $\Delta\mu_{H^+}$。这种电化学势梯度中包含着电子传递过程中所释放的能量，成为质子返回膜内的一种动力，这种动力称为质子动力势（pmf）。

在线粒体内膜上存在 ATP 合成酶，它由两个主要组分 F_1 和 F_0 构成。在电化学势梯度的驱动下，H^+ 从膜间空间通过 F_0 越过内膜，激活 F_1 合成 ATP。线粒体内膜只有保持完整，氧化磷酸化作用才能和电子传递相偶联。否则不能维持两侧的质子梯度和电位差，也就不能产生 ATP。

4. 氧化磷酸化的解偶联和抑制

氧化磷酸化是氧化（电子传递）与磷酸化的偶联反应。电子传递与磷酸化间的偶联包括两方面的内容：一是磷酸化作用依赖于通过电子传递建立起来的质子电化学势梯度；二是磷酸化作用可以促进电子传递。

研究发现，一些物质能够破坏氧化磷酸化作用。

第一类是解偶联剂（uncoupling agenf），指一些物质对电子传递没有抑制作用，只抑制由 ADP 形成 ATP 的磷酸化作用，也就是使放能过程与贮能过程互相脱离（解偶联）。最早发现的解偶联剂是 2,4-二硝基苯酚（dinitrophenol，DNP）。许多去污剂等也具有类似作用。这些试剂大部分是脂溶性的，含有一酸性基团，一般都有芳香环。解偶联剂解偶联的机制是破坏质子电化学势梯度的建立，因而不能产生质子动力势，妨碍 ATP 的形成。寒害、旱害与缺钾等逆境均能导致解偶联的发生，然而氧化作用仍能进行，因而成为“无效”呼吸。

第二类为电子传递抑制剂（electron transport inhibitor）。例如鱼藤酮（rotenone）、杀粉蝶菌素（piericidin）抑制从复合体Ⅰ的 Fe-S 向 UQ 的电子传递；噻吩甲酰三氟丙酮（thenoyltrifluoroacetone，TTFA）抑制从复合体Ⅱ到 UQ 的电子传递；抗霉素 A（antimycin A）抑制从 UQH_2 到复合体Ⅲ的电子传递（也有人认为抑制复合体Ⅲ中 Cytb 到 $Cytc_1$ 的电子传递）；CO、氰化物（cyanide，CN^-）、叠氮化物（azide，N_3^-）抑制从 $Cytaa_3$ 到 O_2 的电子传递（它们同 O_2 竞争与细胞色素氧化酶中 Fe 的结合）。这些特异的抑制剂被用来研究电子传递的顺序及限速步骤。而它们对呼吸作用中电子传递的抑制，也正是其毒性机制。

第三类抑制剂是一些离子载体，它可破坏高能中间状态的形成。已发现具有这类抑制作用的有多种抗生素，它们都与特殊阳离子形成脂溶性复合物，从而使阳离子容易通过线粒体膜，所以称为离子载体。这类抑制剂的代表是缬氨霉素，它可与 K^+ 形成复合物。K^+ 自身只能极缓慢地通过线粒体膜，而缬氨霉素-K^+复合物容易通过线粒体膜。这样利用呼吸的能量将K^+转运到基质中，使ΔE_m变小，即降低$\Delta\mu_{H^+}$，从而抑制了ATP的形成。

第四类抑制剂是氧化磷酸化抑制剂，它们抑制膜空间的H^+通过ATP合成酶的F_0进入线粒体基质，直接抑制了ATP酶的活性。由于它抑制H^+通过线粒体内膜，维持了$\Delta\mu_{H^+}$，这样反过来也会抑制电子传递，最终抑制对O_2的消耗。寡霉素就属于这类抑制剂。

5. 呼吸作用中的能量转化

呼吸作用是物质氧化降解不断释放能量的过程，释放的能量通过磷酸化作用将其中一部分能量暂贮于ATP的高能磷酸键中，另一部分则以热的形式散失于环境中。若按物质的量计算，1mol六碳糖通过糖酵解、三羧酸循环和电子传递链被氧化为CO_2和H_2O，在糖酵解过程中可形成2mol ATP和2mol NADH，每摩尔NADH进入线粒体后经氧化磷酸化可形成2mol ATP，在TCA循环中可形成2mol ATP、8mol NADH和2mol $FADH_2$。经氧化磷酸化，1mol NADH可形成3mol ATP，1mol $FADH_2$可形成2mol ATP。这样，1mol六碳糖被彻底氧化后最终形成36mol ATP。

1mol葡萄糖（或果糖）在pH=7时被彻底氧化释放2870kJ，1mol ATP水解为ADP释放31.8kJ，36mol ATP则为1145kJ。能量转换效率为40%（1145kJ/2870kJ），其余的60%以热的形式散失。

若按照实际测定的结果，线粒体基质内的1mol NADH被氧化的P/O比值为2.4～2.8，$FADH_2$及细胞液中的NADH被氧化的P/O的比值为1.6～1.8，全部NADH和$FADH_2$经电子传递链被氧化可实际产生28mol ATP，则1mol六碳糖被氧化可总共产生32mol ATP，其能量转换效率为35%（1018kJ/2870kJ）。

四、呼吸作用的调控

植物的呼吸作用在正常情况下生成的产物和能量既能满足生长发育的需要，又不会过多以致浪费，即植物的呼吸作用与其生长发育及外界环境变化相适应，这说明生物在其进化过程中形成了一套灵敏有效的调节控制系统。许多事实表明，细胞内呼吸代谢的调节主要是反馈控制。所谓反馈控制（feedback control）是指反应体系中的某些中间产物或终产物对其前面某一步反应速度的影响。凡是能使反应速度加快者称为正反馈，而能使反应速度减慢者称为负反馈。由于呼吸过程中物质的降解需要经过一系列的反应步骤，而每一步又要求特定的酶进行催化，所以酶对控制细胞内代谢产物的数量起重要作用。呼吸作用的调控主要是呼吸代谢过程中酶的调控，包括酶的合成和酶的活性这两方面的调控。这里仅介绍酶活性的调控。目前认为，在呼吸过程中能够反馈调节酶活性的途径有三条。

1. 通过中间产物的反馈调节

这种调节是通过一种或数种中间产物来反馈调节某种酶的活性。糖酵解过程中的果糖磷酸激酶和丙酮酸激酶是两个关键性的起调节作用的酶。果糖磷酸激酶催化果糖-1,6-二磷酸的生成（见图3-1反应⑥），在起始部位控制着糖酵解。柠檬酸、磷酸烯醇式丙酮酸、3-磷酸甘油酸、2-磷酸甘油酸、ATP抑制果糖磷酸激酶的活性。这些产物在糖酵解过程中或后续反应中形成。它们起反馈抑制作用，可避免糖酵解的过度运转。磷酸对果糖磷酸激酶起激活作用，而且磷酸可以解除磷酸烯醇式丙酮酸的抑制作用。丙酮酸激酶的活性被柠檬酸、ATP抑制，但被ADP促进。

在三羧酸循环中存在许多调控部位，其中乙酰CoA的积累能抑制丙酮酸脱氢酶的活性，而琥珀酰 CoA 的积累则抑制 α-酮戊二酸脱氢酶的活性。这两种酶是调节三羧酸循环的两个关键酶（图 3-8）。

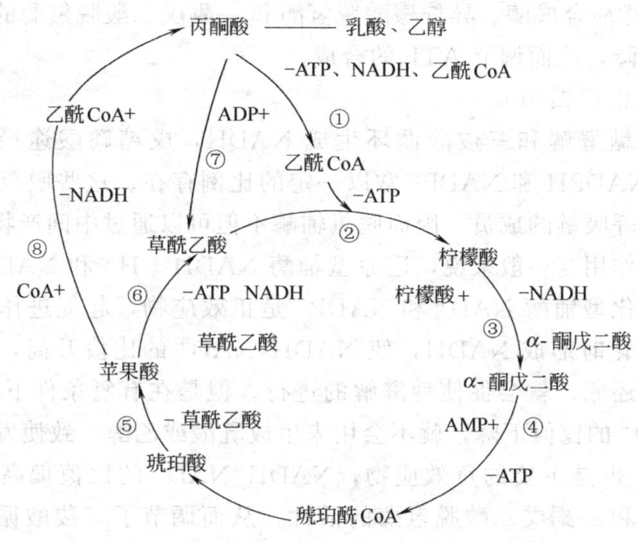

图 3-8　TCA 循环的调控部位及调节剂

＋　正效应；－负效应

①丙酮酸脱氢酶；②柠檬酸合成酶；③异柠檬酸脱氢酶；④α-酮戊二酸脱氢酶；⑤琥珀酸脱氢酶；⑥苹果酸脱氢酸；⑦丙酮酸羧化酶；⑧苹果酸酶

2. 能荷调节

ATP、ADP 和 AMP 对呼吸具有不同的调控作用。在底物水平磷酸化与氧化磷酸化中，ADP 作为底物常常对反应速度起抑制作用。三种腺苷酸在活性很高的腺苷酸激酶（adenylate kinase）催化下，很容易进行可逆的转变：ATP＋AMP $\rightleftharpoons$ ADP。ATP 具有 2 个高能磷酸键，ADP 有 1 个（即 1 个 ADP 相当于 1/2 个 ATP），AMP 没有（相当于 0 个 ATP）。D. E. Atkinson（1968）提出了能荷（energy charge，EC）的概念：总 ATP 的量占全部腺苷酸量的比率。

$$能荷=\frac{ATP+\frac{1}{2}ADP}{ATP+ADP+AMP}$$

能荷反映细胞内腺苷酸 ATP-ADP-AMP 体系的能量状态，从公式可以看出，如果细胞中的腺苷酸全部为 ATP，能荷为 1.0；如果全部为 ADP，能荷为 0.5；而如果全部为 AMP 时，则能荷为零。通过反馈抑制，生活细胞的能荷一般稳定在 0.75～0.95 之间。当能荷很低时，通过反馈抑制，能促进 ATP 合成作用的加速与 ATP 利用过程的减慢，将能荷水平提高；反之，将能荷降低下来，这样就对呼吸代谢起着调节作用。ATP 的合成反应受 AMP 促进，即 AMP 浓度增加时 ATP 的合成也多；而 ATP 的利用则受 ATP 所促进，受 AMP 所抑制，即 ATP 数量增多时 ATP 利用就加快，当 AMP 数量增加时 ATP 利用就减慢。

由此可见，细胞内 ATP 的合成与利用存在着自身调节的机制。而且，这种机制是通过 ATP-ADP-AMP 体系对呼吸途径中某些酶类的变构调节实现的。例如，在糖酵解途径，果糖磷酸激酶为变构酶，是由 4 个亚基组成的四聚体，高浓度的 ATP 可抑制这种酶，因为 ATP 结合在高度专一的调节部位上可引出变构效应，导致该酶对果糖-6-磷酸的亲和力下降；而 AMP 能解除 ATP 的抑制作用，提高该酶的活性。糖酵解途径中的丙酮酸激酶亦受 ATP 的抑制。同样，在三羧酸循环中，当细胞内的能荷等于 1.0 时，高浓度的 ATP 和低浓度的 AMP 会降低柠檬酸合成酶、异柠檬酸脱氢酶和 α-酮戊二酸脱氢酶的活性，导致三羧酸循环以致呼吸作用下降，从而调节 ATP 的合成。

3. 通过脱氢辅酶的反馈调节

在呼吸作用中，糖酵解和三羧酸循环生成 NADH，戊糖磷酸途径生成 NADPH，而 NADH 和 NAD^+，NADPH 和 $NADP^+$ 常以一定的比例存在。这些脱氢辅酶不仅直接参与底物脱氢，而且还是呼吸链的成员。因而脱氢辅酶不但可以通过中间产物的形成，而且可以通过能荷来调节呼吸作用。一般来说，还原型辅酶 $NADH+H^+$ 和 $NADPH+H^+$ 是负效应物，起抑制作用；氧化型辅酶 NAD^+ 和 $NADP^+$ 是正效应物，起促进作用。例如糖酵解过程中 3-磷酸甘油醛氧化时形成 NADH，使 $NADH/NAD^+$ 的比值升高，在乳酸发酵和乙醇发酵时用于丙酮酸的还原，就会促使糖酵解的进行。但是在有氧条件下，NADH 进入呼吸链，使 $NADH/NAD^+$ 的比值下降，就不会用来生成乳酸或乙醇，致使发酵过程减慢。在三羧酸循环中，NADH 也是主要的负效应物，$NADH/NAD^+$ 的比值偏高会抑制丙酮酸脱氢酶、异柠檬酸脱氢酶和 α-酮戊二酸脱氢酶的活性，从而调节了三羧酸循环的运转速率。戊糖磷酸途径中的起始底物葡萄糖-6-磷酸位于代谢的分支点上，它可被用于合成多糖，也可以进入糖酵解途径，或在葡萄糖-6-磷酸脱氢酶的作用下形成 6-磷酸葡萄糖酸，因此葡萄糖-6-磷酸脱氢酶是戊糖磷酸途径的一个重要的调节酶，它被 NADPH 抑制。当 NADPH 向 $NADP^+$ 转变时，如 NADPH 被电子传递体系氧化或在脂肪酸等的合成中被氧化，这时 $NADPH/NADP^+$ 的比值变低，就会提高葡萄糖-6-磷酸脱氢酶的活性，加速 6-磷酸葡萄糖酸的生成，从而促进戊糖磷酸途径的运转。

第三节　影响呼吸作用的因素

一、呼吸作用的指标

呼吸作用的主要指标是呼吸速率和呼吸商。

1. 呼吸速率

呼吸速率（respiratory rate）指单位植物材料在单位时间内所放出的 CO_2 的数量或吸收 O_2 的数量。植物材料的数量可用鲜重、干重、叶面积、蛋白质等表示。呼吸速率又称呼吸强度，它是衡量呼吸作用强弱的指标。

不同种植物，同种植物的不同器官或不同发育时期，呼吸速率不同。通常，花的呼吸速率最高；其次是萌发种子、分生组织、形成层、嫩叶、幼枝、根尖和幼果等；而处于休眠状态的组织和器官的呼吸速率最低。

2. 呼吸商

呼吸商（respiratory quotient，RQ）或称呼吸系数（respiratory coefficient），指植物组织在一定时间内放出 CO_2 的量与吸收 O_2 的量之比。它可以反映呼吸底物的性质和 O_2 供应状况。其计算公式如下：

$$RQ=\frac{\text{放出的 } CO_2 \text{ 体积（或物质的量）}}{\text{吸收的 } O_2 \text{ 体积（或物质的量）}}$$

呼吸商数值的大小与许多因素有关，包括：底物种类，无氧呼吸的存在与氧化作用是否彻底，是否发生物质的转化、合成与羧化，是否存在其他物质的还原以及某些物理因素（如种皮不透气等）。其中，底物种类是影响呼吸商最关键的因素。当呼吸底物为糖类物质且又被彻底氧化时，其 RQ 为 1。

$$C_6H_{12}O_6 + 6O_2 \longrightarrow 6CO_2 + 6H_2O$$

$$RQ = 6/6 = 1.0$$

当呼吸底物为脂肪（脂肪酸）、蛋白质等富含氢即还原程度较高的物质时，RQ<1。例如棕榈酸被彻底氧化时。

$$\underset{\text{棕榈酸}}{C_{16}H_{32}O_2} + 23O_2 \longrightarrow 16CO_2 + 16H_2O$$

$$RQ = 16/23 = 0.7$$

若呼吸底物为有机酸等富含氧即氧化程度较高的物质时，RQ>1。如柠檬酸被彻底氧化时。

$$\underset{\text{柠檬酸}}{C_6H_8O_7} + 4.5O_2 \longrightarrow 6CO_2 + 4H_2O$$

$$RQ = 6/4.5 = 1.33$$

从上面的计算可以看出，呼吸底物性质与呼吸商有密切关系。在发生完全氧化时，呼吸商的大小取决于底物分子中相对含氧量的多少。因此，可以根据呼吸商判断底物的种类。植物体内的呼吸底物是多种多样的，糖类、蛋白质、脂肪或有机酸等都可以被呼吸利用。一般来说，植物呼吸先利用碳水化合物，其他物质较后才被利用。

上面所讲的底物与呼吸商的关系必须是在底物被彻底氧化的条件下才成立。例如油料种子萌发时棕榈酸发生不彻底氧化时生成蔗糖。

$$\underset{\text{棕榈酸}}{C_{16}H_{32}O_2} + 11O_2 \longrightarrow \underset{\text{蔗糖}}{C_{12}H_{22}O_{11}} + 4CO_2 + 5H_2O$$

$$RQ = 4/11 = 0.36$$

这时的 RQ 不同于完全氧化时的 RQ 值，因此在用呼吸商说明底物性质时，必须了解底物氧化进行的程度。当 O_2 供应不充足时，无氧呼吸较强，呼吸商增大。

二、影响呼吸作用的因素

呼吸作用是生物有机体内进行的复杂的物质和能量代谢的过程，因而不可避免地要受到各种各样的因素影响，包括来自生物体内部的因素和来自外界环境因素的影响。毫无疑问，外部因素是通过改变内部因素而发生作用。

（一）影响呼吸速率的内部因素

1. 植物的种类和器官的类型

不同种类的植物具有不同的代谢类型和不同的结构，因而呼吸速率有明显的差异。一般生长旺盛的植物呼吸速率高。例如小麦的呼吸速率［11μmolO_2/(gFW·h)］高于仙人掌［0.30μmolO_2/(gFW·h)］，喜温植物（如玉米、柑橘等）的呼吸速率往往高于耐寒植物（如小麦、苹果等）。同种植物的不同器官因其非代谢组分的相对密度、代谢类型及与 O_2 接触程度的不同，呼吸速率也有很大差异。生长旺盛的幼嫩的器官（如根尖、茎尖、嫩叶等）比生长缓慢的、年老的器官（如老根、茎、叶）呼吸速率高；死细胞少的器官（如草本茎）比死细胞多的器官（如木本茎）的呼吸强；生殖器官比营养器官的呼吸强。同为生殖器官，花的呼吸速率最高；在花内又以雌蕊最高，雄蕊次之，花瓣与花萼最低。在营养器官中，以叶片为最强，茎秆次之，根系最弱。总之，凡是幼嫩的器官或组织，其单位质量内的原生质较多而细胞壁较少，而在原生质内线粒体数目又较多，因此呼吸速率较高。随着器官的成熟与衰老，呼吸速率逐渐降低。

2. 植物或器官的发育阶段

植物在一生中的各个发育时期，其呼吸速率处于变化当中。通常植物在种子萌发后到迅速生长的阶段呼吸速率最高，开花前降低。叶片在扩展期呼吸速率最高，然后降低，在开始变黄衰老时有一定程度的升高。

在果实的发育过程中，早期细胞分裂及生长阶段，呼吸速率最高，随后逐渐降低。一些果实如苹果、杏等在发育过程中会出现呼吸速率的突然升高，称为呼吸高峰或呼吸跃变。出现呼吸跃变表明果实完全成熟。

3. 呼吸底物含量

很明显，呼吸过程中底物充足，则呼吸强度高。一般向阳叶具有较多的光合产物，所以其呼吸速率高于遮荫叶。例如，月桂（laurel）的健康叶呼吸速率为 $9\mu molO_2/(gFW \cdot h)$，高于饥饿叶［$1.3\mu molO_2/(gFW \cdot h)$］。当底物缺乏严重时，蛋白质也被水解用于呼吸。

（二）影响呼吸速率的外部因素

1. 氧气

氧气对有氧呼吸和无氧呼吸的影响不同。一个多世纪前，法国微生物学家巴斯德（L. Pasteur）发现，在空气中即氧气充足的条件下酵母细胞生长迅速，但耗糖较少，产生的乙醇和 CO_2 也少；而在缺氧（anoxia）条件下，却消耗较多的糖，产生较多的乙醇和 CO_2。这种 O_2 抑制酒精发酵的现象称为巴斯德效应（Pasteur effect）。如何解释巴斯德效应呢？

有氧呼吸中，底物脱下的 H 最终要交给 O_2，所以 O_2 浓度高会促进三羧酸循环，因而促进柠檬酸和 ATP 的生成。在第二节呼吸作用的调控部分已经介绍，柠檬酸和 ATP 抑制果糖磷酸激酶活性，从而抑制糖酵解和发酵，使糖的消耗减少。此外，在有氧条件下，糖酵解中形成的 NADH 会进入线粒体被氧化，使糖酵解中乙醛不能还原为乙醇，从而抑制丙酮酸脱羧，这样丙酮酸只有进入三羧酸循环。在缺氧时情况正好与此相反。由此看来，氧气对有氧呼吸和无氧呼吸的作用是不同的。

一些研究还发现，有些植物的丙酮酸脱羧酶和乙醇脱氢酶在缺氧时活性明显提高，例如玉米的丙酮酸脱羧酶活性可升高 5～9 倍。因此缺氧使酒精发酵增强。

氧浓度影响呼吸类型。在缺氧条件下，逐渐增加氧气浓度会使无氧呼吸随之减弱，直至消失。相反地，随着氧气浓度升高，有氧呼吸增强，但增强到一定程度，呼吸作用便不再增强。把使无氧呼吸停止进行时的最低氧含量（氧分压）称为发酵消失点；把氧气浓度增大到一定程度后，呼吸作用不再增强时的氧浓度（氧分压）称为氧饱和点。氧气饱和点的高低与温度有关，例如 15℃时洋葱根尖在 20%氧气浓度下呼吸速率达最大值，但当温度升至 35℃时，其氧饱和点升至 40%。在常温下，许多植物在大气氧浓度（21%）下即表现饱和。水稻和小麦幼苗的消失点约为 18%，苹果果实的消失点约为 10%。在组织内部，实际氧浓度要低得多，但由于细胞色素氧化酶对 O_2 亲和力极强，当内部氧浓度为大气氧浓度的 0.05%时，有氧呼吸仍可进行。

由于氧浓度影响呼吸类型，所以也必然影响呼吸商的大小。当底物为碳水化合物时，若氧浓度小于发酵消失点，则存在无氧呼吸，所以呼吸商大于 1；若氧浓度超过发酵消失点，无氧呼吸停止，这时呼吸商等于 1。

在农业生产中，植物处于水淹等土壤通气不良条件时，根系则处于缺氧甚至无氧（anaerobic）环境。植物长时间地进行无氧呼吸必然导致伤害或死亡。其原因有：①无氧呼吸产生的乙醇会使原生质蛋白质变性而发生毒害作用；②释放ATP能量少，植物为维持正常生命活动而消耗过多养分，而且使许多耗能反应受到限制，如矿质元素的吸收、有机物的合成与运输等；③根对水的透性降低，加上对矿质吸收量减少，影响水分吸收；④中间产物少，严重影响植物体内的物质合成。这些都造成了代谢的不平衡。作物受涝致死，主要原因在于无氧呼吸过久。

2. 二氧化碳

CO_2是呼吸产物之一，对呼吸起抑制作用，但只有当CO_2浓度大大超过自然状况下的CO_2浓度时，才发生抑制作用。当CO_2浓度升高到1%～10%以上时，呼吸作用受到明显抑制。土壤中由于根系，特别是土壤微生物的呼吸作用，会产生大量的CO_2。尤其是高温季节有机体呼吸旺盛，如果土壤通气不良，则积累CO_2可达4%～10%，甚至更高。适时中耕松土有助于促进土壤和大气的气体交换。豆类等一些植物的种子由于种皮的限制，使呼吸作用释放的CO_2难以透出，内部聚积高浓度的CO_2，抑制呼吸作用。这成为种子休眠的一个原因。

3. 温度

呼吸作用是由一系列酶促反应组成的，所以受温度影响很大。呼吸作用温度三基点为最低温度（－10～0℃）、最适温度（25～35℃）和最高温度（35～45℃）。一般在接近0℃时，植物呼吸速率很低。一些植物的越冬器官如芽和针叶在－25℃时仍进行呼吸作用。但在夏季，如果温度降到－6～－4℃，针叶的呼吸便完全停止。可见，呼吸作用的最低温度随植物的生理状况而异。

呼吸作用的最适温度一般在25～35℃。在最低温度和最适温度之间，呼吸速率随温度升高而加快，超过最适温度之后，呼吸速率则与温度呈负相关。呼吸作用的最适温度会随物种和生育期不同而变化。植物短时间内处于最高温度，可使呼吸速率较最适温度高，但时间较长后，呼吸就急剧下降。例如，将出土4天的豌豆幼苗从25℃移到45℃，开始时呼吸速率上升，但3h以后急剧下降；只有30℃才是豌豆幼苗呼吸的最适温度。高温使呼吸速率下降是由于迅速升温会破坏细胞结构，扩大了酶与底物的接触，使呼吸速率迅速升高，而长时间的高温又会使酶失活，导致呼吸速率下降。温度对呼吸作用的影响可用温度系数（temperature coefficient，Q_{10}）这一指标来说明。温度系数指温度升高10℃而引起反应速率的变化倍数。

$$Q_{10}=\frac{(t+10)℃\text{时的速率}}{t℃\text{时速率}}$$

在0～35℃生理温度范围内，Q_{10}约为2.0～2.5，即温度每升高10℃呼吸速率变化2～2.5倍，但超过35～40℃以上，温度愈高呼吸速率下降愈快（$Q_{10}<1$），这主要是高温使酶失活所致。

4. 水分

水是植物生化反应的介质，因此细胞内的含水量对呼吸速率影响很大。在一定范围内，呼吸速率随含水量的增加而提高，种子萌发时可清楚地看到这种现象。例如玉米、小麦等淀粉种子的含水量在10%～12%时，几乎所有的水分都是被原生质胶体吸附的束缚水，不参与生化反应，呼吸速率很低；可是当含水量分别超过12.5%和14.5%时，胚内开始出现自由水，呼吸酶类加速活化，呼吸速率明显上升；当小麦种子含水量达30%～35%时，其幼胚的呼吸速率比最初猛增 5000 倍之多。而亚麻等油料种子含脂肪等疏水物质较多，当含水量 6%～8%时，胚内已出现自由水，呼吸即明显加强。掌握种子含水量和呼吸作用特点对粮食贮藏具有实践意义。因而，贮藏油料种子时更应严格控制含水量。与种子不同的是，根、茎、叶与果实等器官失水萎蔫时，呼吸速率反而异常上升，其原因是细胞内水解酶类活性提高，产生较多的可溶性糖，以后便显著下降。

5. 其他因子

除上述因素影响呼吸作用以外，机械损伤、病原菌侵染等因子也同样影响呼吸速率。机械损伤会明显促进组织的呼吸，其原因是，机械损伤使原来与酶分隔开的酚类物质与酶接触，酚被迅速氧化，损伤促进了底物与呼吸酶的接触，使糖酵解和氧化分解加速；损伤使某些细胞转变为分生组织状态，形成愈伤组织，这些旺盛生长的细胞和组织的呼吸速率要远远高于原来的成熟组织。

病原菌的侵染会使植物的呼吸强度上升。原因是病原菌感染后寄主植物的线粒体增多，并使电子传递体系的某些酶活力增强。在一些植物中观察到受侵染的组织中多酚氧化酶、抗坏血酸氧化酶活性增高，抗氰呼吸加强，戊糖磷酸途径提高。

此外，除草剂、化肥等对呼吸作用也有影响。如 2,4-D 低剂量时能持续促进呼吸，中剂量为先增后降，高剂量则明显抑制呼吸；氮肥，尤其硝态氮肥可使呼吸速率提高 50%左右。

第四节　呼吸作用与粮食果蔬贮藏

一、呼吸作用与粮食贮藏

呼吸作用是植物体内的代谢中心，它提供植物各种生理活动所需要的能量，其代谢的中间产物又是合成许多重要有机物的原料，这是呼吸作用有益的方面；另外，呼吸要消耗有机物，过度消耗有机物时不利于贮藏物质的积累，因此要控制呼吸速率。掌握呼吸作用的规律，就可以控制它，利用它，促进作物的生长发育，为农业生产服务。

粮食贮藏目的一是使商品粮不发霉变质，不降低商品价值；二是使作为种质资源的种子保持生活力，尽量延长寿命。粮食的贮藏与呼吸作用密切相关，这是因为，种子是有生命的机体，不断地进行呼吸。呼吸速率快引起有机物质大量消耗；呼吸放出的水分提高粮堆的湿度，又使呼吸增强；呼吸放出的热量提高粮堆的温度，也使呼吸旺盛，最后导致粮食发热霉变，使贮藏种子的质量发生变化，或品质下降，或失去利用价值。因此，在贮藏过程中必须降低粮食的呼吸速率，确保安全贮藏。

温度、水分、氧气以及微生物和仓虫等外界条件影响种子贮藏。一般来说，种子宜贮藏在低温、干燥条件下。试验证明，种子含水量在 4%～14%范围内，每降低 1%可使种子寿命延长 1 倍；温度在 0～50℃范围内，每降低 5℃种子寿命延长 1 倍。例如，葱属的大多数种子，在室温条件下不到 3 年便失去生活力；若将种子含水量降至 6%，贮于 5℃以下的环境，20 年后仍能萌发。要使种子安全贮藏，种子必须呈风干状态，含水量一般在 8%～16%(因种子而异)，可称安全含水量，又称临界含水量。当种子含水量超过安全含水量时，呼吸速率急剧上升。据分析，种子本身呼吸增高并不快，主要是种子上附着的微生物。微生物在较高的湿度（相对湿度在 75%以上）可以迅速繁殖，造成种子霉变。如果用药剂灭菌，则会明显降低呼吸强度，提高种子品质。可见，在粮食的贮藏中，控制水分含量极为重要，在进仓前一定要晒晾干。国家规定了入库种子的安全含水量，高于这个标准就不耐贮藏。

除了水分含量严重影响粮食的贮藏外，氧气和二氧化碳浓度也影响种子贮藏。把稻谷种子贮藏于不同的气体中，2 年后检测其发芽率。试验表明，贮藏于 O_2 中的发芽率最低，仅为 0.8%；其次为贮藏于空气中（O_2 浓度为 21%）；贮于 CO_2 和 N_2 中的最高，分别为 83.9%和 94.8%。由此可见，缺 O_2 条件对控制种子呼吸和延长种子寿命极为重要。

实际粮食贮藏中还应注意通风，以利散热散湿。也有的用磷化氢（H_3P）气体抑制粮食生霉发热，也可以抽出密闭粮仓中的空气，再充入 N_2 来抑制呼吸。

二、呼吸作用与果蔬贮藏

随着人们四季对新鲜水果与蔬菜的需求日益增加，果蔬的贮藏与保鲜显得越来越重要了。与粮食贮藏不同的是，果蔬贮藏不能干燥。因为干燥会引起皱缩，失去新鲜状态，呼吸反而加强。但柑橘、白菜、菠菜等贮前可轻度干燥，以减弱呼吸。因此必须了解果实成熟过程中呼吸作用的变化规律，以便采取适当有效的方法，控制其呼吸作用，达到贮藏保鲜的目的。

果蔬贮藏通常采用气控法或温控法，或两者结合。所谓气控法就是控制果实周围环境中的气体成分，减少 O_2 增加 CO_2 和 N_2 的浓度，直接抑制果实的呼吸作用；缺 O_2 还阻碍 1-氨基环丙烷-1-羧酸（ACC）转变为乙烯（ETH），间接地抑制“呼吸跃变”的到来。例如，番茄装箱后罩以塑料帐幕，抽去空气，补充 N_2，使 O_2 浓度在 3%～6%，这样可贮存 1～3 个月。所谓温控法就是低温贮藏，这种方法既能降低呼吸速率又能抑制 ETH 生成。例如，柑橘、苹果、梨等果实在 0～1℃下可贮藏几个月。此外，还可采用化控法进行果蔬贮藏保鲜。例如，利用高锰酸钾、硝酸银、氯化钴、氨基氧乙酸（AOA）等 ETH 生物合成的抑制剂，可延长切花与果蔬贮藏的寿命。但是这类制剂的价格昂贵，目前还难以推广应用。

复习思考题

1. 呼吸作用的生理意义有哪些？
2. EMP、TCAC、PPP 途径各有何生理意义？
3. 植物呼吸代谢的多条途径表现在哪些方面？有何生理意义？
4. 以化学渗透学说说明氧化磷酸化的机制。
5. 长时间的无氧呼吸为什么会使植物受到伤害？
6. 呼吸作用与粮食贮藏的关系如何？
7. 试述如何贮藏好果蔬。
8. 如何处理呼吸作用与作物栽培的关系？

第四章 植物的水分代谢

水是生命的摇篮。地球上最早的生命是在海洋中诞生的，植物也是首先在水中产生，然后经历着从简单到复杂、从低级到高级以及从水生到陆生的过程不断地演化。因此水是植物的一个重要的“先天”环境条件，没有水就没有植物。

植物一方面不断地从环境中吸取水分，以满足正常生命活动的需要；另一方面又不可避免地向其周围环境散失大量的水分。这样就形成了植物水分代谢（water metabolism）的三个过程：植物对水分的吸收，水分在植物体内的运输，植物体向环境排出水分。

在农业生产上，水是决定收成有无的重要因素之一，农谚说“有收无收在于水”就是这个道理。经常保持作物体内的水分平衡是农业生产上提高产量和改善品质的一个重要条件。

第一节 水在植物生命活动中的作用

一、植物体内的含水量

水是植物体的重要组成部分，其含量常常是控制生命活动强弱的决定因素。植物体的含水量并非均一和恒定不变，常常与植物的种类、器官、组织、年龄以及生态环境等密切相关。

不同植物的含水量有很大的不同。水浮莲等水生植物的含水量可达90%以上，中生植物含水量一般为70%～90%，而干旱环境中生长的旱生植物和地衣、藻类等低等植物则仅为6%左右。

同一种植物生长在不同的环境中，含水量也有差异。生长在荫蔽、潮湿环境中的植物，它的含水量要比生长在向阳、干燥的环境中高一些。

同一植物的不同器官和组织的含水量差异也很大。凡是生命活动较活跃的组织和器官如嫩梢、根尖、幼叶、幼苗、发育的种子或果实含水量都比较高，为70%～85%；凡是趋于衰老的组织和器官，含水量都比较低，在60%以下。有些器官的含水量并不高，例如树干为40%～55%，休眠芽为40%，风干种子为8%～14%。同一器官的生理年龄不同，含水量也不同。

休眠种子的含水量很低，不表现明显的生命活动，当含水量增加到20%～25%时开始表现明显的生命活动，呼吸作用逐渐加强。当含水量达到40%～60%以上时，才能发芽。

二、植物体内水分存在的状态

在植物体内，水分的生理作用不仅与其数量多少有关，而且与其存在状态有关。在植物细胞内，水分通常以束缚水（bound water）和自由水（free water）两种状态存在，而这又与细胞原生质有密切关系。

水分子中由于氢原子的不对称分布而产生极性，水分子的氢原子和亲水基团中（—COO^-等）电负性强的原子靠静电引力形成的非共价键叫氢键（hydrogen bond），亲水物质的亲水基团通过氢键吸引大量水分子的现象叫水合作用（hydration）。

在植物体内，水分与细胞的结构物质如蛋白质、各种膜、细胞壁中的纤维素微纤丝等的表面上的亲水基团（如—NH_2、—COO^-、—OH 等）以氢键结合，在蛋白质、膜、纤维素的表面牢固地形成一层水膜，因而其中的水分难以移动。细胞内的亲水物质通过水合作用而束缚的一部分不易流动的水分叫束缚水。水分子距亲水物质越近，吸引力越强；反之，二者相距越远，吸引力则越弱。距离胶体颗粒亲水物质较远而且可以自由流动的水分叫自由水。事实上，这两种状态的水分划分是相对的，它们之间没有一个明显的界限。

自由水和束缚水对于植物的代谢活动和抗性强弱所起的作用不同。自由水参与植物体内的各种代谢反应，而且其数量多少直接影响着植物的代谢强度（如光合、呼吸、蒸腾和生长等）。而束缚水不参与代谢活动，但它与植物的抗性有关。细胞中自由水和束缚水比例的大小往往影响植物的代谢强度。自由水占总含水量的比率越高，则代谢越旺盛。当植物处于不良环境如干旱、寒冷等时，一般束缚水的比率较高，代谢强度变弱，植物抵抗不良环境的能力增强。越冬植物的休眠芽和干燥的种子内所含的水基本上是束缚水，植物以其低微的代谢强度维持生命活动，并且度过不良的环境条件，因此束缚水的存在与植物的抗性有关。植物体内自由水和束缚水的含量经常变化，这种变化影响原生质胶体的存在状态。当细胞内自由水含量比较多时，原生质颗粒完全分散在水介质中，胶粒与胶粒之间联系减弱凝胶体呈现溶液状态，这种状态的胶体称为溶胶（sol）；当细胞内自由水含量比较少时，其原生质胶粒与胶粒相互结成网状，水则分布于网眼内，胶体失去流动性而凝结为近似固体的状态，这种状态的胶体称为凝胶（gel）。休眠种子的原生质体呈凝胶状态，除此以外，在大多数情况下，植物细胞原生质都呈溶胶状态。原生质处于溶胶状态时，自由水相对含量较多，则植物代谢比较旺盛；原生质处于凝胶状态时，自由水含量较低，则增强植物的抗性。因此，常以自由水/束缚水的比率作为衡量植物代谢强弱的指标之一，而以束缚水/自由水的比率作为衡量植物抗性强弱的指标。

三、水分在植物生命活动中的作用

水分在植物生命活动中有极其重要的作用，主要表现在下面几个方面。

第一，水是植物细胞原生质的重要组分。通常，植物细胞原生质的含水量为 70%～90%，原生质呈溶胶状态时，才能保证旺盛的代谢作用正常地进行，例如活跃生长的根尖、茎尖，含水量常在 90%以上。如果含水量降低，原生质便可能从溶胶状态变为凝胶状态，生命活动大大减弱，如休眠种子。细胞失水过多，会使原生质破坏而导致细胞死亡。

第二，水是植物体内代谢过程的反应物质。水不仅是光合作用的直接原料，而且呼吸作用、有机物质的合成与分解等许多生化反应都有水分子的参加。

第三，水是植物对物质吸收和运输的溶剂。一般来说，植物不能直接吸收固态的无机物质和有机物质，这些物质只有溶解在水中才能被植物吸收，而且各种物质只有溶解在水中后，才能随着水分在植物体内各部分移动而被运输到各个部位，从而把植物体的各部分联系成为一个整体。

第四，水能保持植物固有的姿态。植物各器官中的机械组织起一定的支持作用，但植物固有姿态的维持还要靠细胞的膨胀，特别是在幼嫩组织中更是如此。只有细胞中含有足够的水分，保持膨胀状态，才能使植物枝叶挺立，便于充分接受光照和交换气体，同时也使花朵张开，有利于授粉。

第五，水的理化性质给植物的生命活动带来了各种有利条件。与植物生理活动有关的水的理化性质包括以下 4 点。

① 化学特性　由于水分子中电荷的不等分配，使水分子具有明显的极性。这样使溶于水中的生物大分子如蛋白质呈现水合状态，均匀地分散在水中。所以，水具有稳定细胞原生质胶体的作用。

② 力学特性　由于水分子具有明显的极性，使水分子之间具有很强的内聚力和对其他物质的附着力，这非常有利于水分在植物体内的长距离运输。

③ 热学特性　水具有很高的比热容与汽化热，利于植物散发热量和保持体温，从而调节植物体的温度，以适应外界环境条件。例如，在25℃下1g水由液态变为气态需要消耗2424.4J的能量，这在盛夏能有效地降低叶温；而水在0℃结冰时1g水又能放出334.44J的能量，这在低温下又起到保温的作用。

④ 光学特性　水能吸收红外光，并能透过可见光和紫外光，对植物的光合作用和生长发育等很重要。

第二节　植物对水分的吸收

一、植物细胞对水分的吸收

（一）细胞膜的结构

关于细胞膜的结构有许多假说与模型，这里只介绍流动镶嵌模型。

1972年，S. J. Singer和G. Nicolson提出膜的流动镶嵌模型（fluid mosaic model）。该模型认为生物膜的基本结构特点如下（图4-1）。

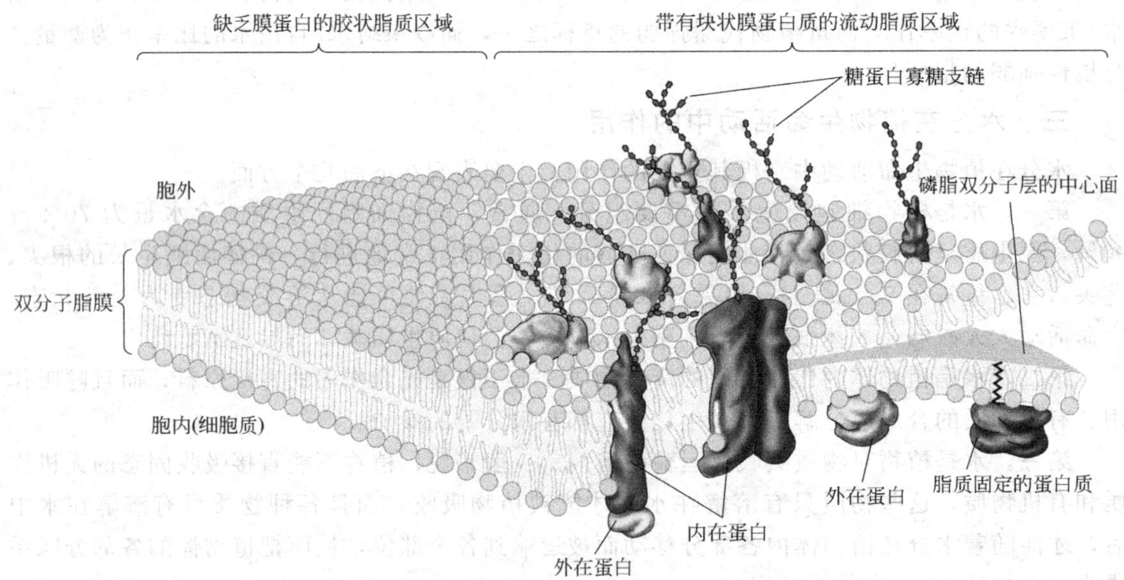

图4-1　膜的流动镶嵌模型（引自Buchannan等，2000）

1. 脂质以双分子层形式存在，构成膜骨架

在脂质双分子层中，脂类分子疏水基向内，亲水基向外。

2. 膜蛋白的多样性

膜蛋白并非均匀地排列在膜脂两侧，而是有些位于膜的表面，以静电作用与膜脂亲水头部结合，称为外在蛋白或周边蛋白；有些嵌入膜脂之间，甚至穿过膜的内外表面，称为内在蛋白，在膜脂的疏水区蛋白质以表面疏水基团与烃链形成较强的疏水键而结合。

3. 膜的不对称性

不对称性主要是由脂类和蛋白质分布的不对称造成的。虽然同一种磷脂可见于脂双层的任一层，但它们的数量是不等的。蛋白质在膜中有的半埋于内分子层，有的半埋于外分子层，即使贯穿全膜的蛋白质也是不对称的。另外，寡糖链的分布也是不对称的，它们大多分布于外分子层。

4. 膜的流动性

包含两个方面，其一是脂类分子是液晶态可动的，脂类分子随温度改变经常处于液晶态和液态的动态平衡之中，两相中脂类分子排列不同，流动性大小也不同。其二是分布于膜脂双分子层的蛋白质也是流动的，它们可以在脂分子层中侧向扩散，但不能翻转扩散。这说明了少量膜脂与膜蛋白有相对专一的作用，这种作用是膜蛋白行使功能所必需的。

流动镶嵌模型强调膜的流动性，得到比较广泛的支持。

（二）细胞吸水的方式

植物体的一切生命活动都是以细胞为基础的，植物吸水也是如此。细胞吸水有三种方式：未形成液泡的细胞，靠吸胀作用吸水；液泡形成以后，细胞主要靠渗透作用吸水；此外，细胞还有代谢性吸水。在这三种方式中植物细胞以渗透性吸水为主。

1. 细胞的渗透性吸水

细胞无论通过何种方式吸水，其根本原因都是由水的自由能差的变化来决定的，即水势差所引起的。

（1）水势　植物体中含有大量水分，当细胞与其环境进行水分交换发生移动时就要做功，做功就要消耗能量。根据热力学原理，系统中物质的总能量可分为束缚能（bound energy）和自由能（free energy）两部分。束缚能不能用于做功，而自由能是在恒温恒压条件下用于做功的那部分能量。在化学中把 1 偏摩尔体积[❶]物质所具有的自由能就定义为该物质的化学势（chemical potential），自由能越高化学势越大，化学反应速率或物质转移速度越快。在一个含有水分的体系中，水参与化学反应的本领或者转移的方向和限度也可用系统中水的化学势（Ψ_w）来反映。在植物生理学中，水的化学势用“水势”（Ψ）来表示。对于纯水来说，水势（water potential）就是 1 摩尔体积[❷]水的化学势，亦即 1 摩尔体积水的自由能，纯水的自由能最大。但是自由能和化学势的绝对值不易测定，为了应用上的方便，人为地将标准状况下（1atm，引力场为 0，与体系同温度）纯水的自由能和化学势规定为零，并以此为标准和溶液中的水进行比较。因此，一般所说的溶液中水的化学势就是指在相同温度、压力（1atm）下与纯水化学势的差值。因纯水的化学势最大，并规定为零，溶液中水的化学势就是负值。

对于溶液的水势，Kramer(1966) 定义为：任一体系水的化学势（μ_w）和同温同压下纯水的化学势（μ_w^0）之差，用水的偏摩尔体积（V_w^*）去除所得到的商值，可用下式表示：

$$\Psi_w=\frac{\mu_w-\mu_w^0}{V_w^*}=\frac{\Delta\mu_w}{V_w}$$

❶ 偏摩尔体积（以水为例），即在温度、压力及其他组分不变的条件下，在无限大的体系中加入 1mol 水时，对体系体积的增量（有效体积）。

❷ 摩尔体积是指 1mol 物质的体积。

式中 μ_w 与 μ_w^0——分别为一定条件下溶液中的水与纯水的化学势；

V_w^*——为水的偏摩尔体积，即在温度、压力及其他组分不变的条件下，在无限大的体系中加入1mol水时，对体系体积的增量（有效体积）。

V_w^* 与纯水的摩尔体积 V_w（$18.0cm^3/mol$）相差甚小，计算时可用 V_w 代替 V_w^*。这样，水势的值就等于体系中的水与纯水之间每单位有效体积的化学势差 $\Delta\mu_w$。（$\mu_w-\mu_w^0$）只表示体系中水分的能量状态；$\Delta\mu_w$ 或 $\Delta\Psi_w$ 表示水分运动的方向和限度。水总是由水势高的区域向水势低的区域运动，直至两处的水势相等，即 $\Delta\Psi_w=0$ 时为止。

水势的单位采用压力单位帕（Pa），与过去所用巴（bar）和大气压的换算关系为：$1bar=10^5Pa$，$1atm=1.01bar$，$1atm=1.01\times10^5Pa=0.101MPa$，$1MPa=1kJ/mol$（千焦/摩尔）。

水有从较高水势流向较低水势的趋向。知道任何两个部位的水势，都能确定水分运转的方向。因此，启动水分运转的动力就是供应水分的部位与接受水分部位间的水势差值，因为纯水的自由能最大，所以纯水的水势最高，并规定为零。由于溶液中有溶质颗粒存在或水分子被一些亲水性物质的亲水基团表面所吸引而降低了水的自由能，就使溶液水势降低而成为负值。溶液的水势（Ψ_w）可用下式表示：

$$\Psi_w=\Psi_s+\Psi_m$$

式中 Ψ_s——是由于水中存在可溶性亲水物质的水合作用而降低的水势，称为溶质势（solute potential）或渗透势（osmotic potential）；

Ψ_m——是由于体系中衬质（亲水胶体等大分子物质）吸附水分子而使水的自由能降低的水势，称为衬质势（matrix potential）。

渗透势和衬质势二者均为负值。当体系内没有衬质存在，或衬质已被水饱和时，$\Psi_m\to0$，溶液的 $\Psi_w=\Psi_s$。渗透势（Ψ_s）的值按下式计算：

$$\Psi_s=-icRT$$

式中 c——为溶液的质量摩尔浓度；

T——为热力学温度；

R——为气体常数；

i——为解离系数。

在一个体系中，若对体系施加压力，则会提高水的自由能而提高水势。这种由于压力的存在而使水势发生改变的值，称为压力势（pressure potential），以 Ψ_p 表示。压力势一般为正值。这样，一个体系的水势（Ψ_w）就由衬质势（Ψ_m）、溶质势（Ψ_s）和压力势等组分所决定，其公式如下：

$$\Psi_w=\Psi_s+\Psi_m+\Psi_p$$

对于标准状态下（1atm，25℃）开放容器中的水溶液来说 $\Psi_p=0$。所以溶液的水势等于 $\Psi_w=\Psi_s+\Psi_m$ 或 $\Psi_w=\Psi_s$。

（2）渗透作用　将半透膜（水分子能透过而溶质不能透过的膜）紧紧缚在漏斗大口上，并向内注入葡萄糖溶液，然后浸入纯水中，使漏斗内的液面与外液的液面相等，整个装置就是一个渗透系统（图4-2）。由于纯水的水势较高，漏斗内葡萄糖溶液的水势较低，所以外面的纯水便通过半透膜逐渐流入漏斗内。水分子通过半透膜从水势较高的部位向水势较低的部位扩散的作用称为渗透作用。由于渗透作用漏斗内水分子增多，使葡萄糖液面逐渐升高，同时，膜上的静水压也逐渐增加，静水压使糖液中的水分子通过半透膜向烧杯内扩散。随着液面增高及静水压的增大，膜内水分子向烧杯内扩散的速度也增加，当静水压增大到漏斗内半透膜上方葡萄糖液的水势与烧杯内纯水的水势相等时，水分进出漏斗的速度达到动态平衡，漏斗细管中的液面不再升高。与烧杯内纯水的水势相等时，水分进出漏斗的速度达到动态平衡，漏斗细管中的液面不再升高。

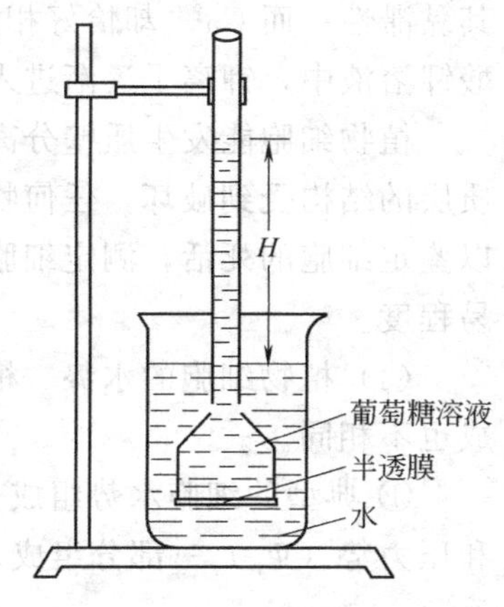

图 4-2　观察渗透现象的装置

(3) 植物细胞的渗透现象　成长的植物细胞外面被细胞壁包围着，其细胞壁主要由纤维素组成，水和溶质都易于透过，可以看成是一全透性膜，而由质膜、原生质和液泡膜组成的原生层对水分易于透过，但对溶质则有选择性，因而成为具有选择透性的膜。如将具有中心大液泡的成长细胞置于水或溶液中，则液泡内的细胞液和原生质层外的水或溶液之间就构成一个渗透系统。当细胞和外界溶液接触时，便会发生渗透作用，与外界溶液发生水分交换，水分移动的方向决定于细胞内外的水势差。当细胞周围的溶液浓度高于液泡浓度时，由于液泡的水势高于周围溶液的水势，水分就从液泡经原生质层流向周围溶液中，使整个细胞开始收缩。但是，由于细胞壁的收缩性大大低于原生质，所以达到一定程度时细胞壁就停止收缩，而原生质则继续收缩。随着水分不断地流出，使原生质与细胞壁逐渐分开，开始时发生于边角，后来则完全分开（图 4-3）。植物细胞因液泡失水而使原生质与细胞壁分离的现象，叫做质壁分离（plasmolysis）。质壁分离现象可以说明原生质层具有半透膜的性质，植物细胞是个渗透系统。

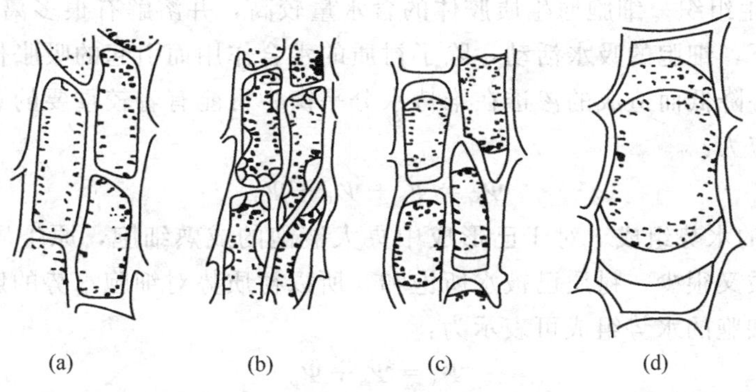

图 4-3　植物细胞的质壁分离

(a) 初始质壁分离；(b) 凹形质壁分离；(c) 凸形质壁分离；(d) 帽形质壁分离

如果把发生了质壁分离的细胞从高浓度的溶液移入低浓度溶液或清水中，外界水势高于细胞的水势，水向细胞内渗透，使液泡体积逐渐增大而原生质层亦随之向外扩张，最后原生质层与细胞壁相接触，恢复原来的状态，这一现象叫做质壁分离复原（deplasmolysis）。只有活细胞才有质壁分离和质壁分离复原的现象。

在高浓度溶液中，植物细胞的原生质先从角上离开细胞壁，呈现凹形质壁分离，以后原生质体的两端与细胞壁完全分离，收缩成圆形，称凸形质壁分离，再后来原生质两端吸水膨胀成帽形，称帽形质壁分离。试验观察表明，细胞周围溶液中所含金属离子不同，引起细胞质壁分离的形式则不同。1 价金属离子钾（K^+）能引起凸形质壁分离，而 2 价金属离子钙（Ca^{2+}）则引起凹形质壁分离。造成这种差异的原因在于 K^+ 能增加原生质的水合度，降低其黏滞性；而 Ca^{2+} 却恰好相反，能降低原生质的水合度，提高其黏滞性。特别是细胞在硝酸钾溶液中，钾离子逐渐进入原生质，使原生质吸水膨胀，帽形质壁分离较明显。

植物细胞能发生质壁分离现象是由于生活细胞的原生质层具有选择透性，细胞死后原生质层的结构受到破坏，任何物质都可透过，就不能再发生质壁分离。利用质壁分离的方法可以鉴定细胞的死活，测定细胞的渗透势以及原生质黏滞性，还可以观察物质透过原生质的难易程度。

(4) 植物细胞的水势　植物细胞的水势组成不同于溶液，不同类型的植物细胞的水势组成也不相同。

① 典型的细胞水势组成　典型的细胞水势由渗透势或称为溶质势（Ψ_s）、衬质势（Ψ_m）和压力势（Ψ_p）三部分组成，其表达式为：

$$\Psi_w = \Psi_s + \Psi_p + \Psi_m$$

式中　Ψ_s——是指细胞溶液中溶质的存在所降低的水势，为负值；

Ψ_m——是指细胞中的蛋白质、淀粉、细胞壁构成物质等亲水物质及膜系统吸附水分子所降低的水势，也是负值；

Ψ_p——是由于细胞壁的压力作用于原生质体所产生的水势变化值。

当细胞吸收水分后，原生质体积扩大，对细胞壁产生压力（膨压），而细胞壁在受到膨压作用向外延伸的同时，对原生质体也产生一个反作用力（壁压），这种壁压的存在增大细胞的水势，因此在一般情况下压力势为正值。例如草本植物叶片的压力势在温暖的下午为 0.3～0.5MPa，在晚上为 1.5MPa。在特殊情况下，压力势也会等于 0 或成为负值。例如当细胞发生初生质壁分离时压力势是 0；在植物剧烈蒸腾时，导管溶液的压力势可呈负值。

② 幼嫩的分生组织　细胞原生质胶体的含水量较高，并溶解有很多离子等可溶性物质，因而在这种情况下，细胞的吸水活动，除了衬质的水合作用而引起的吸胀作用外，还由于溶质势所引起的水势降低而造成的渗透在维持水分平衡中可能有着较重要的意义。因此，分生组织的细胞水势应为：

$$\Psi_w = \Psi_s + \Psi_m + \Psi_p$$

③ 成熟细胞的水势组成　对于已形成中央大液泡的成熟细胞，原生质仅为一薄层，液泡内的大分子物质又很少，衬质已被水所饱和，所以衬质势对细胞水势的影响很小，可忽略不计。因此成熟细胞的水势组成可表示为：

$$\Psi_w = \Psi_s + \Psi_p$$

④ 风干种子细胞的水势组成　风干种子的细胞既没有溶液，细胞膜又丧失选择透性。渗透势和压力势等于 0，因此风干种子细胞水势组成为：

$$\Psi_w = \Psi_m$$

上面的阐述中都假定细胞壁是刚硬不伸缩的，因而细胞的体积不变化。但实际上细胞壁（特别是未木质化的细胞壁）具有一定的伸缩性，因此当细胞进行水分交换时，细胞的体积会发生变化，溶质势、压力势和水势也因之发生改变，现依据公式 $\Psi_w = \Psi_s + \Psi_p$ 来分析吸水过程中细胞体积变化与细胞 Ψ_w、Ψ_w、Ψ_p 变化的关系（图 4-4）。图 4-4 中实线 Ψ_w、Ψ_p、Ψ_s 是处于液相中的情况，点线是处于气相中的情况。垂直于横轴的虚线Ⅰ与三条曲线相交点的数值表示通常情况下细胞的体积及与其相应的 Ψ_w、Ψ_p、Ψ_s。如果将细胞放到高水势的溶液中，细胞将吸水，体积增大，虚线向右移动，Ψ_w、Ψ_p、Ψ_s 相应增高；放到纯水中达到平衡后细胞体积最大，这时 $\Psi_w = 0$，$|\Psi_p| = |\Psi_s|$（见实线Ⅱ）；如果细胞放到低

水势的溶液中，细胞失水，体积缩小，虚线向左移动，Ψ_w、Ψ_p、Ψ_s 相应降低。达到初始质壁分离时（相对体积＝1.0），$\Psi_p=0$，$\Psi_w=\Psi_s$，此时是处于液相中的最小体积；若细胞继续失水，则发生质壁分离，在壁与原生质体间充满外界溶液。此后细胞体积不再减小，而原生质体的体积继续减小，Ψ_s 也不断降低。当细胞处于气相中时，以蒸汽状态得失水分，失水时体积缩小，Ψ_w、Ψ_p、Ψ_s 降低。到相对体积达到 1.0 后，并不发生质壁分离，因为原生质体失去的水分全部经过细胞壁进入大气，在质膜与壁间不能积聚液体。若继续失水，则细胞壁内凹，细胞体积减小。由于原生质体的伸缩性远大于细胞壁，当原生质体继续收缩时，细胞壁实际上会对原生质体产生向外的拉力，即负压力，此时 $\Psi_p<0$，Ψ_s 也不断降低，这时 $\Psi_w<\Psi_s$。

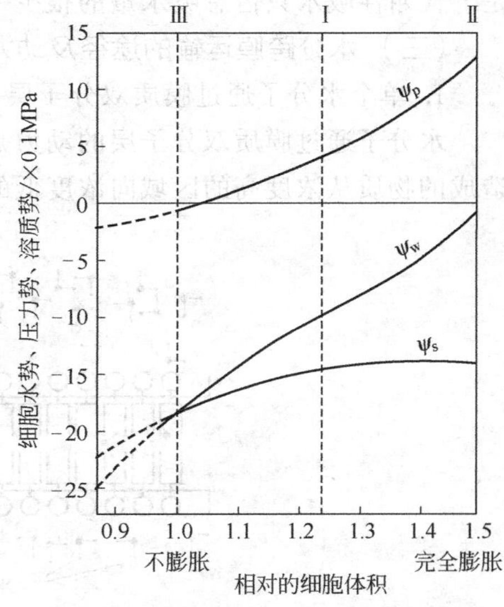

图 4-4 细胞水势、压力势、溶质势与细胞体积的关系

2. 细胞的吸胀性吸水

未液泡化细胞的吸水为吸胀性吸水。试验表明，干燥的种子极易吸水。这是因为，构成种子细胞的细胞壁（由纤维素、果胶物质、半纤维素组成）、细胞质（主要由蛋白质构成）和贮藏物质（蛋白质、淀粉等）都是亲水性物质，其亲水性基团（如—NH_2，—SH，—OH，—COOH）可通过氢键与水结合，于是亲水性胶体尤其是构成原生质胶体的蛋白质由凝胶状态转变为溶胶状态，使细胞膨胀。亲水体吸水膨胀的现象，叫做吸胀作用（imbibition）。原生质凝胶的吸胀作用大小与凝胶物质亲水性有关，蛋白质、淀粉和纤维素三者的亲水性依次递减，所以富含蛋白质的豆类种子吸胀现象非常显著。

一般来说，未形成液泡的细胞，吸水主要靠吸胀作用，也就是靠衬质势（Ψ_m）在起作用。例如，风干种子萌发、果实内种子形成、休眠芽复苏和分生组织细胞生长的吸水均靠吸胀作用。在无液泡存在的细胞中，由于 $\Psi_s=0$、$\Psi_p=0$，所以 $\Psi_w=\Psi_m$，即水势等于衬质势，也就是说，水势的高低决定于衬质势的大小。据报道，富含蛋白质的豆类风干种子的衬质势常常低达－100MPa。

吸胀过程中水分也是从高势区移向低势区。当溶液或水的水势高，吸胀物的水势低，水分就流向吸胀物。在成长的植物细胞中，细胞壁被水所饱和，这些水基本上是靠吸胀作用而来。细胞壁与原生质和液泡之间水分是平衡的，当水分从细胞壁上蒸发时，原生质和液泡中的水分就会向细胞壁扩散补充以达到平衡。

3. 细胞的代谢性吸水

代谢性吸水（metabolic absorption of water）指植物细胞利用呼吸作用释放出的能量使水分经过质膜进入细胞的过程。关于是否确实存在代谢性吸水，因缺乏直接证据尚存争议。但是不少试验证明，当通气良好呼吸作用加强时，细胞吸水增强；而减少氧气或以呼吸抑制剂处理时，呼吸速度下降，细胞吸水减少。由此可见，细胞吸水与原生质代谢强度密切相关。至于代谢性吸水的机理尚不清楚。J. Levitt 认为，很可能由呼吸释放的能量驱动原生质中的水泵运转。但更多的人认为，呼吸作用能够维持细胞膜结构的完整性，呼吸产生的能量直接用于离子的吸收，从而保证渗透性吸水的进行，代谢性吸水是间接吸水。需要指出的是，代谢性吸水只占总吸水量的很少一部分。

（三）水分跨膜运输的途径及动力

1. 单个水分子通过膜质双分子层

水分子通过膜质双分子层的动力是扩散，扩散是一种自发过程，指分子的随机热运动所造成的物质从浓度高的区域向浓度低的区域移动，即顺着浓度梯度进行的（如图 4-5）。

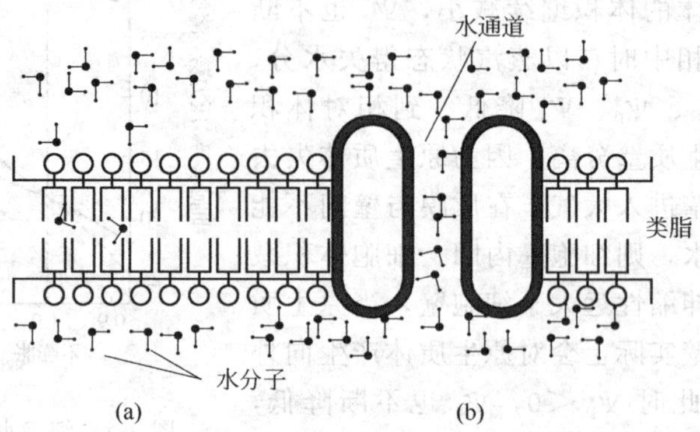

图 4-5　水分跨膜移动途径示意（引自李合生，2002）

（a）单个水分子通过膜质间隙进入细胞；（b）水分集流通过水孔蛋白形成的水通道

2. 水分通过水孔蛋白的跨膜

（1）水孔蛋白结构及特点　植物的水孔蛋白有两种：一种是质膜上的质膜内在蛋白，另一种是液泡膜上的液泡膜内在蛋白。水孔蛋白的单体是中间狭窄的四聚体，呈“滴漏”模型，每个亚单位的内部形成狭窄的水通道。水孔蛋白是一类具有选择性、高效转运水分的跨膜通道蛋白，它只允许水分通过，不允许离子和代谢物通过，因为水通道的半径大于 0.15nm（水分子半径），但小于 0.2nm（最小的溶质分子半径）。

水孔蛋白的活性是受磷酸化和水孔合成速度调节的。实验证明，依赖 Ca^{2+} 的蛋白激酶可以使特殊残基磷酸化，水孔蛋白的水通道加宽，水集流通过量剧增。如果把该残基的磷酸基团除去，则水通道变窄，水集流通过量减少。

水孔蛋白广泛分布于植物各个组织，所起功能以存在部位而定。例如，拟南芥和烟草的水孔蛋白优先在维管束薄壁细胞中表达，可能参与水分长距离的运输；拟南芥的水孔蛋白表达于根尖的伸长区和分生区，说明它有利于细胞生长和分化；水孔蛋白分布于雄蕊和花药，表明它与生殖有关。

外界环境（干旱、蓝光）和植物激素（脱落酸、赤霉素和油菜素内酯）可诱导水孔蛋白基因表达。

（2）集流　水分通过水孔蛋白的跨膜动力是集流（mass flow），集流是指液体中成群的原子或分子在压力梯度下共同移动，与扩散作用相反，水分集流与溶质浓度无关（如图 4-5）。

简单扩散是植物依浓度梯度向下移动，集流是物质依压力梯度向下移动，而渗透作用（osmosis）是物质依上述两者的梯度移动，依水势梯度而移动，即水流通过膜的方向和速度不只是决定于水的浓度梯度或压力梯度，而是决定于这两种驱动力的和。

（四）细胞之间的水分移动

细胞置于外界环境中，水分进出植物细胞决定于植物细胞与其环境间的水势差异，水分总是从水势高处运转到水势低处。细胞之间的水分移动同样决定于细胞之间的水势差异。

在相邻细胞间，水分沿水势梯度运转。例如（图 4-6），A 和 B 两个细胞相毗连，A 细胞的 Ψ_s 为－1.5MPa，Ψ_p 为＋0.7MPa，故 Ψ_w 为－0.8MPa；B 细胞的 Ψ_s 为－1.3MPa，Ψ_p 为＋0.4MPa，故 Ψ_w 为－0.9MPa。A 的水势高，B 的水势低，因此水分从 A 细胞流向 B 细胞。由此可见，相邻细胞间水分移动决定于水势差，并由高势区向低势区运转。如果有一排相互连接的薄壁细胞，只要其间存在着水势梯度（water potential gradient），那么水分总是从水势较高的细胞向水势较低的细胞运转。植物组织中的水分运转也符合这一规律，事实上，$\Delta\Psi_w$ 不仅决定着水分移动的方向，而且影响着水分移动的速度。$\Delta\Psi_w$ 越大水分移动速度越快，反之亦然。

A	B
Ψ_s＝－1.5MPa Ψ_p＝＋0.7MPa Ψ_w＝－0.8MPa	Ψ_s＝－1.3MPa Ψ_p＝＋0.4MPa Ψ_w＝－0.9MPa

A ——→ B

图 4-6 两个相邻细胞之间水分移动的方向

在整株植物体内，不同部位的水势不同（图 4-7），总的趋势是：位于形态学下部的组织和器官，其水势总是高于形态学上部的组织和器官，因此，水分由下向上即由根系向茎叶运输。对一片叶子而言，距主脉越远的部位其水势越低。在根部则内部低于外部。如果把土壤-植物-大气看成是一个体系的话，那么这三者的水势便形成顺序性的梯度变化：土壤水势最高，大气水势最低，而植物水势介于二者之间。因而，在正常情况下植物的根系从土壤中吸收水分，并由地下部运至地上部，然后通过叶片散失到大气中。植物体和外界环境中的水势梯度变化恰好与植物对水分的需求规律一致，因而正常情况下能够满足植物对水分的需要，使植物体能够正常生长发育。但是在环境条件发生变化时，植物的水势也随之改变；在灌溉条件较好时，植物生长速度较快，水势也较高；而灌溉条件差、土壤较干燥时，植物水势较低，生长速度较慢甚至停止生长。因此，细胞的水势高也可作为是否需要灌溉的指标，当水势很低时就表示植物体内缺乏水分，需要灌溉。

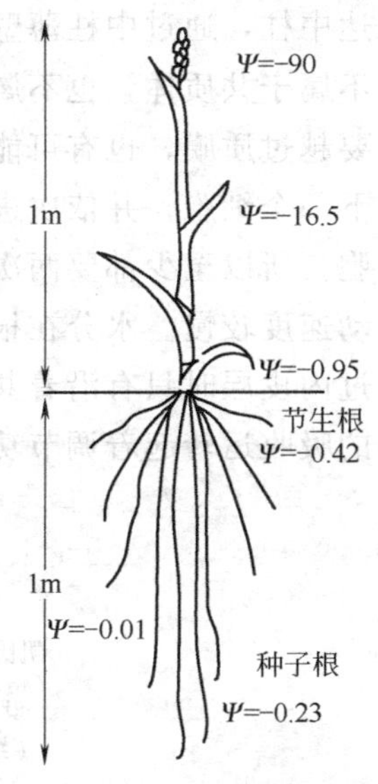

图 4-7 小麦植株各部位的水势状况（单位：MPa）

二、植物根系对水分的吸收

（一）根系吸水的部位

植物的叶片只有在角质层被水湿润时才能吸水，而且数量很少，因而对于植物的水分供应没有重要意义。陆生植物吸水主要是通过根系。根系在土壤中分布很广，根系在土壤中的总面积远远大于地上部的总面积。根系具有很多小分支，因此一株植物每天的总增长量相当大，据测定，一株黑麦的根系每天总增长量可达 3.1m，这大大增强了土壤中根系的吸水能力。可以看出，根系是陆生植物吸水的主要器官。但是，并不是所有根的各个部分都能吸水，各部分的吸水能力并不相同。木质化或木栓化部分的根部表皮细胞吸水能力很小，根的吸水区域主要在根尖的根冠、分生区、伸长区和根毛区四部分中，其中以根毛区的吸水能力最大。根毛是根表皮细胞的扩展，极大地增加了根的表面积。据测定，根毛使玉米根吸收面积增加 5.5 倍，大豆增加 12 倍。另外，根毛细胞壁的外部由果胶组成，黏性和亲水性大，有利于和土壤颗粒的黏着和吸水，而且根毛区的输导组织发达，对水分移动阻力小。所以根毛区吸水能力最大，是根系吸水的主要部位。

（二）根系吸水的途径

土壤中的水分移动到根的表面后，会以渗透和扩散的方式径向运输到根内。在从表皮向根内的径向运输过程中，可以通过三条途径（图 4-8）：质外体途径（apoplast pathway）、共质体途径（symplast pathway）和越膜途径（transmembrane pathway）。质外体和共质体的概念是德国人 E. Munch 于 1930 年提出的。质外体（apoplast）是指没有原生质的部分，主要包括细胞壁、细胞间隙和木质部导管分子等。质外体途径是水分完全通过细胞壁和细胞间隙移动，不越过任何膜。质外体被内皮层凯氏带分隔为不连续的两部分，其一部分在内皮层外，包括表皮及皮层的细胞壁、细胞间隙；另一部分在中柱（stele）内，包括成熟的导管。由于内皮层凯氏带的分隔，由质外体途径移动的水分必须越过内皮层细胞的质膜，进入细胞质，最后才能进入中柱。水分在质外体中移动受到的阻力小，所以移动速度较快。共质体途径指水分依次从一个细胞经过胞间连丝进入另一个细胞。共质体（symplast）包括所有细胞的细胞质，由于胞间连丝将相邻细胞的原生质体连在一起，一个植物体的共质体是一个连续的整体。水分进入共质体后，即可通过胞间连丝，从一个细胞到相邻细胞，并通过内皮层而达中柱，通过中柱薄壁细胞再进入导管。液泡由于有液泡膜和原生质体分隔开，所以液泡既不属于共质体，也不属于质外体。越膜途径指水分从一个细胞的一端进入后从另一端流出时要越过质膜，也有可能要通过液泡膜。水分从一个细胞的一端进入，从另一端流出后再进入下一个细胞，并依次进行下去。在这条途径中，每通过一个细胞水分都要进入细胞和流出细胞，所以至少都要两次越过膜，有的还要通过液泡膜。水分通过共质体途径和越膜途径的移动速度较慢。水分在根中的径向移动是一个复杂的过程。内皮层凯氏带的存在使水和溶质通过内皮层时只有沿着共质体的途径运输，所以内皮层起着选择透性膜的作用，对水分及溶质的吸收运转起着调节功能。

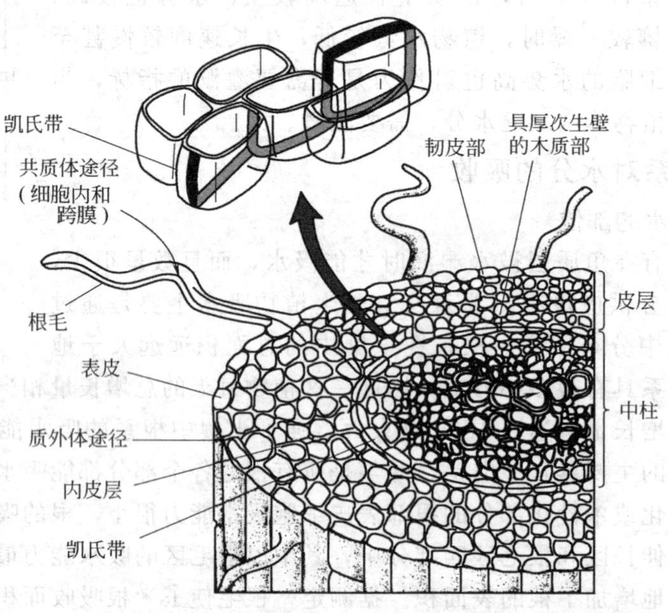

图 4-8 植物根吸收水分途径示意（引自 Taiz 和 Zeiger，1998）

(三) 根系吸水的动力

根系从土壤中吸收水分有两种动力：根压和蒸腾拉力。蒸腾拉力更为重要。

1. 根压

植物根系可以利用呼吸作用释放的能量主动将土壤溶液中的离子吸收运转到根的木质部导管中，使导管溶液的浓度升高。这样导管溶液的溶质势便降低，当导管的水势低于土壤的水势时，土壤中的水分顺水势梯度通过渗透作用进入导管。与此同时，导管内的水分也向导管外部移动。但由于进入的水分多于移出的水分，于是产生了由外向内的压力差，即根压(root pressure)，根压可用压力计测定出来。

各种植物的根压不同，通常在 0.1～0.2MPa。某些木本植物和葡萄的根压可高达 0.2MPa 以上。根压的大小取决于导管与土壤的水势差，与土壤相比导管的水势越低，则产生的根压越大。在自然条件下，当土壤水分状况良好，大气湿度大而蒸腾弱时，植物的根压土壤水分充足时，土壤溶液的水势高，这就有可能产生较大的水势梯度，进而产生较大的根压。

伤流现象可以证明根压的存在。从植物茎的基部切断植株，则有液滴不断地从切口溢出。从受伤或折断的植物组织流出液体的现象叫伤流 (bleeding)，流出的汁液叫伤流液(bleeding sap)。伤流是由根压引起的。如果在切口处套上橡皮管与压力计相连，就可由伤流液测出根压的大小。各种植物的伤流程度不同，葫芦科植物伤流液较多，禾本科植物的较少。同一种植物中，根系活动的强弱、根系有效吸收面积的大小等，都直接影响伤流液的量。伤流液中含有各种无机盐、有机物和植物激素等。无机盐是植物从土壤中吸取的，有机物和植物激素则是根部代谢形成的。所以，伤流液的数量和成分可作为根系活动强弱的生理指标。

伤流是根压作用的结果，因此伤流的现象可用根压产生的原理来解释。例如，当根系在水势较高的溶液中时，伤流速度快；如果把根放到水势较低的溶液中，伤流速度会变慢；当外界溶液的水势更低时，伤流停止，甚至已流出的伤流液也被吸回，这表明伤流速度取决于木质部溶液与外界溶液之间的水势差。另外，通气、呼吸促进剂都促进伤流量的增多，而呼吸抑制剂则抑制伤流液的产生。这是由于呼吸作用直接影响根系对离子的主动吸收。

吐水现象也是根压引起的。没有受伤的植物如果处于土壤水分充足、天气潮湿的环境中，叶尖或叶缘也有液体外泌，这种现象称为吐水 (guttation)。水分是通过叶尖或叶缘的水孔 (hydathode) 排出的。在自然条件下，当植物吸水大于蒸腾时，往往可以看到吐水现象。吐水现象也可以作为根系生理活动的指标。

通常将由根压引起的吸水称为主动吸水，但这并不指主动吸收水本身，而是植物利用呼吸代谢释放的能量主动吸收外界溶质，使导管溶液的水势低于外界溶液的水势，从而引起水分顺水势梯度从外部进入导管。所以根压实际上是根系主动吸收离子的结果。

2. 蒸腾拉力

蒸腾拉力是由于叶片的蒸腾作用产生的一系列水势梯度而形成的向上拉水的力量。由于蒸腾，靠近气孔下腔的叶肉细胞含水量减少，水势降低，向相邻细胞吸取水分。当相邻细胞水势下降后同样从下一个相邻细胞吸水，由此形成一系列水势梯度，水分便从导管吸水，最后促使根系从土壤中吸水。这种吸水完全是蒸腾失水使植物体内产生一系列的水势梯度而形成的蒸腾拉力所引起的，是由枝叶传到根部的力量引起的被动吸水。如果将正在进行蒸腾的植株的根用高温或毒物杀死，植物仍可从环境中吸水，并且根部细胞死亡之后对水分子扩散的阻力减小，反而使被动吸水的速度更快。由此可见，蒸腾引起的吸水过程中，根只作为水分从土壤进入植物体的被动吸收表面，成为植物的地上部分与土壤之间水分吸收的通道。

根压和蒸腾拉力在根系吸水过程中所占的比重决定于植株的蒸腾速率。通常叶片展开后蒸腾作用逐渐加强，蒸腾拉力所占比重也越来越大，强烈蒸腾的植株其吸水的速率几乎与蒸腾速率一致。只有当蒸腾速率很低时，例如春季叶片未展开时，根压才成为主要吸水动力。

（四）土壤状况对根系吸水的影响

影响根系吸水的诸项外界条件中，大气因子通过影响蒸腾速率而间接影响根系吸水，土壤因子则直接影响根系吸水。由于植物的根系分布于土壤中，所以土壤条件对根系吸水必然有很大的影响。

1. 土壤水分状况

土壤中的水可分为三部分：一是吸着水（或称束缚水）被紧紧地吸附在土粒上，植物难以利用，成为“无效水”；二是重力水，主要存在于较大的土壤空隙中，因重力作用而易于下降，植物虽然可以利用这部分水，但时间极为短暂；三是毛管水，存在于土壤毛细管中并能沿着毛细管不断上升，直至土壤表面，这部分水在土壤中被植物利用得数量最多时间最久。由此看来，土壤中的水分并不能都被植物利用，只有重力水和毛管水才是土壤中可以利用的有效水分。

对于植物来说，土壤中可用水分（available water）就是永久萎蔫系数以外多余的土壤水分。植物叶片刚显示萎蔫（wilting）之后转到阴湿处仍不能恢复原状时，这时土壤中水分质量与土壤干质量的百分比叫做永久萎蔫系数（permanent wilting coefficient）。永久萎蔫系数与土粒粗细和土壤胶体数量有关。土壤含水量下降时，土壤可用水分减少，土壤含水量下降到永久萎蔫系数时，根部吸收的水分不能维持叶片细胞的紧涨度（turgidity），叶片发生萎蔫。在农业生产上，根据土壤水分状况可以制定抗旱与灌溉的措施。

2. 土壤通气状况

土壤中的氧气分压对根系吸水十分重要。氧气充足不仅促进根系发达，扩大吸水范围，而且有利于根部进行正常的呼吸，提高主动吸水的能力。土壤通气状况不良时，O_2 分压降低，CO_2 分压升高，若持续时间短，能导致根细胞呼吸减弱，阻碍吸水；若持续时间长，则引起根细胞进行无氧呼吸，产生并积累酒精，损伤根系，吸水更少。此外，缺氧还会产生其他还原性物质（Fe^{2+}、NO_2^-、H_2S 等），不利于根系生长。

不同植物对土壤通气不良的耐受能力差异很大。例如水稻、芦苇等在水分饱和的土壤中生长正常，而番茄、烟草等在土壤孔隙被水分充满的土壤中，则易萎蔫甚至死亡。这种情况主要与植物的结构差异有关。耐受能力大的植物，一般根部具有较大的细胞间隙和气道，与叶、茎的细胞间隙和气道相连，空气可以从叶、茎运到根部，满足根系生理活动的需要。

土壤中具有足够的可利用水分和良好的通气状况，是植物根系充分吸收水分的必要条件。但土壤中水分和空气的存在是矛盾的，它们互相争夺土壤空间，互相排斥。土壤的团粒结构克服了这个矛盾。团粒土壤中具有大、小孔隙，在大孔隙里充满空气，在小孔隙里则含有水分，所以可满足根系对二者的需要。

3. 土壤温度

土壤温度影响根系的呼吸，也影响生长与吸水。一般来说，在适宜温度范围内，随着土壤温度的提高，根系吸水也加快；反之，土壤温度降低时，根系的吸水减慢。不适宜的低温与高温对根系吸水均产生极为不利的影响。例如，夏季雷雨转晴后，番茄等植物很容易萎蔫，其原因在于降雨使土温剧降，转晴又使叶温骤升，结果使根系吸水速度显著低于叶片蒸腾速率。中国农民有“午不浇园”的经验，正是考虑到低温影响根系吸水。

土壤温度较低影响根系吸水有以下几方面原因：①低温使水的黏滞性增加，扩散速率减慢；②低温使原生质的黏滞性提高，有时近似凝胶状态，水分不易透过；③低温降低根系的生理活动，尤其是呼吸减弱，从而影响根系的主动吸水。土温过高影响根系吸水的原因在于：一是高温提高根的木质化程度，加速根的老化进程；二是土温过高使根细胞中各种酶类活性下降或失活，原生质流动变缓甚至停止。

4. 土壤溶液

根系要从土壤中吸水，根部细胞的水势必须低于土壤溶液的水势。在大多数情况下，土壤溶液浓度较低，水势较高，有利于根系吸水。但是，在盐碱土中，盐分浓度很高，水势很低，有时低于－1.0MPa，导致作物吸水困难，这是一种生理性干旱。此外，过量施用化肥亦能导致吸水困难，严重时还可能产生反渗失水而枯死，出现“烧苗”现象。

第三节 植物的蒸腾作用

陆生植物从土壤中吸收的水分，只有极少部分（1%～5%）用于自身的组成和参与各种代谢活动，而绝大部分排出体外。植物体中水分散失到外界的方式有两种：一是以液体状态即通过吐水散失水分；二是以气体状态即通过蒸腾作用散失水分。其中后者是散失水分的主要形式。

一、蒸腾作用的概念和生理意义

（一） 蒸腾作用的概念

蒸腾作用（transpiration）是指水分以气体状态通过植物体的表面从体内扩散到大气中的过程。蒸腾作用在本质上是一个蒸发过程。但它与单纯的蒸发作用这一物理过程不完全相同，因为蒸腾作用是受到植物的结构和生理活动的调控。

（二） 蒸腾作用的生理意义

植物通过蒸腾作用散失大量的水分。例如，1 株玉米一生通过蒸腾散失水分大约 200kg，木本植物的蒸腾量更为惊人：1 株 15 年生的山毛榉盛夏每天蒸腾失水约 75kg，而有 20 万张叶片的桦树夏季每天蒸腾散失的水分竟高达 200～400kg。蒸腾作用散失水分对植物具有重要的生理意义。

1. 蒸腾作用是水分吸收与运转的动力

由于叶片的蒸腾作用在植物体内产生一系列水势梯度而在导管内产生巨大的吸水力量，这是植物根系吸水和体内水分运转的主要动力。如果没有蒸腾作用，由蒸腾拉力引起的吸水过程就不能进行，植株的较高部分也无法获得水分。

2. 蒸腾作用促进木质部导管中的矿质和有机物的运输

由于叶片的蒸腾作用使导管内形成连续的水流，促使溶于水中的矿质和其他物质沿着蒸腾流运转到植物体的各个部位。

3. 蒸腾作用能降低叶片的温度

植物在太阳光的直接照射下会产生大量的热量，而植物每天通过蒸腾作用散失大量的水分，有效地降低叶温，避免受到热害。试验指出，25℃下 1g 水从液态变成气态至少消耗 584J 的能量。只要水分的吸收及蒸腾作用正常地进行，就能使植物保持适当的体温从而进行正常的生长发育。

4. 蒸腾作用有利于气体交换

由于绝大多数植物的蒸腾作用是以气孔蒸腾为主，所以开放的气孔便成为 CO_2 进入植物体内的主要门户，有利于光合作用的进行。

二、蒸腾作用的部位

一般说来植物上部的各器官如茎、叶、花、果实等都能进行水分蒸腾。幼小植物暴露在地面上的全部表面都能蒸腾。木本植物长大后茎枝上的皮孔也可以蒸腾。但是皮孔蒸腾（lenticular transpiration）以及草本植物的茎、花和果实的蒸腾数量非常小。植物的蒸腾作用绝大部分是在叶片上进行的。水分在叶面的蒸腾可分为气孔蒸腾和角质蒸腾两种。水分从叶肉细胞的细胞壁汽化蒸发进入细胞间隙，细胞间隙的水蒸气进入气孔下腔（气腔）再通过气孔扩散到大气中去的过程称气孔蒸腾（stomatal transpiration）。一部分水蒸气可以通过角质层中间的孔隙向大气中扩散，称为角质蒸腾。角质蒸腾和气孔蒸腾在叶片蒸腾中所占的比重，与植物的生态条件和叶片的老嫩有关，实质上就是和角质层厚薄有关。幼嫩的叶片角质层不发达，其角质蒸腾可占总蒸腾的 30%～50%，一般成熟的叶片，角质层发达，角质蒸腾只占 5%～10%，因此气孔蒸腾是植物蒸腾作用的主要形式。

三、气孔蒸腾

（一）气孔的大小和分布

气孔是叶表皮组织上由成对的保卫细胞所围成的一种特殊小孔结构，它是植物的叶片与外界进行气体交换的通道，分布于叶片的上、下表皮。大部分植物叶的上、下表皮都有气孔，但不同类型的植物其叶子上、下表皮的气孔数量不一，这与不同植物对其生长环境的适应性有关，例如浮在水面的水生植物叶片，其气孔分布在叶的上表面对气体交换及蒸腾作用都是有利的；禾谷类植物叶片较直立，叶的上、下表面光照及空气相对湿度等差异较小，都可进行气体及水分交换，所以其上、下表皮的气孔数较为接近。在同一张叶片的不同部位，气孔分布不同，叶尖端的气孔多，叶基部的气孔少，叶缘气孔分布比靠近叶脉处少，位于茎上端叶片气孔数目较下部叶片要多些。一般叶面上每 $1mm^2$ 约有 100 个左右的气孔，也有高达 2230 个的记录。气孔的数目、大小和分布，随植物种类而不同（表 4-1）。

表 4-1　不同植物气孔的数目、大小和分布

植　物	每平方毫米气孔平均数		下表皮气孔的大小（长×宽）/($\mu m\times\mu m$)	气孔开放时的面积/μm^2	全部气孔开放面积占叶面积(一面的)/%
	上表皮	下表皮			
小麦	33	14	38×7	209	0.52
玉米	52	68	19×5	75	0.82
燕麦	25	23	38×8	239	0.98
向日葵	58	156	22×8	136	3.13
番茄	12	130	13×6	61	0.85
菜豆	40	281	7×3	17	0.54
苜蓿	169	138	—	—	—
马铃薯	51	161	—	—	—
甘蓝	141	227	—	—	—
苹果	0	409	14×12	132	5.28
莲	46	0	—	—	—

(二) 气孔蒸腾的过程

气孔蒸腾过程可分为两阶段进行，首先是气孔下腔周围叶肉细胞的水分蒸发，蒸发的动力是细胞与气孔下腔的水蒸气压差，然后是水汽分子通过气孔下腔及气孔扩散到空气中，水分子扩散的动力是气孔内部与环境的水蒸气压差（图 4-9）。

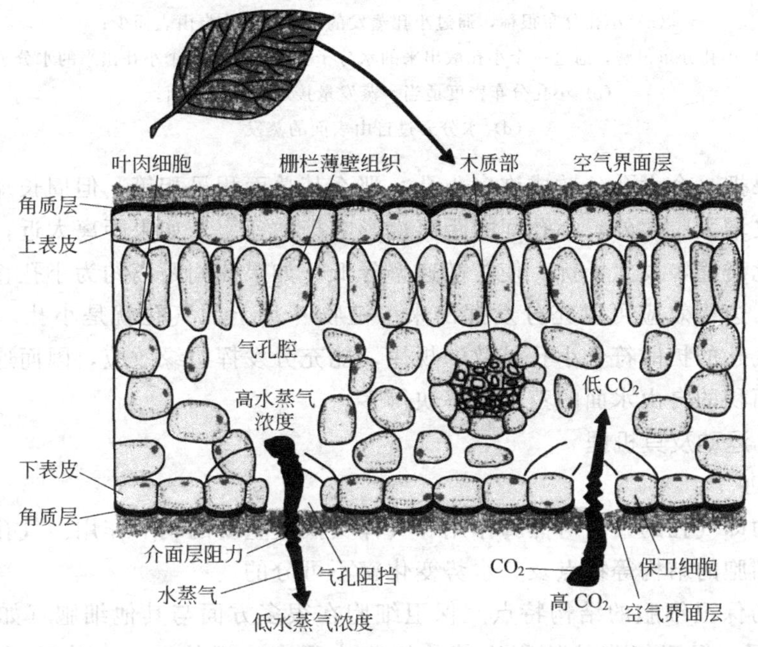

图 4-9 叶片中水的蒸腾途径（引自 Taiz 和 Zeiger，1998）

气孔扩散速率的大小与上述两个阶段一蒸发与扩散有关。如果叶片的内表面即叶肉细胞表面积较大则其蒸腾面较大，故蒸发速度较快，但在气孔下腔内水汽接近饱和时，则水分子蒸发所遇到的阻力增大，蒸发受到影响。扩散过程的快慢决定于气孔内外的水蒸气压差、气孔阻力和叶表面的界面层阻力，即气孔开度的大小及叶表面界面层的厚薄。界面层指叶片表面一层静止不动的空气。

(三) 气孔扩散的效率

叶片上气孔数目很多，但气孔直径小，叶片上气孔的总面积很小，一般不超过叶面积的1%。按照一般的蒸发规律，经过气孔的蒸发量也应为相同面积自由水面蒸发量的 1%，但实际上气孔蒸发量却很大，可达相同面积自由水面蒸发量的 40%～50%。蒸腾强烈时甚至达 100%，比同面积的自由水面快几十倍，甚至 100 倍。那么气孔怎样散失大量的水分呢？这个现象可用小孔扩散的原理来说明（图 4-10）。物理学试验证明，水分子经过小孔的扩散速率，不与小孔的面积成正比，而与小孔的周长成正比，这就是所谓的边缘效应（也称小孔律）。

为什么经过大孔扩散和经过小孔扩散的情况不一样呢？因为气体分子除经孔口中间部分垂直向外扩散外，还沿边缘向外扩散。在边缘处，扩散分子相互碰撞的机会少，因此扩散速率就比在中间部分的要快。当扩散表面的面积较大时，边缘与扩散表面积的比值小，扩散主要在表面上进行。所以经过大孔的扩散速率与孔的面积成正比。当扩散表面的面积小时，边缘与扩散表面积的比值增大，经过边缘的扩散数量就占较大的比重。孔越小，所占比重越大。所以经过小孔的扩散速率不与小孔的面积成正比，而是与小孔的边缘长度（周长）成正

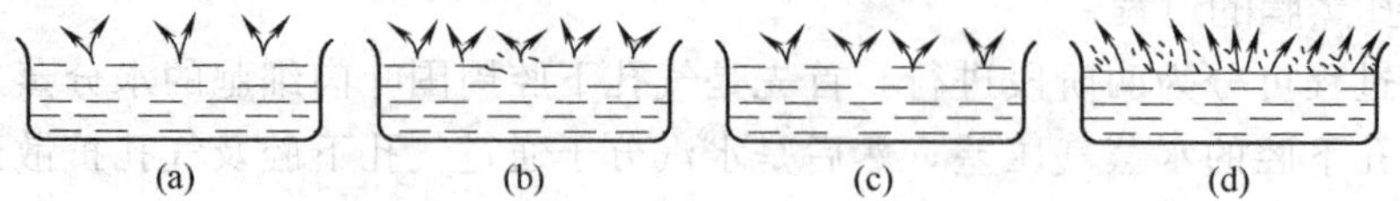

图 4-10　水分通过多孔表面和自由表面蒸发图解

(a) 小孔分布很稀，通过小孔蒸发的全部水分比自由表面少；
(b) 小孔分布很密，通过一个小孔散出来的水分子会干扰从另一个小孔出来的水分子；
(c) 小孔分布密度适当，蒸发量接近于自由表面；
(d) 水分通过自由表面的蒸发

比。因此，如果把一个大孔分散成许多小孔，那么其总面积虽相等，但周长却增加很多，扩散速率也就随之增大。此外，小孔间的距离也影响扩散速率，如果距离太近，从边缘扩散出去的分子会彼此碰撞，发生干扰，使扩散速率降低。如果孔间距离约为小孔直径的 10 倍时，干扰就不严重，边缘效应可以充分发挥出来。植物叶片上的气孔就是小孔，且距离不是太近。所以通过气孔的扩散符合小孔扩散的规律，能充分发挥边缘效应，因而通过气孔的扩散速率要比相同面积的自由水面的蒸发速率快得多。

(四) 气孔运动及其机理

1. 气孔运动

气孔的运动即气孔的开闭对蒸腾作用和气体交换起重要的调节作用。气孔的运动是与组成气孔的保卫细胞的结构等特点及其水势变化密不可分的。

(1) 气孔的保卫细胞的结构特点　保卫细胞在很多方面与其他细胞（如叶肉细胞、副卫细胞等）不同。保卫细胞的体积比其他细胞小得多。据估计，一片叶子所有保卫细胞的体积仅为表皮细胞总体积的 1/13 或更小，这非常有利于保卫细胞膨压迅速发生变化。也就是说，只要有少量的可溶性物质进出保卫细胞，就会引起比其他细胞大得多的膨压变化。

保卫细胞具有整套的细胞器，如叶绿体、线粒体、过氧化物体、高尔基体、内质网和造粉体等，而且，保卫细胞中的细胞器的数目比其他表皮细胞中的多。尤其是，保卫细胞中含有相当多的造粉体，并且光下淀粉减少；暗中淀粉积累，与叶肉细胞恰好相反。更为重要的是，保卫细胞具有不均匀加厚的细胞壁。据观察，高等植物保卫细胞的细胞壁具有不均匀加厚的特点，单子叶植物如水稻、小麦的保卫细胞呈哑铃形，中间部分细胞壁厚，两端薄。双子叶植物如棉花、烟草的保卫细胞呈新月形，靠气孔一侧的内壁厚，背气孔一侧的外壁薄。研究表明，在保卫细胞壁上有许多以气孔口为中心呈辐射状横向周围缠绕排列的微纤丝，由于这些微纤丝难以伸长，就限制了保卫细胞沿短轴方向直径的增大（图 4-11），便于对内壁施加作用力。

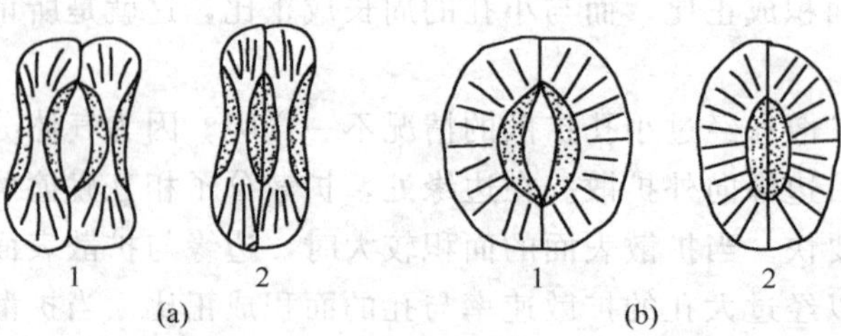

图 4-11　单子叶植物 (a) 与双子叶植物 (b) 的气孔结构示意

1—气孔开放；2—气孔关闭

(2) 双子叶植物气孔的开闭运动　双子叶植物保卫细胞吸水膨胀时，其直径不能增加多少，而保卫细胞的长度可以增加，特别是外壁在压力作用下沿纵轴方向伸展，表面积增大，同时有向外扩展（膨胀）的趋势；但由于微纤丝的限制，使向外的扩展受到阻碍，这时作用在外壁上的向外的压力通过微纤丝传递到内壁，成为作用于内壁的指向气孔口外方的拉力，内壁同时受到指向气孔口的压力和背离气孔口的拉力。由于通过相同数量微纤丝联系的外壁的表面积大于内壁的表面积，这样外壁受到的总压力就大于内壁受到的总压力，通过微纤丝的传导，就使得内壁受到的拉力大于压力，于是内壁被拉离气孔口，气孔张开。

(3) 单子叶植物气孔的开闭运动　单子叶植物保卫细胞吸水时，微纤丝限制了细胞纵向伸长，细胞两端的薄壁区横向膨大，就将两个保卫细胞的中部推离开，于是气孔张开。当保卫细胞失水时，以上过程逆转，气孔关闭。很明显，保卫细胞壁上辐射状径向排列的微纤丝结构是气孔运动的关键性结构基础。气孔开闭就是保卫细胞的特殊结构和膨压的变化所引起的气孔能否张开，还要取决于保卫细胞中的静水压力（膨压）与其周围的表皮细胞或副卫细胞中的静水压力（膨压）之差。保卫细胞从其周围的表皮细胞吸水后，若膨压大于表皮细胞的膨压，保卫细胞向外膨胀，气孔张开；反之，如果表皮细胞的膨压大，气孔关闭。

2. 气孔运动的机理

气孔运动离不开保卫细胞水势变化，对引起这种变化的机理曾提出过多种学说，较易接受的有如下几种。

(1) 光合作用促进气孔开放的学说　气孔开放与光合作用密切相关。光合作用使保卫细胞中糖的浓度增加水势降低，从而保卫细胞吸水，导致气孔开放。这个学说得到了一些试验的支持。例如，气孔开放的作用光谱常常与光合作用的作用光谱相一致；保卫细胞中缺乏叶绿素的黄化叶片即使在光下也不能进行光合作用，气孔亦不开放；凡是影响光合过程的化学药物都影响气孔开放，如光合作用抑制剂 DCMU[3-(3′,4-二氯苄基)-1,1-二甲基脲] 也对气孔运动产生抑制作用。但是，这个学说也存在一定的问题：第一，光合时保卫细胞产生的糖能否使水势变化到足以引起气孔张开的程度；第二，非 CAM 代谢类型的植物在暗中气孔也能开放。

(2) 淀粉-糖互变学说　该学说由 Sayre 于 20 世纪 20 年代提出，后来为 Scarth 详细研究过。该学说认为：光是保卫细胞内淀粉转变为糖的主要调节者。在光下保卫细胞的叶绿体进行光合作用，消耗 CO_2 而 pH 升高，淀粉水解，可溶性糖浓度增加，水势下降，保卫细胞吸水，膨压增加，气孔开放；在暗中则相反，光合停止而 CO_2 积累，pH 下降，淀粉合成，细胞液浓度降低，水势升高，水分从保卫细胞排出，膨压降低而气孔关闭。催化淀粉-糖相互转化的酶是淀粉磷酸化酶（starch phosphorylase）。在不同的 pH 下，这种酶所催化的反应不同。当 pH 较低（pH2.9～6.1）时，催化合成反应占优势；在 pH 较高（pH6.1～7.3）时，催化分解反应占主导。这种酶所催化的反应非常迅速。已有试验证明，保卫细胞在 pH＝2.6～6.1 的缓冲液中气孔完全关闭；在 pH＝6.1～6.9 时气孔逐渐开放；在 pH＝6.9～7.3 时气孔张开最大。淀粉-糖互变学说可用下述公式表示：

$$\underset{\text{(气孔关闭)}}{\text{淀粉}+\text{磷酸}} \underset{\text{pH 降低}}{\overset{\text{pH 升高}}{\rightleftharpoons}} \text{葡萄糖-磷酸} \rightleftharpoons \underset{\text{(气孔开放)}}{\text{己糖}+\text{磷酸}}$$

（可逆箭头下方标注：淀粉磷酸化酶）

(3) 无机离子泵学说　日本学者 Imamura 于 1943 年首先提出该学说，但当时并未引起注意，20 世纪 60 年代很多试验支持无机离子泵学说。该学说的要点是：保卫细胞的渗透系统由 K^+ 直接调节。在光下光合形成的 ATP 不断供给保卫细胞质膜上的 K^+-H^+ 泵，促使该泵启动做功，使 H^+ 从保卫细胞排出，而 K^+ 进入保卫细胞，引起水势降低而吸水膨胀，于是气孔开放；在暗中光合停止，K^+-H^+ 泵因得不到 ATP 而停止做功，K^+ 从保卫细胞中排出，导致水势升高而使气孔关闭。

利用电子探针微量分析仪测定了气孔开放与关闭时保卫细胞、副卫细胞及其相邻细胞的 K^+ 浓度、pH，并计算了 K^+ 迁移时的阻力。结果表明，气孔在开放与关闭的过程中，K^+ 浓度和 pH 确实发生有规律的变化。同时，K^+ 迁移时必须克服阻力，要消耗能量做功，这部分能量由 ATP 提供。

(4) 苹果酸代谢学说　20 世纪 70 年代以来，人们发现苹果酸在气孔开闭运动中起着某种作用（图 4-12），因为保卫细胞中的淀粉与苹果酸确实存在着相互消长的关系。保卫细胞存在 PEP 羧化酶，并且其最适 pH 为 8.0～8.5。在光下，保卫细胞内的 CO_2 一部分用于光合碳循环，并使 pH 升高，淀粉在淀粉磷酸化酶的催化下形成葡萄糖-1-磷酸，再变成葡萄糖-6-磷酸，经糖酵解途径变成 PEP（磷酸烯醇式丙酮酸）；随着 CO_2 的不断消耗，pH 逐渐上升至 8.0～8.5，PEP 羧化酶活性提高，可催化 PEP 与 CO_2 反应，形成草酰乙酸，后者在苹果酸脱氢酶的作用下还原为苹果酸，并解离为 H^+ 与苹果酸根。在 K^+-H^+ 泵的驱使下 H^+ 与 K^+ 交换，促使气孔开放；同时，处于二价状态的苹果酸根在电势上可平衡进入保卫细胞的部分 K^+（约占总 K^+ 量的 50%）。当叶片由光下转入暗中时，过程逆转。苹果酸与 K^+ 在气孔开闭中起着相互配合、相辅相成的作用。由此可见，苹果酸代谢学说把淀粉-糖互变学说与无机离子泵学说有机地结合起来，这不仅可以解释光为什么使气孔张开，而且可以解释为什么 CO_2 浓度降低以及 pH 升高均使气孔张开。

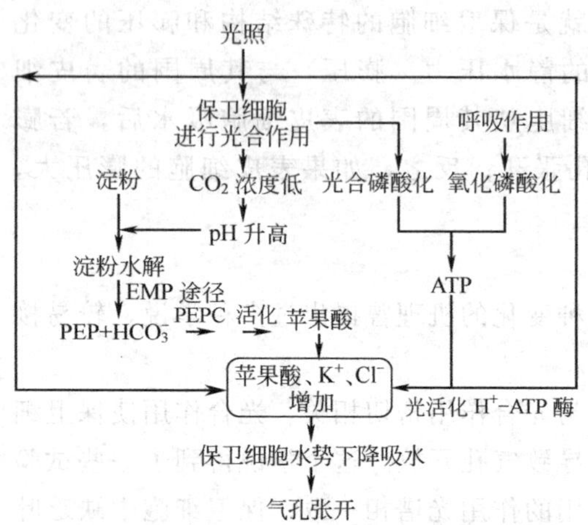

图 4-12　光下气孔开启的机理（引自王忠，2000）

气孔运动是一个非常复杂的问题，现有的关于气孔开闭的学说尚不能解释所有的现象，例如，如果将植物置于连续光照或连续黑暗中，其气孔开闭的昼夜节奏仍可维持数天，以后才逐渐消失；在同样光照强度及 CO_2 浓度下，同一植物叶片其上下表皮的气孔开放情况不同；当用脱落酸处理叶片或叶中内源脱落酸含量增加时都可以引起气孔关闭等，这些问题需要进一步深入研究。

(五) 影响气孔蒸腾的因素

气孔蒸腾的整个途径可以分为三个部分：叶内空间（air space）、气孔口（stomatal pore）和由叶表面附近的一层相对静止的空气构成的界面层（boundary layer），水蒸气在这些部位以扩散的方式进行蒸腾运动。蒸腾速率取决于水蒸气向外扩散的力量和扩散途径的阻力。叶内空间即气孔下腔和外界之间的蒸气压差（水势差）是气体向外扩散的动力，而气孔运动阻力包括叶内空间和气孔的形状、体积和气孔的开度以及来自界面层的阻力，其中气孔开度和界面层的阻力是主要的影响因素。气孔开度大则阻力小。界面层厚，阻力大；界面层薄，阻力小。

1. 内部因素对蒸腾作用的影响

影响蒸腾作用的内部因素包括气孔频度（stomatal frequency，每 $1cm^2$ 叶片的气孔数目）、气孔大小以及暴露于叶内空间的叶肉细胞湿润细胞壁面积（称为内表面）的大小等。凡是能减小内部阻力的因素，都会促进蒸腾速率。

气孔频度大且气孔大时，气孔口阻力小，蒸腾较强；反之，气孔阻力大，蒸腾较弱。内表面的大小会直接影响叶内空间水蒸气浓度的高低。水蒸气浓度是指单位体积空气中水蒸气的量。若内表面面积大即蒸发面大，就会迅速补充水蒸气，使叶内空间保持高的水蒸气浓度，维持内外水蒸气浓度差，蒸腾快。一般叶内空间的体积占叶总体积的比重是：松树针叶5%，玉米叶 10%，大麦叶 30%，烟草叶 40%，而内表面的面积则为外部叶面的 7～30 倍，这就使叶片内部能迅速地达到水汽平衡。气孔频度、气孔大小和内表面面积主要由物种决定，生态条件也产生一定影响。一些植物气孔的特殊构造也影响蒸腾作用。例如苏铁（*Cycas* sp.）和印度橡树（*Ficus elastica*）的气孔陷在表皮层之下，这样界面层相对加厚，阻力增大。有的植物如夹竹桃（*Nerium*）不仅气孔下陷，而且气孔外有许多表皮毛（trichome），更增大了阻力。

2. 影响蒸腾作用的外界条件

蒸腾作用不仅受植物本身形态结构和生理状况的影响，而且决定于叶内外蒸汽浓度梯度，所以凡是影响叶内外蒸汽浓度梯度的外界条件，都会影响气孔开闭，进而影响蒸腾作用。

(1) 光照　光照是影响蒸腾作用的主要外界条件。光照能提高叶温，能够增大叶内外的水蒸气浓度梯度，有利于加速水蒸气向外扩散。光照促使气孔开放，减小气孔阻力，因此促进蒸腾。

光是气孔运动的调节者。试验表明，促使气孔开放要有一定的光照强度，但不同植物气孔张开所需光强不同，例如，烟草在完全日照的 2.5%光照强度下气孔即可张开；而大多数植物则要求较高的光强，在接近完全日照才能完全张开。光质（波长）对气孔运动也有影响，一般认为气孔运动的作用光谱与光合作用的光谱一致，但也有资料表明，蓝光诱导气孔开放。其原因在于蓝光能活化质膜 ATP 酶，不断泵出 H^+，形成跨膜电化学梯度，K^+ 通过 K^+ 通道进入保卫细胞而促使气孔开放。

(2) 水分状况　大气中水蒸气含量越低，越有利于蒸腾的进行，反之则使蒸腾减弱。叶片含水量影响气孔运动。只有当保卫细胞的膨压大于其周围表皮细胞时，气孔才能张开。有两种情况可使这种膨压差消失：一是当蒸腾强烈、保卫细胞失水过多时，会失去膨压；二是在久雨等条件下，当叶片被水饱和时，表皮细胞与保卫细胞都有同样高的膨压，膨压差消失。在这两种情况下，即使是白天气孔也会关闭。第一种情况会造成植物萎蔫，萎蔫时蒸腾作用大大降低。某种意义上，萎蔫是植物的一种自我保护机制，它避免植物过度蒸腾，防止水分代谢失去平衡。若土壤干旱，有可能使植物失水量大于吸水量，结果细胞失去膨压，植物萎蔫。在水分胁迫时，植物体内会积累脱落酸（ABA）引起气孔关闭。有时即使叶片的水分状况良好，但若土壤干旱，根系中产生的 ABA 向上运输到叶片也会引起气孔关闭。因此水分亏缺引起气孔关闭与脱落酸密切相关。

(3) CO_2　CO_2 对气孔运动的影响十分明显，低浓度时促进张开，高浓度引起半闭，光下或暗中均是如此。例如玉米的一个品种，其气孔对 CO_2 特别敏感，当在无 CO_2 诱导下开放后，提高 CO_2 浓度达 1000×10^{-6}，不论在光下或暗中均引起气孔关闭。相反，将叶子放

在不含 CO_2 的气流中，不论照光与否均引起气孔开放。叶片内 CO_2 浓度受光合作用和呼吸作用的影响，光合作用使 CO_2 浓度降低，呼吸作用则相反。凡影响光合作用和呼吸作用的因素都有可能影响气孔的运动。

（4）温度　温度升高会使叶内外的水蒸气浓度差增大，促进蒸腾。气孔开度一般随温度上升而增大，30℃左右达到最大，但超过 30～35℃时气孔常部分关闭或完全关闭。温度近于 0℃时，即使其他条件适宜，气孔也不张开。较高温度（30～35℃）通常引起气孔的关闭，这可能有两种原因：一是高温常伴随着水分胁迫，高温通过水分胁迫的间接作用产生其影响；二是温度高时呼吸作用加速，CO_2 释放量增大，CO_2 浓度高，使气孔关闭。也有一些植物在高温下气孔张开，增大蒸腾，使植物体温降低。

（5）风　风通过改变界面层的厚度来影响蒸腾。无风时，界面层厚，蒸腾阻力大。风速增大时，界面层变薄甚至消失，阻力减小，蒸腾加快。但强风可使气孔关闭，反而降低蒸腾。

（六）蒸腾作用的指标

（1）蒸腾速率（transpiration rate）　也称蒸腾强度，指植物在单位时间内单位叶面积蒸腾的水量。常用每小时每平方米叶面积蒸腾的水的质量（克）表示［$g/(m^2 \cdot h)$］。如果叶面面积难以测定，也可以用叶的干重或鲜重来代替叶面积。测定表明，蒸腾速率昼夜变化很大，白天较高，一般为 15～250$g/(m^2 \cdot h)$；夜间较低，为 1～20$g/(m^2 \cdot h)$。

（2）蒸腾效率（transpiration efficiency）　指植物每消耗 1kg 水时所形成的干物质的质量（克）。不同种类植物的蒸腾效率不同，野生植物通常为 1～8g/kg，大部分农作物的蒸腾效率为 2～10g/kg。

（3）蒸腾系数（transpiration coefficient）　又称需水量（water requirement）指植物制造 1g 干物质所消耗水分的质量（克），它是蒸腾效率的倒数。绝大多数植物的蒸腾系数在 125～1000。木本植物的蒸腾系数较低，草本植物的蒸腾系数较高。

第四节　植物体内水分的运输

一、水分运输的途径

植物根系从土壤中吸收的水分，必须经过茎、叶和其他器官，供植物各种代谢的需要，其余大量水分蒸腾到体外，散失到大气中。从被植物吸收至蒸腾到体外，水分经过的运输途径是：土壤→根毛→皮层→中柱→根的导管或管胞→茎的导管或管胞→叶的导管或管胞→叶肉细胞→叶肉细胞间隙→气孔下腔→气孔→大气（图 4-13）。

水分在植物体内的运输可分为细胞外与细胞内两条途径。细胞外运输主要在根部进行的，即水分从土壤进入根内后沿着质外体的自由空间扩散到内皮层，再进入细胞内；在叶内也存在细胞外运输，即从叶肉细胞经叶肉细胞间隙和气孔下腔至气孔，水分在这一段以气态形式扩散到大气中。水分在细胞外运输非常迅速并且便利。细胞内运输，在根、茎、叶等部位都存在。这种运输又可分为两种。第一种，经过活细胞的短距离运输，实际上是共质体运输。短距离运输包括两段：一段是从根毛经皮层、内皮层、中柱鞘、中柱薄壁细胞到根导管；另一段是从叶脉末端到气孔下腔附近的叶肉细胞。其距离甚短，总共不过几毫米。水分进入共质体以后，即可通过胞间连丝，以渗透传导的方式，从一个细胞进入另一个细胞。共质体运输受到阻力很大，所以距离虽短，运输速度却非常慢。第二种，经

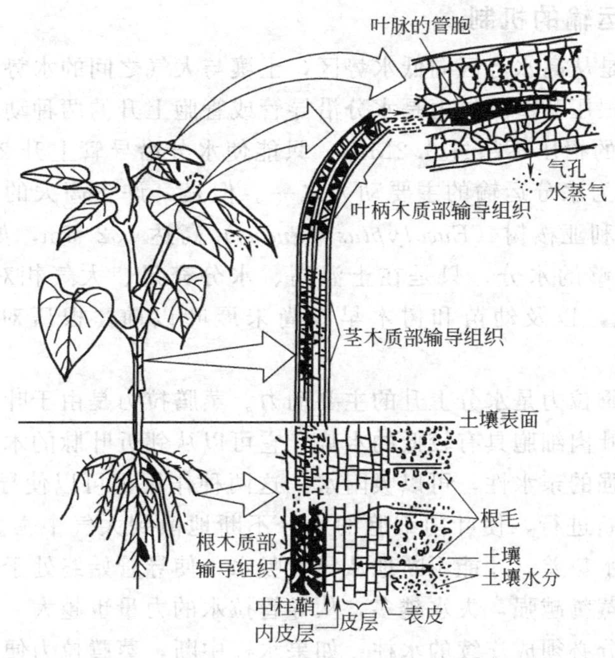

图 4-13 水分从根向地上部运输的途径

过死细胞的长距离运输，包括根、主茎、分枝和叶片的导管或管胞。裸子植物的水分运输途径是管胞，被子植物是导管。成熟的导管与管胞是中空的长形死细胞，这种运输实际上是质外体运输。由于成熟的导管分子失去原生质体，相连的导管分子间的横壁形成穿孔，使导管成为一个中空的、阻力很小的通道。管胞的上下两个管胞分子相连的细胞壁未打通而是形成纹孔，水分要经过纹孔从一个管胞分子进入另一个管胞分子，所以管胞的运输阻力要比导管大得多。与活细胞内的水分运输相比，在导管或管胞内，水分移动时受到的阻力很小，因此水分在导管或管胞内的运输速度很快。水分在导管和管胞内以液流方式运输。

水在茎中除了向上的纵向运输外还能够旁侧运输；例如，将苹果树的某一侧根系切断，树冠两边叶的含水量没有明显差异；在烈日下，断根一侧的树冠也无明显的萎蔫趋势。

二、水分运输的速度

植物种类不同水分运输的速度也不相同。例如，裸子植物水流速度慢些，约 0.6m/h；被子植物中桉树和白蜡树等木本植物水分运输速度较快，通常在 12～20m/h，最高时达 45m/h，草本植物体内水流速度慢些，如烟草茎中水流速度为 1.3～4.6m/h。

水分在植物体内运输途径不同运输速度也不同。例如，共质体运输，由于活细胞的原生质是亲水性胶体，故运输速度很慢，约为 10^{-3}cm/h。质外体运输，水分受到的阻力较小，因而速度较快；尤其在导管或管胞中运输就更快，比如散孔材的导管短且横隔多，水流速度为 5m/h 而环孔材的导管长且横隔少，水流速度为 45m/h。

环境因子也影响植物体内水分运输的速度。同一株植物，夜间水流速度低，白天高，这可能与植物的生理活动强弱有关。白天蒸腾作用强烈，叶片急需补充水分，蒸腾拉力大，因而导管内的水流速度很快。土壤供水状况也直接影响水分运输的速度，例如，当土壤可利用的水和树干木质部的含水量降至 33%～36%时，水流上升的速度可高达 18～25m/min。

三、水分向上运输的机制

水分移动时方向是从高水势区向低水势区，土壤与大气之间的水势差是植物体内水分运输的动力。植物体内根压和蒸腾拉力是水分沿导管或管胞上升的两种动力。

通常情况下植物的根压不超过0.2MPa，只能使水分沿导管上升20m左右。对于较矮的植物，根压确实成为水分运输的主要动力之一。但是，许多高大的乔木超过40～50m，如澳大利亚一株澳大利亚桉树（*Eucalyptus regnans*）高达132.6m，如此高大的树木只靠根压冠层就得不到足够的水分。只是在土温高、水分充足、大气相对湿度大、蒸腾作用很小时，或者在夜晚，以及幼苗和树木早春尚未展叶以前，根压对水分上升才起较大作用。

一般情况下，蒸腾拉力是水分上升的主要动力。蒸腾拉力是由于叶肉细胞蒸腾失水而降低的水势所引起的。叶肉细胞具有较低的水势，它可以从邻近叶脉的木质部吸取水分；叶肉细胞的细胞壁具有很强的亲水性，可以吸附水。这两种作用都可以使导管中产生负的压力，即拉力。蒸腾作用不断进行，使叶肉细胞的水分不断地散到大气中去。叶肉细胞的不断失水，维持了与导管的水势差，才能不断地从导管吸水，使导管始终处于负的压力，即处于拉力的作用下。因此，蒸腾越强，失水越多，从导管拉水的力量也越大。蒸腾拉力要使水分在茎内上升导管中的水分必须成连续的水柱。如果水柱中断，蒸腾拉力便无法把下部的水分拉上去。那么导管内的水柱能否经受住这样的拉力而不中断呢？关于在导管内能否形成连续的水柱，爱尔兰植物学家H. H. Dixon在前人研究的基础上，于1914年提出了内聚力学说(cohesion theory)，又称为蒸腾拉力-内聚力-张力学说（transpiration-cohesion-tension theory）。这个学说认为，在导管内，水柱的形成受到两种力的作用：一是水分子间的内聚力（cohesive force)，很大，高于30MPa；二是水柱的张力，由上端受到的蒸腾拉力和下端受到的重力而产生，但比较小，为0.5～3.0MPa。二者相比，水分子间的内聚力远远大于水柱的张力，这就保证了导管内的水分能够形成连续的水柱。同时，由于导管是由纤维素、木质素和半纤维素组成的，这些都是亲水性物质。水分可对其产生附着力（adhesive force)，使连续的水柱易于沿导管上升。此外，由于导管的次生壁上存在着环纹、孔纹、螺纹等不同形式的加厚，更增加其坚韧程度，可防止导管因蒸腾拉力的作用而变形。这样，在上部蒸腾拉力(2～4MPa）的作用下，水分沿导管不断上升。但是导管中的气泡会不会使连续的水柱中断呢？导管溶液中溶解有气体，当水中张力增大时，溶解的气体从水中逸出进入气相的趋势增大，形成气泡。一旦水柱中形成气泡，在张力作用下它会不断扩大，使导管中的水柱中断，对植物产生巨大的危害。但植物通过一些方式可以消除导管中气泡产生的危害。当气泡在一个导管或管胞分子中形成后，它会被导管或管胞分子相连处的纹孔阻挡（气泡不能穿过很细的孔)。这样气泡便被局限在一条管道中。在气泡附近，水分可以进入相邻的导管或管胞分子而绕过气泡，形成一条旁路。这样仍可保持连续的水柱。水分上升并不需要全部的导管或管胞分子起作用，只要部分木质部输导组织畅通即可。另外，植物也可能除去木质部中的气泡。当夜间蒸腾作用降低时，木质部中的张力也随之降低，逸出的水泡或空气可能重新进入溶液，又可恢复连续水柱。

第五节　合理灌溉的生理基础

在生育期内经常保持作物体内的水分动态平衡是作物正常生长发育、高产稳产、产品品质得以改善的重要生理基础。但在许多情况下，植物都处于不同程度的水分亏缺状态，可利用的水分不能满足植物良好生长的需要。因此，在农业生产上，应根据各种作物的需要，通过灌溉来调节植物水分状况，从而改善品质，提高产量。

灌溉的基本任务是合理利用水分，即以最少量的水取得最大的效果。灌水不足或不及时，满足不了作物的需要，但灌水过多不仅浪费水分，甚至可能对作物造成不良后果。要实现合理灌溉，除了明确作物水分状况、土壤水分状况外，还要深入了解作物的需水规律，以便进行合理灌溉。

一、植物对水分的需要

植物一生当中需要大量的水分，这些水分一方面用来满足自身的生命活动需要，另一方面作为维持和调节植物正常生长发育所必需的环境需水。植物所需的水分分为生理需水和生态需水。

1. 生理需水

生理需水就是直接用于植物生命活动和保持植物体内水分平衡所需要的水，分为组成水与消耗水。组成水用于：①参与原生质、生物膜和细胞壁组成；②参与光合、呼吸、有机物质合成与分解等生化反应；③作为各种物质的溶剂。消耗水是指植物根系所吸收的通过叶片散失到大气中的水。

2. 生态需水

作为一种生态因子，为维持植物正常生长发育所必需的体外环境消耗的水叫生态需水。这部分水不仅能调节大气的温度与湿度，还能调节土壤的温度、通气、供肥、微生物区系等。

由此可见，植物在完成生活史过程中，生态需水和生理需水同样重要。

二、植物的需水规律

1. 植物的需水量

需水量即是蒸腾系数，反映植物水分利用的效率。不同种类植物的需水量是不同的（表4-2）。需水量小的作物相对来说可以利用较少的水分制造较多的干物质，因而受干旱的影响较小。C_4 植物的光呼吸很低，就利用相同数量的水分所积累的干物质而言，C_4 植物比 C_3 植物高 1～2 倍，因而 C_4 植物需水量大大低于 C_3 植物。例如，C_4 植物中玉米的需水量是 349，苏丹草是 304，狗尾草是 285；C_3 植物中小麦为 557，油菜为 714，紫花苜蓿为 844。因此，光合效率高的植物，其需水量相对此较低。

表 4-2　不同作物的蒸腾系数（需水量）

作　物	蒸腾系数	作　物	蒸腾系数
南瓜	834	大麦	534
豌豆	788	小麦	513
棉花	646	玉米	368
马铃薯	636	高粱	322
燕麦	597	谷子	310

同一作物在不同生育期对水分的需要量也有很大差别，作物从幼苗到开花结实，各个生育期中需水情况发生着变化。以小麦为例，在苗期由于蒸腾面积较小，水分的消耗量不大，

此时需水量也较小。随着作物生长、分蘖，蒸腾面积不断扩大，同时气温也逐渐升高，水分消耗量就明显增多。到孕穗开花期蒸腾量达到最大值，对水分的需要量也最多。如果这个时期缺水，将抑制穗分化及将来结实率的提高。生长发育后期随着植株的逐渐衰老，部分叶片衰老变黄，根系活力降低，蒸腾与根系吸水量都下降，需水量也就逐渐减少。

植物的需水量还受环境因素制约。例如，空气相对湿度降低，促进蒸腾失水，提高植物的需水量；气温升高时，降低叶片内水蒸气扩散阻力，有利于蒸腾，使需水量相对提高；而增加光强，光合速率提高，有利于干物质积累，因而需水量相对降低。

植物的需水量可以作为灌溉用水量的一种参考，但是植物的需水量并不等于灌水量。因为灌水不仅要满足植物的生理需水，而且要满足植物的生态需水，同时尚需考虑到土壤蒸发、水分流失和向土壤深层渗透等因素。因此，在农业生产上灌水量常是需水量的2～3倍。

2. 植物的水分临界期

水分临界期是指植物生活周期中对水分缺乏最敏感、最易受害的时期。在临界期内，供水充足与否对植物的产量形成产生极为明显的影响。一般来说，植物的水分临界期是花粉母细胞四分体形成期。在这一时期植物体内各种代谢活动旺盛，细胞原生质黏性与弹性均下降，细胞液浓度很低，吸水力也小，抗旱能力最弱。如果这个时期供水不足，则导致生殖器官发育不良。例如水稻此时缺水，易使颖花退化，严重影响产量。在水分临界期，作物不但对缺水量敏感，而且还由于生长较快，使水分利用率较高。由于水分临界期对作物产量形成影响非常大，所以应特别注意保证水分临界期的水分供应。

3. 植物的最大需水期

植物的最大需水期是指植物生活周期中需水最多的时期。不同植物最大需水期出现的时期不同，例如大豆的最大需水期是开花至鼓粒期，占其一生总需水量的45%～50%。这一时期是大豆营养生长与生殖生长同时并进的时期，光合作用、呼吸作用、蒸腾作用、物质吸收转化与运输分配均达到高峰，干物质积累迅速增加。这一时期田间持水量应保持在80%左右。小麦的最大需水期是从灌浆开始到乳熟末期。在这个时期，营养物质从母体运入籽粒，而株体内的物质运输又与水分状况密切相关。如果此时供水充足，不但能延长旗叶寿命，提高光合速率，而且能促进光合产物的运输；如果供水不足，就会导致灌浆困难，籽粒瘦小，产量低下。

三、合理灌溉的时期与指标

（一）合理灌溉的时期

农业生产上有时依据土壤含水量确定灌溉时期。一般作物生长较好的土壤含水量为田间含水量的60%～80%，低于此含水量应考虑灌溉。但灌溉的对象是作物而不是土壤，土壤含水量只作为进行灌溉的一种参考依据。作物灌溉的最适宜时期应从下面两方面考虑：一方面，根据作物的生长状况确定最佳灌溉时期；另一方面，根据土壤水分状况确定适宜灌溉时期。在这两方面因素中，应首先考虑作物的生长情况，然后结合土壤湿度确定灌溉时期与灌水量。作物生长的各个阶段需水量不同，一般苗期与成熟末期不必灌溉。因为苗期叶小耗水少，此时适当干旱有利于根系深扎；成熟后期营养物质向种子运输过程已经结束，种子开始失水，趋向风干状态，根系开始死亡，此时灌水反而有害。如果水分过多，从老茎基部能够再生新蘖，消耗养分，降低产量；如果种子含水量过高，不仅品质降低，而且易发生萌动出芽的现象。在绝大多数情况下，都是在水分临界期与最大需水期进行灌溉。

（二）合理灌溉的指标

作物在干旱这一水分胁迫条件下外部形态会发生变化。例如缺水时花生的心尾叶呈暗色；棉花在开花结铃时缺水，棉叶呈暗绿色，叶片白天萎蔫，且不易折断。作物种类不同，发生的变化有很大差异。但总的来说，作物缺水时形态发生下列一些变化：由于作物枝叶的生长对水分缺乏非常敏感，缺水时生长受到明显的抑制；水分供应不足时，细胞压力势下降，使幼嫩的茎叶发生凋萎；茎叶颜色由于细胞生长缓慢，细胞累积叶绿素而转为暗绿，或由于干旱时碳水化合物的分解大于合成，细胞液中积累可溶性糖，这些糖转变为花色素而使茎叶颜色变红。灌溉的形态指标易于观察，但需反复实践才能更好地掌握。

以作物的外部形态变化作为指标进行灌溉，这种方法一般来说是有效的。但是当植物形态上表现出缺水症状时，生理上往往早已发生了变化。例如干旱时细胞内酶活性发生变化，核糖核酸酶及磷酸酯酶活性加强；硝酸还原酶活性减弱。水分缺乏时，首先是生理上受到影响，然后才在形态上表现出来。要使作物生长良好，就要求在生理上保持平衡，所以水分平衡的指标可作为灌溉的生理指标。

植物的生理指标能及时、灵敏地反映植株内部的水分状况。植物叶片的细胞汁液浓度，渗透势、水势和气孔开度等均可作为灌溉的生理指标。植物缺水时，叶片水势很快降低，细胞汁液浓度升高，溶质势降低；气孔开度减小，甚至关闭。当达到临界值时，就应灌溉。例如春小麦在分蘖-拔节-抽穗期，细胞汁液浓度在5.5%～7.5%应该灌溉；番茄和马铃薯叶片的渗透势在－0.8MPa时需要灌溉；棉花叶片的水势在－1.2～－1.6MPa时应该灌溉，而甜菜的气孔开度达5～7μm时需要灌溉。应该指出的是，在不同地区、不同作物、不同品种、不同生育期、同一植株的不同部位、同一部位在一天中的不同时间，作为生理指标的参数都可能不同。因此，应结合当地情况，确定具体的灌溉生理指标，并在固定时间和固定部位进行测定。

四、合理灌溉增产的原因

合理灌溉对作物有很大的影响，除了直接满足作物正常生理活动外，还能改善栽培环境，间接地促进作物生长发育。

灌溉可满足作物的生理需水。合理灌溉可使植物下列生理状况得以改善：植株生长加快，特别是叶面积增大，增大光合面积；根系活动增强，叶片水分供应充足，加快光合速率，同时改善光合作用的“午休”现象，茎、叶输导组织发达，提高水分和同化物的运输效率，提高产量，改善品质。

合理灌溉对作物不但具有生理效应，而且能产生良好的生态效应。例如，旱田施肥或追肥后灌溉起溶肥作用，有利于作物吸收，能尽快地发挥肥力的效果；盐碱地灌水有洗盐和压制盐分上升的作用；在“干热风”来临前灌水，可提高农田附近的大气湿度，降低温度，减轻干热风的危害；寒潮来临前灌水，有保温、防寒、抗霜冻作用。因此，合理灌溉能为作物的生长发育提供良好的生态环境。

复习思考题

1. 水分在植物生命活动中有哪些生理作用？
2. 植物体内水分存在的状态与其代谢活动有何关系？

3. 水如何进入植物细胞?
4. 水怎样通过植物根系进入植物体内?
5. 植物细胞的水势由哪些组分组成?各组分如何形成?
6. 试述植物单、双子叶植物气孔的开闭运动。
7. 有关气孔运动开闭机理的假说有哪些?分述各自的内容。
8. 水分向上运输的机制是什么?
9. 用学过的生理知识解释“午不浇园”的科学道理。
10. 如何才能做到合理灌溉?

第五章　植物的矿质营养

2000 多年以前，人类就认识到向土壤中施用肥料有益于植物的生长，然而在相当长的时期内，人类并不清楚土壤和肥料是如何提供植物营养物质的。直到 19 世纪中期，经过大量的科学实验后，才确定了植物的矿质营养学说。

荷兰人 Van Helment 第一个试图用实验的方法研究植物的营养物质来源。通过实验，他认为植物从水中获得营养。英国人 Woodward（1699）认为植物不仅从水，也从土壤中获得营养物质。1804 年瑞士人 Desaussure 发现，将种子培养在蒸馏水中，长出的植株不久便死亡，如果在蒸馏水中加入植物的灰分和硝酸盐，植物便可正常生长，于是他证明了灰分元素对植物生长的必需性。1840 年德国科学家 J. Liebig 总结了矿质元素对植物生长重要性的零散报告，建立了矿质营养学说（mineral nutrition theory），认为植物以无机形态从土壤中获得营养物质。1860 年，J. Sachs 和 W. Knop 用只含无机盐的溶液培养植物获得成功，在实验方面支持了矿质营养学说。

矿质营养学说的创立，直接导致了化肥工业的诞生，引起了农业生产的伟大变革，具有极其重大的意义。

本章主要阐述矿质元素的作用，植物对矿质元素的吸收、转运和同化。

第一节　植物的必需元素及其生理作用

一、植物体内的元素

植物体含有大量的水分，一般占鲜重的 10%～95%。将植物烘干去除水分后剩下的物质称为干物质。化学分析结果表明干物质由碳、氢、氧、氮、硫、磷、氯等和金属元素所构成。

根据在干物质燃烧时能否挥发，将这些元素分为两类：一类是挥发性元素，在燃烧时以气态形式挥发，包括碳、氢、氧及大部分氮和小部分硫；另一类是灰分元素（ash element），燃烧后以氧化物或盐的形式存在于灰分中，包括所有的金属元素，以及磷、氯、小部分氮和大部分硫。它们直接或间接地来自土壤矿质，故又称为矿质元素（mineral element）。

植物的灰分含量因植物种类、器官、年龄和生长环境不同而有较大幅度的变化。一般中生植物灰分含量为干重的 5%～15%，水生植物为 1%左右，而盐生植物可高达 45%以上；老龄植株和老龄细胞灰分含量高于幼嫩植株和幼嫩细胞；气候干燥、土壤通气状况良好和含盐量高等条件，都有利于植物积累灰分。

由于氮在燃烧过程中散失到空气中，而不存在于灰分中，且氮本身也不是土壤的矿质成分，所以氮不是矿质元素。但氮和灰分元素都是从土壤中吸收的（生物固氮例外），所以也可将氮归并于矿质元素一起讨论。

目前已发现植物体含有 70 多种元素，其中普遍存在而且含量较大的矿质元素有 10 多种，包括磷、钾、钙、硫、镁、铁、氯、硅、钠、铝等。

矿质对植物生长发育非常重要，了解矿质的生理作用、植物对矿质的吸收转运以及同化规律，可以用来指导合理施肥，增加作物产量和改善品质。

二、植物必需元素与确定方法

（一）植物必需元素的标准

构成地壳的元素虽然绝大多数都可在不同植物体中找到，但不是每种元素对植物都是必需的。有些元素在植物生活中并不太需要，但在体内大量积累；有些元素在植物体内含量较少却是植物所必需的。

所谓必需元素（essential element）是指植物生长发育必不可少的元素。国际植物营养学会规定的植物必需元素的三条标准是：第一，由于缺乏该元素，植物生长发育受阻，不能完成其生活史；第二，除去该元素，表现为专一的病症，这种缺素病症可用加入该元素的方法预防或恢复正常；第三，该元素在植物营养生理上能表现直接的效果，而不是由于土壤的物理、化学、微生物条件的改善而产生的间接效果。根据上述标准，现已确定植物必需的矿质（含氮）元素有 14 种，它们是氮、磷、钾、钙、镁、硫、铁、铜、硼、锌、锰、钼、氯、镍。再加上从空气中和水中得到的碳、氢、氧，构成植物体的必需元素共 17 种。根据植物对这些元素的需要量，把它们分为两大类。

（1）大量元素（major element） 植物对此类元素需要的量较多。它们占物体干重的 0.01%～10%，有 C、H、O、N、P、K、Ca、Mg、S 等。

（2）微量元素（minor element） 占植物体干重的 10^{-5}%～10^{-3}%。它们是 Fe、B、Mn、Zn、Cu、Mo、Cl、Ni 等。植物对这类元素的需要量很少，但缺乏时植物不能正常生长；若稍有逾量，反而对植物有害，甚至致其死亡。

（二）确定植物必需矿质元素的方法

确定植物必需元素通常采用溶液培养法或砂基培养法。溶液培养法（solution culture），也称为水培法（hydroponics）或无土栽培法（soil-less culture），是指用含有植物必需元素的营养液培养植物的方法。砂基培养法或砂培法（sand culture）是指用洁净的石英砂、玻璃球、珍珠岩或蛭石作为支持物加入营养液来培养植物的方法。此外，还有气培法（aeroponics），是将根系置于营养液气雾中栽培植物的方法。

均衡地含有植物所有必需的元素，能够使植物正常生长发育的溶液可称为平衡溶液（balanced solution）。对陆生植物来说，绝大多数的土壤溶液是平衡溶液；对海洋植物而言，海水是平衡溶液。

在溶液培养过程中，由于植物根系的选择吸收会使培养液中各种成分的比例和 pH 发生变化，应定期更换培养液。此外，培养时要不断通气以保持培养液中含有足够的氧气，否则会抑制根系对营养物质的吸收。

用溶液培养法确定植物必需矿质元素时，在培养液中有目的地加入或除去某种元素，观察植物的生长发育和生理性状的变化，从而确定该元素的作用。在确定植物必需矿质元素时必须保证化学试剂的纯度，严格控制水、容器和空气污染，还要注意种子所含元素的影响。

必需元素在植物体内的含量差异悬殊（见表 5-1）。

（三）有益元素

除必需元素外，还有些元素（如钠、硅、钴、铝等）能促进某些植物的生长，通常称为有益元素（beneficial element）。例如，Na^+ 能部分代替 K^+ 参与保卫细胞中的渗透调节；盐

表 5-1 植物的必需元素

元素	化学符号	植物利用的形式	在干组织中的含量		与钼相比较的相对原子数
			μmol/g	%	
钼	Mo	MoO_4^{2-}	0.001	0.00001	1
镍	Ni	Ni^{2+}	0.002	0.0001	50
铜	Cu	Cu^+,Cu^{2+}	0.1	0.0006	100
锌	Zn	Zn^{2+}	0.3	0.002	300
锰	Mn	Mn^{2+}	1.0	0.005	1000
硼	B	H_3BO_3	2.0	0.002	2000
铁	Fe	Fe^{2+},Fe^{3+}	2.0	0.01	2000
氯	Cl	Cl^-	3.0	0.01	3000
硫	S	SO_4^{2-}	30	0.1	30000
磷	P	$H_2PO_4^-$,HPO_4^{2-}	60	0.2	60000
镁	Mg	Mg^{2+}	80	0.2	80000
钙	Ca	Ca^{2+}	125	0.5	125000
钾	K	K^+	250	1.0	250000
氮	N	NO_3^-,NH_4^+	1000	1.5	1000000
氧	O	O_2,CO_2,H_2O	30000	45	30000000
碳	C	CO_2	40000	45	35000000
氢	H	H_2O	60000	6	60000000

生植物常常以 Na^+ 调节细胞渗透势，促进吸水。钴是豆科植物根瘤菌固氮所必需的。铝有益于茶树的生长。值得指出的是硅，对水稻具有良好的生理效应，使稻株生长健壮，提高对病（如稻瘟病）虫害的抵抗力。

目前，我国农业生产中已大面积推广应用的稀土元素肥料也属于植物的有益元素。稀土元素（rare-earth element）是元素周期表中原子序数 57～71 的镧系元素以及化学性质与镧系相近的钪（Sc）和钇（Y）共 17 种元素的统称。土壤和植物体内普遍含有稀土元素。就目前所知，稀土元素中的任何一种元素都不是作物所必需的元素，但可改善作物的营养状况，提高某些酶类的活性和增强抗逆性。

（四）有害元素

有些元素少量或过量存在时，会对植物产生不同程度的毒害作用，常称之为有害元素，如重金属汞、铅、钨等。

三、植物必需元素的作用

（一）植物必需元素的一般作用

1. 细胞构成物质的组分

例如，碳、氢、氧、氮、磷、硫等是糖类、脂类、蛋白质和核酸等有机物质的组分。

2. 生命活动的调节者

① 作为酶的组分参与酶促反应。

② 是许多酶的激活剂，调节酶的活性。

③ 是内源生理活性物质（生长物质和维生素等）的组分，调节植物的代谢和生长发育。

3. 电化学作用

某些矿质元素，如钾、氯、镁、钙等能调节细胞的渗透势。此外，也能保持细胞内的电荷平衡。

4. 缓冲作用

许多金属离子如 Ca^{2+}、Mg^{2+}、K^{+}等和有机酸、碳酸、磷酸等构成缓冲系统。细胞液就是很强的缓冲系统，对维持细胞的一定 pH，保证生命活动的正常进行具有重要的作用。

（二）大量元素的作用

在大量元素中，碳、氢、氧三种元素主要来自 CO_2 和 H_2O。碳、氢、氧都是有机物质的重要组分。其中碳素是植物体含量最多的元素之一，它构成一切有机物质的骨架，是植物生命活动的物质基础。植物在生长发育过程中，对氮、磷、钾的需求量最大，在农业生产中经常需要通过施肥向土壤中补充。通常把氮、磷、钾称为肥料的三要素。

1. 氮（N）

氮素占植物干重的1%～3%。植物以吸收无机氮（NO_3^-、NH_4^+）为主，也吸收有机氮(尿素、氨基酸等)。氮是植物体内许多重要化合物的组分，如核酸、蛋白质（酶)、磷脂、辅酶、叶绿素、维生素、植物激素等。

当氮素不足时，植物生长受到抑制，植株矮小，老叶加快衰老，果实种子发育不充分。某些植物（玉米等）缺氮时茎叶变红，其原因是糖分转化为花色素。氮素供应过多则引起茎叶徒长，贪青晚熟，抗逆性降低。

2. 磷（P）

植物以 $H_2PO_4^-$ 和 HPO_4^{2-} 的形式吸收磷素。磷的主要作用有：①是植物体内多种重要化合物的组分，如核酸、磷脂、辅酶等；②通过磷酸化调节许多酶的活性；③磷与蔗糖合成磷酸酯，参与蔗糖在体内的运输。

缺磷时代谢受阻，植株矮小，分蘖减少，茎叶由暗绿转变为紫红，成熟延迟，生殖能力降低。

3. 钾（K）

钾在植物体内呈离子态存在，钾离子有多种生理功能：①作为许多酶的活化剂；②作为重要的渗透调节物质，参与气孔开闭和根系吸水的调节；③在光合磷酸化和氧化磷酸化中作为 H^+ 的对应离子之一，保持细胞的电中性；④促进同化物的韧皮部运输。

缺钾时，植物生长受抑，抗逆性降低，易倒伏，老叶叶尖与叶缘先枯黄。

4. 硫

植物主要以 SO_4^{2-} 形式从土壤中吸收硫素，也可利用大气中的 SO_2。硫的主要作用是：①作为含硫氨基酸的组分，参与蛋白质的组成；②作为硫脂的组分，参与生物膜的形成；③作为辅酶 A 的组分，参与多种酶促反应；④作为铁硫蛋白（Fe-S）和铁氧还蛋白（Fd）的组分，参与光合和呼吸电子传递。

缺硫时，植株矮小，叶片小而黄，易脱落，嫩叶先表现缺乏症状。

5. 钙（Ca）

钙在植物体内有三种存在形式，即离子、钙盐和与有机物结合形式。钙的生理作用有：①作为细胞第二信使，调节许多酶的活性；②Ca^{2+} 是生物膜的稳定剂，有维持细胞膜选择透性的作用；③钙是果胶酸钙的组分，可与草酸形成不溶性的盐，防止草酸积累。

缺钙时生长点生长停止，凋萎甚至死亡，植物呈簇生状，叶尖与叶缘变黄，枯焦坏死。

6. 镁（Mg）

镁在植物体内以离子或与有机物结合的形式存在。镁是叶绿素的组分，也是许多酶的活化剂，在光合磷酸化中是 H^+ 的主要对应离子。缺镁最明显的症状是叶脉间缺绿，严重时叶片出现坏死斑点。

(三) 微量元素的作用

1. 铁 (Fe)

铁主要以 Fe^{2+} 的螯合物被植物吸收。铁进入植物体内就处于被固定状态而不易移动。铁是许多酶的辅基，如细胞色素、细胞色素氧化酶、过氧化物酶和过氧化氢酶等。在这些酶中铁可以发生 $Fe^{3+}+e^{-}=\!=\!=Fe^{2+}$ 的变化，它在呼吸电子传递中起重要作用。细胞色素也是光合电子传递链中的成员（Cytf、$Cytb_{559}$ 和 $Cytb_{563}$），光合链中的铁硫蛋白和铁氧还蛋白都是含铁蛋白，它们都参与了光合作用中的电子传递。

铁是合成叶绿素所必需的，其具体机制虽不清楚，但催化叶绿素合成的酶中有两三个酶的活性表达需要 Fe^{2+}。近年来发现，铁对叶绿体构造的影响比对叶绿素合成的影响更大，如眼藻虫（*Euglena*）缺铁时，在叶绿素分解的同时叶绿体也解体。另外，豆科植物根瘤菌中的血红蛋白也含铁蛋白，因而它还与固氮有关。

铁是不易重复利用的元素，因而缺铁最明显的症状是幼芽幼叶缺绿发黄，甚至变为黄白色，而下部叶片仍为绿色。土壤中含铁较多，一般情况下植物不缺铁。但在碱性土或石灰质土壤中，铁易形成不溶性的化合物而使植物缺铁。

2. 铜 (Cu)

在通气良好的土壤中，铜多以 Cu^{2+} 的形式被吸收，而在潮湿缺氧的土壤中，则多以 Cu^{+} 的形式被吸收。Cu^{2+} 以与土壤中的几种化合物形成螯合物的形式接近根系表面。

铜为多酚氧化酶、抗坏血酸氧化酶的成分，在呼吸作用的氧化还原反应中起重要作用。铜也是质蓝素的成分，它参与光合电子传递，故对光合作用有重要意义。铜还有提高马铃薯抗晚疫病的能力，所以喷硫酸铜对防治该病有良好效果。植物缺铜时，叶片生长缓慢，呈现蓝绿色，幼叶缺绿，随之出现枯斑，最后死亡脱落。另外，缺铜会导致叶片栅栏组织退化，气孔下面形成空腔，使植株即使在水分供应充足时也会因蒸腾过度而发生萎蔫。

3. 硼

硼以硼酸（H_3BO_3）的形式被植物吸收。高等植物体内硼的含量较少，在 2～95mg/L 范围内。植株各器官间硼的含量以花最高，花中又以柱头和子房为高。硼与花粉形成、花粉管萌发和受精有密切关系。缺硼时花药花丝萎缩，花粉母细胞不能向四分体分化。

用 ^{14}C 标记的蔗糖试验证明，硼能参与糖的运转与代谢。硼能提高尿苷二磷酸葡萄糖焦磷酸化酶的活性，故能促进蔗糖的合成。尿苷二磷酸葡萄糖（UDPG）不仅可参与蔗糖的生物合成，而且在合成果胶等多种糖类物质过程中也起重要作用。硼还能促进植物根系发育，特别对豆科植物根瘤的形成影响较大，因为硼能影响碳水化合物的运输，从而影响根对根瘤菌碳水化合物的供应。因此，缺硼可阻碍根瘤形成，降低豆科植物的固氮能力。此外，用 ^{14}C-氨基酸的标记试验发现，缺硼时氨基酸很少掺入到蛋白质中去，这说明缺硼对蛋白质合成也有一定影响。

不同植物对硼的需要量不同，油菜、花椰菜、萝卜、苹果、葡萄等需硼较多，需注意充分供给；棉花、烟草、甘薯、花生、桃、梨等需要量中等，要防止缺硼；水稻、大麦、小麦、玉米、大豆、柑橘等需硼较少，若发现这些作物出现缺硼症状，说明土壤缺硼已相当严重，应及时补给。

缺硼时，植物受精不良，籽粒减少。小麦出现的“花而不实”和棉花上出现的“蕾而不花”等现象也都是因为缺硼的缘故。

缺硼时根尖、茎尖的生长点停止生长，侧根侧芽大量发生，其后侧根侧芽的生长点又死亡，而形成簇生状。甜菜的干腐病、花椰菜的褐腐病、马铃薯的卷叶病和苹果的缩果病等都是缺硼所致。

4. 锌（Zn）

锌以 Zn^{2+} 形式被植物吸收。锌是合成生长素前体——色氨酸的必需元素，因锌是色氨酸合成酶的必要成分，缺锌时就不能将吲哚和丝氨酸合成色氨酸，因而不能合成生长素（吲哚乙酸），从而导致植物生长受阻，出现通常所说的"小叶病"，如苹果、桃、梨等果树缺锌时叶片小而脆，且丛生在一起，叶上还出现黄色斑点。北方果园在春季易出现此病。

锌是碳酸酐酶（carbonic anhydrase，CA）的成分，此酶催化 $CO_2+H_2O \rightleftharpoons H_2CO_3$ 的反应。由于植物吸收和排除 CO_2 通常都先溶于水，故缺锌时呼吸和光合均会受到影响。锌也是谷氨酸脱氢酶及羧肽酶的组成成分，因此它在氮代谢中也起一定作用。

5. 锰（Mn）

锰主要以 Mn^{2+} 形式被植物吸收。锰是光合放氧复合体的主要成员，缺锰时光合放氧受到抑制。锰为形成叶绿素和维持叶绿素正常结构的必需元素。锰也是许多酶的活化剂，如一些转移磷酸的酶和三羧酸循环中的柠檬酸脱氢酶、草酰琥珀酸脱氢酶、α-酮戊二酸脱氢酶、苹果酸脱氢酶、柠檬酸合成酶等，都需锰的活化，故锰与光合和呼吸均有关系。锰还是硝酸还原的辅助因素，缺锰时硝酸就不能还原成氨，植物也就不能合成氨基酸和蛋白质。

缺锰时植物不能形成叶绿素，叶脉间失绿褪色，但叶脉仍保持绿色，此为缺锰与缺铁的主要区别。

6. 钼（Mo）

钼以钼酸盐（MoO_4^{2-}）的形式被植物吸收，当吸收的钼酸盐较多时，可与一种特殊的蛋白质结合而被贮存。

钼是硝酸还原酶的组成成分，缺钼则硝酸不能还原，呈现出缺氮病症。豆科植物根瘤菌的固氮特别需要钼，因为氮素固定是在固氮酶的作用下进行的，而固氮酶是由铁蛋白和铁钼蛋白组成的。

缺钼时叶片较小，叶脉间失绿，有坏死斑点，且叶片边缘焦枯，向内卷曲。十字花科植物缺钼时叶片卷曲畸形，老叶变厚且枯焦。禾谷类作物缺钼则籽粒皱缩或不能形成籽粒。

7. 氯（Cl）

氯以 Cl^- 的形式被植物吸收。植物体内绝大部分的氯也以 Cl^- 的形式存在，只有极少量的氯被结合进有机物，其中 4-氯吲哚乙酸是一种天然的生长素类激素。植物对氯的需要量很小，仅需不足 10mg/L；而盐生植物含氯相对较高，为 70～100mg/L。

在光合作用中 Cl^- 参加水的光解，叶和根细胞的分裂也需要 Cl^- 的参与，Cl^- 还与 K^+ 等离子一起参与渗透势的调节，如与 K^+ 和苹果酸一起调节气孔开闭。

缺氯时，叶片萎蔫，失绿坏死，最后变为褐色；同时根系生长受阻、变粗，根尖变为棒状。

8. 镍（Ni）

镍以 Ni^{2+} 形式被植物吸收，其含量在植物体内很低。镍是维持脲酶的结构和功能的必需因子，这是它最明确的生理作用。镍还能提高过氧化物酶、多酚氧化酶和抗坏血酸氧化酶的活性。Ni^{2+} 还可以替代某些酶中的 Cu^{2+}、Mg^{2+} 或 Mn^{2+}。

在大田情况下，植物极少发生缺镍症，但易发生镍过多中毒，镍中毒首先表现为叶片失绿，继而在叶脉间出现褐色坏死。

（四）植物缺乏必需元素的症状

植物需要均衡吸收各种必需矿质元素，才能正常生长发育。植物缺少任何一种必需元素都会引起特有的生理症状，而且症状出现的部位与元素是否易于运转，即能否参与循环或再利用有关。例如，氮、磷、钾、镁、锌（尤其是磷）等元素在植物体内易于运转（参与循环），可多次利用，缺素症状首先表现在较老的叶片和组织上；而钙、铁、硼、锰、铜、铝（尤其是钙）等元素在植物体内易于固定（难参与循环），不易被再利用，缺素症首先发生在幼嫩叶片和组织上。现将植物缺乏营养元素的症状列于表 5-2，以供参考。

表 5-2 必需元素缺乏的主要症状

症状	元素
1. 较幼嫩组织先出现病症——不易或难以重复利用的元素	
2. 生长点枯死	
3. 叶缺绿	B
3. 叶缺绿，皱缩，坏死；根系发育不良；果实极少或不能形成	Ca
2. 生长点不枯死	
3. 叶缺绿	
4. 叶脉间缺绿以致坏死	Mn
4. 不坏死	
5. 叶淡绿至黄色；茎细小	S
5. 叶黄白色	Fe
3. 叶尖变白，叶细，扭曲，易萎蔫	Cu
1. 较老的组织先出现病症——易重复利用的元素	
2. 整个植株生长受抑制	
3. 较老叶片先缺绿	N
3. 叶暗绿色或红紫色	P
2. 失绿斑点或条纹以致坏死	
3. 脉间缺绿	Mg
3. 叶缘失绿或整个叶片上有失绿或坏死斑点	
4. 叶缘失绿以致坏死，有时叶片上也有失绿至坏死斑点	K
4. 整个叶片有失绿至坏死斑点或条纹	Zn

四、单盐毒害与离子拮抗

如果将植物培养于某种单盐溶液中，即使这种盐由植物的必需元素所组成（如 KCl），仍然会发生毒害而死亡，这种现象称为单盐毒害（toxicity of single salt）。例如，将海藻放入纯 NaCl 溶液（浓度等于或低于海水），不久就会死亡。如果在单盐溶液中加入少量化合价不同的其他金属离子，即能减弱或消除单盐毒害。离子间能够相互消除单盐毒害作用的现象，称为离子拮抗（或对抗）（ion antagonism）。

一般来说，同价金属离子间不能产生拮抗作用，即 K^+ 不能拮抗 Na^+，Ba^{2+} 不能拮抗 Ca^{2+}，只有异价离子间才有拮抗作用（如 K^+ 与 Ca^{2+} 发生拮抗）。关于单盐毒害与离子拮抗的机理，尚不清楚，可能与单盐在体内过多积累，影响生物膜的结构和原生质的胶体性有关，也可能与单盐在体内过多积累，破坏正常的离子平衡，干扰细胞的正常代谢有关。

第二节 植物对矿质元素的吸收与运转

一、细胞对溶质的吸收

植物细胞对溶质的吸收是植物吸收矿质元素的基础。细胞既可以直接从植物的外部环境中吸收溶质，又可以从植物的内部环境，即从质外体和其他细胞吸收溶质。细胞对溶质的吸收分为三种方式：主动吸收（active absorption）、被动吸收（passive absorption）和胞饮作用（pinocytosis）。

（一）被动吸收

被动吸收也称为被动转运，是细胞顺电化学势梯度吸收溶质的过程，不需要直接消耗代谢能量，是一种扩散过程。分子或离子沿着化学势或电化学势梯度转移。电化学势梯度包括化学势梯度和电势梯度两方面，细胞内外的离子扩散决定于这两种梯度的大小。离子跨膜的被动吸收主要通过脂层扩散（lipid diffusion）、离子通道（ion channel）和载体（carrier）进行。

1. 脂层扩散

用人工磷脂膜的研究表明，脂质双层对非极性分子、小极性分子如 H_2O、CO_2、甘油等具有较大的通透性，对大极性分子通透性很小，对离子基本上是不通透的。非极性分子通过细胞膜的速度与其脂溶性成正比。例如，甲醇（CH_3OH）的脂溶性是尿素（H_2NCONH_2）的 30 倍，其进入藻类（*Characeratophyte*）巨大细胞的速度是尿素的 300 倍。极性分子随体积的增大和极性的增强，透过脂层的速度降低。

2. 离子通道

离子通道被认为是细胞膜中一类内在蛋白构成的孔道。可被化学方式或电学方式激活，控制离子通过细胞膜顺电化学势流动。

现已观察到原生质膜中有 K^+、Cl^-、Ca^{2+} 通道（图 5-1）。从保卫细胞中已鉴定出两种 K^+ 通道：一种是允许 K^+ 内流的通道，有六个跨膜区；另一种则是 K^+ 外流的通道，有 4 个跨膜区。这两种通道都受膜电位控制。离子通道的构象会随环境条件的改变而发生变化，处于某些构象时，它的中间会形成孔，允许溶质通过。孔的大小及孔内表面电荷等性质决定了它转运溶质的选择性。

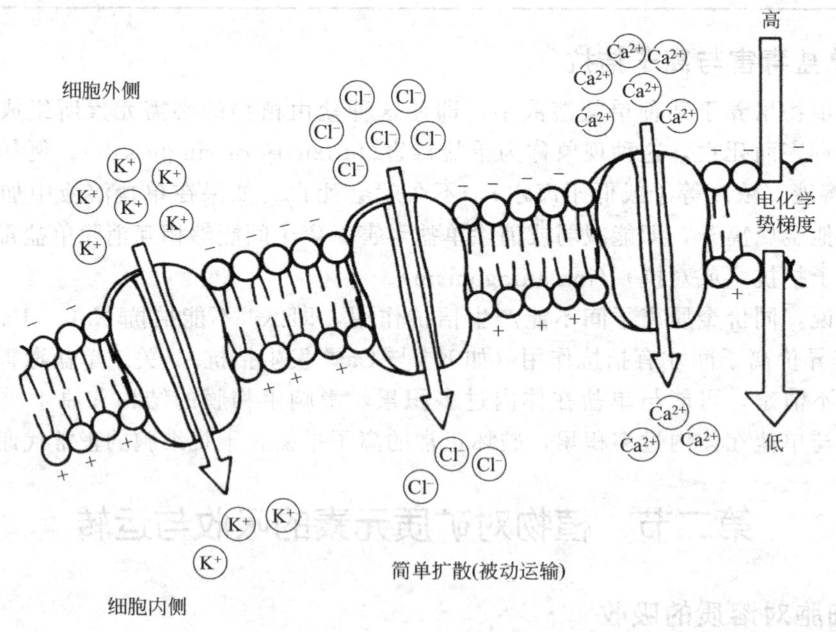

图 5-1 离子通道运输离子的模式图（引自潘瑞炽，2001）

3．载体

载体也是一类内在蛋白，由载体转运的物质首先与载体蛋白的活性部位结合，结合后载体蛋白产生构象变化，将被转运物质暴露于膜的另一侧，并释放出去。图 5-2 是一个通过载体进行单向被动转运的示意图。

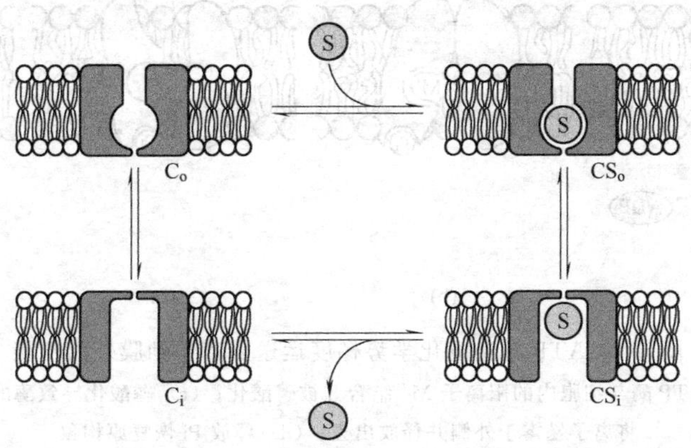

图 5-2　离子通过载体从膜的一侧运到另一侧示意图

载体蛋白有 3 种类型：单向运输载体（uniport carrier）、同向运输器（symporter）和反向运输器（antiporter）。单向运输载体能催化分子或离子单方向地跨质膜运输。质膜上已知的单向运输载体有 Fe^{2+}、Zn^{2+}、Mn^{2+}、Cu^{2+} 等载体。同向运输器在与 H^+ 结合的同时又与另一分子或离子（如 Cl^-、NO_3^-、NH_4^+、PO_4^{3-}、SO_4^{2-}、氨基酸、肽、蔗糖、己糖）结合，同一方向运输。反向运输器是在与 H^+ 结合后再与其他分子或离子（如 Na^+）结合，两者朝相反方向运输（图 5-3）。载体运输既可以顺着电化学势梯度跨膜运输（被动运输），也可以逆着电化学势梯度进行（主动运输）。载体运输每秒可运输 10^4～10^5 个离子。

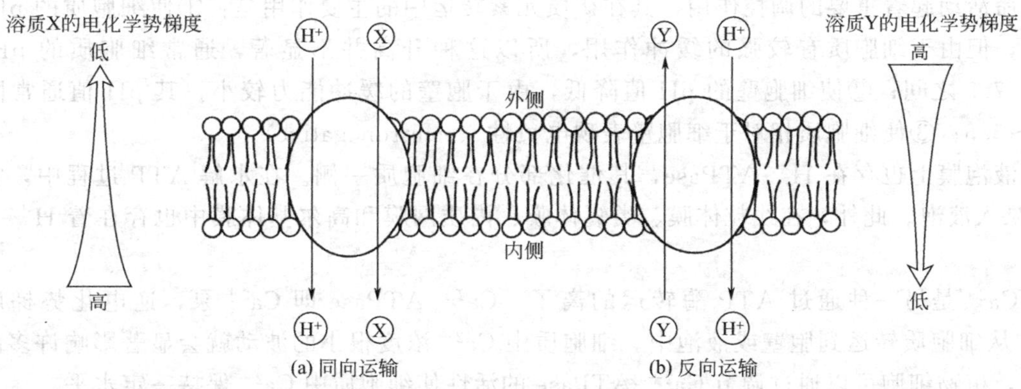

图 5-3　植物细胞质膜上的同向运输（a）和反向运输（b）模式（引自潘瑞炽，2001）

（二）主动吸收

主动吸收是指植物细胞利用代谢能量逆电化学势梯度吸收矿物质的过程。主动吸收需要直接消耗细胞代谢能（ATP）来启动和维持。

1．原初主动运转与 ATP 酶

物质通过载体的主动转运需要 ATP 提供能量。1970 年 Hodge 等用离体质膜小泡证实，在高等植物根细胞质膜上存在着 ATP 酶（ATPase）。ATPase 属于 ATP 磷酸水解酶（ATP phosphorhydrolase），它可催化 ATP 水解生成 ADP、磷酸，并释放能量。

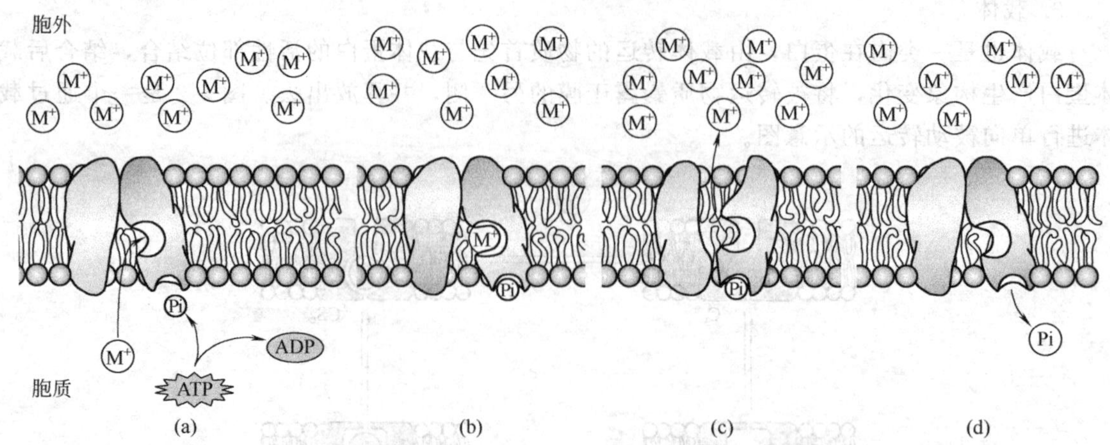

图 5-4 ATP 酶逆电化学势梯度运送阳离子到膜外的步骤

(a)、(b) ATP 酶与细胞内的阳离子 M^+ 结合并被磷酸化；(c) 磷酸化导致酶的构象改变，将离子暴露于外侧并释放出去；(d) 释放 Pi 恢复原构象

ATP 酶是质膜上的内在蛋白 (integral protein)，它可以将 ATP 水解释放的能量用于转运离子。图 5-4 是一种 ATP 酶运送阳离子到膜外去的假设步骤。由于这种转运造成了膜内外正、负电荷的不一致，所以形成了跨膜的电位差，故这种现象称为致电；又因为这种转运是逆电化学势梯度而进行的主动转运，所以也将 ATP 酶称为一种致电泵 (electrogenic pump)。

不是所有的阳离子都以这种方式转运。H^+ 是最主要的通过这种方式转运的离子，所以将转运 H^+ 的 ATP 酶称为 H^+-ATPase 或 H^+ 泵。

细胞质膜 H^+-ATPase 是植物生命活动过程中的主效酶 (master enzyme)，它对植物许多生命活动起着重要的调控作用，其在矿质元素转运中的主要作用是：①使细胞质的 pH 值升高，但由于细胞质有较强的缓冲作用，所以这种升高并不显著，通常细胞质的 pH 在 7.0～7.5 之间；②使细胞壁的 pH 值降低，由于胞壁的缓冲能力较小，其 pH 值通常降到 5.0～5.5；③使细胞质相对于细胞壁表现电负性 (electronegative)。

液泡膜上也存在 H^+-ATPase，其催化部分在细胞质一侧。在水解 ATP 过程中，它将 H^+ 泵入液泡。此外，在线粒体膜、类囊体膜、内质网膜和高尔基体膜中也存在着 H^+-ATPase。

Ca^{2+} 是另一种通过 ATP 酶转运的离子。Ca^{2+}-ATPase 即 Ca^{2+} 泵，逆电化势梯度将 Ca^{2+} 从细胞质转运到胞壁或液泡中。细胞质中 Ca^{2+} 浓度很小的波动就会显著影响许多酶的活性，植物细胞可以通过调节 Ca^{2+}-ATPase 的活性使细胞质中 Ca^{2+} 保持一定水平。

在线粒体与叶绿体中，用 H^+ 梯度中的能量来合成 ATP，通过水解 ATP 与 PPi 的泵来建立跨膜的质子梯度。由这些泵建立的化学势被用来运输许多离子与小的代谢物穿过完整的膜通道与载体。

2. 次级共运转

质膜 ATPase 利用 ATP 水解产生的能量，把细胞质内的 H^+ 向膜外“泵”出。通常把 H^+-ATPase “泵”出 H^+ 的过程，称为初级共运转 (primary cotransport)，也称为原初主动运转 (primary active transport)。而以跨膜质子电化学势差 ($\Delta\mu_{H^+}$) 作为驱动力的离子运转称为次级共运转 (secondary cotransport)，须通过传递体才能完成。它包括共向传递体

(symport)、反向传递体（antiport）和单向传递体（uniport）。经过共向传递体，阴离子或中性溶质如糖和氨基酸等可随着 H^+ 一同进入膜内（图 5-5）。

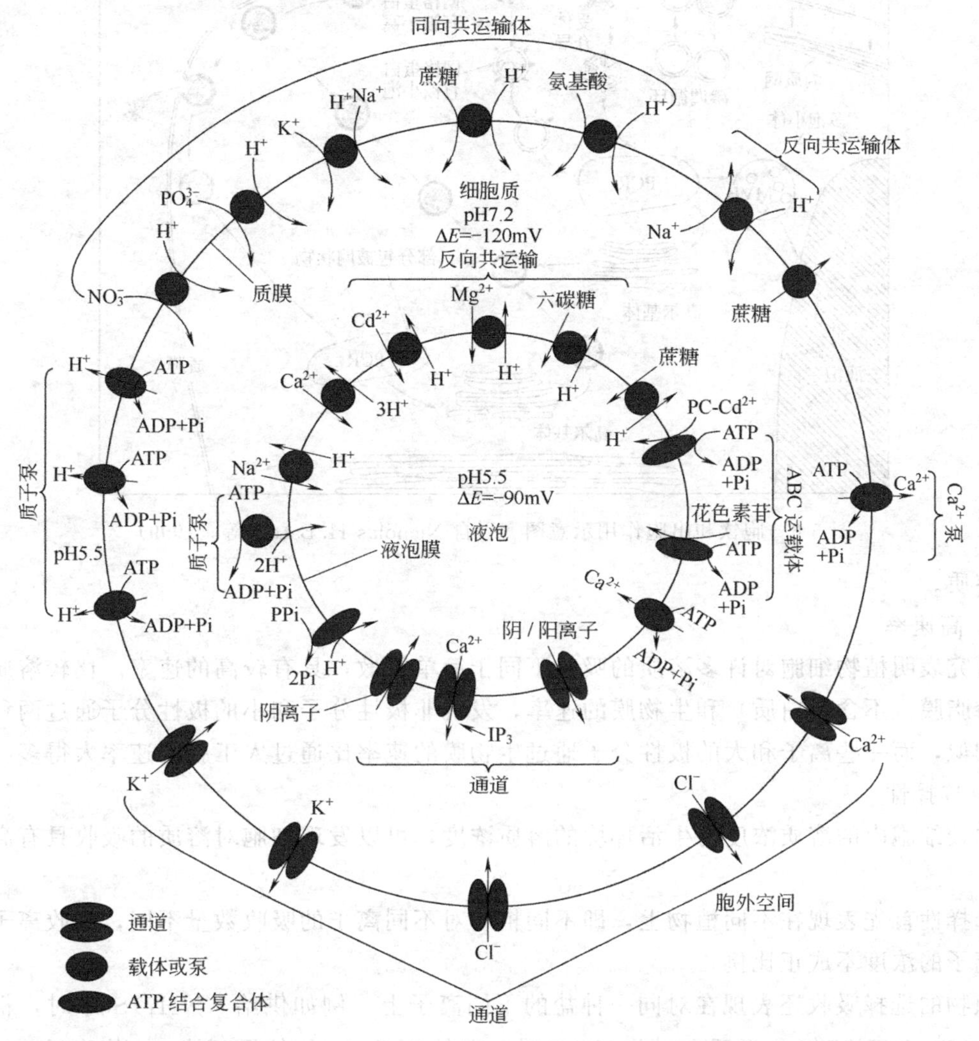

图 5-5 植物细胞质膜和液泡膜离子跨膜运输机制示意图（引自 Taiz 和 Zeiger，1998）

（三）胞饮作用

胞饮作用是细胞通过膜运动吸收溶质的方式。被细胞摄取的物质首先被吸附在膜的外表面，然后吸附物质的那一部分质膜向内凹陷成为囊泡，并向细胞内部转移，从而将外界物质吞饮到细胞中，细胞这种吸收物质的方式称为胞饮作用（图 5-6）。

胞饮作用受细胞松弛素和氧化磷酸化抑制剂抑制，因此与微管和 ATP 有关，是一个需要代谢能量的过程。

二、植物吸收矿质元素的特点

1. 积累现象

生活细胞从周围环境中吸收溶质，最终可使某种溶质在细胞内的浓度远高于细胞外的浓度，这种现象称为积累（accumulation）。细胞内部溶质浓度与外部浓度之比称为积累比(aclumulation ratio)。作物的积累比可达（10～1000）：1。积累现象说明细胞可逆浓度梯度

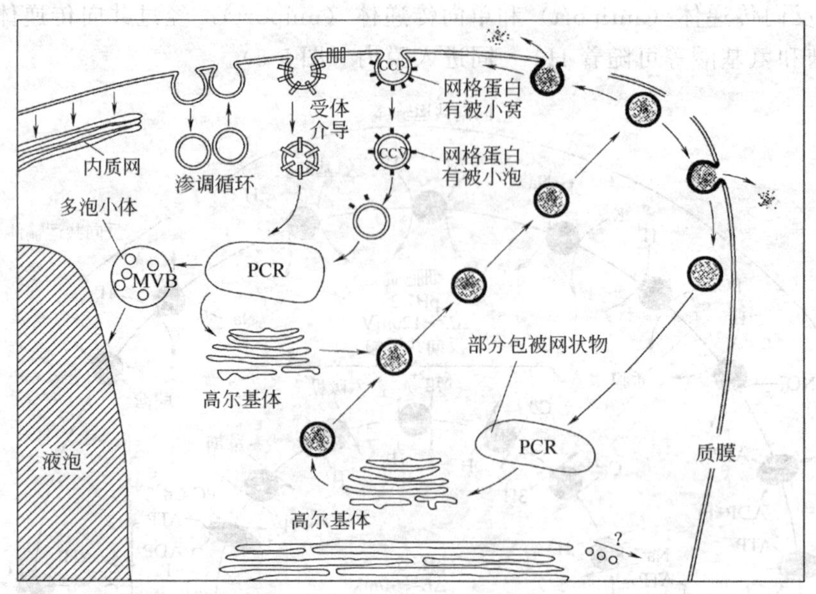

图 5-6 胞饮和出胞作用示意图（引自 Nicholas H. Battey 等，1999）

吸收溶质。

2. 高速率

研究表明植物细胞对许多溶质的吸收不同于简单扩散，具有较高的速率。比较溶质透过人工磷脂膜（不含蛋白质）和生物膜的速率，发现非极性分子和小的极性分子通过两种膜的速率相似，而一些离子和大的极性分子通过生物膜的速率比通过人工膜的速率大得多。

3. 选择性

比较细胞内的溶质浓度与生活环境的溶质浓度，可以发现细胞对溶质的吸收具有高度选择性。

选择性首先表现在不同植物上，即不同植物对不同离子的吸收数量不同，吸收离子与溶液中离子的浓度不成正比例。

植物的选择吸收还表现在对同一种盐的不同离子上。例如供给 $(NH_4)SO_4$ 时，根系吸收的 NH_4^+ 多于 SO_4^{2-}，根系在吸收 NH_4^+ 时，向外分泌 H^+ 使外界环境 pH 值降低，这类盐称为生理酸性盐（physiologically acid salt）；如果供给 $NaNO_3$，根系吸收的 NO_3^- 多于 Na^+，根在吸收 NO_3^- 时细胞向外界释放 HCO_3^- 从而使环境的 pH 值升高，这类盐称为生理碱性盐（physiologically alkaline salt）；当供给植物 NH_4NO_3 时，根系吸收 NO_3^- 与 NH_4^+ 的速率几乎相等，环境 pH 值不发生变化，这类盐称为生理中性盐（physiologically neutral salt）。

4. 吸收过程需要能量

植物能够逆浓度梯度积累矿质元素，是主动吸收过程，需要消耗能量。用低温、低氧，或专一的抑制剂抑制呼吸作用，将使细胞丧失积累功能，说明细胞对溶质的吸收需要代谢能量。

5. 竞争性和饱和性

植物对某些溶质的吸收存在着竞争性抑制，即某种离子的存在抑制细胞对另一种离子的吸收。发生竞争性抑制的离子之间具有结构上的相似性，例如细胞对 K^+ 的吸收受 Rb^+ 的竞争性抑制，Cl^-与Br^-、Ca^{2+}与Sr^{2+}之间也存在竞争性抑制。饱和效应是指细胞对某些溶质的吸收速率与膜内外浓度差的关系不符合简单扩散规律，具有饱和效应。

6. 根对矿物质和水分的相对吸收

矿质元素主要是溶于水中被根吸收的，但根对矿质元素和水的吸收并不成正比例。根系对矿质元素和对水分的吸收是相互依赖，又相互独立的。这表现在矿质元素溶解在水中才能被根吸收，根吸收矿质元素后，水势下降又促进了水分的吸收。

三、根系对矿质元素的吸收

（一）根系吸收矿质元素的部位

从根的尖端到其后许多厘米的区域都可以吸收矿质元素。将萌发5～7天的小麦初生根浸在^{32}P溶液内，过一段时间测定脉冲数，发现^{32}P积累在两个区域，第一个区域是根冠和分生区，第二区是根毛区。根系吸收矿质元素主要是根毛区和根尖（根冠和分生区）两个部位。

（二）根系吸收矿质的过程

1. 离子被吸附在根系细胞的表面

根部细胞呼吸作用放出CO_2和H_2O。CO_2溶于水生成H_2CO_3，H_2CO_3能解离出H^+和HCO_3^-，这些离子可作为根系细胞的交换离子，同土壤溶液和土壤胶粒上吸附的离子进行离子交换。

2. 离子进入内部空间

离子由自由空间通过质膜进入内部空间，内部空间就是由原生质和液泡所构成的空间，它们由质膜和液泡膜包围。由于离子进入内部空间要受到质膜和液泡膜的阻力，所以这是一个缓慢而且消耗能量的过程。

3. 离子进入根部导管

离子从根表面进入根导管的途径有质外体和共质体两种（图5-7）。

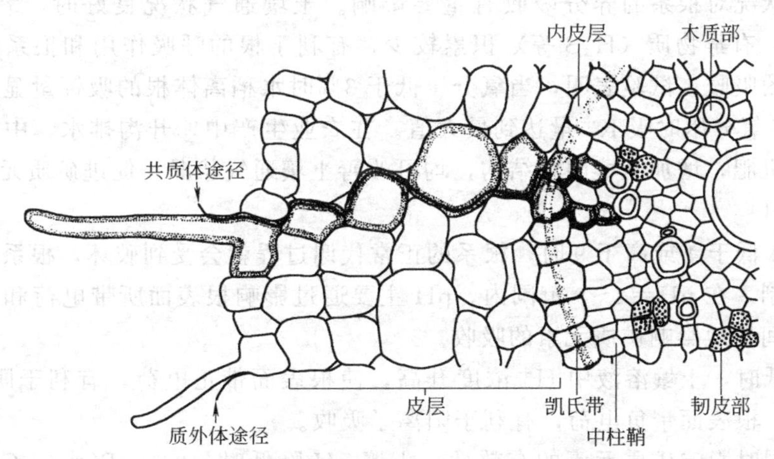

图5-7 根毛区离子吸收的共质体和质外体途径

(1) 质外体途径 根部有一个与外界溶液保持扩散平衡、自由出入的外部区域，称为质外体，又称自由空间。

各种离子通过扩散作用进入根部自由空间，但是因为内皮层细胞上有凯氏带，离子和水分都不能通过，因此自由空间运输只限于根的内皮层以外，而不能通过中柱鞘。离子和水只有转入共质体后才能进入维管束组织。不过根的幼嫩部分，其内皮层细胞尚未形成凯氏带前，离子和水分可经过质外体到达导管。另外，在内皮层中有个别细胞（通道细胞）的胞壁不加厚，也可作为离子和水分的通道。

(2) 共质体途径　离子通过自由空间到达原生质表面后，可通过主动吸收或被动吸收的方式进入原生质。在细胞内离子可以通过内质网及胞间连丝从表皮细胞进入木质部薄壁细胞，然后再从木质部薄壁细胞释放到导管中。释放的机理可以是被动的，也可以是主动的，并具有选择性。离子进入导管后，主要靠水的集流而运到地上器官，其动力为蒸腾拉力和根压。

（三）影响根系吸收矿质元素的因素

植物对矿质元素的吸收受环境条件的影响。其中以温度、氧气、土壤酸碱度和土壤溶液浓度的影响最为显著。

1. 土壤温度

在一定的范围内根系吸收矿质元素的速率随土壤温度的升高而加快。土壤温度过高（超过40℃）或过低，都抑制根系对矿质元素的吸收。温度过高时，酶变性失活，氧化磷酸化效率降低，细胞透性增大导致溶质外渗，同时，温度过高加速根的木质化进程，降低根系吸收矿质元素的能力。温度过低时，酶活性下降，同时细胞质和土壤溶液的黏滞性增大，溶质的扩散和运转阻力增大。例如，水稻生育期最适水温为28～32℃，高于或低于这个温度都会妨碍水稻根系对矿质元素的吸收，其中，对K^+和硅酸（H_2SiO_3）吸收的影响最为明显。

试验表明，低温对植物吸收不同矿质元素的影响不同，其受影响的大小顺序是：P_2O_5、NH_4^+、SO_4^{2-}、K^+、MgO和CaO。低温甚至对植物吸收同一种营养元素的不同存在形式（如NH_4^+与NO_3^-）的影响也不相同，如在15℃以下水稻几乎不能吸收NO_3^-，但能吸收一定数量的NH_4^+。

2. 土壤通气状况

土壤通气状况对根系的养分吸收有重要影响。土壤通气状况良好时，氧气供应充足，CO_2浓度降低，有毒物质（H_2S等）积累较少，有利于根的呼吸作用和根系的生长，促进根对矿质元素的吸收。试验表明，当氧分压低于3%时水稻离体根的吸钾量显著降低；番茄根在5%～10%氧分压时吸K^+量达到最大值。在农业生产中，开沟排水，中耕及稻田落水晒田，增施有机肥，增加土壤团粒结构，均可改善土壤通气状况，促进矿质元素的吸收。

3. 土壤pH

当土壤pH低于4或高于9时，根系的正常代谢过程就会受到破坏，根系对矿质元素的吸收就受到抑制。在pH=4～9范围内，pH主要通过影响根表面所带电荷和矿质元素的有效性来直接或间接地影响矿质元素的吸收。

在pH较低时，土壤溶液中H^+浓度升高，使根表面带正电荷，有利于阴离子的吸收；当pH较高时，根表面带负电荷，有利于阳离子吸收。

土壤pH同时影响矿质元素的有效性，土壤pH降低时，K^+、PO_4^{3-}、Ca^{2+}、Mg^{2+}等离子易溶解，植物来不及吸收就被雨水淋溶掉，土壤pH升高时，Fe^{2+}、PO_4^{3-}、Ca^{2+}、Mg^{2+}、Cu^{2+}、Zn^{2+}等离子逐渐变为不溶状态，不利于植物的吸收。此外，在酸性土壤中重金属元素溶解度增大，导致植物中毒。

pH高低的间接影响远大于直接影响。大多数作物生长最适pH在6～7，但也有极少数植物适于在偏酸或偏碱的条件下生长。

4. 土壤离子间相互作用

土壤中的各种离子常常相互作用，影响植物对矿质元素的吸收。

(1) 协和作用与竞争作用 一种离子的存在能促进植物对另一种离子的吸收，称为离子的协和作用。相反，一种离子的存在抑制植物对另一种离子的吸收，则称为离子的竞争作用，例如，在光下 NO_3^- 促进 K^+ 的吸收，NH_4^+ 促进 PO_4^{3-} 的吸收，Br^-、I^- 的存在使 Cl^- 的吸收减少，K^+、Rb^+、Ca^{2+} 相互之间存在竞争，这种现象的发生可能与离子竞争载体的结合部位有关。

(2) 浓缩效应与稀释效应 许多研究表明，植物的生长往往受阻于最亏缺的某种必需元素。因此，其他矿质元素常常在生长受阻的植物体内或生长受阻的器官中积累，含量升高，表现出浓缩效应（concentration effect）；但是，当原来亏缺的那种必需元素得到补充以后，植株又会迅速生长，随之而来的是其他大量积累的必需元素被消耗利用，含量相应减少，这种现象称为稀释效应（dilution effect）。

5. 土壤有毒物质

有毒物质的存在影响根的代谢和生长发育，降低植物吸收矿质元素的能力。例如，H_2S 抑制细胞色素氧化酶的活性，从而抑制根系对钾、硅、磷等的吸收；某些有机酸（正丁酸、乙酸、甲酸等）抑制磷等营养元素的吸收；过多的 Fe^{3+} 抑制细胞色素氧化酶的活性和根系对 K_2O、P_2O_5、SiO_2、MnO 等营养元素的吸收；Cd^{2+} 等重金属元素过多可引起植物对矿质元素的吸收减少，导致植物受伤，出现缺绿症。

6. 土壤溶液浓度

在一定的浓度范围内，根吸收离子的数量随土壤溶液浓度的升高而增加；当土壤溶液达到较高浓度时，浓度对离子吸收无明显影响，即所谓饱和效应，这可能受载体的数量所限。

四、植物叶片对矿质元素的吸收

试验表明，除根之外，植物的地上部分特别是叶片也能吸收矿质元素。因此，在农业生产上常常给植物地上部分喷施肥料，这种措施称为根外施肥或叶面施肥。其主要作用和优点有：①幼苗根系不发达吸收能力较低，或生育后期根系吸收能力衰退时，可补充根系营养的不足；②叶面施肥损失少，利用效率高，节省肥料，比如，一株 20 年生的果树根施尿素如果需要 2.5kg，那么叶面喷肥只需 0.1～0.2kg；③叶面施肥见效快，例如，用 KCl 喷叶 30min 内 K^+ 进入细胞，喷施尿素 24h 内便可吸收 50%～75%。此外，肥料农药还可混合喷洒，节省劳力。

关于矿质元素进入叶片的途径，叶片的气孔、茎表面的皮孔是主要通道，另一条途径是角质层上的裂缝，溶液可沿裂缝到达表皮细胞的细胞壁，然后进入细胞内部。叶片吸收矿质元素的能力受叶片的内外因素影响。嫩叶的吸收能力大于老叶。温度直接影响矿质离子进入叶片内部的速度。凡是影响液体蒸发的环境因素如风速、气温、湿度等气象条件均会影响叶片对矿质元素的吸收，因为叶片只能吸收溶于水中的矿质元素。

五、矿质元素在植物体内的运转与分配

根系或叶片从外界所吸收的矿质元素，只有一部分留在根系或叶片中，大部分被运送到植物体的其他部位。

（一）矿质元素运输的形式

不同的元素在植物体内运输的形式不同。就必需的矿质元素而言，金属元素以离子状态

运输，非金属元素既可以离子状态运输，又可以小分子有机化合物形式运输。例如，根部吸收的无机氮化合物大部分在根中柱薄壁细胞转化为有机氮化物，再运往地上部，也有一部分 NO_3^- 运至叶片进行还原，并转化为氨基酸。有机氮化物主要是氨基酸（如天冬氨酸、谷氨酸，还有少量丙氨酸、蛋氨酸、缬氨酸等）和酰胺（谷氨酰胺和天冬酰胺）。磷主要以正磷酸盐形式运输，但也有一部分在根内转变为有机磷化物再向上运输。硫元素主要以 SO_4^{2-} 形式进行运输，但也有少部分转化为蛋氨酸和谷胱甘肽向上运输。

（二）矿质元素长距离运输的途径

1. 根系吸收的矿质元素向地上部运输的途径

根系吸收的矿质元素是通过木质部导管向上运输的，还可以从木质部横向运输到韧皮部。

2. 叶片吸收的矿质元素的运输途径

利用 ^{32}P 证明，叶片吸收的矿质元素可向上或向下运输，其主要途径是韧皮部。此外，矿质元素还可从韧皮部活跃地横向运输到木质部，然后再向上运输。因此，叶片吸收的矿质元素在茎部向下运输以韧皮部为主，向上运输则是通过韧皮部与木质部。矿质元素在植物体内运输的速度为30～100cm/h。

（三）矿质元素在植物体内的分配与再分配

根系吸收的矿质元素优先供应植物的生长点和代谢旺盛生长快的部位，如幼叶、幼果等。

矿质元素还可在植物体内进行再分配。例如，当土壤中缺乏N、P、K、Mg等元素时，它们会从较老的组织或器官转移到新生组织或器官。在组织和器官衰老时也发生同样的转移。而另一些元素，如Ca、Fe、Mn、Cu、S等在细胞内形成难溶化合物，很难转移和再分配。

第三节　植物体内氮、硫、磷的同化

高等植物能够把从周围环境中吸收的简单无机物转化为复杂的有机物，这一过程称为同化作用（assimilation）。许多物质只有被同化之后才能被植物利用，如硝酸盐、磷酸盐和硫酸盐。

一、硝酸盐的同化

植物吸收的氨可直接用于氨基酸的合成，但硝酸盐不能。因为硝酸盐（NO_3^-）中的N呈高度氧化状态，而氨基酸的N则呈高度还原状态。硝酸盐必须经过代谢还原（metabolic reduction）为氨之后才能被利用。

一般认为，硝酸盐还原为氨（NH_4^+）可分为两个阶段：一是在硝酸还原酶（nitrate reductase，NR）催化下，由硝酸盐（NO_3^-）还原为亚硝酸盐（NO_2^-）；二是在亚硝酸还原酶（nitrite reductase，NiR）催化下，由亚硝酸盐还原为氨。整个过程可用下式表示：

$$\overset{+5}{NO_3^-}\xrightarrow[\text{硝酸还原酶}]{+2e^-}\overset{+3}{NO_2^-}\xrightarrow[\text{亚硝酸还原酶}]{+6e^-}\overset{-3}{NH_4^+}$$

据研究，硝酸盐还原既可在根内进行，又可在枝叶中完成，二者所占比例与植物种类及环境条件有关。对同一植物，若 NO_3^- 供应较少，其还原主要在根中进行；若大量供给时，则上运到叶中还原。

1. 硝酸盐还原为亚硝酸盐

这一过程是在细胞质中进行的，催化这一反应的硝酸还原酶（NR）为钼黄素蛋白，含有FAD、Cytb和Mo，供氢体为NADH＋H^+。其还原过程是FAD从供氢体NADH＋H^+接受H^+及电子（e^-）而被还原，然后将e^-依次传给Cytb及Mo，最后传给NO_3^-使其还原为NO_2^-，同时生成H_2O。

$$NO_3^- + NAD(P)H + H^+ \xrightarrow{NR} NO_2^- + NAD(P)^+ + H_2O$$

由于硝酸还原酶含有Mo，所以缺Mo时，硝酸还原酶的活性减弱，硝酸盐的还原受阻，植物体内积累大量的硝酸盐，并呈现缺氮症状。例如，缺Mo时番茄植株积累的硝酸盐占植株干重的12%，供Mo后24h内积累的硝酸盐下降至1%。硝酸还原酶是一种诱导酶（induced enzyme），亦叫适应酶（adaptive enzyme）。所谓诱导酶是指植物在特定外来物质（如底物）的诱导下所合成的酶。例如，水稻幼苗体内本无硝酸还原酶活性，但培养在含NO_3^-的溶液中其体内即形成硝酸还原酶；如果把幼苗再转入不含NO_3^-的溶液中，硝酸还原酶活性又逐渐消失。硝酸还原酶被底物NO_3^-专一诱导的机理是，NO_3^-诱导酶蛋白从头合成，即NO_3^-影响硝酸还原酶的基因的表达。光照强烈促进NO_3^-的诱导作用。

研究表明，绿叶中的NO_3^-还原由光合作用提供还原力。但是，硝酸还原酶定位于细胞质，以“NADH＋H^+”作为还原力，而光合作用却在叶绿体内形成“NADPH＋H^+”，怎样才能使其透过叶绿体内膜而转运至细胞质呢？一般认为，在叶绿体被膜上存在着“二羧酸穿梭”反应，可将叶绿体内的“NADPH＋H^+”转化为细胞质中的“NADH＋H^+”。

2. 亚硝酸盐还原为氨

这一过程由亚硝酸还原酶（NiR）催化，在叶片和根内均可进行。在叶内，NO_2^-从细胞质转移到叶绿体内。然后，接受由还原型铁氧还蛋白（Fdred）传递的电子和PSⅡ的H^+还原成氨。而氧化型铁氧还原蛋白（Fdox）再从PSⅠ得到电子继续供给NO_2^-。

$$NO_2^- + 6e^- + 8H^+ \xrightarrow{NiR} NH_4^+ + 2H_2O$$

根中的亚硝酸盐是在前质体内进行的，其还原力可能是间接来自磷酸戊糖途径形成的NADPH＋H^+，也可能有一种铁氧还蛋白的类似物参与。

在根中，糖类物质的供应对NO_2^-的还原是必需的。亚硝酸还原酶也是由NO_3^-诱导产生的。

3. 氨的同化

根系吸收的NH_4^+，或NO_3^-代谢还原后产生的NH_4^+，在体内会被立即同化。因为高浓度的NH_4^+对植物是有害的，它可能作为解偶联剂抑制光合磷酸化和氧化磷酸化过程中的ATP合成，也可与放氧复合体结合抑制光反应中水的分解。

关于NH_4^+被同化为氨基酸的途径问题，长期以来一直认为是由谷氨酸脱氢酶所催化的，即通过α-酮戊二酸的还原氨基化过程完成的。

$$\alpha\text{-酮戊二酸} + NH_3 + NAD(P)H + H^+ \xrightarrow{GDH} \text{L-谷氨酸} + NAD(P)^+ + H_2O$$

尽管植物体内含有这种酶，但其活性很低，对NH_4^+亲和力很低，K_m值为5～30mmol/L，有时甚至高达100mmol/L。然而，在叶绿体中NH_4^+的浓度达到2mmol/L就足以使光合磷酸化解偶联。因此该途径的作用值得怀疑。后来，Tempst和Meers(1970年)在用NH_4^+培养产气克雷伯菌中观察到，在低浓度下提高NH_4^+浓度时，先是谷氨酰胺浓度上升，继而是谷氨酸浓度上升，但以后谷氨酰胺浓度又随着谷氨酸浓度的上升而下降。这种现象意味着 NH_4^+ 先被同化为谷氨酰胺，然后再转化为谷氨酸。现已查明，植物体内 NH_4^+，被同化为氨基酸主要是通过谷氨酰胺途径。谷氨酰胺合成酶（glutamine synthetase，GS）对 NH_4^+ 的亲和力很高，K_m 值为 10～39μmol/L。

GS 催化下列反应：

$$\text{L-谷氨酸}+\text{ATP}+\text{NH}_3 \xrightarrow{\text{GS}} \text{L-谷氨酰胺}+\text{ADP}+\text{Pi}$$

GS 普遍存在于各种植物的所有组织中，能防止氨累积而造成的毒害。

另一种同化氨的重要酶是谷氨酸合成酶（glutamate synthetase）。谷氨酸合成酶（GOGAT）可催化如下反应：

$$\text{L-谷氨酰胺}+\alpha\text{-酮戊二酸}+[\text{NAD(P)H 或 Fd}_{red}] \xrightarrow{\text{GOGAT}} 2\text{L-谷氨酸}+[\text{NAD(P)}^+\text{或 Fd}_{ox}]$$

上述反应表明，NH_4^+ 与谷氨酸结合，需要 ATP 提供能量，同时转氨基过程尚需还原力，所以氨的同化与光合作用和呼吸作用有关。

图 5-8 总结了氮的同化。

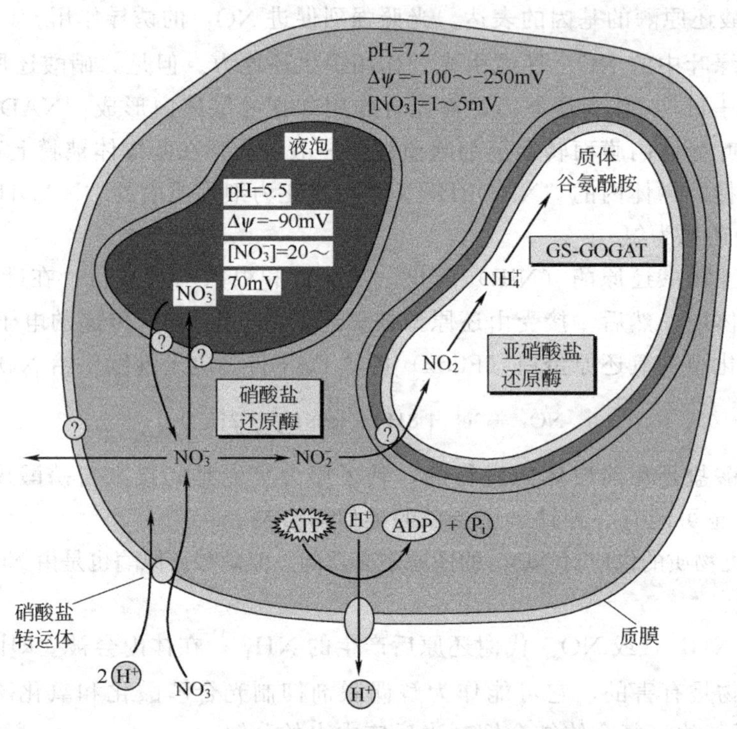

图 5-8 氮的同化（引自 Buchannan 等，2000）

4．酰胺的生理功能

谷氨酰胺和天冬酰胺是植物体内最重要的两种酰胺。酰胺有多种生理功能：第一，酰胺是植物体内氨的原初固定者，是其他氨基酸生物合成的氨供体；第二，酰胺的形成可降低游离氨的含量，解除氨的毒害；第三，酰胺是氮素运输的重要形式；第四，酰胺是氨的重要贮存形式。谷氨酰胺的存在是植物健康的标志，天冬酰胺的存在是植物不健康的象征。例如，感染锈病的小麦和其他被寄生的植物常常积累天冬酰胺。在整株植物或组织培养物生长受抑制时，体内主要积累天冬酰胺，如果条件适宜，生长正常，则主要积累谷氨酰胺。天冬酰胺常常与蛋白质分解或分解代谢反应有关，而谷氨酰胺则常常与合成代谢和生长有关。

5. 氮代谢与其他代谢的关系

氮的同化需要还原力、ATP和碳骨架。呼吸作用可以提供这些物质，因此有利于氮素同化。同时由于氮素同化时，NAD(P)H、ATP的消耗，解除了它们对呼吸作用可能产生的抑制，所以氮素同化可促进呼吸作用。

光合碳同化可提供呼吸作用的底物和氮素同化的碳骨架，光反应可提供还原力和ATP，因此有利于光合作用的因素也有利于氮素同化。

氮素同化也会影响碳素同化。NO_2^-的还原与CO_2的还原，竞争由光反应产生的还原能力，低光强时，NO_3^-会导致CO_2还原速率下降；饱和光照下，光反应受到暗反应的限制，若加入NO_3^-会起到分流光合同化力的作用，使放氧速率升高。氮素同化会与糖类物质的合成竞争碳骨架，氮素营养过多时，较多的碳用于合成含氮化合物，糖的合成将受到影响。另外，NO_3^-会促进光对叶细胞液中的蛋白激酶的激活作用，促进蔗糖磷酸合成酶和PEP羧化酶的磷酸化，抑制糖的合成，而有利于氮素同化所需的碳骨架的生成，促进氮同化。

二、磷酸盐的同化

无机磷酸盐被植物吸收之后，绝大部分以氧化态的磷酸形式被同化为有机化合物，如磷酸核苷、磷酸酯等含磷化合物，其中最主要的磷化物是ADP与ATP。植物体内ATP形成的主要途径是光合磷酸化和氧化磷酸化作用。此外，植物也可通过底物水平的磷酸化合成ATP。

$$1,3\text{-二磷酸甘油酸} + ADP \longrightarrow 3\text{-磷酸甘油酸} + ATP$$

磷酸基团进入ATP后，能通过各种代谢途径转移到其他化合物中。如葡萄糖在己糖激酶催化下，把ATP的磷酸基团转移到葡萄糖上，形成葡萄糖-6-磷酸。

三、硫酸盐的同化

植物体内的主要含硫化合物是甲硫氨酸和半胱氨酸，其中的硫处于还原态，而植物吸收的硫酸盐中的硫处于氧化态，因此需要还原。

高等植物体内硫酸盐的还原既可在根部，又可在茎叶中进行，具体部位是叶绿体或前质体，凡是生长活跃的细胞和组织均可进行硫酸盐还原。

第四节 作物合理施肥的生理基础

由于土壤的矿质元素不断地被作物吸收利用而逐年减少，因此在农业生产中需要人为地给予补充，以满足作物生长发育的需要。为提高产量，改善品质，提高效益，不仅需要供给充足的肥料，而且应根据作物的需肥规律合理地施肥。

一、作物需肥的规律

1. 不同作物的需肥特点

各种作物都要求有全面的营养，需要各种必需元素。但不同的作物对营养元素，特别是对N、P、K三要素的比例要求不同。叶菜类，如白菜、菠菜等，需氮肥较多，多施氮肥有利于叶片生长。浆果、瓜果、水果类，如番茄、西瓜、甜瓜、各种木本水果等，需大量的氮磷肥和较多钾肥，多施氮磷肥并配合钾肥，促进光合生产和糖分的积累。收获块根、块茎的薯芋类，如甘薯、马铃薯、芋头等，需较多的钾肥和磷肥，满足其需求有利于光合产物的运输和在块根或块茎中积累。黄麻、甘蔗，需要大量氮、钾肥和较多磷肥，有利于茎的伸长加粗，使黄麻纤维层发达，甘蔗含糖量升高。禾谷类作物，如水稻、小麦、玉米、高粱、谷子等，需要氮、磷、钾肥合理搭配，才能在良好的营养器官生长的基础上，保证后期光合产物的充分输出，使籽粒饱满。

2. 作物不同生育时期的需肥特点

作物不同生育时期对营养需求水平不同。叶菜类蔬菜，自始至终要求较高水平的氮。豆科植物仅苗期要求有适当的氮，根瘤形成后可自身固氮，主要需求磷肥和钾肥。禾本科的玉米苗期需肥很少，拔节至抽雄阶段对 N、K 肥需求量最大（约占一生中的 70%），抽雄之后需求量下降，磷肥需要量增大（约占一生中的 60%）。水稻三叶期以前几乎不需要外部营养，而分蘖期需要较多的氮（约占一生中的 30%），至抽穗期，已完成对 N、P、K 吸收量的 70%以上。

一般来说，禾本科作物苗期需肥量较少，但很敏感不能亏缺，否则不能形成壮苗；分蘖至开花阶段，需肥量最多，开花后逐渐减少，因此，施肥应着重在前期以及中期。

对某些作物如烟草，在后期不可再施肥，而对棉花、油菜等营养生长与生殖生长同时并进的作物，后期仍需保持适当养分。作物最需要营养的时期或缺乏营养减产最敏感的时期，称为作物的营养临界期。水稻、小麦的营养临界期是分蘖-抽穗期。

3. 植物不同部位的需肥特点

植物不同生育时期的需肥特点不同，即使在同一生育时期，不同部位的需肥量亦不同，其中代谢旺盛的生长中心需肥量最大。生长中心是指代谢旺盛、生长快的部位。不同生育时期的生长中心不同。例如小麦和水稻，分蘖期的生长中心是腋芽，拔节孕穗期是小穗，开花结实期是种子。

由于作物不同生育时期的需肥特点和生长中心不同，不同生育时期施肥对作物增产效果亦不同。其中有一个时期施肥的营养效果最好，被称为最高生产效率期或植物营养最大效率期。通常，作物的营养最大效率期是营养生长向生殖生长的转化期，此时作物正处于生殖器官分化或退化的关键时刻，需要养分最多。如能适时加强营养，既可促进生殖器官的分化形成，又可防止其退化。例如，小麦与水稻的营养最大效率期是幼穗形成期（表 5-3）。

表 5-3 几种作物各生育期的氮磷钾吸收量 %

作物	生育期	N	P_2O_5	K_2O
早稻	移栽-分蘖期	35.5	18.7	21.9
	稻穗分化-出穗期	48.6	57.0	61.9
	结实成熟期	15.9	24.3	16.2
晚稻	移栽-分蘖期	22.3	13.9	20.5
	稻穗分化-出穗期	58.7	47.4	51.8
	结实成熟期	19.0	36.7	27.7
冬小麦	出苗-返青	15	7	11
	返青-拔节	27	23	32
	拔节-开花	42	49	51
	开花-成熟	16	21	6
棉花	出苗-现蕾	8.8	8.1	10.1
	现蕾-现铃	59.6	58.3	63.5
	现铃-成熟	31.1	33.6	26.4

二、合理施肥的指标

合理施肥有两层含义：第一是满足作物对必需元素的需要；第二是使肥料发挥最大的经济效益。合理施肥需要适当的指标，以确定施肥的时期、种类和数量。比如，土壤的营养水平、作物的长势、作物的生理代谢等，均可作为施肥的指标。

1. 追肥的形态指标

通常把能够反映植株营养状况的外部形态，称为追肥的形态指标。

(1) 作物的外部形态　例如，氮肥过多时植株生长过快，叶大而软，株形松散；氮肥不足时，植株生长缓慢，叶小而直，株形紧凑。

(2) 叶色　叶片的颜色也是一个重要的追肥指标。叶色是反映作物的营养状况（尤其氮素）最灵敏的指标，比如叶色深意味着氮素与叶绿素含量高，叶色浅则两者含量均低，缺磷叶色暗紫。

2. 追肥的生理指标

(1) 叶绿素含量　叶绿素含量与植物的矿质营养水平和氮素营养水平有关。例如南京地区的吉利小麦，返青期功能叶的叶绿素含量低于干重的1.6%表示缺肥，拔节期低于1.1%为缺肥，高于1.7%表示氮肥过量。

(2) 酶类活性　植物组织中许多酶的活性受矿质元素水平的影响，尤其是受微量元素水平的影响。例如，缺铜导致抗坏血酸氧化酶和多酚氧化酶的活性下降；缺钼使硝酸还原酶和固氮酶的活性降低；缺磷时酸性磷酸酯酶的活性增强；缺锌抑制色氨酸合成酶的活性；硝态氮和铵态氮不足，硝酸还原酶和谷氨酸脱氢酶的活性减弱；对过氧化物酶来说，缺铁时活性降低，缺锌时活性升高。所以，对比植物组织中某些酶类的活性，可以判断植物体内某些元素的含量水平，故可作为追肥的生理指标。

(3) 营养元素水平　叶片营养元素可以反映植物内部营养状况。一般以功能叶为测定对象。当营养元素低于某个临界浓度，表示营养不足。超过临界浓度过多，营养过剩。例如，水稻心叶下第3叶鞘，氨基氮含量在150～200μg/L为正常，低于100μg/L为缺乏，达到250μg/L为过剩。

(4) 酰胺与淀粉含量　植物体内酰胺含量的高低可作为氮素营养水平的标志。作物吸收氮素过多，就会以酰胺状态贮存起来，以避免游离氨毒害。研究证明，水稻植株中的天冬酰胺与氮的水平升高是平行的，因而天冬酰胺的含量可作为水稻植株氮素状况的指标。幼穗分化期末展开或半展开的顶叶中含有天冬酰胺的，表示氮素充足，否则表示氮素营养不足。

氮素缺乏往往引起水稻叶鞘中积累淀粉，因此也可以根据叶鞘中所含淀粉的多少作为追施氮肥的指标。其方法简便易行，即用刀片切取叶鞘薄片，然后滴加碘-碘化钾（I-KI）试剂，颜色浅表示淀粉含量低，说明氮肥充足；颜色深表明淀粉含量高，说明氮肥不足，要增施氮肥。

复习思考题

1. 植物进行正常生命活动需要哪些矿质元素？用什么方法？根据什么标准来确定？

2. 植物细胞吸收矿质主要有几种方式？其各自的特点是什么？

3. 植物根系吸收矿质有哪些特点？

4. 试述矿质元素如何从膜外转运到膜内的。

5. 试述矿质元素在光合作用中的生理作用。

6. 试分析植物失绿的可能原因。

7. 为什么在叶菜类植物的栽培中常多施用氮肥，而栽培马铃薯和甘薯则较多地施用钾肥？

8. 根外施肥主要的优点和不足之处各有哪些？

第二篇
植物的信息传递

第六章 细胞信号转导

生长固定的植物，为了适应不断变化着的外部环境，必须不断地做出相应的反应。因此，植物细胞需要感知外部环境信号，并转化为可被细胞生理生化机制接受的内部信号，引起相应的反应，以适应外界环境的变化，这个过程就是细胞信号转导（signal transduction）。

根据植物细胞对外部信号的转导过程，可把信号转导系统分为四个部分，即胞外信号(环境刺激和胞间信号)、膜上信号转换系统、胞内信号和胞内信号传递。它们之间的关系如图 6-1 所示。

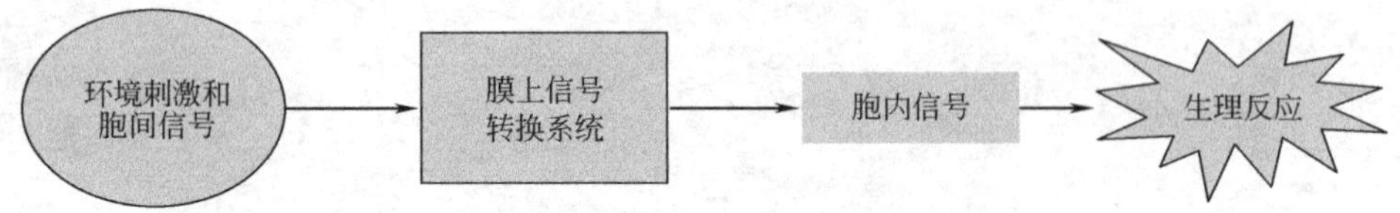

图 6-1 细胞信号转导示意图

通过细胞信号转导系统可使环境刺激信号和胞间信号级联放大，最终影响基因的表达和蛋白质的合成，从而引起植物生长发育的变化，增强植物对环境的适应性。

第一节 胞外信号和膜上信号转换

一、胞外信号

胞外信号包括外源的环境刺激和体内其他细胞产生的内源胞间信号。

1. 环境刺激

环境因素如光照、温度、氧气、二氧化碳、矿质元素、重力、风，以及触摸和机械伤害，都可作为信号影响植物基因表达，引起植物代谢和生长发育变化。

2. 胞间信号

当环境刺激作用部位点与效应位点处于植物的不同部位时，需要作用位点细胞产生信号传递给效应位点引起细胞反应，这个作用位点细胞产生的信号就是胞间信号，也称为第一信使。例如，在植物的向重力反应中，重力的作用位点根冠合成生长素传递到根的伸长区，引起向重力弯曲；土壤轻微干旱引起叶片气孔关闭的主要信号是脱落酸；而叶片被虫咬后引起周身防御反应的信号是系统素（一种 18 个氨基酸的信号多肽）。

植物激素是植物自身合成的生长调节物质，是植物体内最重要的胞间信号，激素可能直接调节基因转录、mRNA 翻译、酶活性和物质跨膜运输，也可能通过胞内信号对上述过程进行调节。

胞间信号除了化学信号外，还有物理信号，如电信号等。

二、膜上信号转换

细胞感受环境刺激或胞间信号后，需要转换为可调节细胞生理生化反应的胞内信号，这种转换由质膜上的信号转换系统完成。这个系统由受体、G 蛋白、效应酶或离子通道组成。

它们之间的关系是：受体感受外界刺激或与胞间信号结合后，使G蛋白活化，活化的G蛋白诱导效应酶或离子通道产生胞内信号（图6-2）。

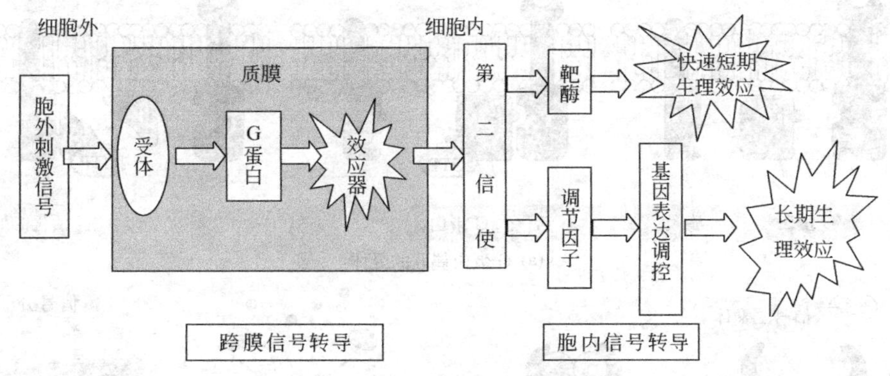

图6-2 细胞信号转导模式图

（一）受体

受体（receptor）是一类特殊的蛋白，能够特异性地感受环境刺激或与胞间信号特异性结合。受体与胞间信号的反应具有几个重要特点：①特异性，信号与受体特异性识别；②高度亲和性，二者结合迅速而灵敏，使细胞能够感受低浓度信号的轻微改变；③可逆性，两者以非共价的离子键、氢键、范德华力等方式结合；④饱和性，由于受体蛋白在膜上的数量有限，反应可达到饱和。

目前研究较多的植物受体有光受体（photoreceptor）和激素受体（hormone receptor）等。

1. 光受体

高等植物除含有大量光合色素以吸收可见光进行光合作用外，还含有一些微量色素以感受其他波长的光调节代谢和发育。这些微量色素就是光受体。目前发现的光受体主要有光敏素、隐花色素和紫外光-B受体。

2. 激素受体

激素受体是一类特殊的识别蛋白，受体与激素结合后引起一系列的信号转换过程，最终导致特定的生理生化变化。

（二）G蛋白（G protein）

G蛋白全称为GTP结合蛋白（GTP-binding protein）。G蛋白位于质膜内侧，可与GTP结合并具有GTP水解酶活性。

G蛋白由三个亚基（α、β、γ）组成，其中α亚基可与GTP结合并有GTP水解酶活性。在膜信号转换过程中，当受体被环境刺激或胞间信号激活后，诱导G蛋白的α亚基与GTP结合而被活化，活化的α亚基与β亚基、γ亚基分离而呈游离状态，并使效应酶或离子通道活化产生胞内信号；当α亚基将结合的GTP水解后，恢复原有状态并与β亚基、γ亚基结合形成复合体［图6-3（a）］。

（三）效应酶和离子通道

效应酶和离子通道是细胞的膜蛋白［图6-3（b），（c）］，如腺苷酸环化酶、磷脂酶C和钙离子通道等。它们受G蛋白活化，可产生胞内信号。膜上受体有三种类型，一是离子通道（如K^+、Ca^{2+}通道），通过与激素结合调节通道的开闭；二是与G蛋白偶联在一起的受体，受体活化后通过G蛋白激活效应酶产生胞内信使（如cAMP、Ca^{2+}、二脂酰甘油和三

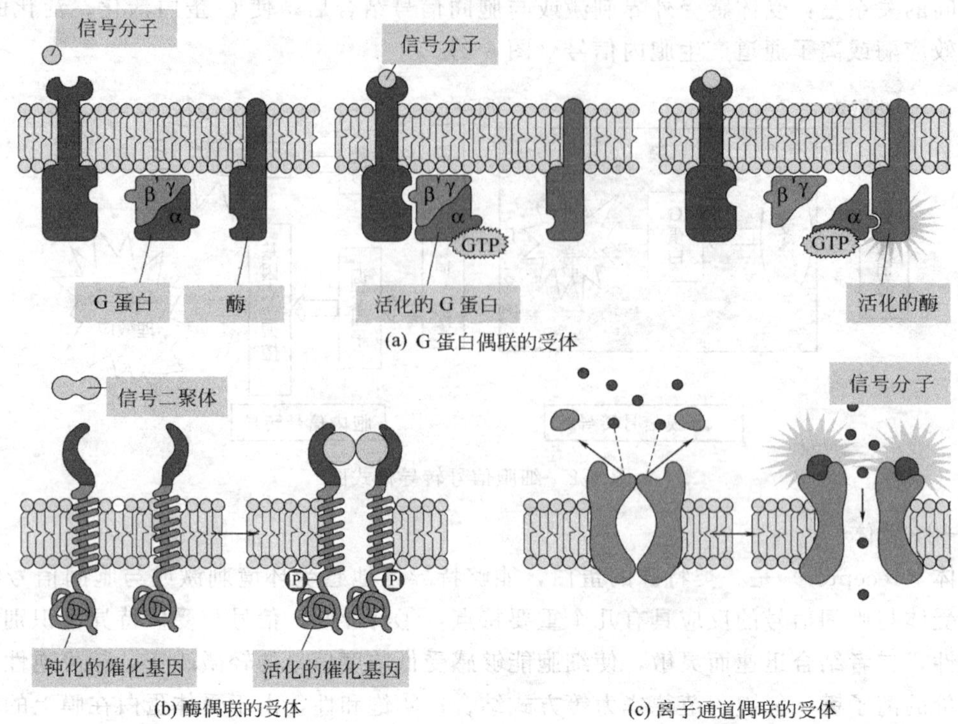

图 6-3 G 蛋白偶联的信号转导途径（引自 Buchanan 等，2000）

磷酸肌醇）；三是具有激酶活性的跨膜蛋白，膜外部分与激素结合活化膜内侧部分的激酶活性，激活蛋白激酶，从而引起生理生化变化。

第二节 胞内信号转导

胞内信号是由膜上信号转换系统产生的、有生理调节活性的细胞内因子，也称为第二信使。生物体内主要有如下几种重要的胞内信号系统：钙信号系统、磷酸肌醇信号系统、环腺苷酸信号系统、蛋白激酶信号系统等。

一、钙信号系统及信号转导

1. 钙作为信号分子的基础

植物细胞在未受到外部刺激时（静息态），其细胞浆（细胞质中除去细胞器外的溶液组分）中的 Ca^{2+} 浓度一般在 10^{-7}～10^{-6} mol/L，而质膜外的质外体空间中的 Ca^{2+} 浓度在 10^{-4}～10^{-3}mol/L。因此，在细胞浆与胞外或胞内钙库之间存在一个 Ca^{2+} 的浓度梯度。一般来说，细胞浆中 Ca^{2+} 浓度十分稳定，即使有微小波动，也是短暂的，故称为钙稳态（calcium homeostasis）。当细胞受到外界刺激时，Ca^{2+} 从两条途径，即从质外体进入质膜内侧以及从细胞内贮钙库（如内质网、液泡）流向细胞浆，从而使细胞浆中 Ca^{2+} 浓度增大。这样，细胞浆中的钙受体蛋白（如 CaM）与 Ca^{2+} 结合，这种 Ca^{2+} 受体复合物再与一些功能蛋白作用而引起相应的生理生化反应。当完成信息传递后，Ca^{2+} 又被迅速泵出胞外或被胞内贮钙库吸收，细胞浆中 Ca^{2+} 又回落到静息态水平，Ca^{2+} 与受体蛋白分离。因此，通过细胞浆 Ca^{2+} 浓度变化可把细胞外的信息传递给细胞内部。

2. 植物细胞内 Ca^{2+} 的转移系统

细胞中维持一定的 Ca^{2+} 浓度是 Ca^{2+} 发挥信号作用的必要条件。如图 6-4 所示，质膜上存在依赖 ATP 的钙的转移系统，即 Ca^{2+}-ATP 酶和 Ca^{2+} 通道。Ca^{2+}-ATP 酶利用 ATP 提供的能量，将 Ca^{2+} 泵出细胞浆，以维持胞内一定的 Ca^{2+} 浓度。当 Ca^{2+} 通过质膜转移到细胞内时通过 Ca^{2+} 通道，Ca^{2+} 向胞内的转移是一种被动扩散过程。内质网也是植物细胞的一个钙库，其膜上也存在 Ca^{2+} 泵，可把细胞浆中的 Ca^{2+} 泵入内质网中。线粒体膜上存在有与电子传递链偶联的钙泵，利用电子传递产生的电化学势将 Ca^{2+} 主动泵入线粒体内。液泡膜上除了 Ca^{2+} 泵外，还有 Ca^{2+}/H^+ 反向传递体，利用已建立的质子电化学势驱动 Ca^{2+} 与 H^+ 的跨膜交换。三磷酸肌醇（IP_3）可诱发 Ca^{2+} 从液泡中释放出来，液泡可能作为磷酸肌醇信号系统中 IP_3 的靶结构，在胞内 Ca^{2+} 动员中起到重要作用。

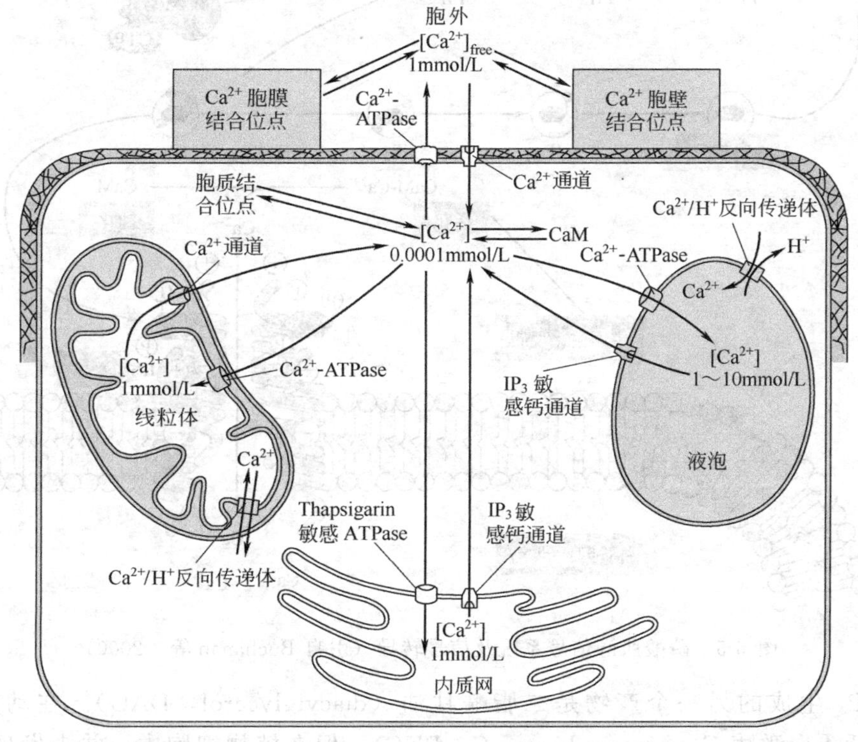

图 6-4　植物细胞内 Ca^{2+} 的转移系统及信号转导（引自 Buchanan 等，2000）

3. 钙调素

钙调素（calmodulin，CaM）是钙结合蛋白之一，也是分布最广、了解最多的钙结合蛋白，对 Ca^{2+} 有很高的亲和力和专一性，即使当细胞浆中 Mg^{2+} 浓度大于 Ca^{2+} 浓度 1000 倍时，仍优先与 Ca^{2+} 结合。

CaM 是一种耐热的酸性（等电点 3.9～4.3）小分子球状蛋白，在酸性或中性溶液中 90℃加热 5min 仍保持其生物活性。它是由 148 个氨基酸组成的单链分子。作为细胞钙信号的受体蛋白，CaM 只有与 Ca^{2+} 结合才具有生理活性，每个 CaM 分子具有 4 个 Ca^{2+} 结合位点。

CaM 以 3 种方式发挥其作用，一种是 CaM 直接与靶酶结合，从而调节靶酶的活性；另一种是 CaM 使依赖 Ca^{2+} 和 CaM 的蛋白激酶（如钙依赖型蛋白激酶 CDPK）活化，然后蛋白激酶催化靶酶的磷酸化，而影响靶酶的活性；第三种是 CaM 使细胞质或核内转录因子磷酸化，引起不同的基因表达，或产生DNA合成的因子使细胞生长，或产生凋亡因子使细胞死亡。

二、磷酸肌醇信号系统及信号转导

许多胞外信号，如光照、激素、渗透变化、细胞降解酶等，皆可诱导质膜上的磷脂酰肌醇水解产生三磷酸肌醇（inositol-1,4,5-triphosphosphate，IP_3）。植物液泡膜、内质网上均有IP_3的受体或作用位点，其作用与调节向细胞质的钙离子释放有关，从而影响胞质内游离的钙离子浓度，进而引起相应的生理生化反应（图6-5）。

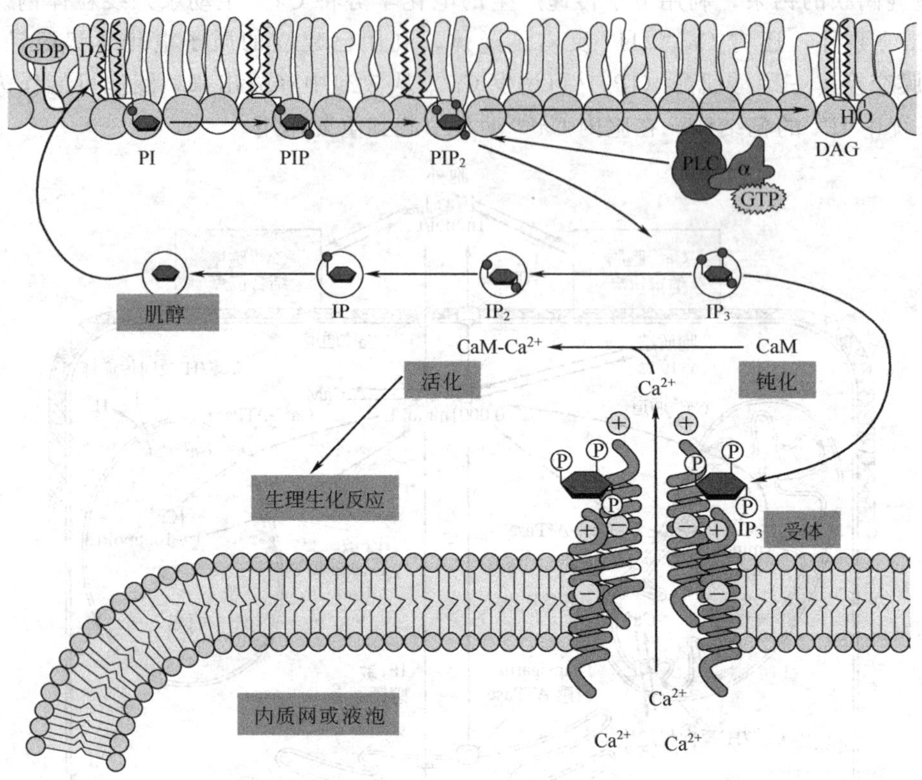

图6-5 磷酸肌醇信号系统及信号转导（引自Buchanan等，2000）

伴随IP_3生成的另一个产物是二脂酰甘油（diacylglycerol，DAG）。在动物细胞中，DAG可激活蛋白激酶C（protein kinase C，PKC），但在植物细胞中，并未发现PKC。因此，DAG在植物细胞信号转导中的作用尚不明确。

三、cAMP信号系统及信号转导

cAMP信号系统，即环腺苷酸信号系统是建立最早，也是目前最完善的细胞信号传递模型，二十几年来，一直作为模式信号系统指导着其他信号传递系统的研究工作。

早在20世纪50年代，Sutherland发现了cAMP在糖代谢中的重要作用，并提出了第二信使学说而获1971年诺贝尔生理与医学奖。几乎在同一年代，Krebs和Fischer阐明了蛋白质磷酸化在糖代谢中的调节作用，并提出了以cAMP为基础的第二信使系统。

如图6-6所示，腺苷酸环化酶是一个跨膜蛋白，被激活时可催化胞内的ATP分子转化为cAMP分子。cAMP作为第二信使，通过激活cAMP依赖的蛋白激酶（proteinkinase，PKA）而对某些特异的转录因子进行磷酸化，这些因子再与被调节的基因特定部位结合，从而调控基因的转录。在这些转录因子中，研究最清楚的一种称为cAMP反应元件结合蛋白（cAMP response element binding protein，CREB）。CREB 被磷酸化后与其被调节的基因特定部位结合，从而调节这些基因的表达。

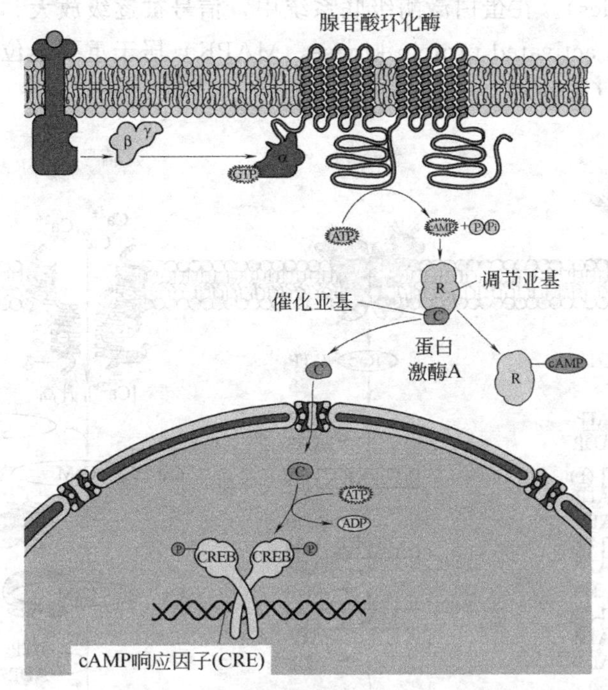

图 6-6　cAMP 信号系统及信号转导（引自 Buchanan 等，2000）

在植物中已检测出 cAMP、合成 cAMP 的腺苷酸环化酶以及分解 cAMP 的磷酸二酯酶活性。

第三节　信号转导中的蛋白质可逆磷酸化

胞内许多功能蛋白的活性是通过磷酸化和去磷酸化调节的。蛋白的磷酸化过程是由蛋白激酶催化的。蛋白激酶是胞内信号直接的或间接的靶酶，通过控制信号传递途径中其他酶的活性，来调节和控制细胞对外界信号做出相应的反应，在细胞信号传递中具有极其重要的作用。

蛋白激酶（protein kinase，PK）催化 ATP 或 GTP 的磷酸基转移到底物蛋白氨基酸残基上，使蛋白质磷酸化。蛋白质的去磷酸化由蛋白磷酸酶（protein phosphatase）催化。

一、蛋白激酶

在植物体内已发现一些具有重要生理作用的蛋白激酶。

（1）依赖 Ca^{2+} 的蛋白激酶（CDPK）　最初是从大豆培养细胞中分离鉴定出来的。此类酶有一个与钙调素（CaM）相似的调节结构域，有四个 Ca^{2+} 结合位点，其活性绝对依赖于 Ca^{2+}，而不依赖 CaM 和磷脂，但被 CaM 抑制剂所抑制。

（2）依赖 Ca^{2+}/CaM 的蛋白激酶　已有证据表明在植物体内存在 Ca^{2+}/CaM 调节的蛋白激酶，如 Blowers 等人从豌豆细胞质膜上分离出一种依赖 Ca^{2+}/CaM 的蛋白激酶。

（3）依赖 Ca^{2+}/磷脂的蛋白激酶（PKC）　这是一种依赖于 Ca^{2+} 和磷脂（phospholipid）的蛋白激酶，在动物细胞中它是磷酸肌醇信号系统的重要组分之一。在植物中也发现类似的酶的存在。例如菠菜叶绿体中 Rubisco 小亚基可被叶绿体被膜上蛋白激酶磷酸化，并可被

Ca^{2+}和磷脂活化。

在蛋白激酶介导的信号转导过程中，常常发生连续的磷酸化作用，即所谓级联系统（protein kinase cascades）。在蛋白激酶级联系统中，信号被逐级放大。其中，有丝分裂原活化蛋白激酶（mitogen activated protein kinase，MAPK）居于重要地位，最终磷酸化调节因子，影响基因的表达（图 6-7）。

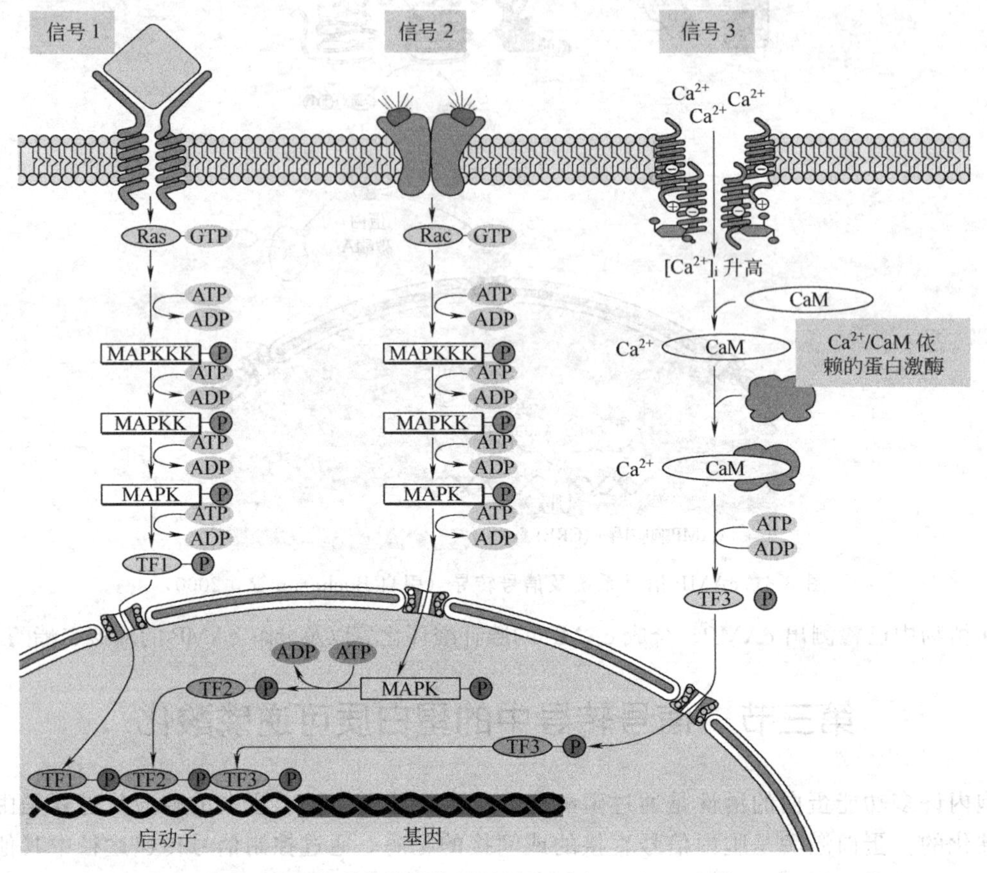

图 6-7 蛋白激酶介导的信号转导（引自 Buchanan 等，2000）

二、蛋白磷酸酶

目前，对蛋白磷酸酶的研究还不如对蛋白激酶那样深入。两者在细胞信号转导中具有协同作用。例如，在动物细胞糖分解代谢中糖原磷酸化酶在蛋白激酶作用下磷酸化而被“激活”，在蛋白磷酸酶的作用下脱磷酸化而“失活”。两种酶协同作用调节细胞中“活性酶”的含量，使细胞对外界刺激做出迅速反应。

复习思考题

1. 什么是信号转导？细胞信号转导过程包括哪些内容？
2. 说明跨膜信号转导的过程。
3. 举例说明细胞内信号转导过程。
4. 蛋白质可逆磷酸化在细胞信号转导中起什么作用？

第七章 植物生长物质

植物的生长发育是具有严格程序控制的过程。植物从种子萌发、长出枝叶到开花结实的整个生长过程中，除需要营养物质外，还需要激素类物质来调控植物体内的各种代谢过程。

植物激素（plant hormone 或 phytohormone）是植物正常代谢的产物，是在植物体内合成的，并能从产生部位转移到作用部位，在低浓度下就能调节植物生长发育的有机物质。

植物激素的特征可概括如下：①内生的；②能移动的；③低浓度下具有调节效应。这些对新陈代谢起调节作用的激素类物质，与植物中其他主要的有机营养不同之处是它们的含量甚微，据研究，在7000～10000株玉米幼苗的顶端只含有1μg生长素，从3t花椰菜的叶片中仅提取出3mg生长素。向日葵叶片中的细胞分裂素含量在1kg鲜叶中只含有5～9μg。

植物激素的研究是从20世纪20年代末开始的，当时发现了生长素。到目前为止，已相继确定生长素（Auxins）、赤霉素（GAs）、细胞分裂素（CTKs）、脱落酸（ABA）、乙烯（ETH）和油菜素内酯（BRs）等六大类植物激素。除了这六大类激素外，后来又相继发现了一些内源的，具有类似植物激素生理作用的生长调节物质，如茉莉酸、水杨酸、多胺，但目前尚未正式列入植物激素中。

植物生长调节剂（plant growth regulator）是人工合成的具有类似植物激素活性的一类有机物质。这些物质在低浓度下就能产生明显的生理效应。

植物激素和植物生长调节剂统称为植物生长物质（plant growth substance）。目前，生长调节剂在农业、林业、果树、蔬菜和花卉等方面得到广泛的应用，例如在插枝生根、促进开花、增加结实、改善品质、贮藏保鲜、促进成熟、防止脱落、疏花疏果、诱导或打破休眠、性别分化、消除杂草等方面都取得了可喜的成果。在农业生产中，植物生长物质与化肥、农药一起成为必需的三大类物质。

第一节 生长素类

一、生长素的发现

生长素（Auxins）是发现最早、研究最多的一类植物激素。Charles Darwin在1880年首次进行了胚芽鞘的向光性试验（图7-1）。他发现金丝雀烷草胚芽鞘在单方向照光下向光弯曲。但是，如果切去胚芽鞘的尖端或将胚芽鞘尖罩住，用单侧光照射，则不发生向光弯曲。相反，如果胚芽鞘尖接受光照而胚芽鞘下部不受光照射，胚芽鞘仍会向光弯曲。因此，他认为，胚芽鞘在单侧光下能产生某种物质由鞘尖向下传递，引起胚芽鞘的背光面和向光面生长不均匀，而导致向光弯曲。

1928年，荷兰人F. W. Went将切下的燕麦胚芽鞘尖置于琼脂块上，胚芽鞘尖产生的物质可扩散到琼脂中，并引起去顶的胚芽鞘弯曲，说明胚芽鞘顶端产生的物质可通过琼脂块传递。1934年Kogl等从人尿中分离出一种化合物，将这种化合物混入琼脂块，也能引起

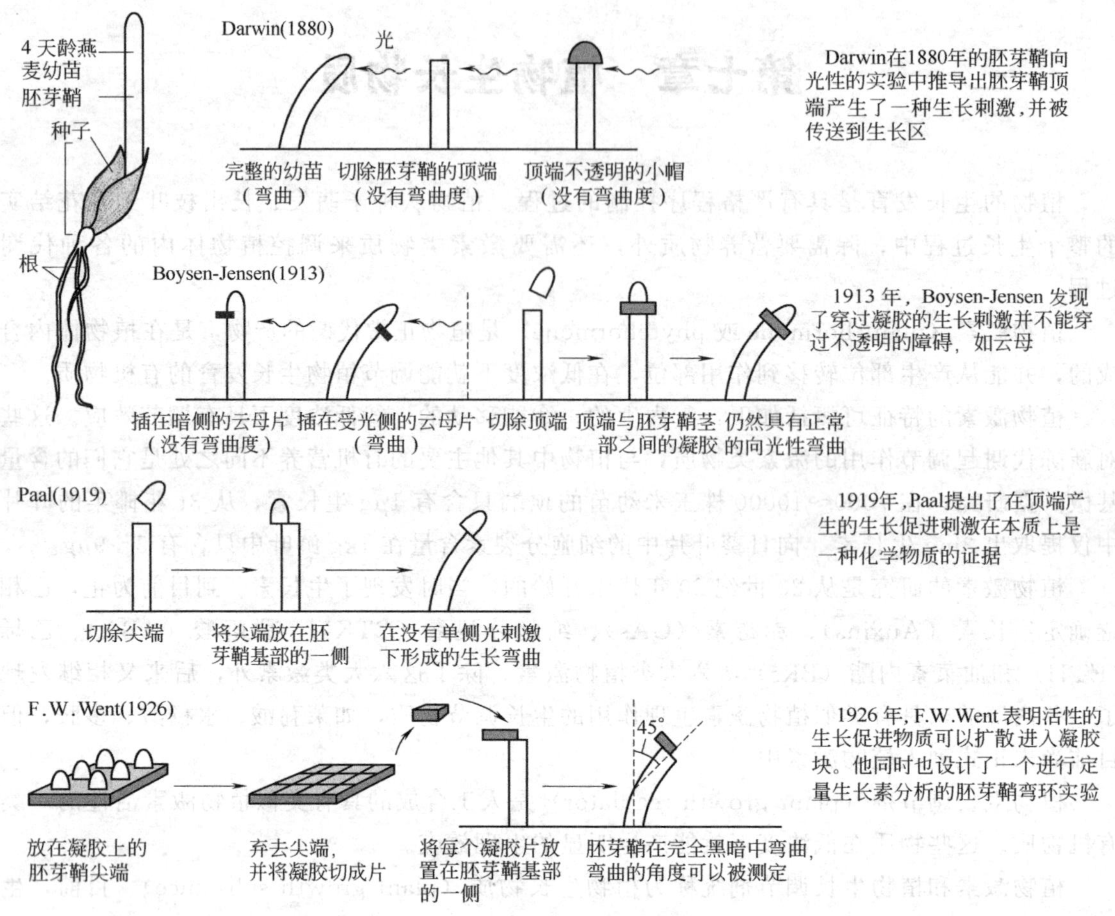

图 7-1 导致生长素发现的向光性实验（引自 Taiz 和 Zeiger，1998）

去尖胚芽鞘的弯曲。经鉴定该物质是吲哚乙酸（indole acetic acid，IAA），其分子式为 $C_{10}H_9O_2N$。不久，Kogl 等在植物中也分离出吲哚乙酸。

以后在高等植物中，还相继发现了含吲哚环的一些物质，如吲哚乙醛、吲哚丙酮酸、吲哚-3-乙腈、吲哚乙醇、4-氯吲哚乙酸、吲哚-3-丁酸等，均具有一定的 IAA 生理活性。此外，1982 年，Wightman 等发现了一种非吲哚环的苯乙酸（PAA），也具有类似 IAA 的生理活性。

目前人们已发现多种生长素类物质。由于 IAA 在植物体内普遍存在，发现又早，因此，人们常用 IAA 代表生长素。几种生长素类化合物的结构式如图 7-2。

二、生长素的分布、存在形式与运输

生长素广泛分布于高等植物的根、茎、叶、花、果实、种子等各种器官和组织中。但含量甚微，一般植物体内生长素的含量为 10～100ng/g FW，而且主要集中在生长强烈、代谢旺盛的部位，如胚芽鞘、幼嫩的果实与种子、芽与根尖的分生组织、形成层、禾谷类的居间分生组织等。而在衰老的组织和器官中，生长素含量甚少。图 7-3 表明生长素在燕麦黄化幼苗中的分布状况。从图 7-3 中可以看出，生长素从胚芽鞘尖端到基部含量逐渐降低；同样，从根尖到基部含量也逐渐下降。但是，根尖的生长素含量低于胚芽鞘尖端。

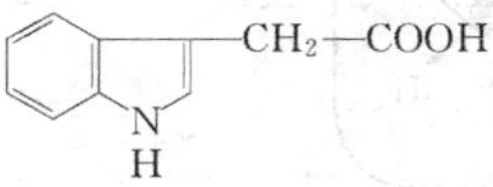

吲哚乙酸
(IAA)

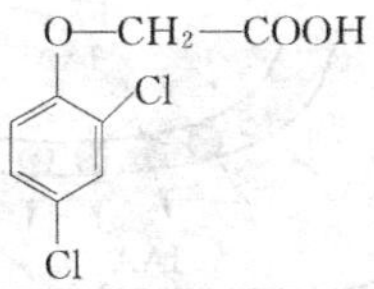

2,4-二氯苯氧乙酸
(2,4-D)

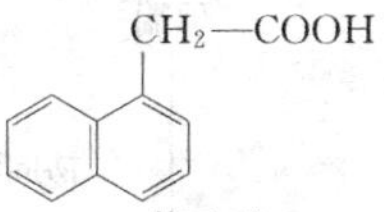

α-萘乙酸
(α-NAA)

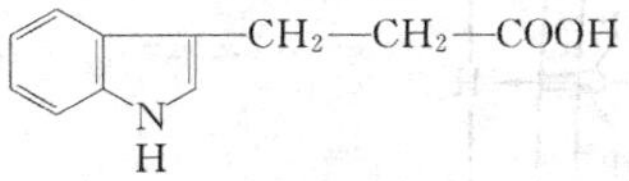

吲哚丙酸

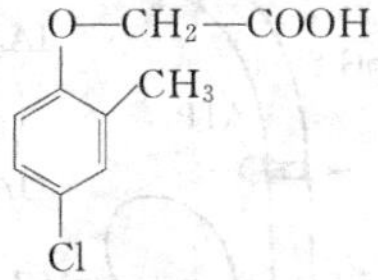

2-甲基-4-氯基苯氧乙酸
(MCPA)

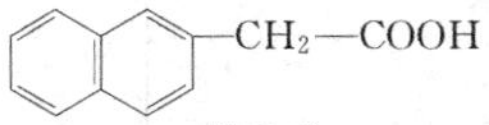

β-萘乙酸
(β-NAA)

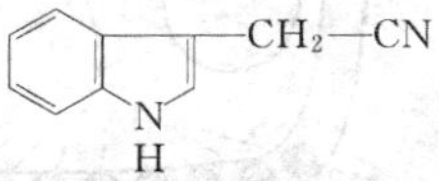

吲哚乙腈

图 7-2　具有生长素活性的生长物质

生长素在植物体内以两种形式存在：一种是游离型，是生长素发挥生理效应的形式，主要分布于生长旺盛和代谢强烈的部位，如幼叶、幼根、幼果等；另一种是结合型，生长素可与葡萄糖结合生成吲哚乙酰葡萄糖苷，与天冬氨酸结合生成吲哚乙酰天冬氨酸，与肌醇结合生成吲哚乙酸肌醇，生长素还可与蛋白质结合。结合型是生长素的钝化形式，无生理活性，结合型生长素主要存在于处于休眠状态的种子、芽以及一些贮存器官中。生长素的游离型和结合型可相互转化。例如，禾谷类种子由乳熟期到完熟期，大部分生长素转化为结合型，当种子萌发时，结合型生长素又转化为游离型。

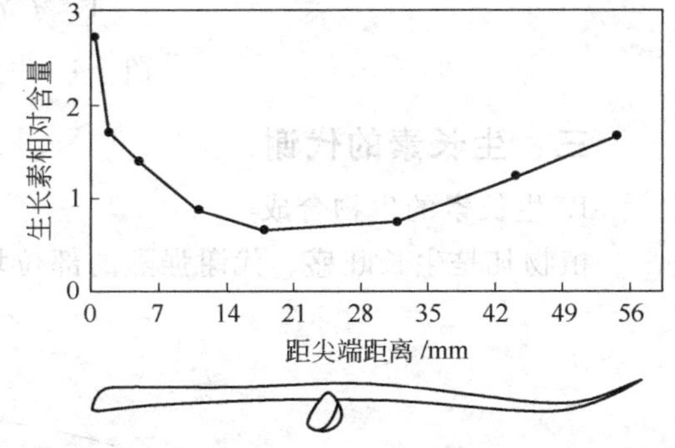

图 7-3　黄化燕麦幼苗中生长素的分布

生长素在植物体内的运输，有极性运输(polar transport)和非极性运输两种形式。Went 利用燕麦胚芽鞘法证实，如果把含有生长素的琼脂块放在一段切头去尾的燕麦胚芽鞘的形态学上端，把不含生长素的另一琼脂块放在胚芽鞘的形态学下端，经过一段时间，下端的琼脂块中有生长素的存在。但如果把含生长素的琼脂小块置于切段的形态学下端，却不能在切段的另一端琼脂块中检测出生长素。由此可见，生长素具有极性运输的特点，即生长素只能从植物形态学的上端向形态学下端运输，不能逆向运输。据研究，生长素在植物体内的极性运输是一种主动过程。其依据是：生长素的极性运输是需要能量和逆浓度梯度进行的，当缺氧、高温、低温或呼吸抑制剂存在时，均会抑制生长素的极性运输；当基部生长素的含量高于顶端时，仍可继续向基部运输；生长素的极性运输速度为0.5～1.5cm/h，比简单扩散约快10倍。在根内，生长素也存在极性运输的现象，即从茎的基部向根尖方向运输，但在根内运输的极性较弱，约比茎内低一个数量级。

生长素的极性运输途径，主要是通过薄壁组织在细胞间进行(图 7-4)。

成熟叶片合成的生长素可通过韧皮部进行非极性运输，即可向上或向下运输到其他器官或组织中。这是一种不需能量的被动过程。

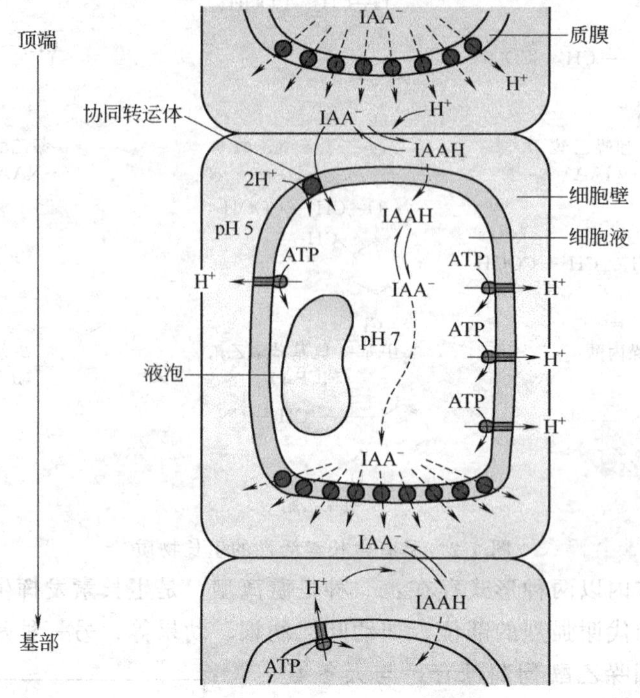

图 7-4　生长素的极性运输模型

三、生长素的代谢

1. 生长素的生物合成

植物凡是生长旺盛、代谢强烈的部位均能合成生长素。例如，营养芽、幼叶、根尖、雄

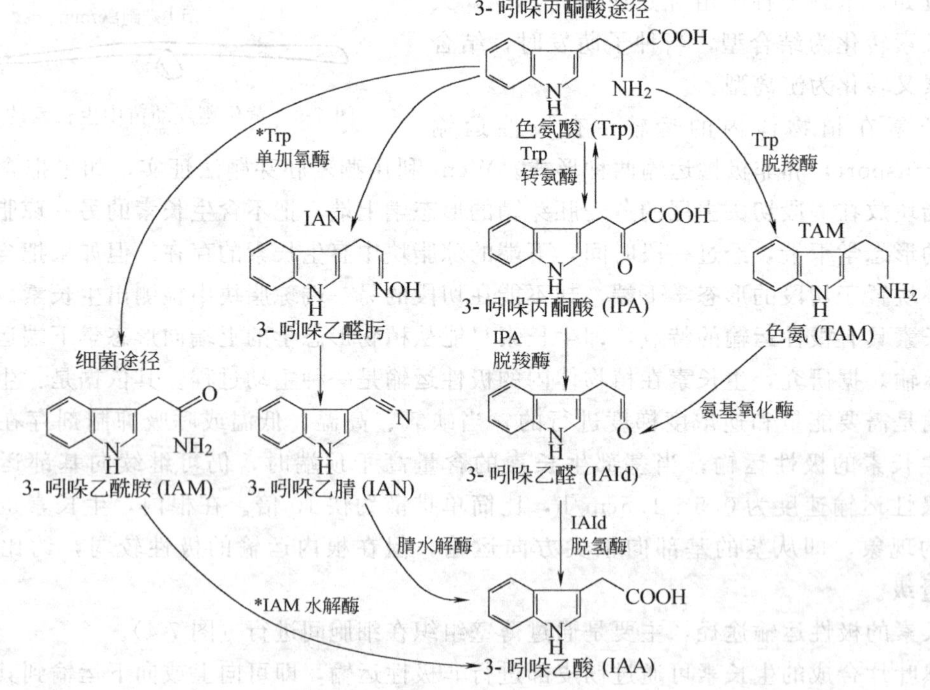

图 7-5　生长素的生物合成途径

蕊的花粉、雌蕊的柱头、子房以及正在发育的果实和种子，都能合成生长素。但是，正在扩大的叶片则是生长素合成的主要部位。

生长素的生物合成具有多条途径，但主要是色氨酸途径（图 7-5）。在植物中，还发现了不依赖色氨酸的生长素合成途径：以吲哚或吲哚-3-甘油磷酸酯为前体，经吲哚-3-乙腈和吲哚-3-丙酮酸合成生长素。

2. 生长素的降解

生长素在植物体内处于合成与分解的动态平衡中。生长素的降解是多途径的，主要有酶促的氧化降解（生长素氧化酶）和光解两种类型。

四、生长素的生理作用

1. 促进伸长生长

生长素对营养器官如胚芽鞘、下胚轴、茎切段的伸长生长有明显的促进作用。生长素对生长的促进作用，一般限于低浓度，中等浓度则抑制生长，高浓度对植物产生伤害，甚至死亡。不同器官对生长素敏感程度不同，一般来说，根对生长素最敏感，在极低浓度下即表现出促进作用，最适浓度约为 10^{-10} mol/L，在浓度较高时根生长受到抑制。茎最不敏感，最适浓度约 10^{-5} mol/L，芽居于两者之间（图 7-6）。

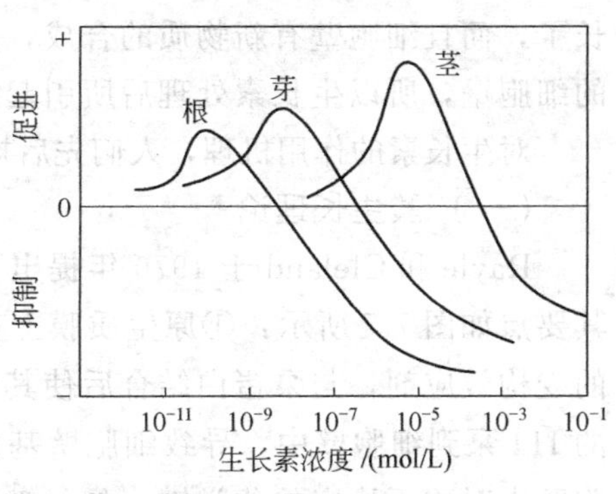

图 7-6 植物不同器官对生长素的反应

2. 引起顶端优势

在木本植物和草本植物中都存在顶端优势现象，即正在生长的顶端对侧芽生长的抑制作用。切去正在生长的顶端，侧芽就开始萌发。如果在切口处涂上含有一定浓度 IAA 的羊毛脂膏，可以代替顶芽对侧芽产生抑制作用。因此，生长素是造成顶端优势的主要因素。

3. 促进器官与组织的分化

在组织培养中，常用生长素诱导器官与组织的分化，当培养基中含有生长素时，有利于根的分化。生长素能刺激植物枝条切段基部根原基细胞分裂，引起维管束发生，促进发根，其中最有效的生长素类物质是吲哚丁酸。目前这种方法已在园艺作物和树木的无性繁殖上广泛应用。

4. 诱导单性结实

植物不经受精作用而使子房膨大形成无籽果实的现象称为单性结实（parthenocarpy）。如果在授粉之前，用生长素处理柱头，可以不经授粉而引起子房膨大，并发育成果实。例如用生长素处理番茄、葡萄、西瓜、草莓和茄子都可引起单性结实。

5. 影响性别分化

生长素对瓜类作物的花器官分化产生一定的影响。试验表明，用适宜浓度的生长素处理瓜类作物有促进雌花分化的作用。

6. 促进菠萝开花

菠萝定植两年的植株中开花率为 25%，其余的仍处于营养生长状态。此后，开花参差不齐，可长达 5 年，不利于管理。目前，在生产上广泛应用生长素类物质促进菠萝开花。试验表明，凡是营养生长已达 14 个月以上的植株，在一年内的任何月份，只要用 5～10mg/L NAA 或 2,4-D 处理，2 个月后就能 100%开花。所以，既可利用生长素类物质一次处理菠萝植株，使其开花、结实、成熟等生育期基本一致，有利于管理和采收，又可用生长素类物质分期分批处理，使一年内各个月份均有菠萝成熟，可避免大量集中贮藏保鲜。

7. 防止器官脱落

生长素类物质既能延迟离层细胞的衰老，又能“吸引”物质向生长素类物质含量高的组织或器官运输。因此，具有防止果实因营养失调或其他原因而脱落的作用。例如，用10mg/L NAA或1mg/L 2,4-D喷洒棉花植株，可有效地防止蕾铃脱落。

此外，生长素类物质还可杀除杂草，高浓度的2,4-D(1g/L)溶液能杀死双子叶植物而对禾谷类作物无害，因此曾作为选择性除草剂被广泛地应用于禾谷类作物的大田生产中。但由于影响下茬作物的生长和污染环境，近年来逐渐被其他类型的除草剂所替代。

五、生长素的作用机理

生长素最明显的生理效应是促进细胞的伸长生长。用生长素处理茎切段后，不仅细胞伸长了，而且细胞壁有新物质的合成，原生质的量也增加了。由于植物细胞周围有一个半刚性的细胞壁，所以生长素处理后所引起细胞的生长必然包含了细胞壁的松弛和新物质的合成。

对生长素的作用机理，人们先后提出了“酸生长理论”、“受体学说”和“基因活化学说”。

（一）酸生长理论

Rayle和Cleland于1970年提出了生长素作用机理的酸生长理论（acid growth theory）。其要点如图7-7所示：①原生质膜上存在着非活化的质子泵（H^+-ATP酶），生长素作为泵的变构效应剂，与泵蛋白结合后使其活化；②活化了的质子泵消耗能量（ATP），将细胞内的H^+泵到细胞壁中，导致细胞壁基质溶液的pH下降；③在酸性条件下，H^+一方面使细胞壁中对酸不稳定的化学键（如氢键）断裂，同时使细胞壁中的某些多糖水解酶（如纤维素酶、XET）活化或增加，从而使连接木葡聚糖与纤维素微纤丝之间的键断裂，细胞壁松弛；④细胞壁松弛后，细胞的压力势下降，导致细胞的水势下降，细胞吸水，体积增大而发生不可逆增长。

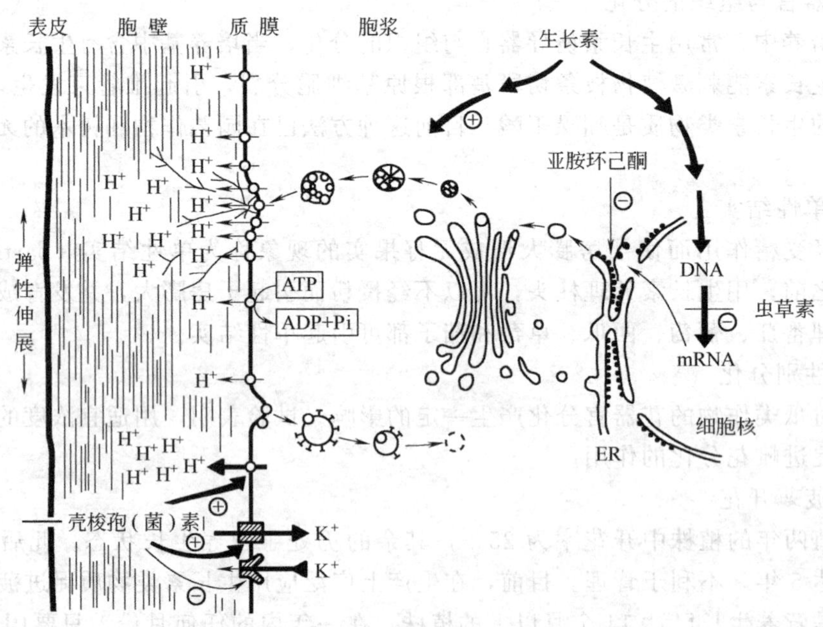

图7-7 生长素作用机理的酸生长学说

生长素诱导的细胞伸长生长是一个需能过程，呼吸抑制剂，如氰化物（CN^-）和二硝基酚（DNP）可抑制生长素的这种效应，但对 H^+ 诱导的伸长则无影响。

（二）基因活化学说

生长素作用机理的“酸生长理论”虽能很好地解释生长素所引起的快速反应，但许多研究结果表明，在生长素所诱导的细胞生长过程中不断有新的原生质成分和细胞壁物质合成，且这种过程能持续几个小时，而完全由 H^+ 诱导的生长只能进行很短时间。由核酸合成抑制剂放线菌素 D（actinmycin D）和蛋白质合成抑制剂亚胺环己酮（cycloheximide）的实验得知，生长素所诱导的生长是由于它促进了新的核酸和蛋白质的合成。于是，提出了生长素作用机理的基因活化学说（gene activation theory）。该学说认为，生长素诱导与生长有关的基因的表达，从而引起了生长（图 7-8）。

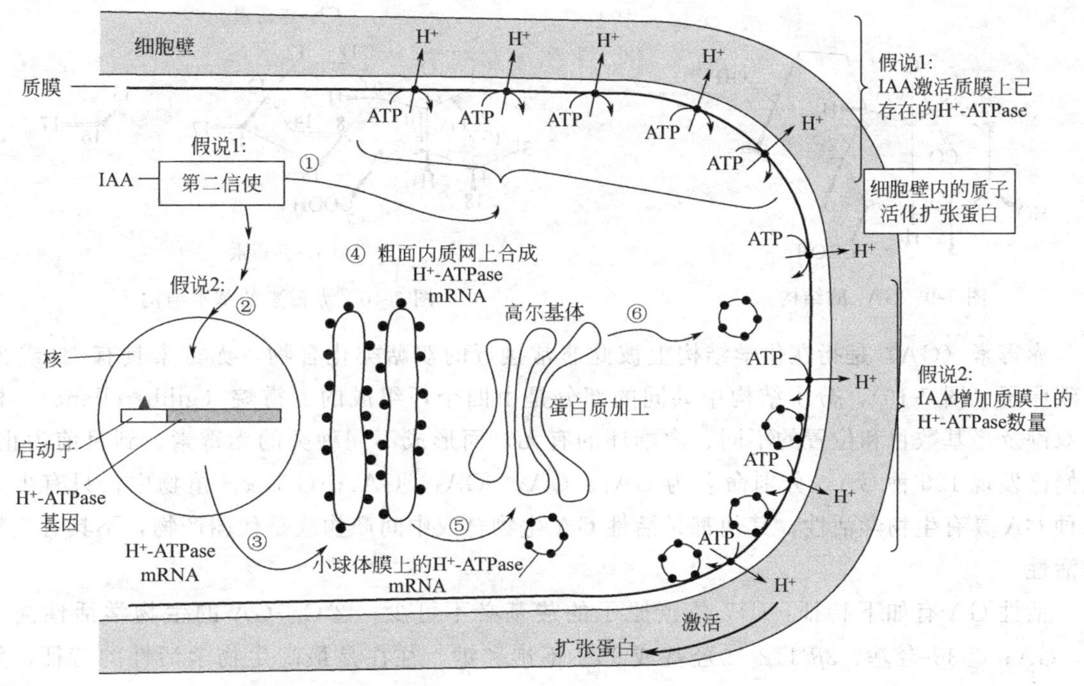

图 7-8 生长素诱导基因表达的机制（引自武维华，2003）

假说 1：IAA 诱导细胞内的第二信使系统，直接活化质膜上已存在的 H^+-ATPase；

假说 2：IAA 诱导的第二信使系统启动编码 H^+-ATPase 的基因表达，合成新的 H^+-ATPase。

图中①～⑥表示信号传递、基因表达以及蛋白质合成的顺序。膜上 H^+-ATPase 活性或者数量的增加，使细胞壁酸化，激活细胞壁上的扩张蛋白，使细胞壁基质松弛，有利于细胞的生长

第二节 赤霉素类

一、赤霉素的发现

在 19 世纪末，人们发现水稻患一种疯长病，称为水稻恶苗病。因该病是由赤霉菌引起的，所以又称赤霉病。1926 年日本病理学家黑泽英一发现，把赤霉菌提取液施到水稻上，也能引起水稻恶苗病，这表明赤霉菌通过产生某种物质而引起水稻疯长。1938 年日本科学家薮田等从水稻赤霉菌中分离并结晶出这种物质，并命名为赤霉素 A（gibberellins A,

GA)。1959 年确定了赤霉素 A 中的 GA_3，即赤霉酸的结构（图 7-9）。人们从赤霉菌中分离出的赤霉素，不仅可引起水稻恶苗病，而且施到矮生植物（如矮生的豌豆、玫瑰、玉米等）上，可增加植株高度。因此，人们联想到，在植物体内也可能含有赤霉素。1958 年，美国科学家 Jake MackMillan 等首次从红花菜豆未成熟种子中分离纯化出赤霉素，由于是第一个被发现的 GA，故命名为 GA_1。

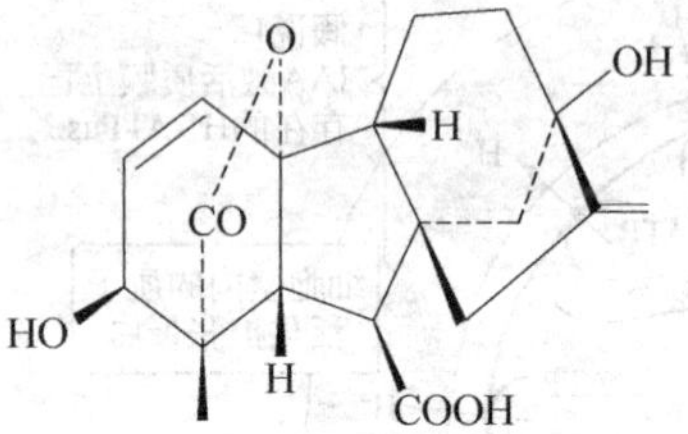

图 7-9　GA_3 的结构

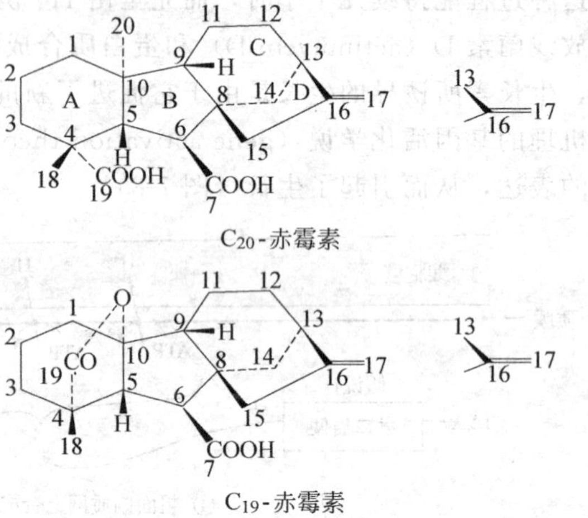

C_{20}-赤霉素

C_{19}-赤霉素

图 7-10　赤霉素的基本结构

赤霉素（GA）是指在化学结构上彼此非常接近的双萜类化合物，赤霉素具有 19 或 20 个碳原子（图 7-10），分子结构中共同的部分是由四个环组成的赤霉烷（gibberellane），根据双键及羟基数目和位置的不同、内酯环的有无，而形成不同种类的赤霉素。到目前为止，人们已发现 126 种 GA。分别命名为 GA_1、GA_2、GA_3、GA_4…GA_{118}。植物中，只有少数几种 GA 具有生物学活性，其他都是活性 GA 生物合成中间产物或是代谢产物，不具有生物学活性。

活性 GA 有如下特征：①7 位碳原子的羧基必不可少；②C_{19}-GA 的生物学活性高于 C_{20}-GA；③3β-羟基、3β-1,2-二羟基或 1,2-不饱和键，往往是最高生物学活性的特征，如 GA_1、GA_3、GA_4、GA_7、GA_{32} 等。

二、赤霉素的分布、存在形式与运输

赤霉素广泛分布在高等植物的组织和器官中，例如种子、幼苗、子叶、扩展的叶片中都含有赤霉素。GA 的含量一般在 10^{-9} 水平。在生殖器官（发育的果实和种子）和旺盛生长的部位（茎尖、根尖）赤霉素含量较高，活性亦强，而休眠器官（休眠的马铃薯块茎等）赤霉素含量极低，活性也弱。

植物体内赤霉素有两种存在形式：一是游离型，是具有生物活性、发挥生理作用的形式，通常存在于生长旺盛的部位；二是结合型，赤霉素可与糖类结合成 GA 葡萄糖苷，与乙酸结合成 GA 乙酸乙酯，也可以与氨基酸和蛋白质结合。一般来说，结合型 GA 没有活性，只有转变为游离型时才能发挥作用。结合型 GA 可能是赤霉素的一种贮藏形式，在一定的内外因子影响下可解离出游离的活性 GA。这种游离型和结合型 GA 的平衡在种子成熟、休眠和发芽中具有重要生理意义。

赤霉素在体内的运输不表现极性。GA 的运输既能通过韧皮部，也能通过木质部。

三、赤霉素的代谢

1. 生物合成

赤霉素的生物合成部位是植物正在生长或分化的组织。发育着的幼果和种子（尤其是胚），是GA生物合成的主要场所。

一般认为，赤霉素的生物合成前体是甲瓦龙酸（mevalonic acid）。图7-11概括了由前体物牻牛儿牻牛儿基焦磷酸（GGPP）合成赤霉素的过程。

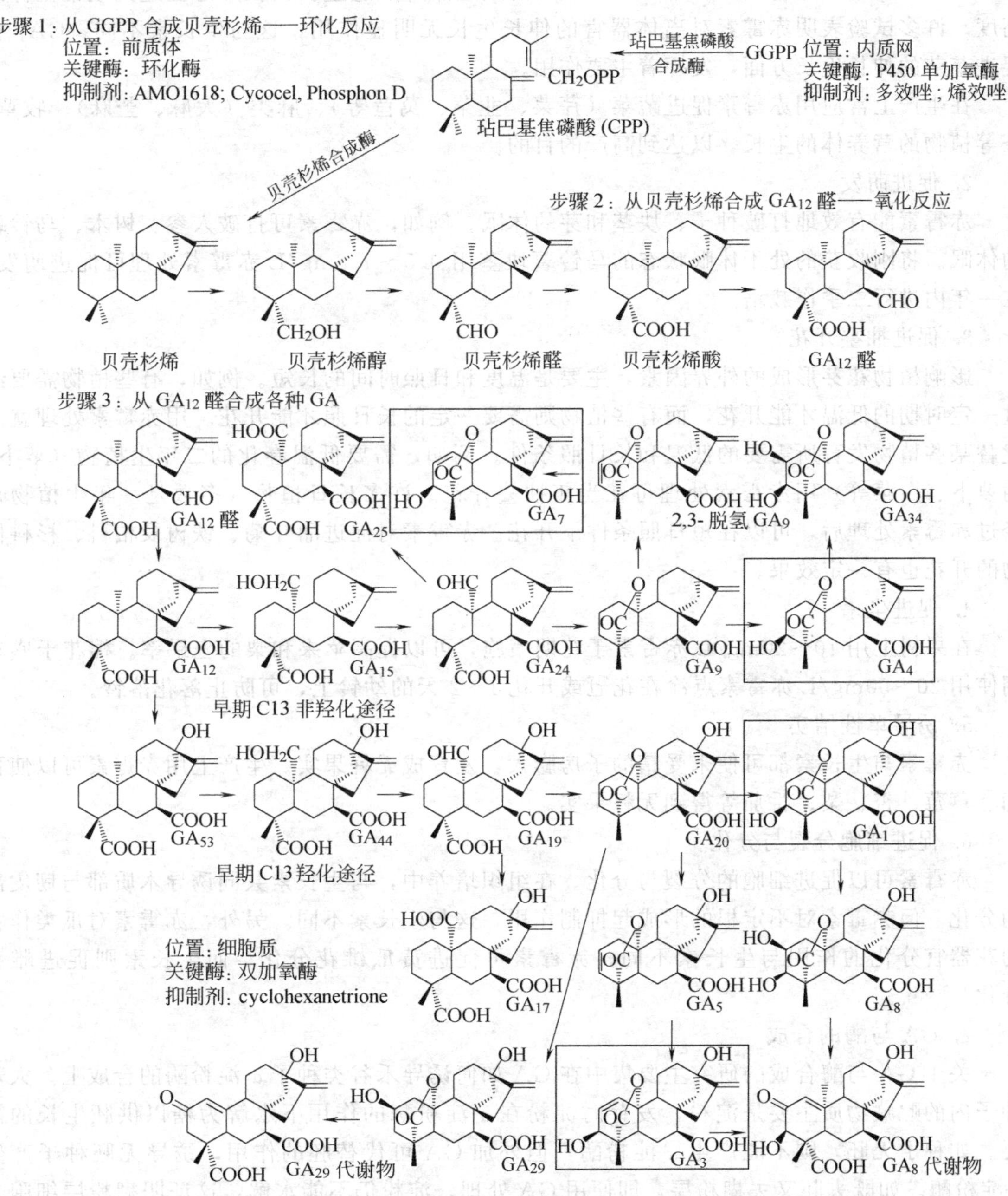

图7-11　高等植物赤霉素生物合成的基本途径（引自武维华，2003）

图中方框内为有活性的GA形式

2. GA 的降解

GA 合成以后在体内的降解很慢，其失活代谢主要是 2β-羟化反应，该反应使活性 GA 不可逆地失去生物活性。

四、赤霉素的生理作用

1. 促进茎节的伸长生长

赤霉素最明显的生理效应，就是促进茎节的伸长生长，但不改变节间的数目。同时，赤霉素还能促进某些植物（如四季豆、玉米）的矮生品种加速生长，在形态上达到正常植株的高度。许多试验表明赤霉素对离体器官的伸长生长无明显作用，这与生长素不同。GA_1 在促进茎节的伸长生长方面，发挥着主要作用。

在生产上常应用赤霉素促进蔬菜（芹菜、韭菜、莴苣等）、麻类（大麻、苎麻）、牧草、茶等植物的营养体的生长，以达到高产的目的。

2. 促进萌发

赤霉素能有效地打破种子、块茎和芽的休眠。例如，赤霉素可打破人参、树木、马铃薯的休眠。将刚收获的处于休眠状态的马铃薯块茎用 0.5～1.0mg/L 赤霉素处理可促进萌发，在一年内进行二季作栽培。

3. 促进抽薹开花

影响植物花芽形成的外界因素，主要是温度和日照时间的长短。例如，有些植物需要经过一定时期的低温才能开花，而有些植物则需要一定的长日照才能开花。用赤霉素处理就能代替某些植物发育所需要的低温和长日照条件。例如，需要低温春化的二年生植物（萝卜、胡萝卜、白菜等）用赤霉素处理可在当年抽薹开花。许多长日植物（多数是一年生植物），经过赤霉素处理后，可以在短日照条件下开花。赤霉素对促进甜叶菊、铁树及柏科、杉科植物的开花也有一定效果。

4. 促进坐果

在果树上用 10～20mg/L 赤霉素于花期喷施，可以提高苹果和梨的坐果率。棉花于盛花期使用 20～50mg/L 赤霉素点涂在花冠或开花 1～2 天的幼铃上，可防止落花落铃。

5. 诱导单性结实

赤霉素与生长素都可使未受精的子房膨大，发育成无籽果实。生产上用赤霉素可以使葡萄、草莓、杏、梨、番茄等得到无籽果实。

6. 促进细胞分裂与分化

赤霉素可以促进细胞的分裂与分化。在组织培养中，与生长素共同诱导木质部与韧皮部的分化。但赤霉素对不定根的形成起抑制作用，这与生长素不同。另外，赤霉素对瓜类作物的花器官分化的作用与生长素不同，赤霉素可促进黄瓜雄花分化，而生长素则促进雌花分化。

7. GA 与酶的合成

关于 GA 与酶合成的研究主要集中在 GA 如何诱导禾谷类种子 α-淀粉酶的合成上。大麦种子内的贮藏物质主要是淀粉，发芽时淀粉在 α-淀粉酶的作用下水解为糖以供胚生长的需要。如种子无胚，则不能产生 α-淀粉酶，但外加 GA 可代替胚的作用，诱导无胚种子产生 α-淀粉酶。如既去胚又去糊粉层，即便用 GA 处理，淀粉仍不能水解，这证明糊粉层细胞是 GA 作用的靶细胞。GA 促进无胚大麦种子合成 α-淀粉酶具有高度的专一性和灵敏性，现已用来作为 GA 的生物鉴定法，在一定浓度范围内，α-淀粉酶的产生与外源 GA 的浓度成正比。

大麦籽粒在萌发时，贮藏在胚中的束缚型GA水解释放出游离的GA，通过胚乳扩散到糊粉层，并诱导糊粉层细胞合成α-淀粉酶，α-淀粉酶扩散到胚乳中催化淀粉水解（图7-12），水解产物供胚生长需要。

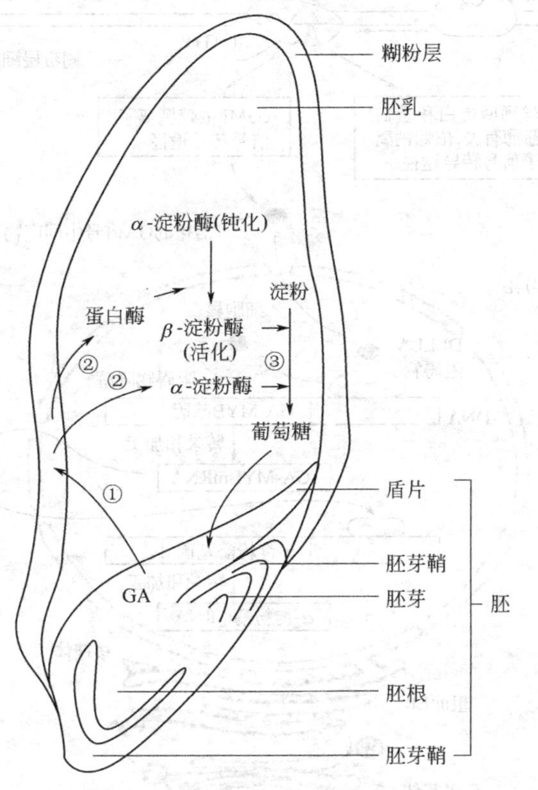

图7-12 GA促进α-淀粉酶的形成（引自Hopkins，1999）

①GA从胚移动到糊粉层；②刺激α-淀粉酶和蛋白酶的合成，蛋白酶把不活化的β-淀粉酶转化为活化型；③α-淀粉酶和β-淀粉酶一起分解淀粉为葡萄糖，运到生长着的胚以满足其代谢需要

GA不但诱导α-淀粉酶的合成，也诱导其他水解酶，如蛋白酶、β-1,3-葡萄糖苷酶、木葡聚糖内转糖基酶（XET）等的形成，与细胞的生长联系十分密切。

GA诱导酶的合成是由于它促进了基因的转录，即GA是编码这些酶的基因的去阻抑物。用大麦糊粉层细胞的转录试验表明，在GA处理1～2h内α-淀粉酶的mRNA含量增加，20h达到高峰，其含量比对照高50倍。

五、赤霉素的作用机理

1. 赤霉素促进茎伸长生长的机理

植物茎的伸长是由组成茎的细胞数目增加和细胞伸长所致。GA能显著促进茎的伸长，可能与增加细胞分裂、促进细胞壁松弛和增加细胞溶质、降低水势、增强吸水有关。GA能促进一些植物细胞分裂是由于促进有丝分裂的细胞进入DNA复制期及相应地缩短了DNA复制期。GA诱导α-淀粉酶等的合成，因而促进淀粉、蔗糖等物质的水解，水解的产物提供了生长所需的能量以及细胞壁合成的原料，而且使细胞的水势变得更小，以致从环境中吸收水分使细胞伸展。GA可使细胞壁松弛，是由于减少了细胞壁伸展所需要的临界作用力。

2. GA 诱发糊粉层产生 α-淀粉酶合成的机理

GA 诱发糊粉层产生 α-淀粉酶合成的机理如图 7-13。

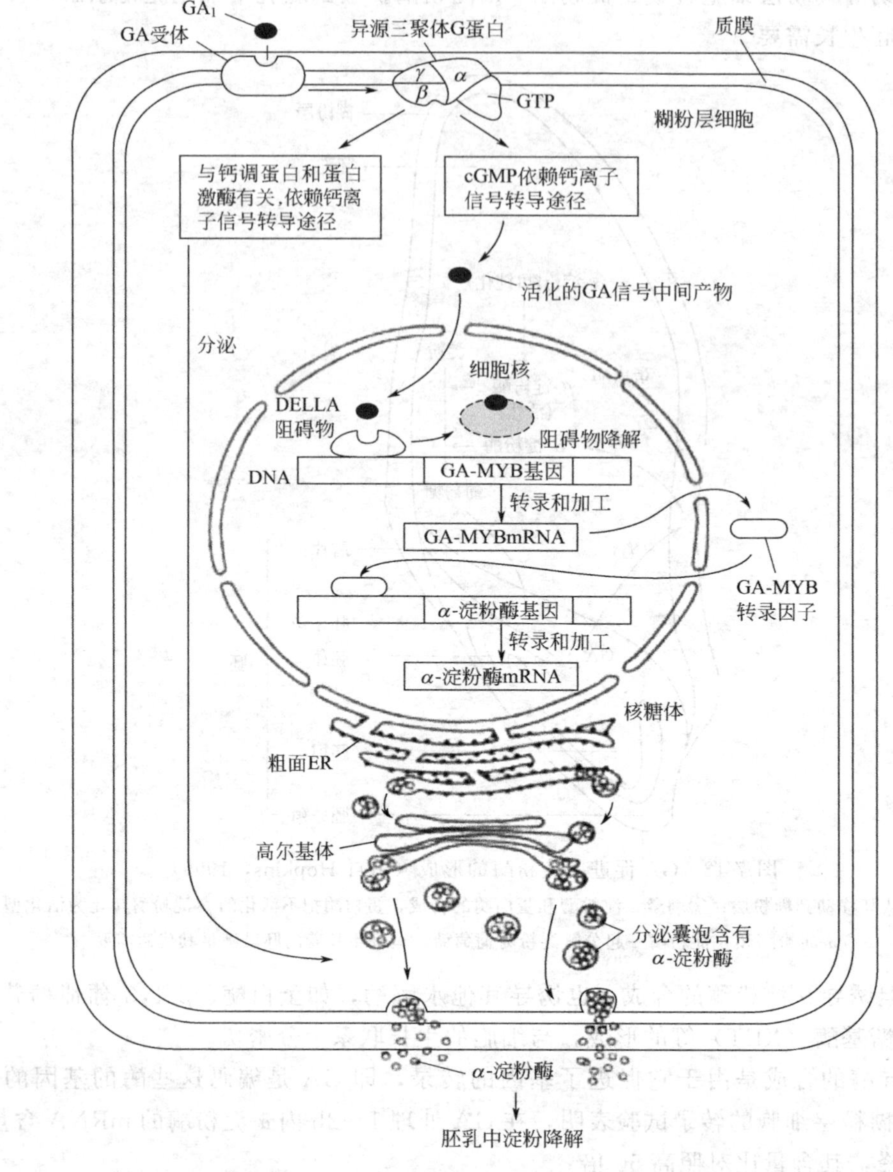

图 7-13 赤霉素诱发大麦糊粉层 α-淀粉酶合成的模式图（引自 Taiz 和 Zeiger，2002）

3. GA 调节 IAA 水平

许多研究表明，GA 可使内源 IAA 的水平增高。这是因为：①GA 降低了 IAA 氧化酶的活性；②GA 促进蛋白酶的活性，使蛋白质水解，IAA 的合成前体（色氨酸）增多；③GA还促进束缚型 IAA 释放出游离型 IAA。以上三个方面都增加了细胞内 IAA 的水平，从而促进生长。所以，GA 和 IAA 在促进生长、诱导单性结实和促进形成层活动等方面都具有相似的效应（图 7-14）。但 GA 在打破芽和种子的休眠、诱导禾谷类种子 α-淀粉酶的合成、促进未春化的二年生及长日植物成花以及促进矮生植株节间的伸长等方面的功能是 IAA 所不具有的。

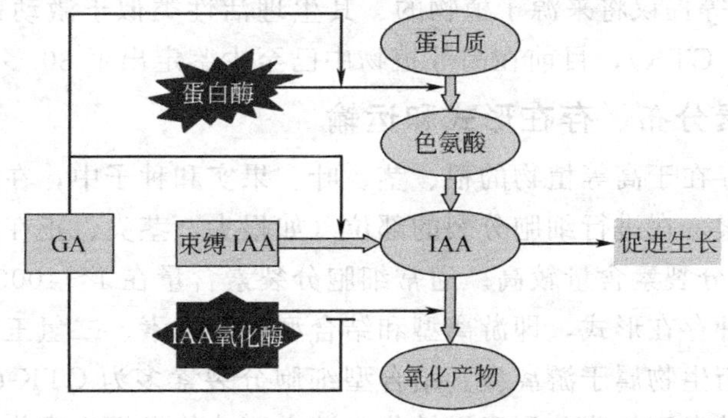

图 7-14　GA 与 IAA 的关系

空心箭头表示生物合成；实线箭头表示促进；平端线表示抑制

第三节　细胞分裂素类

一、细胞分裂素的发现

早在 20 世纪初，就已发现在马铃薯韧皮组织中有一种可扩散物质，能够促进细胞分裂。1941 年，Van Overbeek 发现未成熟椰子的液体胚乳有促进细胞分裂的作用。1948 年，F. Skoog 等在组织培养过程中发现，当把烟草茎切段置于含有生长素的培养基上进行无菌培养时，凡是含有维管束的外植体都比较容易分裂，椰乳和酵母汁也能促进细胞分裂。1955 年，C. O. Miller 和 F. Skoog 等偶然将存放了 4 年的鲱鱼精细胞 DNA 加入到烟草髓组织的培养基中，发现也能诱导细胞的分裂，他们分离出了这种活性物质，并命名为激动素（kinetin，KT）。1956 年，Miller 从高压灭菌处理的鲱鱼精细胞 DNA 分解产物中纯化出了激动素结晶，并鉴定出其化学结构为 6-呋喃氨基嘌呤（N^6-furnanaminopurine）。

尽管植物体内不存在激动素，但实验发现植物体内广泛分布着能促进细胞分裂的物质。1963 年，Letham 从未成熟的玉米籽粒中分离出了一种类似于激动素的细胞分裂促进物质，命名为玉米素（zeatin），1964 年确定其化学结构为 6-(4-羟基-3-甲基-反式-2-丁烯基氨基)嘌呤[6-(4-hydroxyl-3-methy-*trans*-2-butenylamino) purine]，分子式为$C_{10}H_{13}N_{50}$，相对分子质量为 129.7（图 7-15）。玉米素是最早发现的植物天然细胞分裂素，其生理活性远强于激动素。

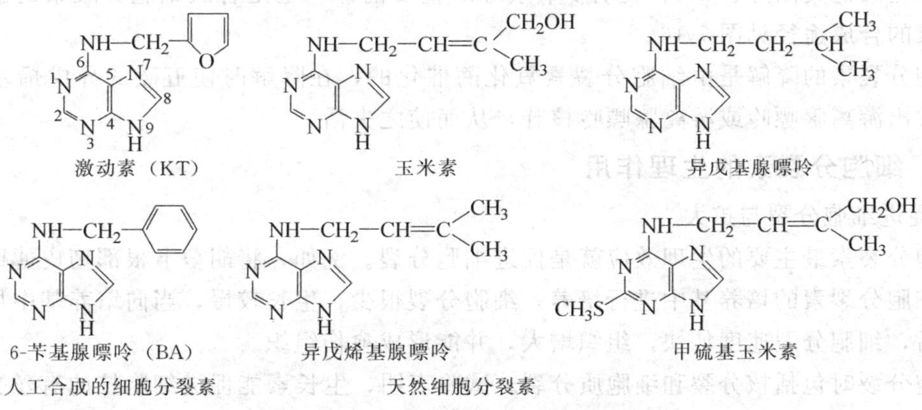

图 7-15　常见的天然细胞分裂素和人工合成的细胞分裂素的结构式

1965 年 F. Skoog 等提议将来源于植物的、其生理活性类似于激动素的化合物统称为细胞分裂素（cytokinin，CTK），目前在高等植物中已至少鉴定出了 30 多种细胞分裂素。

二、细胞分裂素分布、存在形式和运输

细胞分裂素广泛存在于高等植物的根、茎、叶、果实和种子中，在伤流液或木质部液汁中均检测出细胞分裂素，在进行细胞分裂的部位（如根尖、茎尖、正在发育与萌发的种子和生长着的果实），细胞分裂素含量较高。通常细胞分裂素含量在 1～1000ng/g FW。

细胞分裂素有两种存在形式，即游离型和结合型。玉米素、二氢玉米素和异戊烯基腺嘌呤以及它们的核苷酸衍生物属于游离型。结合型细胞分裂素多为 CTK-*O*-葡萄糖苷，在代谢上具有高度稳定性。结合型细胞分裂素需转化为游离型才能发挥生理作用。结合型也可能是细胞分裂素的特殊的运输形式。

根系中合成的细胞分裂素，通过木质部向上运输。细胞分裂素主要以玉米素和玉米素核苷的形式运输。在韧皮部中只含有少量的细胞分裂素。叶片几乎不向外输送细胞分裂素，施到叶片上的放射性细胞分裂素很少向外运输。

三、细胞分裂素的代谢

根中含有较丰富的细胞分裂素，一般认为，根尖是合成细胞分裂素的主要场所，这可以从下列试验得到证实：①许多植物如葡萄、向日葵、水稻、棉花、番茄等的伤流液中含有细胞分裂素，并在切去地上部分 4 天后，伤流液中的细胞分裂素浓度仍不下降；②测定豌豆根各切段的细胞分裂素含量，在根尖 0～1mm 切段的细胞分裂素含量比 1～5mm 处高 40 倍，而距根尖 5mm 以远切段中，无细胞分裂素活性；③无菌培养水稻根尖，根可向培养基中分泌细胞分裂素。

正在发育的种子和果实含有大量的细胞分裂素，它们可能主要来自根系，但种子和果实也可合成细胞分裂素。将胚培养在不含细胞分裂素的培养基中，胚可正常生长。

幼叶也含有大量的细胞分裂素，但叶片可能不合成细胞分裂素。叶片能将放射性腺嘌呤转化为细胞分裂素，但离体叶片在不含细胞分裂素的培养基上，不能正常生长。

经研究，关于细胞分裂素生物合成途径已经取得很大进展。用烟草组织作材料进行的研究指出，植物中细胞分裂素生物合成的关键酶是 Δ^2-异戊烯基焦磷酸:AMP Δ^2-异戊烯基转移酶，亦称细胞分裂素合成酶，它催化异戊烯基焦磷酸（Δ^2-IPP）中的异戊烯基转移到腺苷一磷酸（AMP）的 N^6 原子上，生成异戊烯基腺苷一磷酸。

甲瓦龙酸是类固醇、GA、类胡萝卜素等的重要前体，也是合成细胞分裂素的前体。细胞分裂素的合成途径见图 7-16。

细胞分裂素的降解是由细胞分裂素氧化酶催化的，在降解时使五碳的异戊烯基侧链脱掉，释放出游离腺嘌呤或游离腺嘌呤核苷，从而使之失活。

四、细胞分裂素的生理作用

1. 促进细胞分裂与扩大

细胞分裂素最主要的生理效应就是促进细胞分裂。例如，将胡萝卜根部韧皮薄壁细胞放在不含细胞分裂素的培养基中进行培养，细胞分裂很少，生长较慢，当向培养基中加入细胞分裂素后，细胞分裂速度加快，组织增大，并能形成愈伤组织。

细胞分裂时包括核分裂和细胞质分裂。试验表明，生长素能促进细胞核的有丝分裂，细胞分裂素则主要调节细胞质的分裂。因此，当缺少细胞分裂素时细胞质不分裂，形成多核细胞。

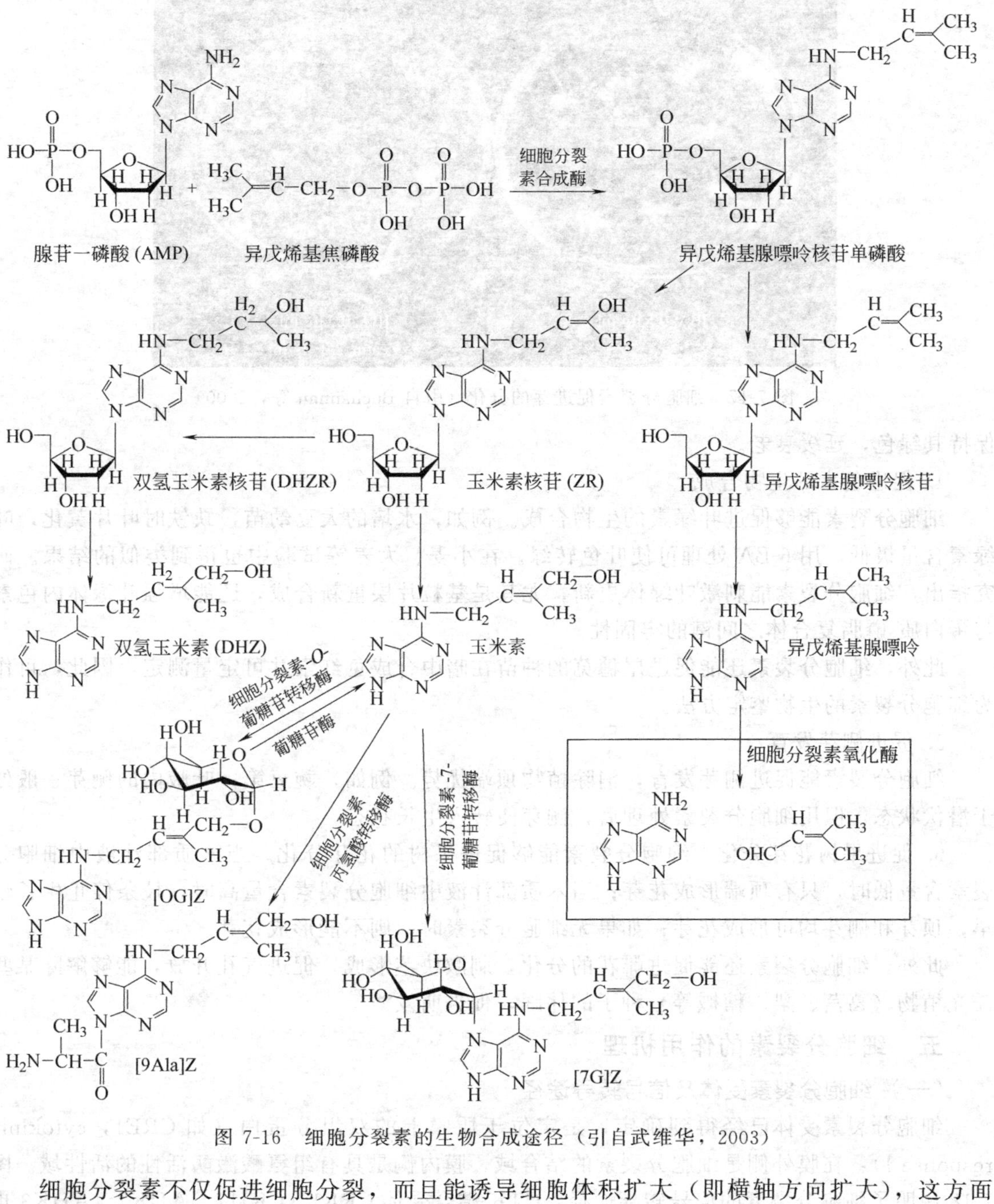

图 7-16　细胞分裂素的生物合成途径（引自武维华，2003）

细胞分裂素不仅促进细胞分裂，而且能诱导细胞体积扩大（即横轴方向扩大），这方面与生长素又有不同。

2. 促进芽的分化

在细胞培养时，提高培养基中细胞分裂素与生长素的比值时，诱导愈伤组织分化出芽。相反，当生长素的比例较高时，有利于愈伤组织分化出根。当两者处于适当的比例时，愈伤组织可同时分化出芽和根，形成完整的植株（图 7-17）。

3. 延迟叶片衰老

试验表明，细胞分裂素可延迟活体和离体叶片的衰老。例如，用 6-BA 处理离体叶片可

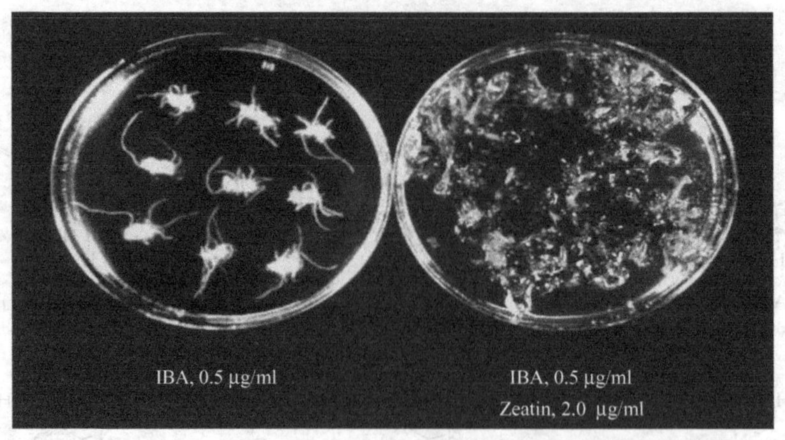

图 7-17 细胞分裂素促进芽的分化（引自 Buchannan 等，2000）

保持其绿色，延缓衰老。

4. 促进色素的生物合成

细胞分裂素能够促进叶绿素的生物合成。例如，水培的大豆幼苗，缺铁时叶片黄化，叶绿素含量极低，用 6-BA 处理可使叶色转绿。在小麦、大麦等试验中也得到类似的结果。研究指出，细胞分裂素能刺激叶绿体更新，尤其是基粒片层重新合成，还能增强叶绿体内色素与蛋白质-磷脂复合体之间键的牢固性。

此外，细胞分裂素还能促进尾穗苋的种苗在暗中合成苋红素并可定量测定，因此，可作为细胞分裂素的生物鉴定方法。

5. 促进侧芽发育

细胞分裂素能促进侧芽发育，消除植物顶端优势。例如，豌豆第一叶腋内的侧芽一般处于潜伏状态，但用细胞分裂素处理后，侧芽便转入生长状态。

6. 促进果树花芽分化　细胞分裂素能够促进果树的花芽分化。当木质部汁液中细胞分裂素含量低时，只有顶端形成花芽；当木质部汁液中细胞分裂素含量高时，枝条停止生长较早，顶芽和侧芽均可形成花芽；如果无细胞分裂素时，则不能形成花芽。

此外，细胞分裂素还能促进雌花的分化，刺激块茎形成，促进气孔开放，能够解除某些需光植物（莴苣、梨、糖槭等）种子的休眠，促进萌发。

五、细胞分裂素的作用机理

（一）细胞分裂素受体及信号转导途径

细胞分裂素受体已经得到确定，是定位于质膜上的双组分蛋白（如 CRE1，cytokinin response 1）：在膜外侧是细胞分裂素的结合域，膜内侧是具有组氨酸激酶活性的活性域。图 7-18 说明了细胞分裂素的信号转导途径：CTK 结合受体 CRE1（CKI17、AHK2、AHK3 也可能是受体复合体的成分），磷酸化 APH1/2，使抑制子得以解除，转录因子 ARR1,2,10 促进 ARR4,5,6,7 基因的转录，最终增强与生长有关的靶基因的表达，引起生长反应。磷酸化的 APH1/2 还会被 ARR4,5,6,7 反馈抑制，避免了过度的生长反应。

（二）细胞分裂素诱导基因表达

激动素能与豌豆芽染色质结合，调节基因活性，促进 RNA 合成。6-BA 加入到大麦叶染色体的转录系统中，增加了 RNA 聚合酶的活性。这表明细胞分裂素有促进转录的作用。

细胞分裂素可以促进蛋白质的生物合成，如诱导烟草硝酸还原酶的合成。

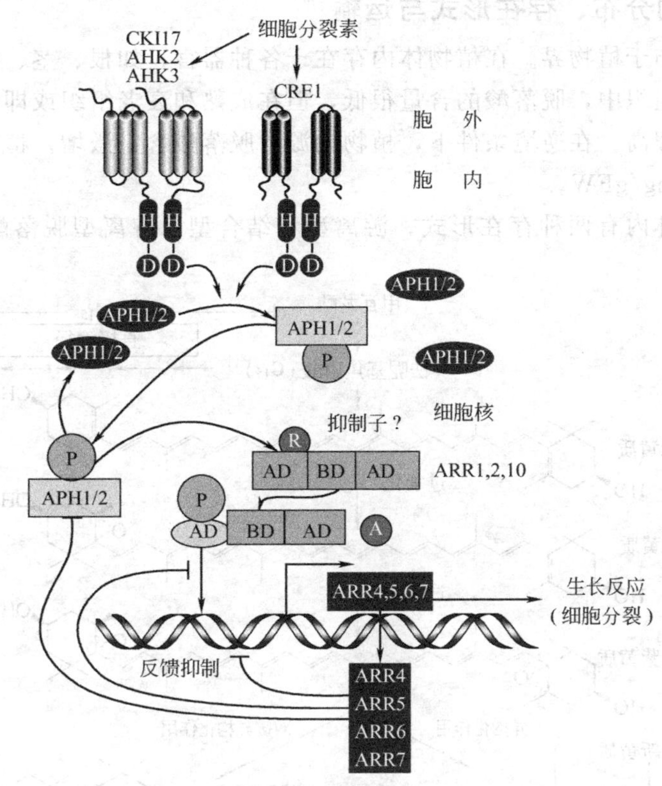

图 7-18　细胞分裂素的信号转导途径（引自 Jen Sheen，2002）

第四节　脱　落　酸

一、脱落酸的发现

1963 年，美国的 Addicott 等在研究棉花幼铃脱落时，发现一种促进脱落的物质，定名为脱落素Ⅱ（abscisinⅡ）；大约在同一时期，英国的 Wareing 等从秋天即将进入休眠的桦树叶片中也分离出一种促进芽休眠的物质，定名为休眠素（dormin）。后来经化学鉴定证明，脱落素Ⅱ与休眠素具有相同的分子结构，为同一物质。1967 年在第六届国际生长物质会议上统一命名为脱落酸（abscisic acid，ABA）。脱落酸是由 15 个碳原子组成的脂肪族环状化合物（属于倍半萜），环上带一个双键、三个甲基和一个末端为羧基的不饱和链。脱落酸有顺式和反式两种几何异构体，植物体内的 ABA 几乎都是顺式的。脱落酸还有两种旋光异构体，天然 ABA 是右旋的，用 *S*-ABA 或（+）-ABA 表示，左旋 ABA 用*R*-ABA 或（—）-ABA 表示，无生物活性，人工合成的 ABA 是外消旋体，*S*-ABA 和*R*-ABA 几乎各占一半（图 7-19）。

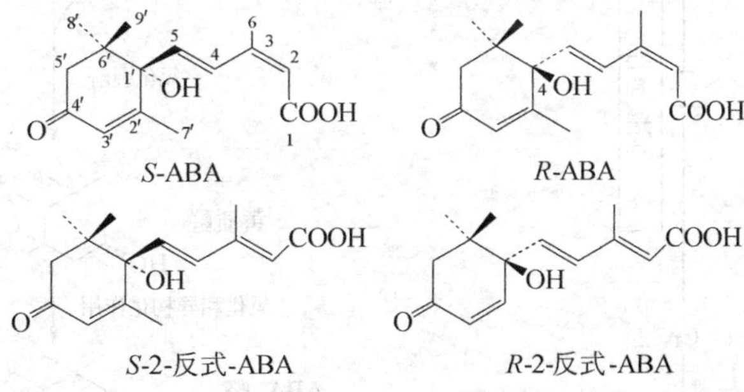

图 7-19　脱落酸的化学结构

二、脱落酸的分布、存在形式与运输

脱落酸广泛分布于植物界。在植物体内存在于各种器官，如根、茎、叶、花、果实、种子。在正常生长的组织中，脱落酸的含量很低，但在成熟和衰老组织或即将进入休眠状态的器官中脱落酸含量很高。在逆境条件下，植物内源的脱落酸含量激增。植物体内脱落酸的含量通常为10～4000ng/gFW。

脱落酸在植物体内有两种存在形式，游离型和结合型。游离型脱落酸可与葡萄糖形成

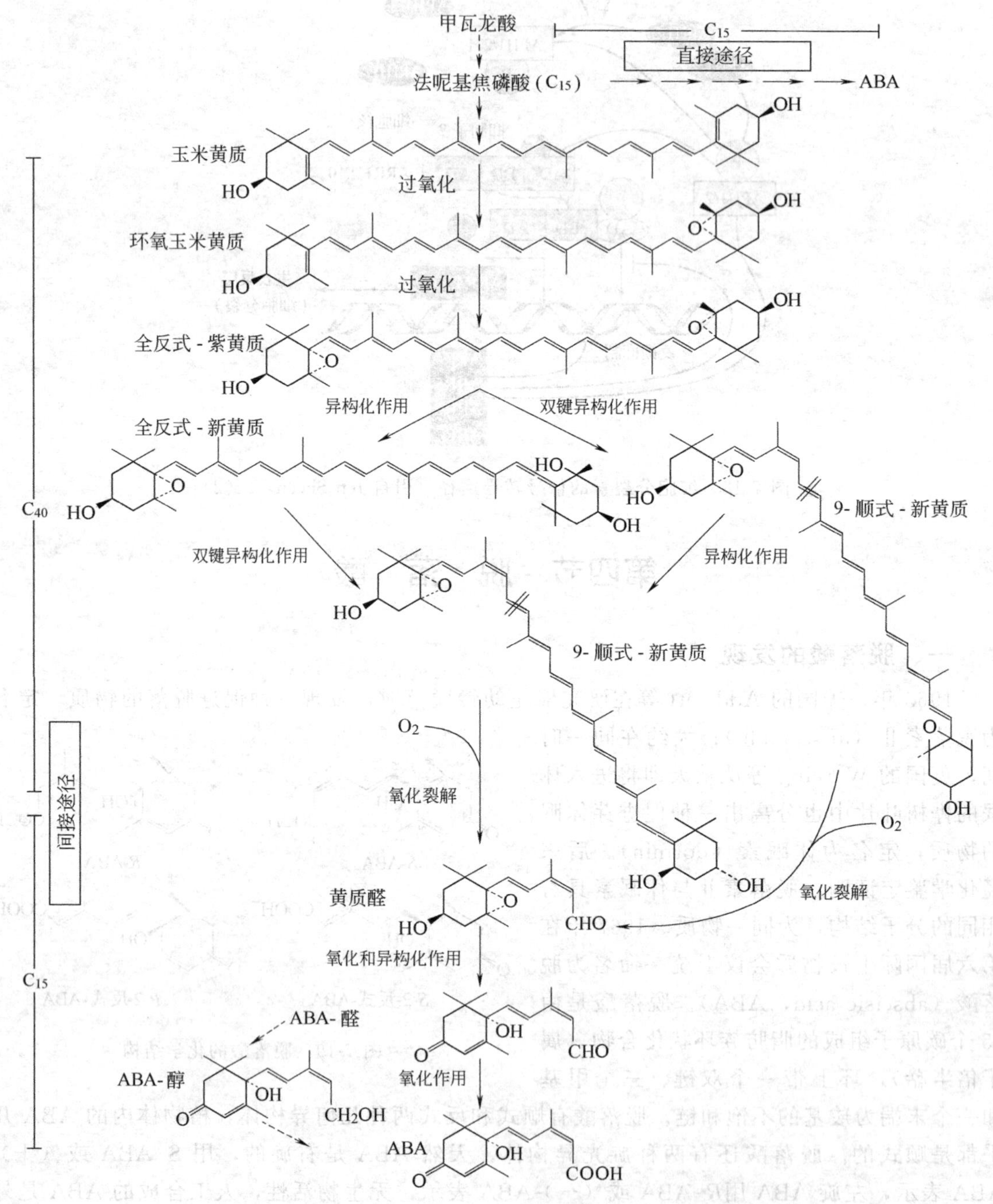

图 7-20 高等植物中生物合成脱落酸的途径（引自王忠，2000）

ABA-β-D-葡萄糖酯。结合型脱落酸无生物活性。

脱落酸可通过木质部和韧皮部运输。根中合成的ABA通过木质部向地上部运输。叶片合成的ABA通过韧皮部向外运输。例如将放射性ABA施于叶片上，可在叶片上、下两方的茎中检测到放射性。

三、脱落酸的代谢

脱落酸在根细胞的前质体和绿色细胞的叶绿体中合成。脱落酸的生物合成可通过两条途径：一条为直接途径，由甲瓦龙酸（MVA）经法呢基焦磷酸形成脱落酸，需要在短日照条件下进行；另一条为间接途径，是从甲瓦龙酸经紫黄质通过光氧化或生物氧化形成叶黄氧化素而合成脱落酸（图7-20）。这条途径是干旱胁迫下ABA生物合成的主要途径。在秋天，许多植物叶片富含类胡萝卜素，也可能主要通过这条途径合成脱落酸。

脱落酸氧化分解的产物为菜豆酸和二氢菜豆酸，四季豆叶片萎蔫时这两种物质的含量增加，菜豆酸的活性远低于脱落酸，且不能引起气孔关闭。

四、脱落酸的生理作用

1. 促进叶片气孔关闭

ABA可引起气孔关闭，降低蒸腾，这是ABA最重要的生理效应之一（图7-21）。水分胁迫下，叶片保卫细胞中的ABA含量常常增加几十倍，使气孔迅速关闭，降低蒸腾作用，提高了植株的抗旱性。

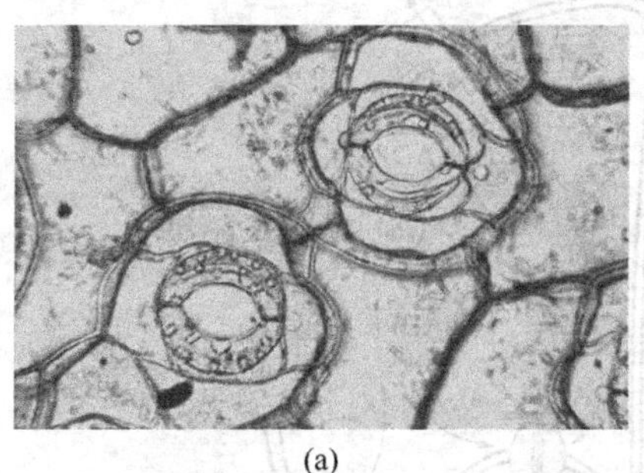
(a)

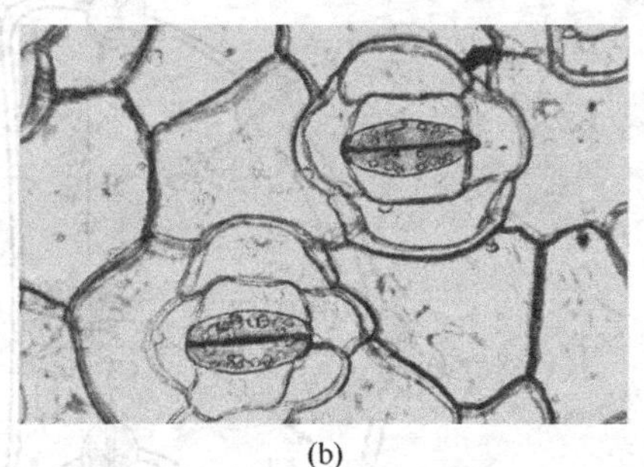
(b)

图7-21 ABA促进气孔的关闭（引自Buchannan等，2000）

(a) 培养在缓冲液中的蚕豆表皮；(b) 缓冲液中加入ABA后几分钟内气孔就关闭

2. 增强植物抗逆性

一般来说，干旱、寒冷、高温、盐渍和水涝等逆境都能使植物体内ABA迅速增加，同时抗逆性增强。如ABA可显著降低高温对叶绿体超微结构的破坏，增加叶绿体的热稳定性，可诱导某些酶的重新合成而增加植物的抗冷性、抗涝性和抗盐性。因此，ABA被称为应激激素或胁迫激素（stress hormone）。

3. ABA促进种子的正常发育

种子成熟是一个显著的脱水过程，由于ABA的累积，诱导合成了一种胚胎发生晚期丰富蛋白（late embryogenesis abundant protein，LEA），起着增强胚胎抗脱水的作用。

4. 促进和维持种子休眠，抑制种子萌发

ABA是种子休眠的主要调控因子。在种子成熟过程的后期，ABA含量达到较高水平，抑制了胚的早萌。有些ABA合成缺陷的突变体，会发生胎萌（vivipary）现象。ABA可以强烈地抑制种子的萌发。

需要指出的是，ABA与脱落并无直接联系，起到促进脱落作用的植物激素是乙烯。在植物体内，ABA不仅存在多种抑制效应，还有多种促进效应。

五、脱落酸的作用机理

1. 脱落酸调节气孔运动

研究表明，ABA调控气孔关闭的信号转导途径如图7-22。①当ABA与质膜上的受体结合之后；②诱导细胞内产生活性氧（ROS），如过氧化氢和超氧阴离子，它们作为第二信使激活质膜的钙离子通道，使胞外钙离子流入胞内；同时，③ABA还使细胞内的环化ADP核糖（cADPR）和三磷酸肌醇（IP_3）水平升高，它们又激活液泡膜上的钙离子通道，使液泡向胞质溶胶释放钙离子；④胞外钙离子的流入还可以启动胞内发生钙振荡并促进钙离子从液胞中释放出来；⑤胞外钙离子的流入和胞内钙离子的释放使胞质溶胶中的钙离子浓度增加10倍以上，钙离子浓度的升高会阻断钾离子内流通道；⑥促进质膜氯离子通道的打开，氯离子流出，质膜产生去极化；⑦钙离子浓度的升高还抑制质膜质子泵的工作，使细胞内pH升高，进一步发生去极化作用；⑧去极化导致钾离子外流通道活化；⑨钾离子和氯离子先从液泡释放到胞质溶胶，进而又通过质膜上的钾离子和氯离子通道向胞外释放，使水势降低，失去膨压，导致气孔的关闭。

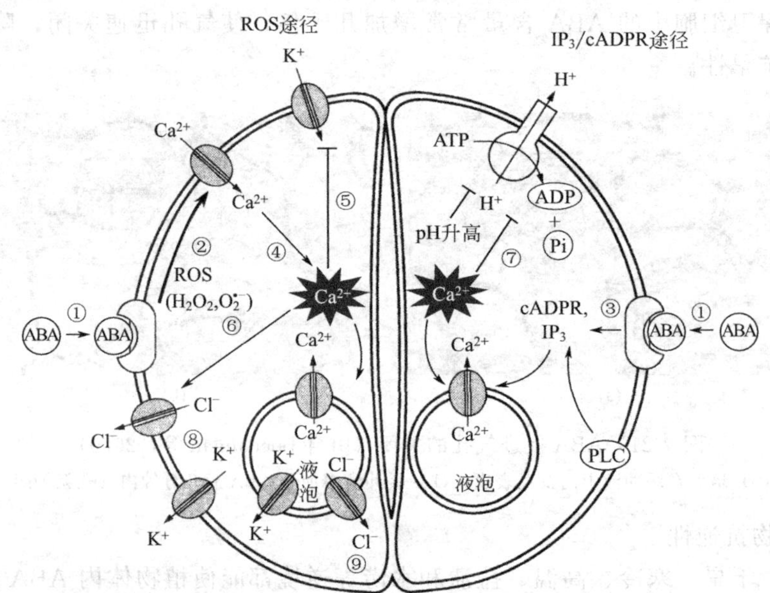

图7-22 ABA调节气孔运动的分子机制（引自R. Finkelstein，2002）

2. ABA与Ca^{2+}信号系统的关系

在研究ABA促使鸭跖草气孔关闭的机制时发现，ABA促进鸭跖草气孔关闭有赖于可利用Ca^{2+}的存在，在缺钙条件下，ABA几乎不抑制气孔开放。在不缺钙条件下，ABA能诱导鸭跖草下表皮保卫细胞的胞液游离Ca^{2+}水平迅速升高，而且这种升高现象比气孔关闭现象出现得早。由此可确认Ca^{2+}是ABA诱导气孔关闭过程中的一种第二信使。

当然，在植物体内，ABA还存在不依赖Ca^{2+}的信号转导途径，如蛋白的磷酸化/去磷酸化途径和肌醇信号途径。

3. ABA对基因表达的调控

当植物受到干旱、寒冷、高温、盐渍和水涝等逆境胁迫时，其体内的 ABA 水平会急剧上升，同时出现多个特殊基因的表达产物。近几年来，已从水稻、棉花、小麦、马铃薯、萝卜、番茄、烟草等植物中分离出 10 多种受 ABA 诱导而表达的基因（如编码 LEA 蛋白、渗调蛋白等的基因），这些基因表达的部位包括种子、幼苗、叶、根和愈伤组织等。

第五节 乙 烯

一、乙烯的发现

早在 1864 年就有关于燃气路灯漏气会促进附近的树落叶的报道，但直到 1901 年 Dimitry Neljubow 才首先证实是照明气中的乙烯在起作用，还发现乙烯能引起黄化豌豆苗的三重反应（triple response）。1910 年，H. H. Cousins 第一个发现植物能产生一种气体并对邻近植物的生长产生影响：橘子产生的气体能催熟同船混装的香蕉。虽然 1930 年以前人们就已认识到乙烯对植物具有多方面的影响，但直到 1934 年 R. Gane 才获得植物组织确实能产生乙烯的化学证据。1959 年，由于气相色谱的应用，S. P. Burg 等测出了未成熟果实中有极少量的乙烯产生，随着果实的成熟，产生的乙烯量不断增加。此后，在乙烯的生物化学和生理学研究方面取得了许多成果，并证明高等植物的各个部位都能产生乙烯，还发现乙烯对许多生理过程，包括从种子萌发到衰老的整个过程都起重要的调节作用。

乙烯（ethylene）是一种不饱和烃，其化学式为 $CH_2{=}CH_2$，是各种植物激素中分子结构最简单的一种。乙烯在常温下是气体，相对分子质量为 28，比空气略轻。乙烯在极低浓度（0.01～0.1μl/L）时就对植物产生生理效应。种子植物、蕨类、苔藓、真菌和细菌都可产生乙烯。

二、乙烯的生物合成及运输

（一）生物合成及其调节

高等植物几乎所有的器官都能合成乙烯。在叶片衰老、器官脱落、果实成熟以及逆境条件下，乙烯合成量大大增加。

乙烯的生物合成前体为蛋氨酸（methionine，Met），其直接前体为 1-氨基环丙烷-1-羧酸（1-aminocyclopropane-1-carboxylic acid，ACC）。

蛋氨酸经过蛋氨酸循环，形成 5′-甲硫基腺苷（5′-methylthioadenosine，MTA）和 ACC，前者通过循环再生成蛋氨酸，而 ACC 则在 ACC 氧化酶（ACC oxidase）的催化下氧化生成乙烯（图 7-23）。在植物的所有活细胞中都能合成乙烯。

乙烯的生物合成受到许多因素的调节，这些因素包括发育因素和环境因素（图 7-23）。

ACC 除了形成乙烯以外，也可转变为非挥发性的 *N*-丙二酰 ACC（*N*-malonyl-ACC，MACC），此反应是不可逆反应。当 ACC 大量转向 MACC 时，乙烯的生成量则减少，因此 MACC 的形成有调节乙烯生物合成的作用。

在乙烯生物合成过程中，ACC 合成酶是关键酶。需要指出，乙烯的合成，并不需要大量的蛋氨酸供应，其实际大量需要的底物是 ATP。

（二）乙烯的运输

乙烯在植物体内易于移动，并遵循虎克扩散定律。此外，乙烯还可穿过被电击死了的茎段。这些都证明乙烯的运输是被动的扩散过程，但其生物合成过程一定要在具有完整膜结构

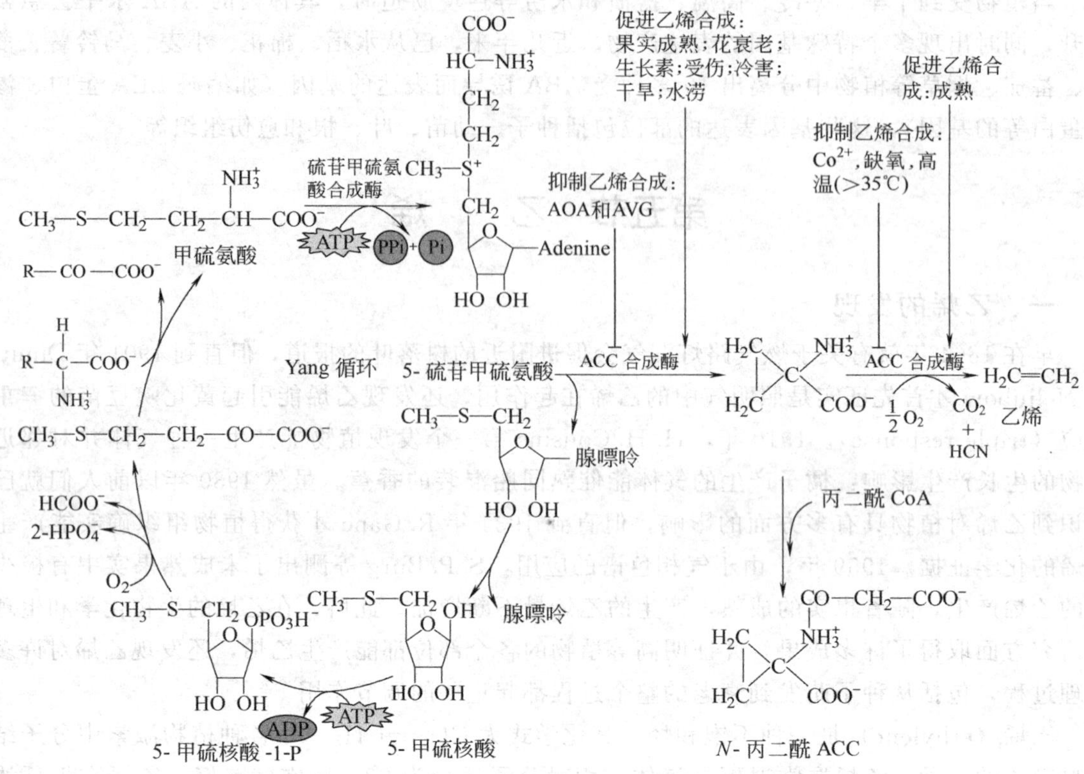

图 7-23 乙烯的生物合成及其调节

的活细胞中才能进行。

一般情况下，乙烯就在合成部位起作用。乙烯的前体 ACC 可溶于水溶液，因而推测 ACC 可能是乙烯在植物体内长距离运输的形式。

三、乙烯的生理作用

1. 三重反应和偏上性生长

乙烯对植物生长的典型效应是：抑制茎的伸长生长、促进茎或根的横向增粗及茎的横向生长，这就是乙烯所特有的“三重反应”（triple response）（图 7-24）。

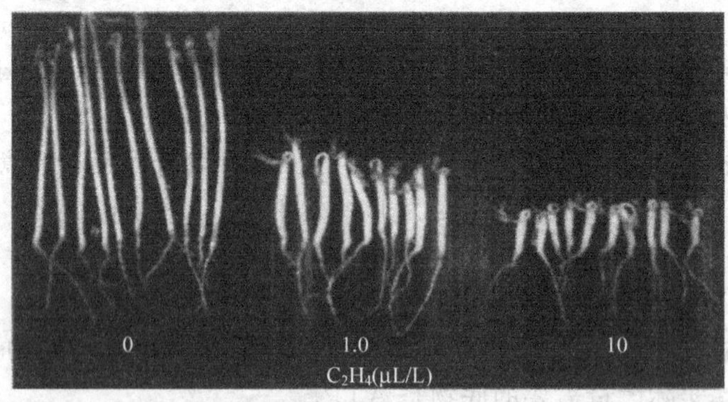

图 7-24 乙烯的“三重反应”（引自 Buchannan 等，2000）

乙烯促使茎横向生长是由于它引起偏上生长所造成的。所谓偏上生长，是指器官的上部生长速度快于下部的现象。乙烯对茎与叶柄都有偏上生长的作用，从而造成了茎横生和叶下垂（图 7-25）。

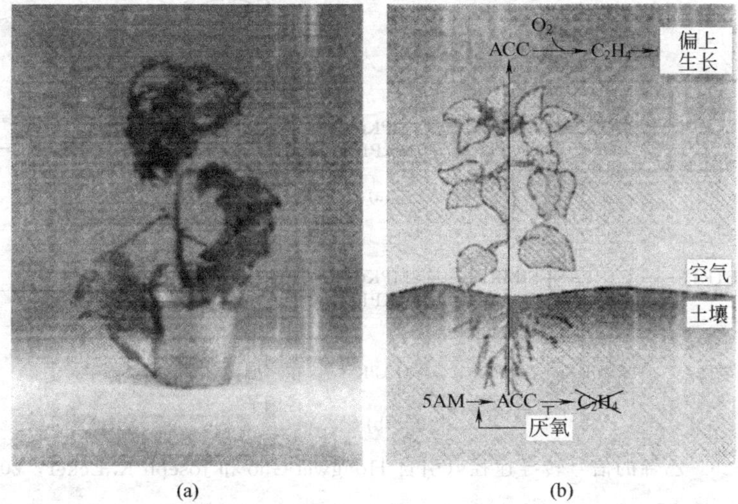

图 7-25　乙烯引起叶片的偏上性生长（引自 Buchannan 等，2000）

（a）番茄叶片的偏上生长；（b）氧气存在的情况下，根中 ACC 合成途径产生的乙烯导致通气组织的形成，氧缺乏时，ACC 被转运到气生组织中，在那里合成乙烯导致叶片的偏上生长

2. 促进成熟和衰老

催熟是乙烯最主要和最显著的效应，因此也称乙烯为催熟激素。乙烯对果实成熟、棉铃开裂、水稻的灌浆与成熟都有显著的效果。

3. 促进脱落

乙烯是控制叶片脱落的主要激素。这是因为乙烯能促进细胞壁降解酶——纤维素酶的合成并且控制纤维素酶由原生质体释放到细胞壁中，从而促进细胞衰老和细胞壁的分解，引起离层区近茎侧的细胞膨胀，从而迫使叶片、花或果实机械地脱离。

4. 促进开花和雌花分化

乙烯可促进菠萝和其他一些植物开花，还可改变花的性别，促进黄瓜雌花分化，并使雌、雄异花同株的雌花着生节位下降。乙烯在这方面的效应与 IAA 相似，而与 GA 相反，现在知道 IAA 增加雌花分化就是由于 IAA 诱导产生乙烯的结果。

5. 乙烯的其他效应

乙烯还可诱导插枝不定根的形成，促进根的生长和分化，打破种子和芽的休眠，诱导次生物质（如橡胶树的乳胶）的分泌等。

四、乙烯的作用机理

最近，乙烯的信号转导途径已得到很好的阐明。乙烯的受体 ETR1 是双组分受体蛋白：具有乙烯的结合域和丝氨酸/苏氨酸蛋白激酶的活性域两部分。在没有乙烯的状态下，抑制子 CTR1 具有活性，抑制下游信号传递途径的活性，EIN3 失活，并被泛素化的蛋白降解途径所降解，靶基因不表达，没有乙烯反应［图 7-26（a）］；在有乙烯时，抑制子 CTR1 被钝化，下游的信号传递途径活性得以释放，EIN3 具有活性，靶基因表达，产生乙烯反应［图 7-26（b）］。

乙烯诱导的靶基因包括：纤维素酶、几丁质酶、β-1,3-葡聚糖酶、过氧化物酶、查耳酮合成酶、许多病程相关蛋白以及与成熟相关的许多蛋白等。

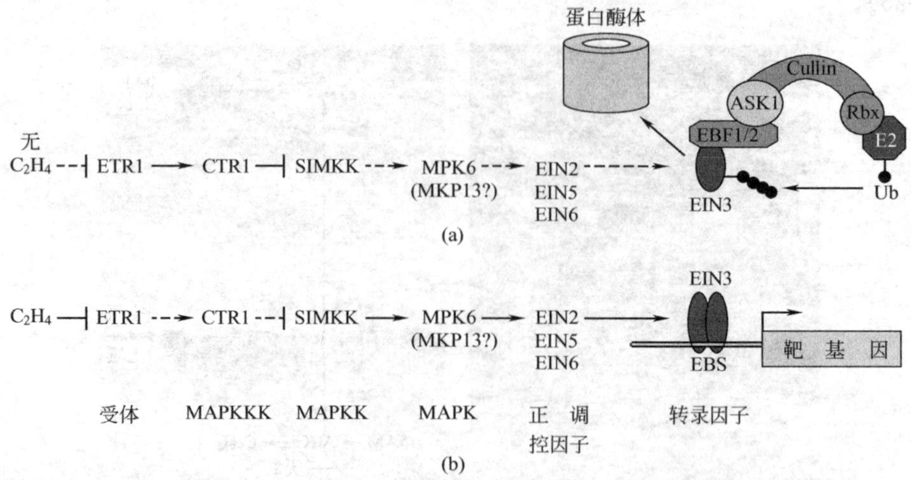

图 7-26 乙烯的信号转导途径（引自 Hongwei Guo 和 Joseph R. Ecker，2003）

第六节 油菜素甾醇类

1970 年，Mitchell 等报道在油菜的花粉中发现了一种新的生长物质，它能引起菜豆幼苗节间伸长、弯曲、裂开等异常生长反应，并将其命名为油菜素（brassin）。1979 年，Grove 等从 227kg 油菜花粉中提取得到 10mg 的高活性结晶物，因为它是甾醇内酯化合物，故将其命名为油菜素内酯（brassinolide，BR）。此后油菜素内酯及多种结构相似的化合物纷纷从多种植物中被分离鉴定，这些以甾醇为基本结构的具有生物活性的天然产物统称为油菜素甾醇类化合物（brassinosteroids，BRs），BRs 在植物体内含量极少，但生理活性极强。

目前，已发现 60 多种天然的油菜素甾醇类化合物。BR 以及多种类似化合物已被人工合成，用于生理生化及田间试验，其中某些化合物在田间作物试验中已表现出显著的增产效果。这一类化合物的生物活性可用水稻叶片倾斜以及菜豆幼苗第二节间生长等生物测定法来鉴定。

在第十六届国际植物生长物质年会上，BRs 被正式确认为第六类植物激素。

一、油菜素甾醇类的种类及分布

BR 的基本结构是有一个甾体核，在核的 C17 上有一个侧链（图 7-27）。已发现的各种天然 BRs，根据其 B 环中含氧的功能团的性质，可分为 3 类，即内酯型、酮型和脱氧型（还原型）。

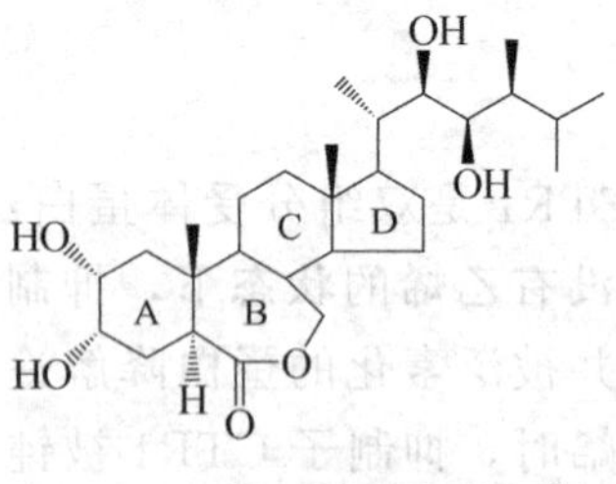

图 7-27 油菜素内酯（BR）的结构

BRs 在植物界中普遍存在。BRs 虽然在植物体内各部分都有分布，但不同组织中的含量不同。BRs 的通常含量是：花粉和种子 1～1000ng/kg，枝条 1～100ng/kg，果实和叶片 1～10ng/kg。

二、油菜素甾醇类的生物合成

油菜素甾醇类化合物的生物合成途径相当复杂，利用同位素标记和突变体进行的试验表明，油菜素内酯的合成途径是：菜油甾醇（campesterol）→campestanol→cathasterone→茶甾醇（teasterone）→油菜素内酯。

三、油菜素甾醇类的生理效应及应用

1. 促进细胞伸长和分裂

用10ng/L的油菜素内酯处理菜豆幼苗第二节间，便可引起该节间显著伸长弯曲，细胞分裂加快，节间膨大，甚至开裂，这一综合生长反应被用作油菜素内酯的生物测定法(bioassay)。

在拟南芥中发现的一些与油菜素内酯的生物合成或信号转导有关的突变体，其植株大大矮化（图7-28）。

图7-28　与BR生物合成或信号转导有关的矮化突变体（引自Steven D. Clouse，2002）

2. 促进光合作用

BR可促进小麦叶RuBP羧化酶的活性，因此可提高光合速率。BR处理花生幼苗后9天，叶绿素含量比对照高10%～12%，光合速率加快15%。

3. 提高抗逆性

水稻幼苗在低温阴雨条件下生长，若用10^{-4}mg/L BR溶液浸根24h，则株高、叶数、叶面积、分蘖数、根数都比对照高，且幼苗成活率高、地上部干重显著增多。此外，BR也可使水稻、茄子、黄瓜幼苗等抗低温能力增强。

除此之外，BR还能通过对细胞膜的作用，增强植物对干旱、病害、盐害、除草剂、药害等逆境的抵抗力，因此有人将其称为“逆境缓和激素”。

BR主要用于增加农作物产量，减轻环境胁迫，有些也可用于插枝生根和花卉保鲜。随着对BR研究的深入和成本低的人工合成类似物的出现，BR在农业生产上的应用必将越来越广泛。

四、油菜素甾醇类的作用机理

BR的作用机理如图7-29。BR通过结合质膜上的受体BRI1（BAK1可能参与受体复合体的构成），一方面活化液泡膜上的v-ATPase（DET3），促进液泡泵入H^+，向胞液输出阴离子、阳离子，从而提高了液泡水势，增大了膨压；另一方面，通过钝化抑制子BIN2，诱导与生长有关的基因表达——最终引起细胞的扩大反应。

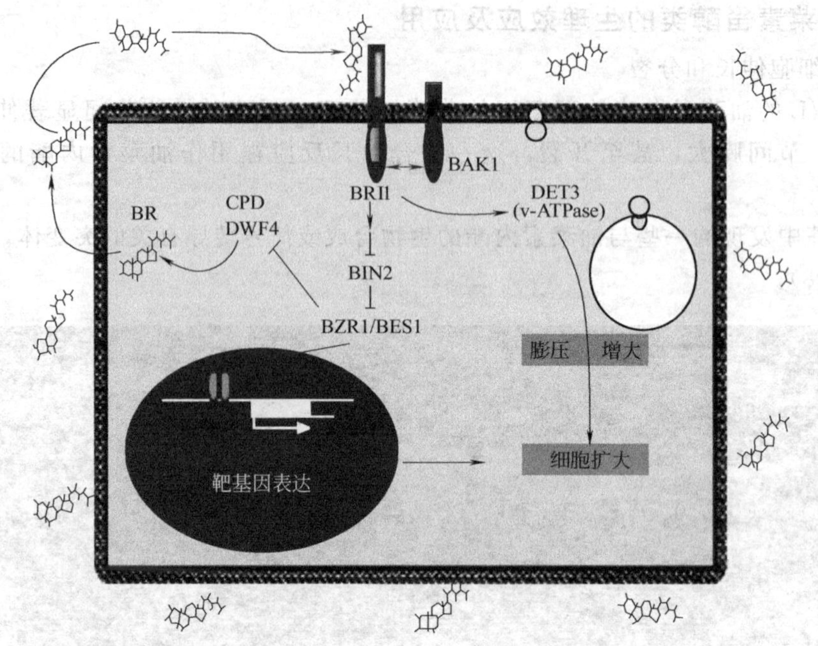

图 7-29　BR 的作用机理（引自 Carl S. Thummel 和 Joanne Chory，2002）

第七节　植物激素间的相互关系

必须指出，在植物体内，各类植物激素并存，共同调控着植物的生长发育。

一、激素间的增效作用与拮抗作用

植物体内同时存在数种植物激素。它们之间可相互促进增效，也可相互拮抗。在植物生长发育进程中，任何一种生理过程往往不是某一激素的单独作用，而是多种激素相互作用的结果。

1. 增效作用

一种激素可加强另一种激素的效应，此种现象称为激素的增效作用（synergism）。如生长素和赤霉素对于促进植物节间的伸长生长，表现为相互增效作用。IAA 促进细胞核的分裂，而 CTK 促进细胞质的分裂，二者共同作用，从而完成细胞核与质的分裂。

2. 拮抗作用

拮抗作用（antagonism）亦称对抗作用，指一种物质的作用被另一种物质所阻抑的现象。激素间存在拮抗作用，如 GA 诱导 α-淀粉酶的合成和对种子萌发的促进作用，因 ABA 的存在而受到拮抗。赤霉素与脱落酸的拮抗作用表现在许多方面，如生长、休眠等。脱落酸强烈抑制生长和加速衰老的进程可被细胞分裂素所解除。生长素与赤霉素虽然对生长都有促进作用，但二者间也有拮抗的一面，例如生长素能促进插枝生根而 GA 则抑制不定根的形成；生长素抑制侧芽萌发，维持植株的顶端优势，而细胞分裂素却可消除顶端优势，促进侧芽生长。

二、激素间的比值对生理效应的影响

由于每种器官都存在着数种激素，因而，决定生理效应的往往不是某种激素的绝对量，而是各激素间的相对含量。

在组织培养中生长素与细胞分裂素不同的比值影响根芽的分化。烟草茎髓部愈伤组织的培养实验证明，当细胞分裂素与生长素的比例高时，愈伤组织就分化出芽；比例低时，有利于分化出根；当二者比例处于中间水平，愈伤组织只生长而不分化，这种效应已被广泛应用于组织培养中。

黄瓜茎端的 ABA 和 GA_4 含量与花芽性别分化有关，当 ABA/GA_4 的比值较高时有利于雌花分化，较低时则利于雄花分化。

在自然情况下，植物根部与叶片中形成的激素间是保持平衡的，因此雌性植株与雄性植株出现的比例基本相同。由于根中主要合成细胞分裂素，叶片主要合成赤霉素，用雌雄异株的菠菜或大麻进行试验时发现，当去掉根系，叶片中合成的 GA 直接运至顶芽并促其分化为雄花；当去掉叶片时，则根内合成细胞分裂素直接运至顶芽并促其分化雌花。可见，赤霉素与细胞分裂素间的比值可影响雌雄异株植物的性别分化。

三、激素间的代谢与植物生长发育的关系

GA 因能促进蛋白质的降解并抑制生长素氧化酶的活性，而提高组织中的生长素含量和促进生长。

较高浓度的生长素促进 ACC 合成酶的活性而促进乙烯的生物合成；但乙烯能促进 IAA 氧化酶的活性，从而抑制生长素的合成和生长素的极性运输。因此，在乙烯作用下，生长素含量水平下降。从某种角度上说，植物的生长发育是通过生长素与乙烯的相互作用来实现的。

四、多种植物激素影响植物生长发育的顺序性

种子休眠时，ABA 含量很高，随着种子逐渐成熟，ABA 含量逐渐下降，并变为束缚态，而此时 GA 含量渐增。当完成后熟时，ABA 含量下降到最低点，GA 水平很高，这时种子的休眠被解除，遇适宜条件，随即萌发。种子萌发时生长素水平提高，促进幼苗的生长。随着根系的生长，根中产生的细胞分裂素向上运输，促进地上部生长。

在小麦籽粒发育过程中检测各种内源生长物质含量的变化，发现各种生长物质有序地出现含量高峰，而且变化规律与籽粒的发育进程同步。如在籽粒发育初期，胚与胚乳正进行细胞分裂，此时细胞分裂素含量出现高峰；进入籽粒发育中期，胚细胞旺盛生长和充实时，赤霉素和生长素含量出现高峰；在籽粒发育后期，脱落酸含量出现高峰，而此时种子籽粒脱水进入成熟休眠期。果实的发育也有类似情况。

五、植物对激素的敏感性及其影响因素

植物对激素的敏感性（sensitivity）是指植物对一定浓度的激素的响应程度。在很多情况下，植物激素作用的强弱与其浓度关系不大，植物细胞对激素的敏感性才是激素作用的控制因素。植物对激素的敏感性可能由激素受体（receptor）的数目、受体与激素的亲和性（affinity）、植物反应能力（response capacity）等因素所决定。此外，外源生长调节剂的作用效果还受植物细胞的吸收

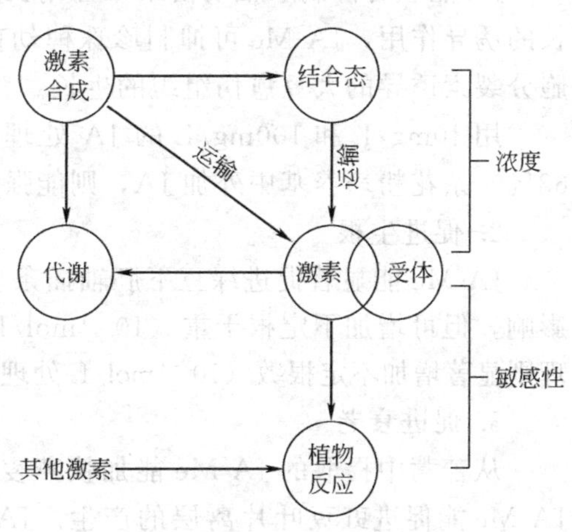

图 7-30　影响植物对激素反应的因素

效率，生长调节剂在植物体内的运输与代谢以及其他内源激素浓度变化等影响（图 7-30）。因此，在植物离体试验时往往需要施加高浓度的激素才能获得显著的生理反应。

第八节　其他天然植物生长物质

随着人们对植物激素研究的深入，除了众所周知的六大类植物激素外，又相继发现了一些与植物激素有类似生理作用的生长调节物质，如茉莉酸、水杨酸、多胺等。

一、茉莉酸及其甲酯

（一）茉莉酸的分布和代谢

茉莉酸类（jasmonates，JAs）是广泛存在于植物体内的一类化合物，现已发现了 30 多种。茉莉酸（jasmonic acid，JA）和茉莉酸甲酯（methyl jasmonate，JA-Me）是其中最重要的代表（图 7-31）。

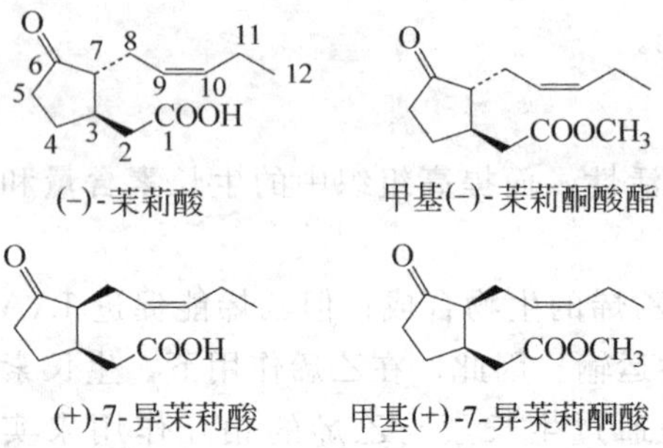

(-)-茉莉酸　　甲基(-)-茉莉酮酸酯

(+)-7-异茉莉酸　　甲基(+)-7-异茉莉酮酸

图 7-31　茉莉酸和茉莉酸甲酯

茉莉酸的生物合成前体来自膜脂中的亚麻酸（linolenic acid），目前认为 JA 的合成既可在细胞质中，也可在叶绿体中。亚麻酸经脂氧合酶（lipoxygenase）催化加氧作用产生脂肪酸氢过氧化物，再经氢过氧化物环化酶（hydroperoxide cyclase）的作用转变为 18 碳的环脂肪酸（cyclic fatty acid），最后经还原及多次 β-氧化而形成 JA。

JA 在茎端、嫩叶、未成熟果实、根尖等处含量较高，生殖器官特别是果实比营养器官（如叶、茎、芽）的含量丰富。如大豆种子中 JA 含量为 1260ng/g FW，而其营养器官 JA 含量为 10～100ng/g FW。

JAs 通常在植物韧皮部系统中运输，也可在木质部及细胞间隙运输。

（二）茉莉酸类的生理效应及应用

JAs 可引起多种形态或生理效应，这些效应大多与 ABA 的效应相似，但也有独特之处。

1. 抑制生长和萌发

JA 能显著抑制水稻幼苗第二叶鞘长度、莴苣幼苗下胚轴和根的生长以及 GA_3 对它们伸长的诱导作用，JA-Me 可抑制珍珠稗幼苗生长、离体黄瓜子叶鲜重和叶绿素的形成以及细胞分裂素诱导的大豆愈伤组织的生长。

用 10mg/L 和 100mg/L 的 JA 处理莴苣种子，45h 后萌发率分别只有对照的 86% 和 63%。茶花粉培养基中外加 JA，则能强烈抑制花粉萌发。

2. 促进生根

JA-Me 能显著促进绿豆下胚轴插条生根，10^{-8}～10^{-5} mol/L 处理对不定根数目无明显影响，但可增加不定根干重（10^{-5} mol/L 处理的根重比对照增加 1 倍）；10^{-4}～10^{-3} mol/L 处理则显著增加不定根数（10^{-3} mol/L 处理的根数比对照增加 2.75 倍），但根干重未见增加。

3. 促进衰老

从苦蒿中提取的 JA-Me 能加快燕麦叶片切段叶绿素的降解。用高浓度乙烯利处理后，JA-Me 能促进豇豆叶片离层的产生。JA-Me 还可使郁金香叶的叶绿素迅速降解，叶黄化，叶形改变，加快衰老进程。

4. 抑制花芽分化

烟草培养基中加入 JA 或 JA-Me 则抑制外植体花芽形成。

5. 提高抗性

经 JA-Me 预处理的花生幼苗，在渗透逆境下，植物电导率减少，干旱对其质膜的伤害程度变小。JA-Me 预处理也能提高水稻幼苗对低温（5～7℃，3 天）和高温（46℃，24h）的抵抗能力。

（三）茉莉酸类的作用机理

JAs 可能通过诱导植物特异基因的表达，从而发挥植物的抗逆抗病功能。如 JA-Me 可诱导大麦叶片的富硫蛋白（thionin），从而提高大麦对真菌等的抗性。

有人发现茉莉酸可能是植株间的信息传递物质。番茄在受到机械损伤或虫害时叶片中合成 JA-Me，使叶片积累蛋白酶抑制剂，从而保护尚未受伤的组织，以免继续伤害。由受伤害的植株发散出的 JA-Me 也可使距离较远的健康番茄植株产生蛋白酶抑制剂，诱导产生整体抗性。

二、水杨酸

（一）水杨酸的发现

1763 年英国的 E. Stone 首先发现柳树皮有很强的收敛作用，可以治疗疟疾和发烧。后来发现这是柳树皮中所含的大量水杨酸糖苷在起作用，于是经过许多药物学家和化学家的努力，医学上便有了阿司匹林（aspirin）药物的问世。阿司匹林即乙酰水杨酸（acetylsalicylic acid），在生物体内可很快转化为水杨酸（salicylic acid，SA）（图 7-32）。20 世纪 60 年代后，人们发现了 SA 在植物中的重要生理作用。

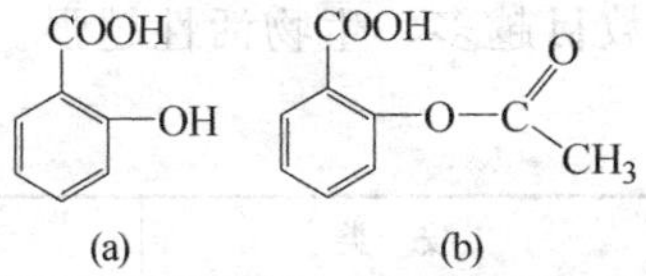

图 7-32　水杨酸（a）与乙酰水杨酸（b）

（二）水杨酸的分布和代谢

在植物组织中，非结合态 SA 能在韧皮部中运输。SA 在植物体中的分布一般以产热植物的花序较多，在不产热植物的叶片等器官中也含有 SA，在水稻、大麦、大豆中均检测到 SA 的存在。植物体内 SA 的合成来自反式肉桂酸（*trans*-cinnamic acid），即由莽草酸（shikimic acid）经苯丙氨酸（phenylalanine）形成的反式肉桂酸可经邻香豆酸（ocoumaric acid）或苯甲酸转化成 SA。SA 也可被 UDP-葡萄糖：水杨酸葡萄糖转移酶催化转变为 *β-O-*D-葡萄糖水杨酸，这个反应可防止植物体内因 SA 含量过高而产生的不利影响。

（三）水杨酸的生理效应和应用

1. 生热效应

天南星科植物佛焰花序的生热现象很早就引起了人们的注意。生热现象实质上是与途径的电子传递系统有关。其机制在于 SA 诱导交替氧化酶，促进了抗氰呼吸。生热效应是植物对低温环境的一种适应。

2. 诱导开花

用 SA 处理可诱导浮萍开花。后来发现这一诱导是依赖于光周期的，即是在光诱导以后的某个时期与开花促进或抑制因子相互作用而促进开花的。SA 还可显著影响黄瓜的性别表达，抑制雌花分化，促进较低节位上分化雄花，并且显著抑制根系发育。

3. 增强抗性

某些植物在受病毒、真菌或细菌侵染后，侵染部位的 SA 水平显著增加，同时出现坏死病斑，即过敏反应（hypersensitive reaction，HR），并引起非感染部位SA含量的升高，从而使其对同一病原或其他病原的再侵染产生抗性。SA还可诱导植物产生某些病原相关蛋白（pathogenesis related proteins，PRs）。有人报道，抗性烟草植株感染烟草花叶病毒（TMV）后，产生的系统抗性与9种mRNA的诱导活化有关，施用外源SA也可诱导这些mRNA。进一步研究表明，病菌的侵染或外源SA的施用能使本来处于不可翻译态的mRNA转变为可翻译态。

另外，SA还可抑制大豆的顶端生长，促进侧生生长，增加分枝数量、单株结角数及单角重。SA（0.01～1mmol/L）可提高玉米幼苗硝酸还原酶的活性，还拮抗ABA对萝卜幼苗生长的抑制作用。SA还被用于切花保鲜、水稻抗寒等方面。

三、多胺类

（一）多胺的种类和分布

多胺（ployamines，PA）是一类脂肪族含氮碱，包括二胺、三胺、四胺及其他胺类，广泛存在于植物体内。20世纪60年代人们发现多胺具有刺激植物生长和防止衰老等作用，能调节植物的多种生理活动。

高等植物的二胺有腐胺（putrescine，Put）和尸胺（cadaverine，Cad）等，三胺有亚精胺（spermidine，Spd），四胺有精胺（spermine，Spm），还有其他胺类（表7-1）。通常氨基数目越多，生物活性越强。

表7-1 高等植物中的游离二胺和多胺

胺类	结构	来源
二氨丙烷	$NH_2(CH_2)_3NH_2$	禾本科
腐胺	$NH_2(CH_2)_4NH_2$	普遍存在
尸胺	$NH_2(CH_2)_5NH_2$	豆科
亚精胺	$NH_2(CH_2)_3NH(CH_2)_4NH_2$	普遍存在
精胺	$NH_2(CH_2)_3NH(CH_2)_4NH(CH_2)_3NH_2$	普遍存在
鲱精胺	$NH_2(CH_2)_4NHC(=NH)NH_2$	普遍存在

高等植物的多胺不但种类多，而且分布广泛。多胺的含量在不同植物间及同一植物不同器官间、不同发育状况下差异很大，可从每克（鲜重）数纳摩到数百纳摩。通常，细胞分裂最旺盛的部位也是多胺生物合成最活跃的部位。

（二）多胺的代谢

1. 多胺的生物合成

多胺生物合成的前体物质为三种氨基酸，其生物合成途径大致如下：①精氨酸转化为腐胺，并为其他多胺的合成提供碳架；②蛋氨酸向腐胺提供丙氨基而逐步形成亚精胺与精胺；③赖氨酸脱羧则形成尸胺。

2. 多胺的氧化分解

在植物中至少发现三种多胺氧化酶。

豆科植物如豌豆、大豆、花生中的多胺氧化酶含Cu，催化含有—CH_2NH_2基团（一级氨基）的胺类，如尸胺、腐胺、组胺、亚精胺、精胺、苯胺等。其氧化后的产物为醛、氨和H_2O_2等。

（三）多胺的生理效应和应用

1. 促进生长

多胺能够促进植物的生长。例如，休眠菊芋的块茎是不进行细胞分裂的，它的外植体中内源多胺、IAA、CTK 的含量都很低，如在培养基中只加入 10～100μmol/L 的多胺而不加其他生长物质，则块茎的细胞能进行分裂和生长。多胺在刺激块茎外植体生长的同时，也能诱导形成层的分化与维管组织的分化，又如亚精胺能够刺激菜豆不定根数的增加和生长的加快。

2. 延缓衰老

置于暗中的燕麦、豌豆、菜豆、油菜、烟草、萝卜等叶片，在被多胺处理后均能延缓衰老进程。

3. 提高抗性

高等植物体内的多胺对各种不良环境是十分敏感的，即在各种胁迫条件（水分胁迫、盐分胁迫、渗透胁迫、pH 变化等）下，多胺的含量水平均明显提高，这有助于植物抗性的提高。

另外，多胺还可调节与光敏色素有关的生长和形态建成，调节植物的开花过程，参与光敏核不育水稻花粉的育性转换，并能提高种子活力和发芽力，促进根系对无机离子的吸收。

（四）多胺的作用机理

1. 促进核酸与蛋白质的生物合成

多胺具有稳定核酸的作用，在生理 pH 下，多胺是以多聚阳离子状态存在，极易与带负电荷的核酸和蛋白质结合。这种结合稳定了 DNA 的二级结构，提高了对热变性和 DNA 酶作用的抵抗力。多胺还有稳定核糖体的功能，促进氨酰-tRNA 的形成及其与核糖体的结合，有利于蛋白质的生物合成。

2. 充当植物激素作用的媒介

外施 IAA、GA 和 CTK 均促进多胺的生物合成，而外施 ABA 则抑制多胺的合成。例如，吲哚丁酸可使绿豆下胚轴和马铃薯块茎的腐胺水平提高；2,4-D 施后 15min 即可促进菊芋组织中腐胺、亚精胺和精胺分别增加 3 倍、10 倍和 2 倍；激动素和 6-BA 促进黄瓜子叶、绿豆下胚轴、莴苣子叶、马铃薯块茎的腐胺合成；GA_3 使豌豆幼苗中腐胺、亚精胺和精胺的含量提高。

四、玉米赤霉烯酮

1962 年 Stob 等从玉米赤霉菌的培养物中分离出一种活性物质，并证明它是引起牲畜发生雌性化病症的原因。1966 年 Urry 等确定了该物质的化学结构，属于二羟基苯甲酸内酯类化合物，命名为玉米赤霉烯酮（zearalenone），后人们又从玉米赤霉菌的培养物中分离出 10 多种玉米赤霉烯酮的衍生物。

李季伦等先后检测了小麦、玉米、棉花等 10 多种植物，包括冬性植物、日中性植物、春性植物以及漂浮植物的不同器官（茎尖、茎、叶、芽、根等）中都有玉米赤霉烯酮的存在，并发现玉米赤霉烯酮在春化作用、花芽分化等过程中随生殖器官的发育其含量增高，当上述过程结束，玉米赤霉烯酮含量也随之下降。

此外，从 20 世纪 30 年代以来，人们还在植物体内检测出其他的早已在动物中发现的甾类激素，如雌酮、雌二醇、雄烯二酮、孕酮等雌激素和雄激素。用放射免疫法测得的植物中

雌激素含量在 $10^{-11} \sim 10^{-10}$ g/g FW 水平。这些化合物能在植物体内转化和代谢，并对植物的营养生长和生殖生长过程，如：幼苗与根的生长、侧芽发生、种子萌发、开花和性别表达产生影响。但其生理效应、作用机理等还不清楚。

五、寡糖素

在植物中发现许多对生理过程有调节作用的寡糖片段，称为寡糖素（oligosaccharin）。多寡糖素是初生细胞壁的降解产物，通常含 10 个左右的单糖残基。已经证明寡糖素可以诱发植物产生抗毒素及蛋白酶抑制剂，从而提高植物的抗性。

六、三十烷醇

三十烷醇（1-triacontanol，TRIA）是含有 30 个碳原子的长链饱和脂肪醇。TRIA 广泛存在于植物的蜡质层中，因为也可以从蜂蜡中获得，故亦称之为蜂蜡醇（myricyl alcohol）。三十烷醇有多方面的生物活性，如可以延缓燕麦叶小圆片的衰老，增加黄瓜种子下胚轴的长度，抑制 GA 在黑暗中促进莴苣种子发芽的效应，促进细胞分裂，增强多种酶的活性等。

七、系统素

系统素（systemin，SYS）是从受伤的番茄叶片中分离出的一种 18 个氨基酸组成的多肽，是植物感受创伤的信号分子，在植物的防御反应中起重要的作用。在动物中有大量的多肽激素，SYS 是植物中发现的第一种多肽类的生理活性物质。

SYS 具有很高的生理活性，例如在极低的浓度下可以诱导植物抗逆基因的表达，并在植物防御病虫侵染中起重要作用。

第九节　植物生长调节剂及其在生产上的应用

植物生长调节剂是指人工合成的具有植物激素活性的有机化合物。根据它们对植物生长的影响，可分为植物生长促进剂、生长抑制剂和生长延缓剂。

一、植物生长促进剂

植物生长促进剂可以促进细胞分裂、分化和伸长生长，也可促进植物营养器官的生长和生殖器官的发育，如吲哚丙酸、萘乙酸、激动素、6-苄基腺嘌呤、二苯基脲（DPU）等。

（一）生长素类

人工合成的生长素类物质包括三类：一是与生长素结构相似的吲哚衍生物，例如吲哚丙酸（indole propionic acid，IPA）、吲哚丁酸（indole butyric acid，IBA）；二是萘的衍生物，如 α-萘乙酸（α-naphthalene acetic acid，NAA）、萘乙酸钠、萘乙酰胺、萘氧乙酸（naphthoxyacetic acid，2,4,5-T）；三是氯代苯的衍生物，如 2,4-二氯苯氧乙酸（2,4-dichlorophenoxyacetic acid，2,4-D）、2,4-D 丁酯、2,4,5-三氯苯氧乙酸（2,4,5-T）、4-碘苯氧乙酸（4-iodophenoxyacetic acid，商品名增产灵）等。

人工合成的生长素类物质，如萘乙酸、2,4-D 等，由于原料丰富，合成工艺简单，可以大量生产。此外，它们不像 IAA 那样在体内会受吲哚乙酸氧化酶的破坏，因而效果稳定。因此，生长素类在农业上得到了广泛的推广使用。下面介绍生长素类调节剂的一些用途。

1. 促进插枝生根

促使插枝生根常用的人工合成的生长素是 IBA、NAA、2,4-D 等。IBA 作用强烈，作用时间长，诱发根多而长；NAA 诱发根少而粗，最好两者混合使用。

2. 防止器官脱落

在生产上施用10～50mg/L NAA或2,4-D之所以能使棉花保蕾保铃，就是因为其提高了蕾、铃内生长素的浓度而防止离层的形成。2,4-D也可防止花椰菜贮藏期间的落叶。

3. 促进结实

雌蕊受精后能产生大量生长素，从而吸引营养器官的养分运到子房，形成果实，所以生长素有促进果实生长的作用。用10mg/L 2,4-D溶液喷洒番茄花簇，即可坐果，促进结实，且可形成无籽果实。

4. 促进菠萝开花

研究证明，凡是达到14个月营养生长期的菠萝植株，在1年内任何月份，用5～10mg/L的NAA或2,4-D处理，2个月后就能开花。

5. 促进黄瓜雌花发育

用10mg/L的NAA或500mg/L吲哚乙酸喷洒黄瓜幼苗，能提高黄瓜雌花的数量，增加黄瓜产量。

另外，用较高浓度的生长素可抑制窖藏马铃薯的发芽；也可疏花疏果，代替人工和节省劳力，并能纠正水果的大小年现象，平衡年产量；还可杀除杂草。但是，在施用中要注意防止高浓度生长素残留所带来的副作用。

（二）赤霉素类

科研与生产上应用最多的赤霉素是GA_3。GA_3是一种固体粉末，难溶于水。使用时，可先用少量乙醇溶解，然后加水稀释至所需浓度。GA_3在低温和酸性条件下较稳定，遇碱则中和失效，故不能与碱性农药混用。GA_{4+7}（30% GA_4＋70% GA_7）和GA_{1+2}（GA_1与GA_2的混合物）也有应用。

（三）细胞分裂素类

常用的人工合成的CTK类物质主要有三种：一是激动素类（KT），化学名称为N^6-呋喃甲基腺嘌呤，分子式为$C_{10}H_9N_5O$，纯品为白色粉末；二是6-苄基腺嘌呤（6-BA），化学名称为N^6-苄基腺嘌呤，分子式为$C_{12}H_{11}N_5$，白色粉末；三是6-苯基腺嘌呤，化学名称为N^6-苯基腺嘌呤，分子式为$C_{11}H_9N_5$，白色粉末。这三种物质均不溶于水，易溶于强酸、强碱。使用时可用0.1mol/L HCl溶解，加水稀释至刻度。它们主要用于组织培养、花卉及果蔬保鲜。

二、生长抑制剂

植物生长抑制剂主要抑制植物茎顶端分生组织的生长。这类物质使茎顶端分生组织细胞的核酸和蛋白合成受阻，细胞分裂慢，植株生长矮小。生长抑制剂通常能抑制顶端分生组织细胞的伸长和分化，但往往促进侧枝的分化和生长，从而解除顶端优势，增加侧枝数目。外施生长素等可以逆转这种抑制效应，而外施赤霉素无效。常用的植物生长抑制剂如下。

1. 三碘苯甲酸

三碘苯甲酸（2,3,5-triiodobenzoic acid，TIBA）分子式为$C_7H_3O_2I_3$，微溶于水，溶于乙醇、丙酮等有机溶剂。它可以阻止生长素运输，抑制顶端分生组织细胞分裂，使植物矮化，消除顶端优势，增加分枝。生产上多用于大豆，开花期喷施125μl/L TIBA，能使豆梗矮化，分枝和花芽分化增加，结荚率提高，增产显著。

2. 整形素

整形素（morphactin）化学名称是9-羟基芴-9-羧酸，分子式为$C_{15}H_{11}ClO_3$，溶于乙醇。它能抑制顶端分生组织细胞分裂和伸长、茎伸长和腋芽滋生，使植株矮化成灌木状，常用来塑造木本盆景。整形素还能消除植物的向地性和向光性。

3. 青鲜素

青鲜素也叫马来酰肼（maleic hydrazide，MH），分子式为$C_4H_4O_2N_2$，化学名称是顺丁烯二酸酰肼，其作用与生长素相反，抑制茎的伸长。其结构类似尿嘧啶，进入植物体后可以代替尿嘧啶，阻止RNA的合成，干扰正常代谢，从而抑制生长。MH可用于控制烟草侧芽生长，抑制鳞茎和块茎在贮藏中发芽。有报道，较大剂量的MH可以引起实验动物的染色体畸变，建议使用时注意适宜的剂量范围和安全间隔期，且不宜施用于食用作物。

4. 增甘膦

增甘膦的化学名称是*N*,*N*-双-(膦酰基甲基)甘氨酸，分子式为$C_4H_{11}NO_8P_2$，溶于水，难溶于苯等非极性溶剂。增甘膦抑制植株生长，也能抑制酸性转化酶活性，增加糖分的积累和贮藏，主要用于甘蔗和甜菜的催熟增糖作用。

三、植物生长延缓剂

植物生长延缓剂能抑制赤霉素生物合成，使节间缩短植株变矮，但不减少细胞数目和节间数目，植物生长延缓剂不影响顶端分生组织的生长和花的分化，因此生长延缓剂不影响叶片的发育和叶片数目，一般也不影响花的发育。部分植物生长抑制物质结构式如图7-33。

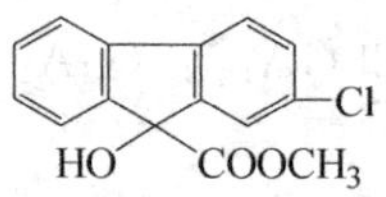

整形素 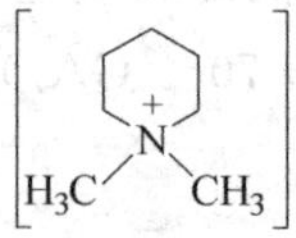　助壮素(Pix) 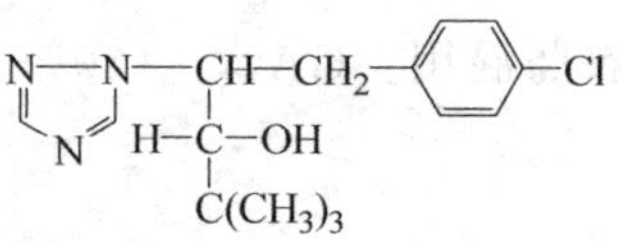　多效唑(PP_{333}) 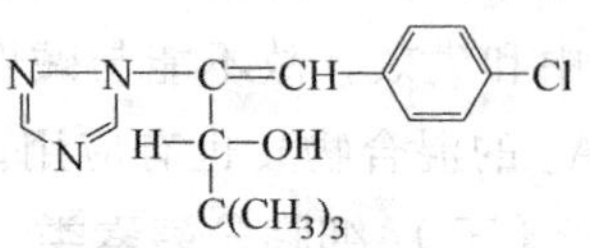　烯效唑

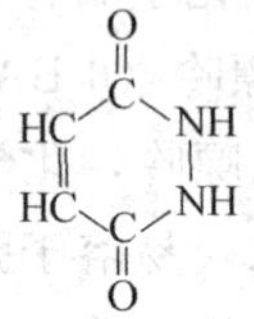

青鲜素(MH) 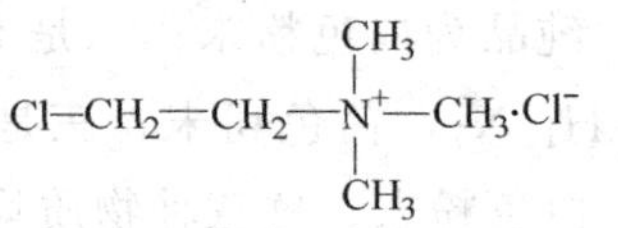　矮壮素(CCC) 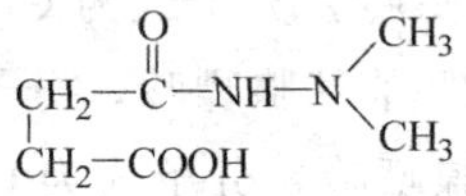　比久(B_9)

图7-33　部分植物生长抑制物质结构式

1. PP_{333}

PP_{333}（paclobutrazol）又名氯丁唑，化学名称为1-(对氯苯基)-2-(1,2,4-三唑-1-基)-4,4-二甲基-戊烷-3-醇，是英国ZCJ公司20世纪70年代推出的一种新型高效生长延缓剂，国内也叫多效唑（MET）。PP_{333}的生理作用主要是阻碍赤霉素的生物合成，同时加速体内生长素的分解，从而延缓、抑制植株的营养生长。

PP_{333}广泛用于果树、花卉、蔬菜和大田作物，可使植株根系发达，植株矮化，茎秆粗壮，并可以促进分枝、增穗增粒、增强抗逆性等，另外还可用于海桐、黄杨等绿篱植物的化学修剪。

然而，PP_{333}的残效期长，影响后茬作物的生长，目前有被烯效唑取代的趋势。

2. 烯效唑

烯效唑又名S_{3307}、优康唑、高效唑，化学名称为(*E*)-(对氯苯基)-2-(1,2,4-三唑-1-基)-

4,4-1-戊烯-3-醇。能抑制赤霉素的生物合成，有强烈抑制细胞伸长的效果。有矮化植株、抗倒伏、增产、除杂草和杀菌（黑粉菌、青霉菌）等作用。

3. 矮壮素

矮壮素又名CCC，是2-氯乙基三甲基氯化铵（chlorocholine chloride）的简称，属于季铵型化合物。矮壮素能抑制赤霉素的生物合成过程，所以是一种抗赤霉素剂，它与赤霉素作用相反，可以使节间缩短，植株变矮，茎变粗，叶色加深。CCC在生产上较常用，可以防止小麦等作物倒伏，防止棉花徒长，减少蕾铃脱落，也可促进根系发育，增强作物抗寒、抗旱、抗盐碱能力。

4. Pix

Pix是1,1-二甲基哌啶鎓氯化物（1,1-dimethyl piperidinium chloride），国内俗称缩节安、助壮素、皮克斯等，它与CCC相似。生产上主要用于控制棉花徒长，使其节间缩短，叶片变小，并且减少蕾铃脱落，从而增加棉花产量。

5. 比久

比久是二甲胺琥珀酰胺酸（dimethyl amino succinamic acid）的俗称，也叫B_9。B_9可抑制赤霉素的生物合成，抑制果树顶端分生组织的细胞分裂，使枝条生长缓慢，抑制新梢萌发，因而可代替人工整枝。同时有利于花芽分化，增加开花数和提高坐果率。B_9可防止花生徒长，使株型紧凑，荚果增多。B_9残效期长，影响后茬作物生长，有人还认为B_9有致癌的危险，因此不宜用在食用作物上，不要在临近收获时再施用。

四、应用生长调节剂的注意事项

生长调节剂在生产实践中得到了广泛的推广和应用（表7-2），成功的例子很多，但失败的教训也时有发生，这主要是对生长调节剂的特性认识不够和使用不当所造成的。以下几点事项应引起重视。

① 首先要明确生长调节剂不是营养物质，也不是万灵药，更不能代替其他农业措施。只有配合水、肥等管理措施施用，方能发挥其效果。

② 要根据不同对象（植物或器官）和不同的目的选择合适的药剂。如促进插枝生根宜用NAA和IBA，促进长芽则要用KT或6-BA；促进茎、叶的生长用GA；提高作物抗逆性用BR；打破休眠、诱导萌发用GA；抑制生长时，草本植物宜用CCC，木本植物则最好用B_9；葡萄、柑橘的保花保果用GA，鸭梨、苹果的疏花疏果则要用NAA。研究发现，两种或两种以上植物生长调节剂混合使用或先后使用，往往会产生比单独施用更佳的效果，这样就可以取长补短，更好地发挥其调节作用。此外，生长调节剂施用的时期也很重要，应注意把握。

③ 正确掌握药剂的浓度和剂量。生长调节剂的使用浓度范围极大，可从0.1μg/L到5000μg/L，这就要视药剂种类和使用目的而异。剂量是指单株或单位面积上的施药量，而实践中常发生只注意浓度而忽略了剂量的偏向。正确的方法应该是先确定剂量，再定浓度。浓度不能过大，否则易产生药害；但也不可过小，过小无药效。药剂的剂型，有水剂、粉剂、油剂等，施用方法有喷洒、点滴、浸泡、涂抹、灌注等，不同的剂型配合合理的施用方法，才能收到满意的效果，此外，还要注意施药时间和气象因素等。

④ 先试验，再推广。为了保险起见，应先做单株或小面积试验，再中试，最后才能大面积推广，不可盲目草率，否则一旦造成损失，将难以挽回。

表 7-2 植物生长物质在农业上的应用

目的	药剂	对象	使用方法及效果
促进结实	2,4-D GA	番茄、茄子、西瓜、葡萄	局部喷施,10～15mg/L,防止落果,产生无籽果实 花期喷施,10～20mg/L,果粒增大
插条生根	NAA	熟锦黄杨 桑、茶	粉剂,1000mg/L 50～100mg/L,浸基部 12～24h
		甘薯	粉剂,500mg/L,定植前蘸根 水剂,50mg/L,浸苗基部 12h
延长休眠	NAA 甲酯	马铃薯块茎	0.4%～1%粉剂
破除休眠	GA	马铃薯块茎 桃种子	0.5～1mg/L,浸泡 10min 100～200mg/L,浸 24h
疏花疏果	NAA 钠盐	鸭梨	局部喷施,40mg/L
	乙烯利	梨 苹果	240～480mg/L,盛花、末花期喷施 250mg/L,盛花前 20 天、10 天各喷一次
保花保果	NAA GA 6-BA	棉花 棉花 柑橘	10mg/L,开花盛期 20～100mg/L,开花盛期 400mg/L,处理幼果
	2,4-D	番茄 辣椒	10～20mg/L,开花后 1～2 天浸花 1s 20～25mg/L,毛笔点花
保鲜保绿耐贮藏	2,4-D 6-BA	萝卜、胡萝卜 莴苣、甘蓝	100mg/L,采收前 20 天喷 200mg/L,浸渍
促进开花	2,4-D NAA 乙烯利 GA	菠萝 菠萝 菠萝 胡萝卜、甘蓝	5～10mg/L,50ml/株,营养生长成熟后,从株心灌 15～20mg/L,50ml/株,营养生长成熟后从株心灌 400～1000mg/L,溶液喷洒 100～200μg/株

五、植物的化控工程

农作物化学调控工程就是采用一系列的生长调节剂来控制作物生长发育的栽培工程。具体来说，就是把生长调节剂的应用，作为一项必备常规措施导入种植业，使它与栽培管理、良种推广结合为一体，调动肥水和品种等一切栽培因素的潜力，以获得高产优质，并产生接近于有目标设计和可控生产流程的工程。

化控工程从种子处理开始到下一代新种子形成的不同生育阶段，包括生根、发芽、分蘖、长叶、开花、结实，直到衰老脱落等过程，适时适量地运用各种生长调节剂来维持植物体内激素水平，以达到协调植株的生长与发育、个体与群体、群体与土壤气候间的关系，最终实现高产稳产、优质高效的目的。生长调节剂在化控工程中的作用很多：①对作物性状进行“修饰”，如变高秆为矮秆，变晚熟为早熟；②改变栽培措施，由于生长调节剂使作物矮化、株型紧凑，所以可改稀播稀植为密播密植，改高肥水会徒长减产为高肥水仍稳产高产，充分发挥肥效，高产更高产；③推动多熟复种制，如生长延缓剂培育水稻秧苗，解决连作晚稻秧龄长、秧质差的难题，生长延缓剂培育油菜矮壮苗，成为长江流域稻-稻-油三熟制的一项突破性新技术；④提高作物的抗逆性，使作物安全渡过不良环境或少受伤害，或使作物能向高纬度或高海拔地区引种推广，扩大栽培区域。在棉花、小麦、油菜、番茄等作物中，都有化控工程取得成功的实际例子。

复习思考题

1. 六大类植物激素的主要生理作用是什么？

2. 简要说明生长素和乙烯的作用机理。

3. IAA、GA、CTK和BR生理效应有什么异同？ABA、ETH又有哪些异同？

4. 除六大类激素外，植物体内还含有哪些能显著调节植物生长发育的有活性的物质？它们有哪些主要生理效应？

5. 农业上常用的生长调节剂有哪些？在作物生产上有哪些应用？

6. 应用生长调节剂时要注意的事项有哪些？

7. 在调控植物的生长发育方面，六大类植物激素之间在哪些方面表现出增效作用或拮抗作用？

第八章　光对植物生长发育的调控

光、温度、水分和矿物质等环境因子对植物生长发育均有显著影响，其中光对植物生长发育的调节和控制作用最大。光对植物的影响主要有两个方面：光是绿色植物光合作用必需的；光调节植物整个生长发育，以便更好地适应外界环境。这种依赖光控制细胞的分化、结构和功能的改变，最终汇集成组织和器官的建成，就称为光形态建成（photomorphogenesis），即光控制发育的过程。相反，暗中生长的植物表现出各种黄化特征，如茎细而长、顶端呈钩状弯曲和叶片小而呈黄白色，这种现象称为暗形态建成（skotomorphogenesis）(图 8-1)。它虽具全部遗传信息，但因缺乏光，大部分基因不能表达出来。

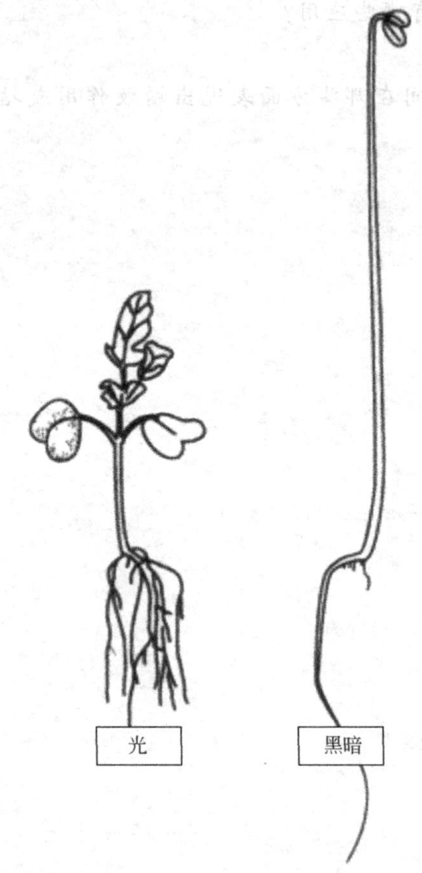

图 8-1　白芥幼苗在光下和黑暗中的生长情况（引自 M. R. Schopter，1995）

绿色植物通过光合作用利用光能将无机物同化为有机物，以化学能形式贮存能量，为所有生物利用，是高能反应，即对光照的时间要求长，且需强光照。而在光形态建成过程中，光只作为一个信号去激发受体，推动细胞内一系列反应，最终表现为形态结构的变化，是低能反应。一些光形态建成反应所需红闪光的能量和一般光合作用补偿点的能量相差 10 个数量级，甚为微弱。给黄化幼苗一个微弱的闪光，在几小时之内就可以观察到一系列光形态建成的去黄化反应，如茎伸长减慢、弯钩伸展、合成叶绿素等。

植物在长期的进化中，形成完善的光受体系统来感受不同波长、光强和方向的光，以便更好地适应环境。目前已知至少存在 3 种光受体：①光敏色素（phytochrome），感受红光及远红光区域的光；②隐花色素（cryptochrome）和向光素（phototropin），感受蓝光和近紫外光区域的光；③UV-B 受体，感受紫外光 B 区域的光。

第一节　光敏色素的发现、分布和生物合成

一、光敏色素的发现

光敏色素的发现是植物光形态建成研究的里程碑，自 20 世纪 50 年代末发现光敏色素以后，研究迅速开展和深入，从分子水平阐明其作用机制已有很大进展。美国农业部马里兰州贝尔茨维尔（Beltsville）农业研究中心的 Borthwick 和 Hendricks（1952）以大型光谱仪将白光分离成单色光，处理莴苣种子，发现红光（波长 650～680nm）促进种子发芽，而远红

光（波长 710～740nm）逆转这个过程。从图 8-2 和表 8-1 可见，莴苣种子萌发百分率的高低决定于最后一次曝光波长，在红光下萌发率高，在远红光下萌发率低。1959 年 Butler 等研制出双波长分光光度计，测定黄化玉米幼苗的吸收光谱。他们发现，经红光处理后，幼苗的吸收光谱中的红光区域减少，而远红光区域增多；如果用远红光处理，则红光区域增多，远红光区域消失。红光和远红光轮流照射后，这种吸收光谱可多次地可逆变化。上述结果说明这种红光-远红光可逆反应的光受体可能是具两种存在形式的单一色素。他们后来成功地分离出这种吸收红光-远红光可逆转换的光受体（色素蛋白质），称为光敏色素（phytochrome）。

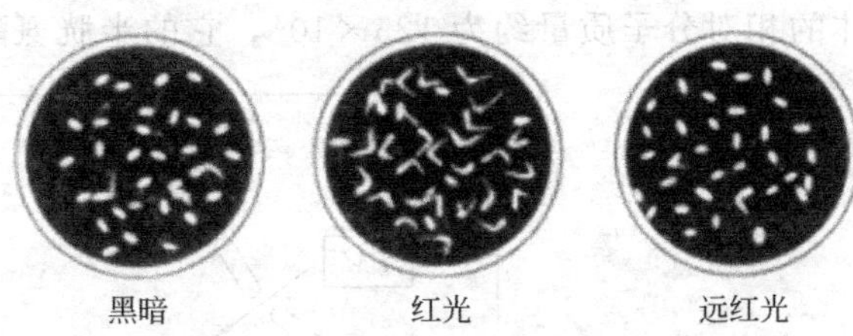

图 8-2　莴苣种子在黑暗、红光和远红光下的萌发
（引自 Kendrick 和 Frankland，1976）

表 8-1　交替地暴露在红光（R）和远红光（FR）下的莴苣种子萌发百分率

（在 26℃下，连续地以 1min 的 R 和 4min 的 FR 曝光）

光处理	萌发率/%	光处理	萌发率/%
R	70	R—FR—R—FR	6
R—FR	6	R—FR—R—FR—R	76
R—FR—R	74	R—FR—R—FR—R—FR	7

二、光敏色素的分布

目前已知，绿藻、红藻、地衣、苔藓、蕨类、裸子植物和被子植物中许多生理现象都和光敏色素的调控有关。真菌没有光敏色素，另有隐花色素吸收蓝光进行形态建成。在植物进化的历史长河中，吸收隐花色素的植物种类逐渐减少，而吸收光敏色素的植物种类逐渐增加，所以光敏色素在植物进化过程中的意义越来越大。

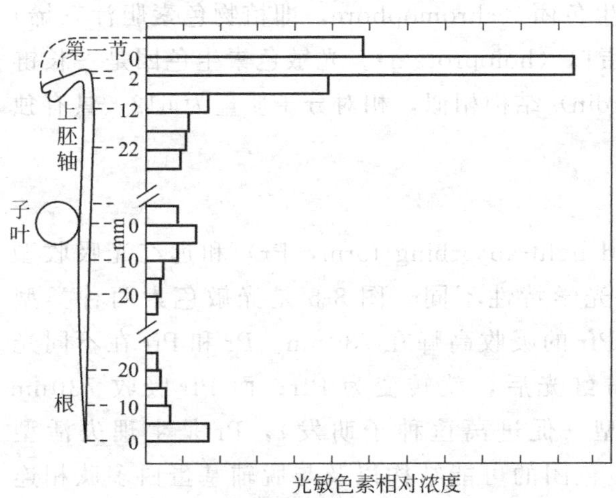

图 8-3　黄化豌豆幼苗中光敏色素的分布
（引自 Kendrick 和 Frankland，1983）

光敏色素分布在植物各个器官中。黄化幼苗的光敏色素含量比绿色幼苗多 20～100 倍。禾本科植物的胚芽鞘尖端、黄化豌豆幼苗的弯钩、各种植物的分生组织和根尖等部位的光敏色素含量较多。一般来说，蛋白质丰富的分生组织中含有较多的光敏色素（图 8-3）。在细胞中，胞质溶胶和细胞核中都有光敏色素。

三、光敏色素的生物合成

光敏色素生色团的生物合成是在黑暗条件下、在质体中进行的，其合成过程可能类似脱植基叶绿素（叶绿素的前身）的合成过程，因为两者都具四个吡咯环。生色团在质体中合成后就被运送到胞质溶胶，与脱辅基蛋白装配形成光敏色素全蛋白（图 8-4）。脱辅基蛋白单体的相对分子质量约为 125×10^3，它的半胱氨酸通过硫醚键与生色团相连接。

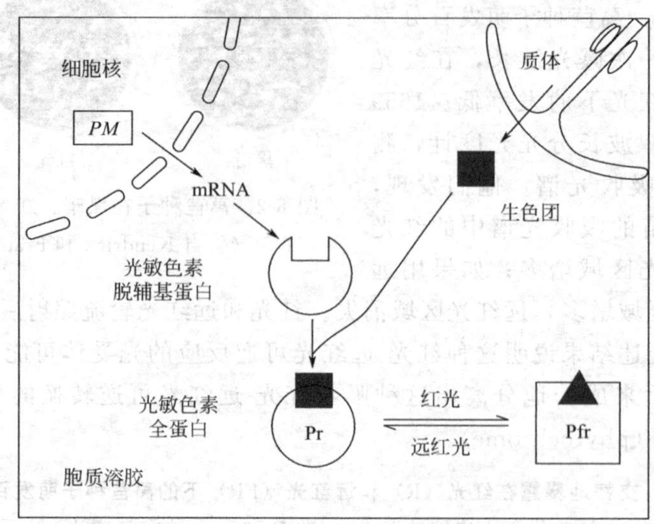

图 8-4 光敏色素生色团与脱辅基蛋白的合成与装配
（引自 Kendrick 等，1997）

第二节 光敏色素的结构、化学性质及光化学转换

一、光敏色素的结构

光敏色素是一种易溶于水的色素蛋白质，相对分子质量为 250×10^3。它是由两个亚基组成的二聚体，每个亚基有两个组成部分：生色团（chromophore，即植物色素胆汁三烯）和脱辅基蛋白（apoprotein），两者合称为全蛋白（holoprotein）。光敏色素生色团是一长链状的 4 个吡咯环，与胆色素的胆绿素（biliverdin）结构相似，相对分子质量为 612，具有独特的吸光特性。

二、光敏色素的化学性质

光敏色素有两种类型：红光吸收型（red light-absorbing form，Pr）和远红光吸收型（far-red light-absorbing form，Pfr），两者的光学特性不同。图 8-5 是光敏色素两种类型的吸收光谱，Pr 的吸收高峰在 660nm，而 Pfr 的吸收高峰在 730nm。Pr 和 Pfr 在不同光谱作用下可以相互转换。当 Pr 吸收 660nm 红光后，就转变为 Pfr；而 Pfr 吸收 730nm 远红光后，会逆转为 Pr。Pfr 是生理激活型（促进莴苣种子萌发），Pr 是生理失活型（抑制莴苣种子萌发）。图 8-6 是 Pr 和 Pfr 生色团的可能结构以及与脱辅基蛋白多肽相连接的部位。

在 Pr 和 Pfr 相互转化时，生色团和脱辅基蛋白也发生构象变化，其中生色团变化带动蛋白质变化，因为前者吸光。Pr 生色团吸光后，吡咯环 D 的 C15 和 C16 之间的双键旋转，进行顺反异构化。这种变化导致 4 个吡咯环构象也发生变化。当 Pr 转变为 Pfr 时，脱辅基蛋白也进行构象变化。实验证明，Pr 的 N 末端暴露在分子表面，而 Pfr 的则隐蔽在内部。用圆二色谱法测定蛋白质的二级结构，发现 Pfr 的 α 螺旋度增加几个百分点，这是生色团与蛋白质多肽氨基端相互作用的结果。与 Pfr 相比，Pr 的氨基端更加暴露于分子表面，分子

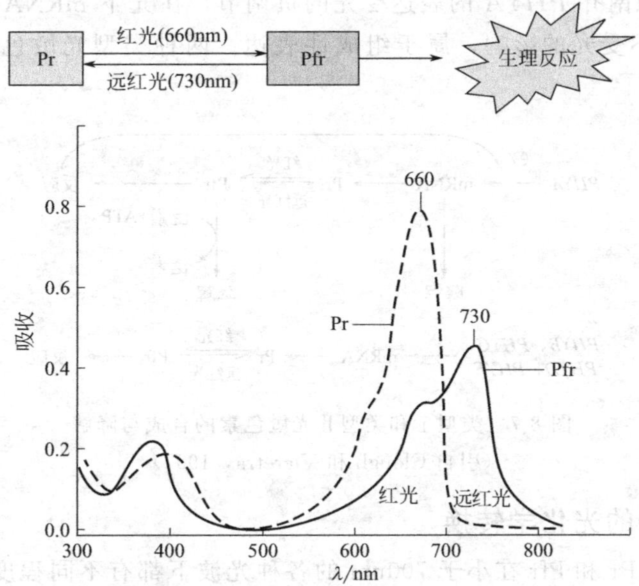

图 8-5　光敏色素的吸收光谱（引自 Viestra 和 Quail，1983）

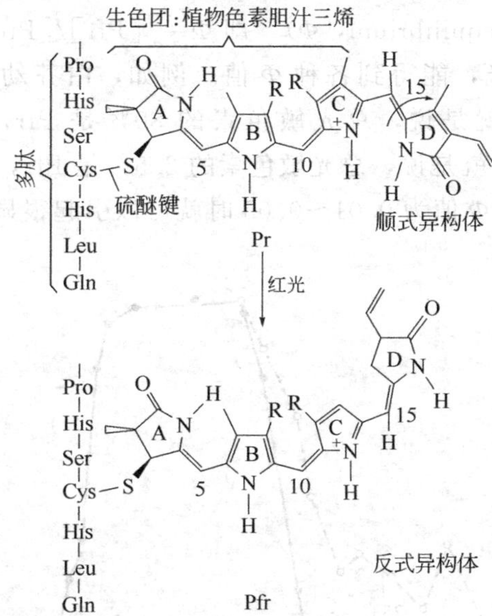

图 8-6　光敏色素 Pr 和 Pfr 生色团的可能结构以及与肽链的连接（引自 Andel 等，1997）

的疏水性也更强。

三、光敏色素基因和分子多型性

光敏色素蛋白质的基因是多基因家族。拟南芥的多基因家族中至少存在 5 个基因，分别为 *PHYA*、*PHYB*、*PHYC*、*PHYD*、*PHYE*。不同基因编码的蛋白质有各自不同的时间、空间分布，有不同的生理功能。人们曾将黄化幼苗中大量存在、见光后易分解的光敏色素称为类型Ⅰ光敏色素，而将光下降解稳定存在的、在绿色幼苗中含量很少的光敏色素称为类型Ⅱ光敏色素。后来的研究表明，拟南芥 *PHYA* 编码类型Ⅰ光敏色素，而其他 4 种基因编码类型Ⅱ光敏色素。拟南芥 *PHYA* 的表达受光的负调节，在光下 mRNA 合成受到抑制。而其余 4 种基因表达不受光的影响，属于组成性表达。两种类型光敏色素的合成和降解途径见图 8-7。

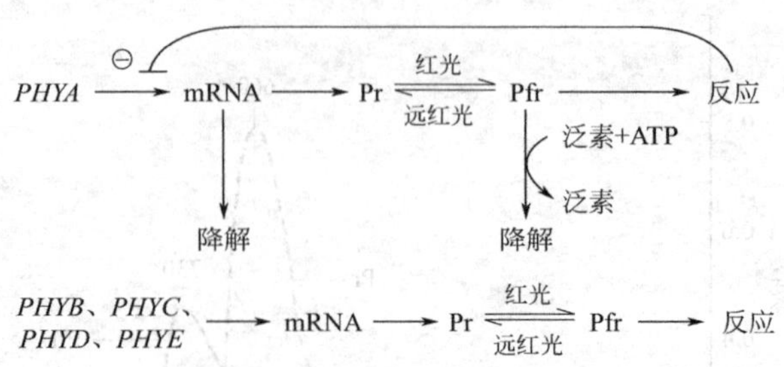

图 8-7 类型Ⅰ和类型Ⅱ光敏色素的合成与降解
（引自 Clough 和 Vieretra，1997）

四、光敏色素的光化学转换

从图 8-5 可见，Pr 和 Pfr 在小于 700nm 的各种光波下都有不同程度的吸收，有相当多的重叠。在活体中，这两种类型的光敏色素是平衡的，这种平衡决定于光源的光波成分。总光敏色素 Ptot＝Pr＋Pfr。在一定波长下，具生理活性的 Pfr 浓度和 Ptot 浓度的比例就是光稳定平衡（photostationary equilibrium，Φ），即 $\Phi=$［Pfr］/［Ptot］。不同波长的红光和远红光可组合成不同的混合光，能得到各种 Φ 值。例如，白芥幼苗达到平衡时，饱和红光（660nm）的 Φ 值是 0.8，就是说，总光敏色素的 80％是 Pfr，20％是 Pr；饱和远红光（718nm）的 Φ 值是 0.025，就是说，总光敏色素的 2.5％是 Pfr，97.5％是 Pr（图 8-8）。在自然条件下，植物光反应的 Φ 值为 0.01～0.05 时就可以引起很显著的生理变化。

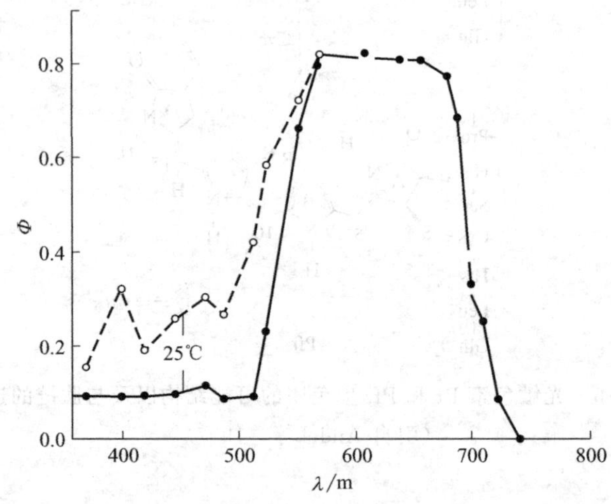

图 8-8 54h 龄黄化白芥幼苗被 1W/m² （实线）和 10W/m² （虚线）照射 30min 后不同波长的 Φ 值

Pr 与 Pfr 之间的转变包括几个毫秒至微秒的中间反应。在这些转变过程中，包括光化学反应和黑暗反应。光化学反应局限于生色团，黑暗反应只有在含水条件下才能发生。这就可以解释为什么干种子没有光敏色素反应，而用水浸泡后的种子才有光敏色素反应。

Pr 比较稳定，Pfr 不稳定。在黑暗条件下，Pfr 会逆转为 Pr，降低 Pfr 浓度。Pfr 也会被蛋白酶降解。Pfr 的半衰期为 20min 到 4h。

第三节　光敏色素的生理作用和反应类型

一、光敏色素的生理作用

光敏色素的生理作用甚为广泛，它调节和控制植物一生的形态建成，从种子萌发到开花、结果及衰老。表 8-2 列举了高等植物中一些由光敏色素控制的反应。我国发现的光敏核不育水稻农垦 58s 的雄性器官发育过程，也是通过光敏色素去感受日照的长短。

表 8-2　高等植物中一些由光敏色素控制的反应

1. 种子萌发	6. 小叶运动	11. 光周期	16. 叶脱落
2. 弯钩张开	7. 膜透性	12. 花诱导	17. 块茎形成
3. 节间延长	8. 向光敏感性	13. 子叶张开	18. 性别表现
4. 根原基起始	9. 花色素形成	14. 肉质化	19. 单子叶植物叶片展开
5. 叶分化和扩大	10. 质体形成	15. 偏上性	20. 节律现象

光敏色素接受光刺激到发生形态反应的时间有快有慢。快反应以分秒计，如棚田效应（Tanada effect）（图 8-9）和转板藻叶绿体运动（图 8-10）。棚田效应指离体绿豆根尖在红光下诱导膜产生少量正电荷，所以能黏附在带负电荷的玻璃表面，而远红光则逆转这种黏附现象。慢反应则以小时和天数计，例如，红光促进莴苣种子萌发（图 8-2）和诱导幼苗去黄化反应。

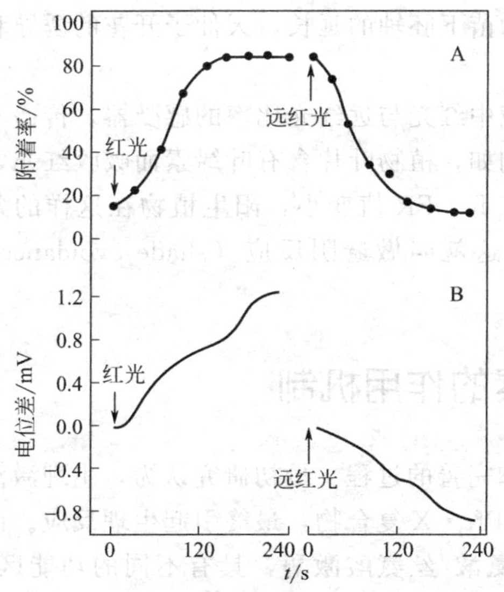

图 8-9　红光或远红光处理后，绿豆根尖黏附在带负电荷的玻璃表面的动力学（A）和根尖电位差（B）的变化

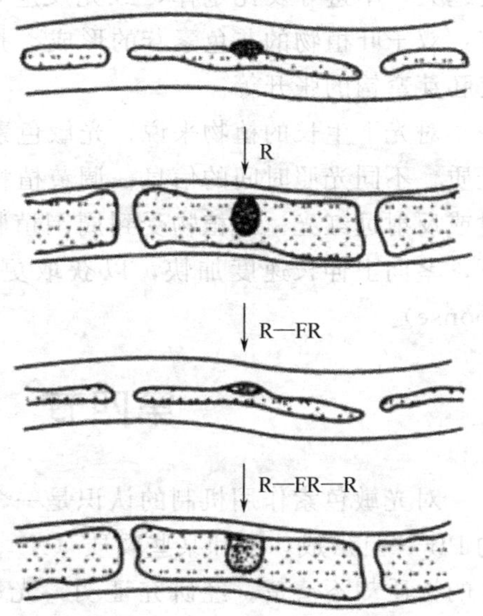

图 8-10　弱红光和远红光对转板藻叶绿体运动的影响（红光使叶绿素面向光照方向）

二、光敏色素的反应类型

根据对光量的需求，光敏色素反应可分为 3 种类型（表 8-3）。

表 8-3　3 种光敏色素反应的比较

反应类型	红光-远红光可逆	反比定律	作用光谱高峰	光受体
VLFR	否	是	红光、蓝光	*PHYA*
LFR	是	是	红光、远红光	*PHYB*
HIR	否	否	黄化苗：远红光、蓝光、UV-A 绿苗：红光	*PHYA*，隐花色素 *PHYB*

1. 极低辐照度反应

极低辐照度反应（very low fluence response，VLFR）可被 1～100nmol/m^2 的光诱导，在 Φ 值仅为 0.02 时就满足反应条件，即使在实验室的安全灯光下反应都可能发生。这样极低辐照度的红光可刺激暗中生长的燕麦芽鞘伸长，但抑制它的中胚轴生长，也刺激拟南芥种子的萌发。极低辐照度反应遵守反比定律，即反应的程度与光辐照度和光照时间的乘积成正比，如增加光辐照度可减少光照时间，反之亦然。

2. 低辐照度反应

低辐照度反应（low fluence response，LFR）也称为诱导反应，所需的光能量为 1～1000μmol/m^2，是典型的红光-远红光可逆反应。反应可被一个短暂的红闪光诱导，并可被随后的远红光照射所逆转。在未达到光饱和时，反应也遵守反比定律。种子和黄化苗的一些反应，如莴苣种子需光萌发、转板藻叶绿体运动（图 8-10）等属于这一类型。

3. 高辐照度反应

高辐照度反应（high irradiance response，HIR）也称高光照反应，反应需要持续强光照（大于 10μmol/m^2），其饱和光照比低辐照度反应强 100 倍以上。光照时间越长，反应程度越大，不遵守反比定律，红光反应也不能被远红光逆转。由高辐照度引起的光形态建成有：双子叶植物的花色素苷的形成，芥菜、莴苣幼苗下胚轴的延长，天仙子开花的诱导和莴苣胚芽弯钩的张开等。

对光下生长的植物来说，光敏色素还作为环境中红光与远红光比率的感受器，传递不同光质、不同光照时间的信息，调节植物的发育。例如，植物叶片含有叶绿素而吸收红光，透过或反射远红光。当植物受到周围植物的遮阳时，R∶FR 值变小，阳生植物在这样的条件下，茎向上伸长速度加快，以获取更多的阳光，这就叫做避阴反应（shade avoidance response）。

第四节　光敏色素的作用机制

对光敏色素作用机制的认识是一个逐步深入和完善的过程。最初研究认为，生理激活型的 Pfr 一旦形成，即和某些物质（X）反应，生成 Pfr·X 复合物，最终引起生理反应。而对 X 的性质却不清楚。经研究证明，光敏色素是苏氨酸/丝氨酸激酶，具有不同的功能区域，N 末端是与生色团连接的区域，与决定光敏色素的光化学特性有关，*PHYA*、*PHYB* 的特异性也在此区域表现出来。C 末端与信号转导有关，两个蛋白质单体的相互连接也发生在 C 端。接受光刺激后，N 末端的丝氨酸残基发生磷酸化而被激活，接着将信号传递给下游的 X 组分（图 8-11）。X 组分有多种类型，所引起的信号传递途径也不相同。

在调节快反应过程中，光敏色素可能调节膜上离子通道和质子泵等来影响离子的流动。实验证明，光敏色素控制钙离子在转板藻细胞内快速变化。照射红光后 30min，$^{45}Ca^{2+}$ 积累

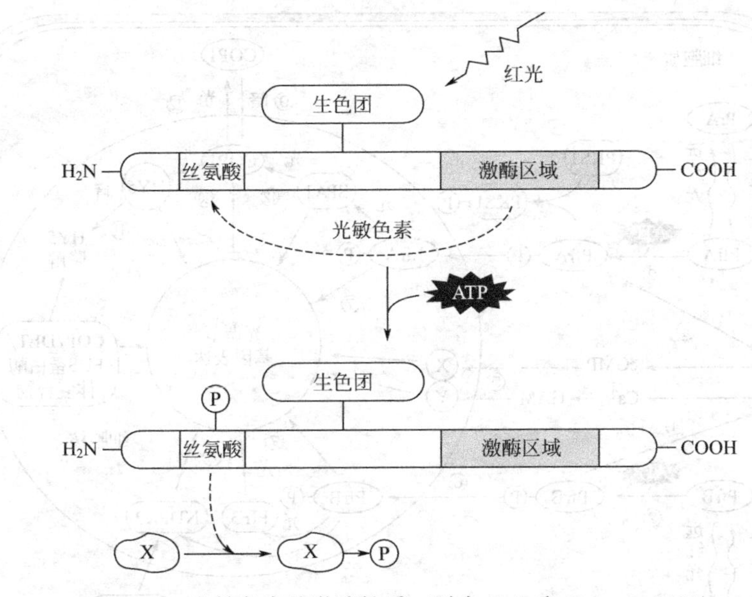

图 8-11　光敏色素的激酶性质（引自 Taiz 和 Zeiger，2002）

速度增加 2～10 倍，接着照射 30s 远红光，这个效应就全部逆转。由于植物体内有肌动球蛋白、钙调蛋白等，有些科学家提出转板藻受光照射后到生理反应要经过下列信号转导途径：红光→Pfr 增多→跨膜 Ca^{2+} 流动→细胞质中 Ca^{2+} 增加→钙调蛋白活化→肌动球蛋白轻链激酶活化→肌动蛋白收缩运动→叶绿体转动。

大多数光敏色素调节的反应都涉及基因表达，在这方面寻找光敏色素下游 X 组分已经获得很大进展。目前，已经发现一系列在光敏色素下游的信号组分。图 8-12 表示参与光敏色素调控基因表达的信号转导途径和组分。首先，红光分别使光敏色素 A 和光敏色素 B 由生理失活型转变为生理激活型 PfrA 和 PfrB，它们发生自身的磷酸化后，PfrA 可将胞质溶胶中的靶蛋白 PKS1（phytochrome kinase substrate 1）磷酸化，也可以进入细胞核。在核内，通过两条途径调节基因的表达：一是直接参与光调控的基因表达；二是通过下游的信号组分 SPA1 起作用。邓兴旺等人（1991）利用在黑暗中表现光形态建成反应的拟南芥 *cop*（*constitutively photomorphogenic*）和 *det*（*deetiolated*）突变体，克隆了第一个光形态建成的负调控因子 COP1，也称为 DET，后发现它们的基因位点共有 11 个，被称为多效性 COP/DET/FUS 位点。它们的基因产物是控制植物光形态建成和暗形态建成的主要分子开关。在暗中，COP1 进入细胞核，与光形态建成的正调节因子 HY5（*long hypocotyl* 5）结合，使 HY5 被降解而无法启动光形态建成反应；而在光下，SPA1 可以与 COP1 发生相互作用，将 COP1 运送到胞质溶胶中去，使之失活，HY5 启动光形态建成反应。HY5 在暗中的降解失活，也与 COP/DET/FUS 蛋白酶体复合物的作用有关。

PfrB 可以直接进入细胞核，在核内与下游的转录因子 PIF3（phytochrome interacting factor 3）结合，启动光反应基因的表达。PrfB 也可以通过激活 NDPK2（nucleoside diphosphate kinase 2）来调节基因的表达。此外，PfrB 还可能与 PfrA 一样，进入核后，直接调控基因表达。

PfrA 和 PfrB 都可能与 G 蛋白发生相互作用，通过 cGMP、Ca^{2+} 和 CaM 等第二信使，激活核中的转录因子，从而调节基因的表达。

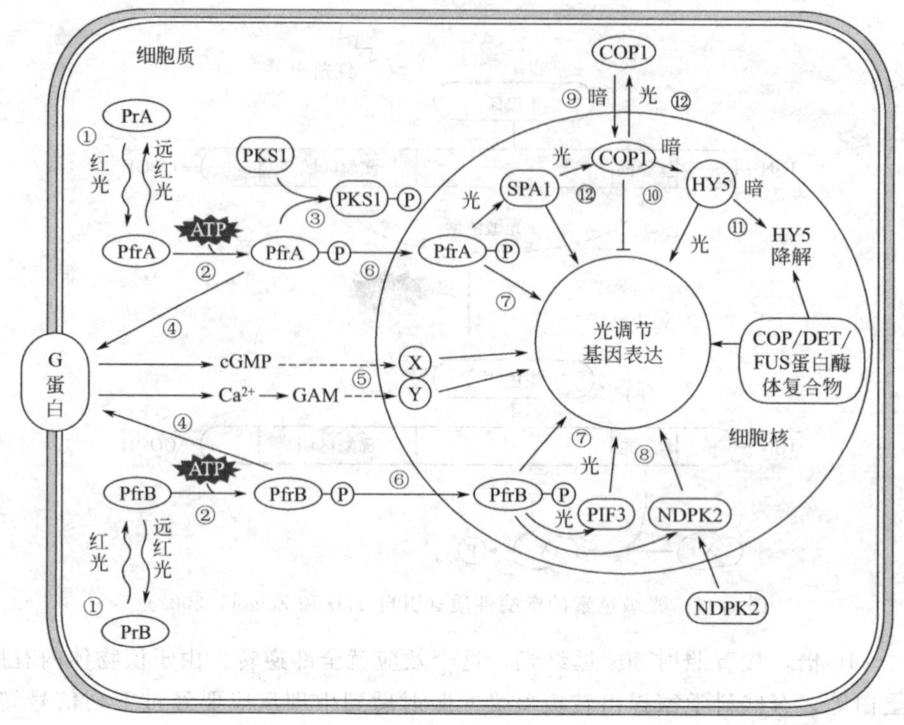

图 8-12 光敏色素调节基因表达图解（引自 Sharma，2001）

①红光转变 PrA 和 PrB 为它们的 Pfr 型；②*PHYA* 和 *PHYB* 光敏色素的 Pfr 型能自身磷酸化；
③活化 PKSl；④活化的 PfrA 和 PfrB 与 G 蛋白相互作用；
⑤cGMP、CaM 和 Ca^{2+} 能活化转录因子（X 和 Y）；⑥活化的 PfrA 和 PfrB 进入细胞核；
⑦PfrA 和 PfrB 直接调节转录或与 PIF3 相互作用；⑧PfrB 活化 NDPK2；
⑨在暗中，COP1 进入细胞核，抑制光调节基因；⑩在暗中，COP1 泛素化 HY5；
⑪在暗中，HY5 在 COP/DET/FUS 蛋白酶体复合物帮助下被降解；
⑫光照下，COP1 直接与 SPA1 相互作用，输出到细胞质

第五节 植物对蓝光和紫外光反应

一、植物对蓝光反应

一般认为，植物的向光性反应、叶绿体的运动、气孔运动等运动性反应，均是由蓝光引起的，并经 *PHOT*1 和 *PHOT*2 介导产生的；而对下胚轴伸长的抑制、色素的生物合成等蓝光诱导的形态建成，则主要是隐花色素 *CRY*1 和 *CRY*2 介导产生的。此外，隐花色素 *CRY*1 和 *CRY*2 还与光敏色素一起，介导光周期诱导的开花过程。植物和真菌的许多反应都受蓝光(B)(400～500nm）和紫外光（UV）调控。蓝光反应的有效波长是蓝光和近紫外光，蓝光受体也叫做蓝光/近紫外光受体（blue/UV-A receptor)，蓝光受体有隐花色素（cryptochrome）和向光素（phototropin）两种。

二、植物对紫外光反应

紫外光-B 对植物的整个生长发育和代谢都有影响，紫外光-B 受体（UV-B receptor）吸收 280～320nm 的紫外光，从而影响光形态建成。一些作物如小麦、大豆、玉米等在紫外

光-B照射下，植株矮化，叶面积减小，导致干物质积累下降。紫外光-B使大豆的某些品种光合作用下降，主要引起气孔关闭、叶绿体结构破坏、叶绿素及类胡萝卜素含量下降、Hill反应下降、光系统Ⅱ电子传递受影响等。紫外光-B照射还引起类黄酮、花色素苷等色素合成增加，抗紫外光色素的伤害。

复习思考题

1. 什么是植物光形态建成？它与光合作用有何不同？
2. 光敏色素的结构有什么特点？光敏色素有什么功能？
3. 蓝光和紫外光对植物生长有什么调节作用？

第三篇
植物的形态建成

第九章　植物的生长发育与运动

植物发育（development）是指植物在生活周期过程中发生的体积、形态、结构和功能变化。发育是植物各种生理代谢活动的整合（integration）表现。

发育包括生长（growth）和分化（differentiation）两个方面：生长是指细胞、器官或植物体重量的不可逆增加，即发育过程中的量变。植物的生长是通过细胞数量的增多和体积的增大实现的；分化则指来自同一合子或遗传上同质的细胞转变为在化学组成、形态和机能上异质的细胞的过程。分化可在细胞水平、组织水平、器官水平上表现出来。例如由薄壁细胞分化出厚壁细胞、木质部和韧皮部，在茎上分化出侧芽、侧枝和叶片等。

生长和分化贯穿于整个发育过程中。

高等植物的发育有一个共同的历程：种子萌发—幼苗生长—开花结实—衰老死亡（图 9-1）。

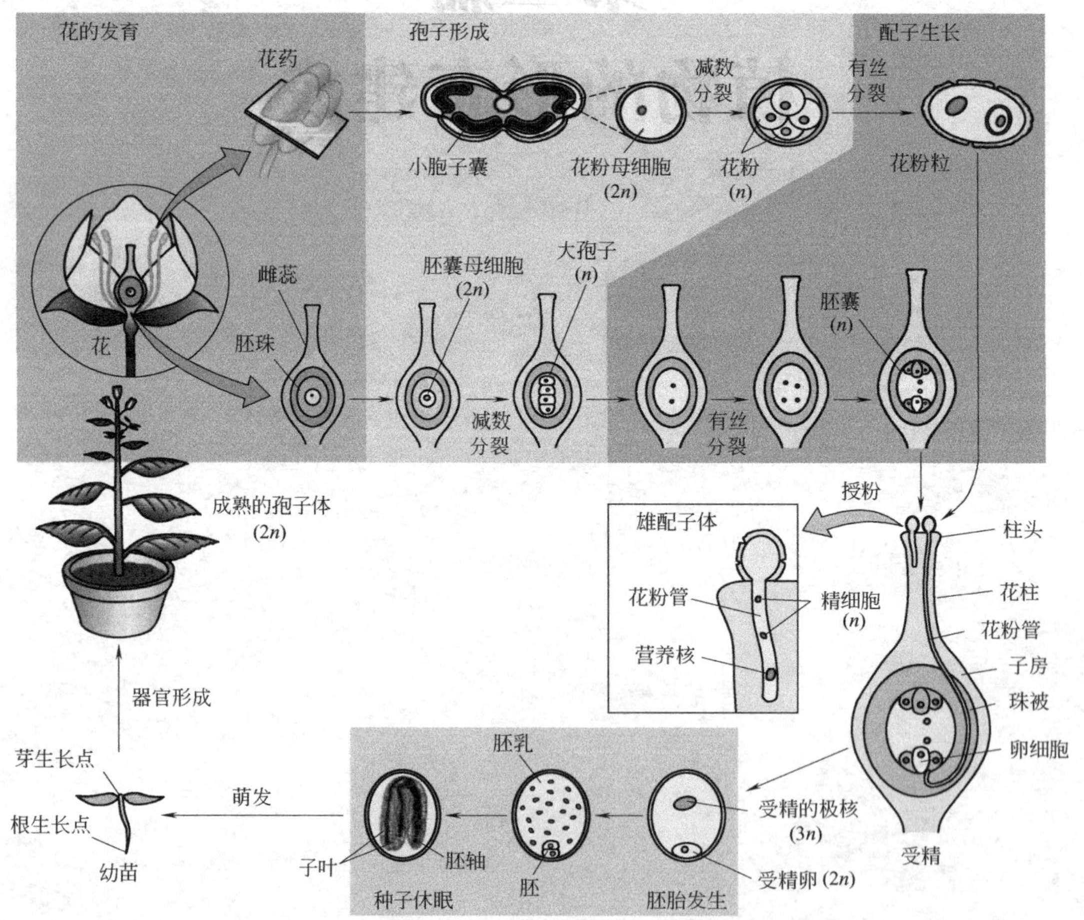

图 9-1　开花植物的生长周期（引自 Buchannan 等，2000）

第一节　细胞发育

一、细胞发育

植物的发育是以细胞发育为基础的。细胞发育通常可分为三个时期：分裂期、伸长期和分化期。

1. 细胞分裂期

植物分生组织的细胞，如生长点、形成层和居间分生组织的细胞，是具有分裂能力的细胞，它们具有体积小、细胞核大、原生质稠密、细胞壁薄、代谢旺盛等特点。当细胞原生质增加到一定量时，开始分裂（有丝分裂），一个母细胞分裂成两个子细胞，通常把母细胞一次分裂结束形成的细胞再分裂成两个子细胞所经历的时间称为细胞周期或分裂周期。

植物细胞周期可划分为四个时期：①G_1 期，为 DNA 合成前的准备时期，从上一次有丝分裂结束到 DNA 合成前；②S 期，为 DNA 的合成的时期，DNA 含量增加 1 倍；③G_2 期，从 DNA 合成完成到下一次有丝分裂开始，为有丝分裂前的准备时期；④M 期，即有丝分裂期，从有丝分裂开始到结束。

高等植物细胞周期的长短，因不同物种而异，一般为 10～30h。例如，蚕豆根尖的细胞周期（19℃下）为 19.3h，鸭跖草根尖的细胞周期（21℃下）为 17h。细胞周期还受许多因素的影响，如豌豆根尖细胞在 15℃下为 25.55h，在 30℃下则缩短为 14.39h。植物激素可调节细胞分裂周期，赤霉素、细胞分裂素和生长素使细胞分裂加快，此外，B 族维生素如 B_1（硫胺素）、B_6（吡哆醇）和烟酸也影响细胞分裂。当缺乏这些维生素时，细胞分裂停止。

2. 细胞伸长期

在根和茎顶端的分生区中，除顶部少数细胞仍保持分裂能力外，而其他远离顶部的一些细胞不再分裂，逐渐过渡到细胞伸长阶段。伸长期的最大特点是细胞体积的迅速增大。例如，豌豆距根尖 5～6mm 处的细胞，其体积比分生细胞增大 20 倍。在细胞体积增大的同时，细胞内出现小液泡，然后由小液泡合并成一个大液泡，占据细胞大部分空间，细胞质和细胞核被挤压到边缘，细胞通过渗透作用吸水膨胀，体积增大。与此同时呼吸代谢和物质合成加强，例如，在豌豆根尖伸长区，蛋白质合成增加 6 倍，呼吸速率提高 2～6 倍，而且蛋白质含量和呼吸速率的增加与细胞体积的增加相一致，细胞体积增长最迅速的部位也是蛋白质含量和呼吸速率最高的部位。此外，构成细胞壁的各种物质（纤维素、半纤维素、果胶质等）的含量也随细胞体积的扩大不断升高。植物激素参与细胞扩大的调节。

3. 细胞分化期

当细胞伸长停止后，形态结构发生变化，形成了具有一定功能和一定形态结构的组织细胞，如输导组织、机械组织、保护组织等的细胞，进而形成营养器官和生殖器官。此时，由于细胞停止生长，呼吸速率、代谢强度均低于细胞伸长阶段。

关于细胞分化的机理还不十分清楚。某些植物激素的相互作用可调节分化，例如，GA/IAA 能控制形成层产生韧皮部与木质部的组织分化，CTK/IAA 调节愈伤组织分化出芽和根。此外，木质部与韧皮部的分化与蔗糖浓度有关。在丁香茎愈伤组织培养中，蔗糖浓度控制木质部和韧皮部的形成。当糖浓度高时，形成韧皮部；糖浓度低时，则形成木质部；糖浓度中等水平时，木质部和韧皮部同时分化，而且中间具有形成层。细胞的分裂、伸长与分化三个时期没有明显的严格界限，常相互重叠。但是，在自然条件下，细胞的三个时期一般不可逆转。

二、组织培养

组织培养（tissue culture）是指在无菌条件下将离体的植物器官（如根、茎、叶等）、组织（如形成层、胚乳、髓部等）、细胞（如大孢子、小孢子、体细胞等）以及原生质体，在人工控制的培养基上培养，使其生长、分化的技术和方法。用于组织培养的植物离体器官、组织、细胞团等，称为外植体（explant）。

1. 组织培养的原理

组织培养的理论基础是植物细胞具有全能性（totipotency）。细胞全能性，是指植物每一个有核细胞都包含着母体全套基因，在适宜的条件下都可发育成一个完整的植株的能力。细胞全能性已被许多试验所证实。

2. 组织培养的过程

进行组织培养时，首先要根据培养的对象和目的配制相应的培养基。目前应用的培养基通常由五类物质组成：①无机营养，包括大量元素和微量元素；②碳源，1%～4%的蔗糖，蔗糖还有维持渗透势的作用；③维生素，主要是维生素 B_1、维生素 B_6、烟酸和肌醇；④植物生长物质，IAA 类主要为 2,4-D 或 NAA，CTK 类主要为 6-BA；⑤有机附加物，如甘氨酸、水解蛋白、酵母汁等。此外，还需要维持适宜的 pH。如为固体培养还需要加入琼脂作为支持物。各种培养基配方见表 9-1。

表 9-1 几种常见的植物组织培养基配方 mg/L

成分		培养基名称					
		MS	H	B_5	尼许	怀特	N_6
大量元素	NH_4NO_3	1650	720				
	$(NH_4)_2SO_4$			134			463
	KNO_3	1900	950	2500	125	80	2830
	$Ca(NO_3)_2 \cdot 4H_2O$				500	300	
	$CaCl_2 \cdot 2H_2O$	440	166	150			166
	$MgSO_4 \cdot 7H_2O$	370	185	250	125	720	185
	KH_2PO_4	170	68		125		400
	Na_2SO_4					200	
	$NaH_2PO_4 \cdot H_2O$			150		16.5	
	KCl					65	
微量元素	KI	0.83		0.75			0.8
	H_3BO_3	6.2	10	3	0.5	1.5	1.6
	$MnSO_4 \cdot H_2O$			10			
	$MnSO_4 \cdot 4H_2O$	22.3	25		3	7	4.4
	MoO_3					0.0001	
	$ZnSO_4 \cdot 7H_2O$	8.6	10	2	0.05	3	1.5
	$Na_2MoO_4 \cdot 2H_2O$	0.25	0.25	0.25	0.025		
	$CuSO_4 \cdot 5H_2O$	0.025	0.025	0.025	0.025	0.001	
	$CoCl_2 \cdot 6H_2O$	0.025		0.025			

续表

成分		培养基名称					
		MS	H	B_5	尼许	怀特	N_6
有机成分	甘氨酸	2	2			3	2
	盐酸硫胺素	0.4	0.5	10		0.1	1
	盐酸吡哆素	0.5	0.5	1		0.1	0.5
	烟酸	0.5	0.5	1		0.3	0.5
	肌醇	100	100	100		100	
	叶酸		0.5				
	生物素		0.05				
	蔗糖	30000	20000	20000	20000	20000	50000
	琼脂	10000	8000	10000	10000	100	10000
pH		5.8	5.5	5.5	6.0	5.6	5.8

组织培养是在无菌条件下进行的，所以培养基必须高压灭菌，植物材料（外植体）也需消毒。然后在无菌操作台上把外植体接种在培养基上，再置于培养室中培养，培养要求适宜的温度、湿度、光照（散射光）或黑暗等条件。

在培养基上，外植体经过多次细胞分裂而失去原有分化状态，这个过程称为脱分化。由脱分化形成的分生状态细胞，在一定条件下可经过胚状体或愈伤组织分化出根和芽，这个过程称为再分化。愈伤组织是指由外植体分裂形成的无组织、无结构的细胞团。通常，愈伤组织的再分化有两种类型：一是器官发生型，即直接分化出芽与根，从而获得再生小植株；二是胚胎发生型，即分化形成一些类似胚胎结构的细胞群，称之为胚状体（embryoid）。胚状体的一端分化形成芽原基，另一端形成根原基，从而获得小植株。

3．组织培养的应用

（1）培育作物新品种　以花药或花粉为试材的单倍体育种，近年来进展很快。中国在世界上首次成功地培育出小麦、玉米、大豆、甘蔗、橡胶和杨树等 40 多种植物的花培植株。

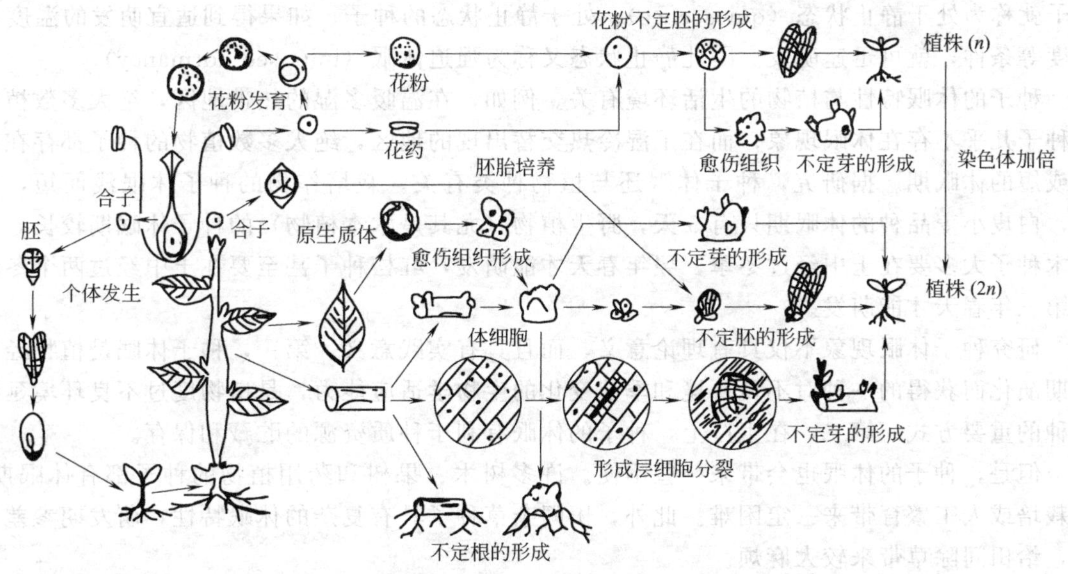

图 9-2　由高等植物的细胞、组织和器官培养成植株的过程

（引自王忠，2000）

通过组织培养可人为地诱发基因突变，从中选择有益的突变细胞继续培养，进而选出具有某种优良性状的理想亲本或品系。通过组织培养还能克服杂交不亲和性，进一步扩大了杂交育种的范围。

(2) 快速无性繁殖植物　通过组织培养，可大量而快速地繁殖经济作物、园艺作物、观赏植物、药用植物和某些珍贵木本植物。

(3) 获得无病毒植株　利用植物茎尖进行脱毒培养，可培育出无病毒的植株。例如已得到了无病毒马铃薯种薯，解决了退化问题。

(4) 保存和运输种质资源　可以把某些优良的种质资源与材料通过组织培养的方法保存和运输，如将细胞、茎尖愈伤组织和花药保存在低温下进行贮存或运输。这与常规方法相比可节省人力、物力和时间。

在理论研究方面，组织培养广泛地应用于细胞学、遗传学、生理学和分子生物学的研究中。

图 9-2 概括了由高等植物的细胞、组织和器官培养成植株的过程。

第二节　种子生理

严格来说，种子植物的个体发育始于受精卵（合子）的第一次分裂。但是，在生产上常以种子的萌发作为个体发育的开始。种子是植物特有的延存器官，种子的质量及萌发情况将影响植物一生的发育。“有苗三分喜”，苗齐、苗壮是作物高产的基础。

一、种子的休眠

（一）种子休眠的概念及其意义

种子休眠（dormancy）是指一些种子成熟后，在适宜萌发的条件下也不萌发的现象。由于这种休眠是由种子的内因引起的，又称为生理休眠（physiological dormancy）。种子成熟后，都具有在适宜萌发的条件下萌发的能力，但如果由于外界条件不适宜而不萌发，这些种子就称为处于静止状态（quiescence）。处于静止状态的种子，如果得到适宜萌发的温度和湿度等条件，就可迅速萌发。因此静止状态又称为强迫休眠（imposed dormancy）。

种子的休眠特性与植物的生活环境有关。例如，在温暖多湿的热带地区，绝大多数植物的种子几乎不存在休眠现象；而在干湿冷热交替出现的地区，绝大多数植物的种子都存在或长或短的休眠期。据研究，种子休眠还与植物种类有关。栽培作物的种子休眠浅而短，例如，白皮小麦品种的休眠期只有 5 天，野生植物（尤其是木本植物）的种子休眠期较长，如树木种子大多要在土中经过冬季，翌年春天才能萌发，红松种子甚至要在土中经过两个冬天至第三年春天才能萌发。

研究种子休眠现象不仅具有理论意义，而且具有实践意义：第一，种子休眠是植物经过长期演化而获得的一种对不良环境和季节变化的生物学适应能力，是植物度过不良环境延续物种的重要方式；第二，在生产上，种子的休眠有利于种质资源的贮藏和保存。

但是，种子的休眠也会带来一些不便。许多树木、果树和药用植物的种子都有休眠期，给栽培或人工繁育带来一定困难。此外，田间杂草种子具有复杂的休眠特性，萌发期参差不齐，给田间除草带来较大麻烦。

（二）种子休眠的原因

引起种子休眠的原因很多，不同种类植物的种子休眠原因又不尽相同。

1. 种皮障碍

有些种子的种皮厚而坚硬，或种皮上附着蜡质层或角质层，使之不透水、不透气或对胚具有机械阻碍作用。如豆科、藜科、锦葵科植物的种子，具有坚硬且不透水的果皮或种皮；有的种子种皮不透气，外界的氧气难以透入，种子内部产生的二氧化碳也难以透过种皮向外扩散，从而抑制了胚呼吸与生长，如苍耳果实中的种子；有的种子种皮坚硬，使胚难以穿破，成为厚实种子，如苜蓿、三叶草、紫云英等。上述各类种子，种皮障碍是造成休眠的主要原因。

2. 胚休眠

胚的成熟度与种子休眠密切相关。因胚未成熟引起的休眠可分为两种类型：一类是种子脱离母体时胚尚未发育完全，需经过几周或几个月的时间，达到胚发育完全方能萌发，如人参、当归、冬青、白蜡树种子等；而另一类种子尽管胚在形态上和组织上已发育完全，但还需一系列的生理生化过程才能萌发，这个过程称为后熟（after-ripening），例如一些蔷薇科（苹果、梨、桃等）和松柏科植物种子萌发都需要一段时间后熟作用。

3. 抑制物质的存在

有些植物种子处于休眠状态是因为果实或种子内部含有抑制萌发的物质。研究发现天然存在的种子萌发抑制物质有：盐类（如 $NaCl$、$CaCl_2$、$MgSO_4$ 等）；释放 NH_3 的含氮物质；释放氰化物的物质（如扁桃苷）、异硫氰酸盐（如芥子油）；有机酸（如水杨酸、阿魏酸等）；植物激素（如 ABA）；不饱和内酯（如香豆素）；醛类、生物碱和酚类化合物等。抑制物质主要存在于子叶（如菜豆）、胚乳（如苜蓿）、种皮（如甘蓝）、果汁（如番茄）、果肉（如苹果、梨等）内，也可能同时分布于各个部位（如红松种子）。抑制物质的存在具有重要的生态学意义，比如沙漠中有些植物的种子存在着水溶性抑制物质，只有在大量降雨时，这些抑制物质被洗脱之后才能萌发，从而保证形成的幼苗不致因缺水而枯死。

（三）种子休眠的解除

农业生产上，为保存种子，需要设法延长其休眠；为了抢季节，及时播种，增加复种指数，又需要打破休眠，使之顺利萌发。打破种子休眠需根据引起休眠的不同原因而采取不同的措施。

1. 机械破损

对于种皮坚硬不透水和不透气的种子，可用碾子或磨米机磨破种皮，增大种皮通透性或消除机械阻力，如豆科牧草种子可采用此法促进发芽。

2. 层积处理

生理后熟型种子可采用层积处理（stratification）解除休眠，是将潮湿的沙子与种子分层堆积在低温下的室外背阴处或地窖内 1～3 个月。通常，层积所需的低温和时间与植物种类有关（表 9-2）。

经过层积处理，种子完成后熟作用。这时种皮透性增大，呼吸逐渐增强，酶活性提高，促进萌发的物质（尤其是 GA）含量升高，种子对促进萌发物质的敏感性提高，抑制休眠的物质含量降低。

3. 药剂处理

实践表明，某些化学药剂能够解除种子的休眠：用酒精处理可增加莲子种皮的透性；热 H_2SO_4（120～150℃）处理棉花种子（搅拌 5min）再用清水冲洗可使种皮透水透气；用 0.5%～0.1%硫脲于 20℃下浸泡桃、莴苣的种子，解除休眠；用 GA 处理，有效地促进人参、银杏种子萌发。

表 9-2 某些种子后熟所需的温度和时间

种 类	最适温度/℃	有效温度/℃	所需时间/d
山楂	5	5	135
柏	1	1～10	60
柿	10	5～10	60
龙胆	1	1～5	60～90
胡桃	3	1～10	60～120
桧	5	5	100
枫	1～10	1～10	30～60
杨梅	5	1～10	90
云杉	1～5	1～10	30～60
松	1～10	1～10	30～90
杏	5	1～5	150
桃	5	5～10	60～90
梨	5	1～5	60～90
野蔷薇	5	5～8	50
花楸	1	1～5	60～120
杉	5	1～10	30
侧柏	5	1～10	30～60

4. 其他方法

如棉花、黄瓜、小麦等经日晒和用 35～40℃温水处理，能促进种子萌发。西瓜、甜瓜、番茄、辣椒等种子，采取去除果肉、冲洗种皮、清除抑制物质等方法促进其萌发。另外，利用 X 射线、超声波、高低频电流处理种子，也有解除休眠的作用。

图 9-3 是以拟南芥种子为例，说明影响萌发的一些因子和相应的去除休眠的方法。

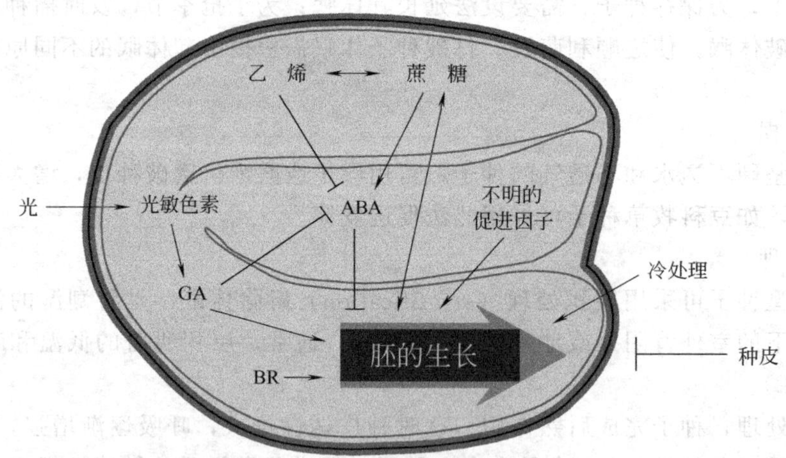

图 9-3 影响拟南芥种子萌发的一些因子和相应的去除休眠的方法

（引自 Leónie Bentsink 和 Maarten Koornneef，The Arabidopsis Book，2002）

二、种子的寿命

在一定的条件下，种子从完全成熟到丧失生活力（或死亡）所经历的时间称为种子的寿命（longevity）。通常，种子的寿命以发芽率 60％以上的贮藏时间为依据，而并非指全部种子丧失生活力的贮藏时间。种子寿命的长短既因植物种类（内因）而异，又与贮藏条件（外因）有关。

1. 植物种类与种子寿命

根据植物种类不同，其种子寿命差异很大。通常可划分为三种类型。

（1）短命种子　寿命只有几小时至几周。例如，酢浆草的种子从荚果放出后，干燥后就失去生活力；可可种子从母体取出35h就丧失发芽力。

（2）中命种子　寿命在几年至几十年。大多数栽培作物均在此范围内。例如，水稻、小麦、大麦、粟、大豆、菜豆的种子寿命为2年；玉米2～3年；油菜、荞麦3年；草棉3～5年；大麻3～7年；芝麻4年；烟草4～5年；蚕豆、绿豆、豇豆、小豆、紫云英5～11年。

（3）长命种子　寿命在百年至千年。寿命最长的要算莲花的种子，埋在土壤中历经千年的古莲种子仍具有萌发生长和开花的能力。

2. 贮藏条件与种子寿命

种子的寿命不仅与其遗传性有关，而且受贮藏条件（温度、水分、氧气、仓虫和微生物）的影响。试验表明，温度在0～50℃范围内，每降低5℃可使种子寿命延长1倍。种子含水量在4%～14%范围内，每降低1%种子寿命延长1倍。空气的成分亦影响种子寿命，如将水稻种子贮于不同气体中，2年后检测其发芽率结果表明，在纯O_2中不到1%，空气中为21%，纯CO_2中为84%，在纯N_2中为95%。由此可见，对种子寿命影响最大的贮藏条件就是温度、水分和氧气。因为这些外界条件可影响种子的呼吸作用而左右种子的寿命。一般来说，种子宜贮于低温、干燥、乏氧的环境之中。

三、种子的萌发

（一）种子萌发的外界条件

种子萌发所需要的环境条件是充足的水分、适宜的温度、足够的氧气，有些种子还需要光暗条件。

1. 水分

水分是种子萌发所必需的条件，种子只有吸收一定数量的水分才能萌发。其原因如下：水分能软化种皮，增强种皮透性，有利于种子内外气体的交换，促进幼胚的呼吸和有利于种胚根突破种皮；使原生质由凝胶状态转变为溶胶状态，使酶活性增强，代谢加快；水分参与种子内物质的转化和运输；有利于细胞分裂与伸长，促进胚生长；使结合型植物激素转化为游离型，调节胚生长。此外，种子吸水产生的压力也有利于胚根突破种皮。不同植物种子萌发所需要的吸水量不同（表9-3）。

表9-3　不同植物种子萌发的吸水率①

作物种类	吸水率①/%	作物种类	吸水率①/%
水稻	35	棉花	60
小麦	60	豌豆	186
玉米	40	大豆	120
油菜	48	蚕豆	157

① 所需要的最低吸水量占风干重的百分率。

一般来说，淀粉种子的最低需水量低些，为30%～70%；蛋白质种子要求的最低需水量高些，在110%以上。种子萌发时如水分不足，会造成萌发时间延长，出苗率下降，幼苗生长瘦弱。因此，在农业生产上播种时十分重视土壤墒情。在水分不足时，常采取保墒措施，如灌水蓄墒、耙地保墒、抢墒播种、播后镇压保墒等，以保证种子的顺利发芽。但如果水分过多则会降低土温和造成缺氧，使种子闷死、腐烂，所以要及时排出土壤中过多的水分。

2. 温度

适宜的温度是种子萌发的重要因素，因为温度影响种子吸水、气体交换和酶的活性，从而影响呼吸代谢和胚的生长。影响种子萌发的温度，可分为最低温度、最适温度和最高温度，即为种子萌发温度三基点。

萌发温度三基点因植物种类和原产地的不同而不同，一般来说，原产低纬度的喜温植物种子萌发的温度三基点较高，原产高纬度的耐寒性植物种子则较低（表 9-4）。试验表明，昼夜变温条件有利于种子萌发，尤其是某些难萌发的种子（如芹菜、蓖麻、烟草等）变温更为有利于萌发。

表 9-4　几种作物的温度三基点

作物种类	最低温度/℃	最适温度/℃	最高温度/℃
大、小麦类	3～5	20～28	30～40
玉米、高粱	8～10	32～35	40～45
水稻	10～12	30～37	40～42
棉花	10～12	25～32	38～40
大豆	6～8	25～30	39～40
花生	12～15	25～37	41～46
黄瓜	15～18	31～37	38～40
番茄	15	25～30	35

农业生产上以种子萌发最低温度作为确定作物播种期的主要依据。要求地温稳定高于最低温度时为适宜播种期。

3. 氧气

种子萌发是非常活跃的生命活动，需要呼吸作用不断地供给能量和物质合成的原料。因此，O_2 成为种子萌发必不可少的条件。如果种子萌发期间供 O_2 不足，则会导致无氧呼吸，一方面贮藏物质消耗过多过快，另一方面产生酒精引起中毒。

不同作物种子萌发时需氧量不同，一般作物种子需要空气含 O_2 量在 10%以上才能正常萌发，含脂肪较多的种子（如大豆、花生、向日葵）比淀粉种子（如麦类、玉米）要求更多的 O_2。若空气含 O_2 量下降至 5%以下时，多数作物种子不能萌发，但也有些植物种子（如马齿苋和黄瓜）在含 O_2 量降到 2%时仍可萌发，而水稻种子对缺氧有特殊的适应本领，可在无氧条件下萌发。不过，缺氧时幼苗生长不正常，芽鞘迅速伸长，而根系生长受阻或不发根。

4. 光

光对大多数植物种子的萌发没有明显影响，但有些植物如苜蓿、烟草、胡萝卜等种子的萌发则需要光，称为需光种子（light seed）。相反，有些植物种子如茄子、番茄、苋菜、瓜类等种子的萌发在光下受抑制，称为嫌光种子或喜暗种子（dark seed）。但是，某些种子需光与嫌光并不绝对，常常与环境条件变化和种子内部生理状况有关。

需光种子的萌发受红光（660nm）促进，被远红光（730nm）抑制。如果用红光与远红光多次交替照射处理，种子萌发状况则取决于最后一次照射的是红光还是远红光。光对种子萌发的影响与光敏素有关。

种子萌发对光的需要是一种保护作用。某些特别小的种子（如鬼针草、毛地黄），如果在土壤深层（暗中）萌发，当幼芽长至地面时贮藏物质几乎全部耗尽，来不及转为自养生活就已死亡，只有见光萌发才能保证种子只能在地表或靠近地表萌发，并迅速转为自养生活。

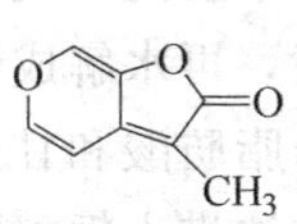

图 9-4　烟萌素的分子结构

Gavin R. Flematti 等（Science，2004）从植物燃烧释放的烟中分离出促进种子萌发的有效成分，即烟萌素（smokegermin）（图 9-4），并且成功进行了人工合成。

（二） 种子萌发过程中的生理生化变化

1. 吸水过程的变化

根据萌发过程中种子吸水量，即种子鲜重增加量的“快—慢—快”的特点，可把种子萌发分为三个阶段（图 9-5）：第一阶段为急剧吸水阶段（Ⅰ），主要依赖种子的衬质势吸水，其吸水迅速，无论种子是死的或是活的，也无论种子休眠与否均能进行；第二阶段是缓慢吸水阶段（Ⅱ），死种子与休眠种子到此阶段为止，种子鲜重增加趋于稳定，而对于非休眠种子，内部一些酶开始形成或活化，从而使代谢活性增强，为萌发的形态变化做好准备；第三阶段为重新迅速吸水阶段（Ⅲ），胚根突破种皮后，胚代谢活跃，生长迅速，种子迅速吸水，吸水动力主要是渗透势。种子萌发过程的吸水变化在苍耳种子中尤为明显。苍耳果实中有大小两粒种子，小种子处于休眠状态，翌年不萌发；大种子已渡过休眠期，可以萌发。在实验的最初几小时内吸水几乎完全相同，即都有急剧吸水阶段（鲜重增加）和缓慢吸水阶段（曲线平缓），此后，非休眠种子再度迅速吸水（鲜重剧增），而休眠种子则无吸水的第三阶段。

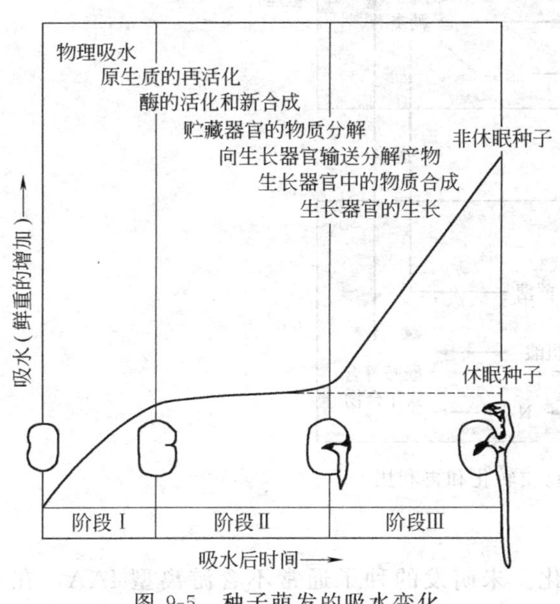

图 9-5　种子萌发的吸水变化

2. 呼吸作用变化

在种子吸水的第二阶段，即吸水缓慢阶段，种子呼吸作用产生的 CO_2 大大超过 O_2 的消耗，这表明初期的呼吸是以无氧呼吸为主；当胚根突破种皮（俗称露白）时，O_2 的消耗量大大高出 CO_2 的释放量，说明此时以有氧呼吸为主。

3. 酶活性变化

种子萌发时酶的活性提高，酶的种类也发生变化。种子萌发时，酶的来源有三种途径：一是在种子形成时产生，以束缚态存在，在种子吸水后立即具有活性，如 β-淀粉酶、磷酸酯酶和支链淀粉酶、葡萄糖苷酶等；二是由在种子形成过程中合成的贮藏 mRNA（也称为长命 RNA），在萌发过程中进一步翻译形成的，一般在吸水几小时后就具有活性；三是由种子吸胀后新转录合成的 mRNA 翻译形成的，如 α-淀粉酶，这类酶出现较晚。

4. 贮藏物质的变化

种子萌发过程中，各种有机物质的转变要经历水解、转移和重组过程。胚乳或子叶中的淀粉、脂类和蛋白质等大分子化合物必须先分解成可溶性的小分子化合物，才能转移至胚中用于胚的萌发。淀粉在淀粉酶和麦芽糖酶的作用下，分解为葡萄糖，再转化为蔗糖，运输到胚，再水解成单糖，供给胚新生细胞作为合成原料或呼吸基质。脂肪在脂肪酶作用下，水解为脂肪酸和甘油。其中脂肪酸经β-氧化分解为乙酰辅酶A，再进入乙醛酸循环转化为蔗糖。甘油进入糖酵解途径进行分解，或转化为葡萄糖、蔗糖等。蛋白质在蛋白酶的作用下分解产生的氨基酸，可运入胚中重新合成新的蛋白质，或经脱氨基作用转化为有机酸和氨，有机酸可转变成糖或在呼吸作用中被氧化，氨通过氨基化作用与酮酸形成新的氨基酸参与蛋白质的合成（图9-6）。

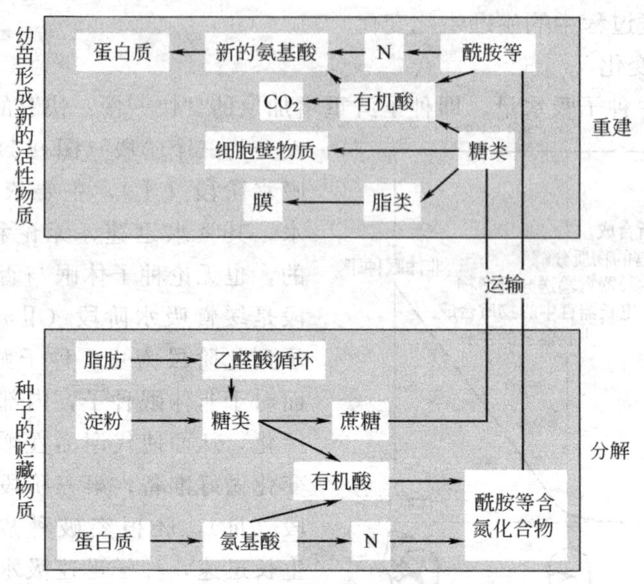

图 9-6　种子萌发时物质转化和再利用

5. 激素的变化

在种子萌发过程中有多种内源激素发生变化。未萌发的种子通常不含游离型IAA，在萌发初期种子内结合型IAA转变为游离型IAA，并且继续合成新的IAA。另外，种子萌发时，GA水平逐渐升高，而ABA和其他抑制剂则明显下降。此外，CTK和ETH在种子萌发早期均有增加。

6. 植酸的变化

植酸即六磷酸肌醇，是种子内磷元素的主要贮存形式，占贮存磷的50%以上。因植酸的贮藏形式多为钙、镁的复合盐（植酸钙镁，或称为非丁），是种子中钙、镁的主要来源。种子萌发时，在植酸酶的催化下，植酸钙镁水解，产生肌醇，同时释放出磷、钙、镁。例如，长角豆子叶植酸酶在萌发时活性急剧增强，而幼苗胚轴中的植酸酶活性则很少变化。

第三节　植物的生长

植物的生长具有相关性、周期性和独立性等特点。

一、植物的生长曲线

植物，包括细胞、组织、器官、植株以至群体在整个生长过程中，生长速率都表现出

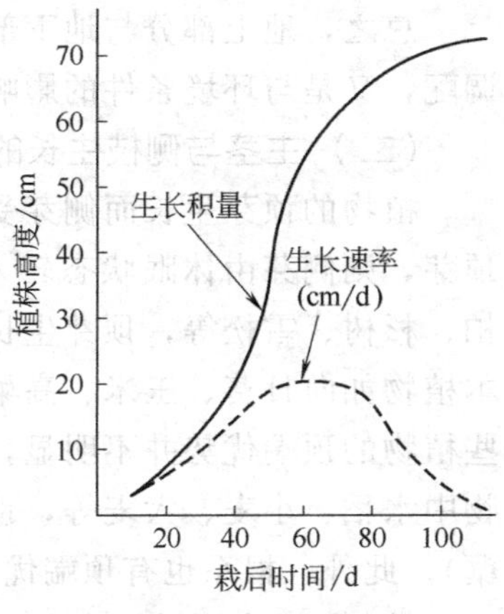

图 9-7 大麦植株的生长曲线

“慢—快—慢”的基本规律，即开始时生长缓慢，以后逐渐加快，达到最高点，然后生长速率又减慢以至停止。

若以株高、叶面积系数或干物重等为纵坐标，以时间为横坐标，所绘制的曲线称为生长曲线（growth curve）。植物的生长曲线为S形曲线；植物的生长速率变化曲线为一条抛物线（图 9-7）。

了解植物生长规律在农业生产上具有重要的实践意义。一切促进生长或抑制生长的措施，如水分、肥料和生长调节剂在生长最快速率到来之前应用才能最有效。

二、植物生长的相关性

植物体是各个部分的统一整体，植物各部分之间的生长有着密切的联系。植物各部分间的相互依赖与相互制约的关系，称为相关性（correlation）。

（一）根与地上器官的相关

“树大根深”、“根深叶茂”形象生动地说明了根与冠之间的协调关系。壮苗先壮根，是人们早已熟悉的经验。就是说根系的生长状况对地上器官有重要的影响，或者说两者之间要保持适当的比例，即所谓根冠比（root-top ratio，R/T）。冠是地上器官，根是指地下器官，如根、块茎及鳞茎等。尽管这个比值是个相对值，但仍能表示作物的生长状况。

根与地上部分相关，主要包括大量物质的相互交换和微量活性物质的相互交换。表现在：地上部分生长所需的水分和矿质营养，主要由根系提供，同时根还能提供部分氨基酸、生物碱（如烟碱）和植物激素（如细胞分裂素）等。植物地上部分对根的生长也有促进作用，可为地下部分提供光合产物和维生素 B_6（硫胺素）等。由此可见，通过物质的交换使两部分的生长相互依存，缺一不可。但在水分、养料供应不足的情况下，常常由于竞争而相互制约，使根冠比发生变化。研究表明，环境条件、内部因素、栽培措施均能显著地影响植物的根冠比。

植物根系生活在潮湿的土壤中，容易满足生长对水分的需要，而地上部分则完全依靠根系供应水分。同时，又因蒸腾作用不断散失水分，所以土壤水分不足对地上部分的影响要大于对根的影响。当土壤水分缺乏时，由于根系的吸水量减少，地上部分因缺水使生长受阻，光合产物相对较多地输入根系，增加根系的相对重量，根冠比提高；反之，土壤水分较多时，由于促进地上部分生长，消耗大量的光合产物，减少向地下部分的供应，根系生长减慢，根冠比降低。

土壤通气状况良好，O_2 供应充足，十分有利于根系生长，吸水、吸肥能力增强，也促进地上部分生长，使根冠比略有增加。水稻栽培实践中的“旱长根、水长苗”和玉米的蹲苗等措施，都有利于促进根系生长，提高根冠比。

土壤中营养状况以氮肥的影响最大。供氮充足，蛋白质合成旺盛，有利于枝叶生长，同时减少光合产物向根系输入，使根冠比下降；反之，供氮不足，明显地抑制地上部生长，而根系受抑制程度则较小，于是根冠比增大。磷参与糖的合成和运输，使根系能得到较多的糖分，有利于根系生长，使根冠比增大。

光是光合作用的能源，光强时，根冠比增大，弱光下，根冠比降低。

除环境条件外，整枝、修剪后留下的茎叶获得的水肥相对增多，地上部分生长加快，根部因从地上部分得到的光合产物减少，根系生长受抑制，根冠比变小。

总之，地上部分与地下部分生长相关性主要是通过物质分配引起的，而这种物质的相互调配，又是与环境条件的影响分不开的。

(二) 主茎与侧枝生长的相关性

植物的顶芽生长而侧芽受到抑制的现象，称为顶端优势 (apical dominance)。如果剪去顶芽，则侧芽由休眠状态转入萌发状态，开始生长。在木本植物中，特别是针叶树，如桧柏、杉树、雪松等，顶芽生长较快，侧芽距茎尖愈近，被抑制愈强，整个植株呈宝塔形；草本植物如向日葵、玉米、高粱、麻类等作物，分枝极少，也具有明显的顶端优势。但是，有些植物的顶端优势并不明显，主茎与分枝的生长差异不大，树形很不整齐，如柳树；草本植物中水稻、小麦、大麦等，顶芽不抑制侧芽生长，在营养生长期就可以产生大量分枝(即分蘖)。此外，根系也有顶端优势现象。

关于顶端优势产生的原因，目前有多种解释。

1. 营养转移 (nutrient diversion) 假说

该假说认为，植物的顶端不仅是生长素的主要产生部位，同时也是植物的生长中心和物质交换中心。植物顶端产生的或者外源施用的生长素，可以将植物生长所需要的营养物质调动到生长素产生或施用部位，从而使侧芽中营养物质被“夺走”，导致侧芽生长因缺乏营养物质而被抑制。研究表明，植物顶端产生的生长素可以决定矿质元素和同化物质在植物体内的运输方向及其分布。但是，将营养物质直接施到生长被抑制的侧芽处，并不能诱导生长；在植株去顶之后和侧芽生长开始之前，并未测到植株顶部内源养分含量增加。

2. 激素抑制 (hormonal inhibition) 假说

该假说认为，植物顶端产生的高浓度生长素向下运输，进入侧芽，侧芽对生长素比顶芽敏感，从而使侧芽的生长直接受到抑制。其证据是：植物去顶后可导致侧芽的生长；使用生长素运输抑制剂处理植株的主茎，或对主茎作环割处理，都可以导致处理部位下方的侧芽生长。此外，用转基因方法提高烟草植株的 IAA 含量可加强顶端优势；外源 IAA 可以代替植物顶端，抑制侧芽的生长。

但也有不利于该假说的证据，如植株切去顶端之后，侧芽中的生长素含量应立即减少，但这一推测一直未被证实。此外，施用于植物顶端的标记生长素向下运输，并未进入侧芽。

植物顶端优势是多种植物内源激素相互作用的结果。除生长素之外，细胞分裂素也参与顶端优势的调节。外源细胞分裂素施用于全株，促进侧芽生长，破坏顶端优势；外源赤霉素施于完整植株的顶端时，有加强顶端优势的作用，施于去顶芽植株上，促进侧芽生长。因此有人认为，一种植物是否存在顶端优势，在很大程度上取决于植物体内 IAA/CTK 的比值，提高 IAA 的浓度促进顶端优势，提高 CTK 的浓度刺激侧芽生长。

尽管顶端优势的研究已近百年，也提出了诸多假说，但众说纷纭，莫衷一是。通常认为，顶端产生的生长素向下运输，通过对其他激素、营养物质的合成、运输与分配进行调节，最终促进顶芽生长，抑制侧芽生长。

在农业生产上，根据不同的生产目的，经常采取措施保持顶端优势或破除顶端优势。例如，用材树木、麻类、烟草、向日葵、玉米、高粱等要去除侧枝，加强顶端生长；茶叶、幼龄果树去顶，促进侧枝生长，提高产量；棉花的整枝打顶，防止徒长，减少蕾铃脱落；蔬菜移栽切除主根尖端，促进侧根的生长，以提高成活率。

(三) 营养生长与生殖生长的相关性

通常将根、茎、叶等营养器官的生长称为营养生长，而将花、果实、种子等生殖器官的生长称为生殖生长。

营养生长是生殖生长的基础，生殖生长所需要的养分，绝大部分是由营养器官提供的。因此，只有良好的营养器官，才有利于生殖器官的生长。

当营养器官生长过旺，枝叶徒长消耗过多的养分，减少了对生殖器官的同化物供应，使生殖器官分化延迟，花芽分化不良，果小粒瘪，落花落果严重。相反，当生殖生长过旺时，会使营养器官生长减慢，衰老和死亡加快。例如，番茄开花结实后，枝叶生长日趋减弱，若把花、果不断摘除，枝叶就能保持旺盛生长。又如果树当年结实过多，就会影响下年的花芽形成，造成产量的大小年。

在农业生产上十分重视营养生长与生殖生长的协调。如在棉花生产中通过调节水、肥，整枝，打顶等一系列技术措施，控制营养生长不过旺；果树生产上常常采取整枝修剪控制营养生长，有时采取疏花疏果，保证营养器官的生长，以消除大小年现象。对以收获营养体为目的的作物采取增施肥水、摘除花芽、适度修剪来控制生殖生长，促进茎叶生长。

三、植物生长的周期性

植株或器官的生长速率随昼夜和季节而发生有规律性的变化，这种现象称为植物生长的周期性（growth periodicity）。根据周期性与环境的关系可分为昼夜周期性（daily periodicity）和季节周期性（seasonal periodicity）。

1. 生长的昼夜周期性

地球自转引起昼夜交替，导致光照、温度、水分发生昼夜周期性的变化。植物的生长也随着昼夜交替而呈现有规律的变化。在水分适宜的情况下，在温暖的白天生长较黑夜为快。当白天光照过强，气温过高时，蒸腾速率过快，使植物体内出现水分亏缺，植物生长缓慢；而到夜间气温下降，蒸腾减弱，空气潮湿，有利于植物生长，生长速率较快。

当昼夜温差不大时，则昼夜生长速率无明显差异。

2. 生长的季节周期性

地球公转引起日照长度和温度的季节性变化。植物生长随季节变化而表现出的有规律变化称为季节周期性。植物生长的季节周期性与植物原产地的季节变化相适应，如温带的多年生木本植物，春季萌发，夏季茂盛生长，秋季落叶，冬季休眠，这种现象年复一年，周而复始。植物生长的季节周期性是四季光照、温度和水分等条件变化，以及在这种变化的影响下基因表达发生变化的结果。

四、植物生长的独立性

植物生长的独立性主要表现在极性与再生作用。

极性（polarity）是指植物的器官、组织或细胞的形态学两端在生理上所具有的差异性(即异质性)。植物体的极性在受精卵中即已形成，并延续给植株。极性是植物组织和器官分化的基础。当胚长成新植物体时，仍然明显地表现出极性。如取一段柳树枝条，无论正放或倒置，总是在形态学上端（远基端）长芽，形态学下端（近基端）长根。极性产生的原因一般认为与生长素的极性运输有关。由于IAA的极性运输使形态学下端的IAA/CTK的比值较大，从而使下端发根，上端长芽。

植物体的分离部分具有恢复植物其余部分的能力（如插条长出根和芽），称为再生作用(regeneration)。再生作用的基础是细胞的全能性。园艺植物的扦插以及植物的组织培养都是利用极性与再生作用来扩大植物繁殖的。

五、植物的休眠

植物只有与一定的环境条件相协调时才能维持生命，繁衍后代。在一年四季中光照强度、日照长度、温度等外界条件差异很大，许多植物都要经历季节性的不良气候时期，这需要植物具有一定的保护机制以渡过这个时期。大多数植物通过停止生长（即休眠）来渡过逆境。

在休眠状态下，植物对外界不良环境条件的抵抗力大大增强，因此休眠是植物赖以生存的主动适应过程。

休眠是极其复杂的自然现象，目前，人们对休眠的机制仍知之甚少。

(一) 休眠的器官与类型

1. 休眠的器官

植物休眠的器官，既可以是种子，也可以是芽或地下器官。

(1) 种子休眠　种子休眠是植物休眠的主要形式。

(2) 芽休眠　多年生木本植物如遇不良环境时，节间缩短，芽停止抽出，并在芽的外层出现“芽鳞”等保护性结构，以便度过低温或干旱的环境。当逆境结束后，芽鳞脱落，新芽伸长，或抽出新枝（叶），或开出花朵（花芽）。

(3) 地下器官的休眠　有些多年生草本植物以地下变态的器官，如球茎、鳞茎、块茎、块根等进行休眠，在这些变态器官中不仅具有休眠芽（dormant bud），而且贮藏大量养分，可供应休眠后的萌发和生长。

2. 休眠的类型　休眠按其深度可分为两种类型。

(1) 真正休眠　又称绝对休眠，是由特定外界条件诱发的自发性的休眠，其休眠主要受内因的控制。处于绝对休眠状态的器官，即使提供适宜的生长条件也不会萌发或恢复生长，例如某些刚成熟的种子和已进入休眠状态的落叶树枝条（尤其是芽）或贮藏器官。

(2) 强迫休眠　亦称相对休眠，是由于环境条件不适宜所引起的生长停止。例如，植物在生育期内遇到低温或干旱时，迫使其生长趋于缓慢或处于暂短停顿状态，如此时给以适宜条件，植株即可恢复生长。处于相对休眠的植物，依然进行缓慢的细胞分裂和体积增大以及花芽分化。

(二) 休眠诱导与解除的气象因子

影响休眠的主要气象因子是光照和温度。

1. 光照

在自然条件下，休眠的诱导和解除与光照有关。

(1) 光照与休眠诱导　植物的营养体进入休眠状态与光照（尤其是日照长度）有关。大多数冬季休眠植物在长日照条件下促进营养体生长；而在短日照条件下抑制生长，促进休眠芽的形成。秋季的短日照是植物进入休眠的信号，这一信号能阻止植物枝条节间的伸长和叶片的展开，延缓生长，开始出现休眠芽。以地下器官休眠的多年生草本花卉植物，如唐菖蒲、美人蕉、大丽花等的休眠也受短日照促进。

休眠芽的形成还受光质的影响。当用红光处理时促进生长抑制休眠，而用远红光处理时则抵消红光的效应，即抑制生长促进休眠。这表明，光敏素参与植物的休眠过程。

但是，某些植物（如梨、苹果、月桂等）对短日照反应比较迟钝，还有些树木（如山毛榉）只有长日照才引起休眠，对于夏休眠的常绿植物和那些原产于夏季干旱地区的多年生草本花卉（水仙、百合、仙客来、郁金香）则是夏季的长日照促进其休眠。

植物能接受光照并诱导休眠的部位是叶片。但是，有些植物（如桃树、毛桦）在无叶的情况下，芽或茎的顶端分生组织也能接受光周期诱导而进入休眠状态。

(2) 光照与休眠解除　休眠的解除就是打破植物的休眠状态。长日照是解除植物冬休眠的重要因素之一。对于不具有深休眠的植物，提供适宜温度与长日照可以解除其休眠。对于夏休眠植物，短日照却有解除休眠的作用。

关于光照影响休眠的机理，一般认为，叶片中的光敏素接受外界短日照或长日照的影响。对于冬休眠植物来说，在短日照条件下促进生长抑制物（如ABA）的合成，并运至芽；在长日照条件下促进生长刺激物（如GA）的合成。是诱导休眠还是解除休眠，往往取决于两者的相对含量，即GA/ABA的比值。秋季来临，日照越来越短，ABA合成加强，GA/ABA的比值降低，诱导休眠；春季来临，日照越来越长，GA合成加强，GA/ABA的比值升高，解除休眠。

但是，对于夏休眠植物和对日照长度不敏感的植物，其休眠机理几无所知。

2. 温度　在自然条件下，短日照和低温是相继出现的。大多数植物冬季休眠的诱导因子是短日照，而休眠的解除则需要经历冬季的低温。

(1) 解除休眠的低温需要量　植物通过休眠对低温有一定量的要求，这种要求与植物的原产地、休眠芽的种类及部位有关。长期适应北方寒冷地区的植物解除休眠对低温需要量较高，而适应南方温暖地区的植物对低温需要量较低。例如，多数桃树品种通过休眠时如低温以7.2℃计算，花芽需要经历750～1150h，叶芽需要750～1250h。如果冬季不能满足休眠芽所要求的低温需要量时，便会延长休眠时间来弥补低温的不足。例如，从寒冷地区移向温暖地区的植物休眠期普遍延长，或者某一地区冬季偏暖往往次年春季休眠芽萌发延迟。

(2) 休眠期的高温延长　当冬季如果出现约20℃以上的高温时，能使休眠程度加深，并且在休眠期内高温出现的次数越多，休眠期越长，次年春季休眠芽萌发或开花越延迟。在冬季对树木进行遮阳处理则有助于缩短休眠期。

(三) 休眠的人工控制

休眠的人工控制就是通过人为的措施改变植物的休眠状态，从而达到诱导、延长或解除休眠的目的，这在农业生产上具有重要的实际意义。

1. 诱导休眠

人工诱导休眠（induced dormancy）就是在休眠季节尚未到来之前，采取某些措施诱导植株提前进入休眠状态。生产上经常采用的方法有缩短日照（通过遮阳处理把每日光照时数减至接近于深秋的日照时数），低温处理（温度逐渐降低），植物生长物质处理（如ABA、MH等）和干旱处理（逐渐降低土壤含水量）等。

2. 打破休眠

打破休眠就是提前解除植物的休眠，常用的方法是用低温、高温和化学药剂等处理。

(1) 低温处理　低温是打破休眠行之有效的方法，比如许多树木种子打破休眠都需要低温层积处理。试验表明，打破休眠，5～7℃的低温效果好于0℃。用1000～14000h 7℃低温处理苹果树时，便可解除其休眠状态，实际上这正是满足了苹果树的低温需要量。

(2) 高温处理　有些植物休眠的解除并不受低温影响，而高温冲击可提早解除其休眠。例如，将丁香在30～35℃温水中浸泡9～12h可使花芽提前至冬季开放。关于温水浴的作用机制尚不清楚。

(3) 药剂处理　打破休眠的常用激素类物质有 IAA、NAA、2,4-D、GA、6-BA，其中以 GA 的效果最好。许多休眠植物喷施 GA 均能够解除芽的休眠，促进萌发。

第四节　影响植物生长的环境条件

影响植物生长的环境因素主要有温度、光照、水分和矿质元素。

一、温度

植物的生长受温度影响。温度不仅影响水分与矿质的吸收，而且影响物质的合成、转化、运输与分配，进而影响细胞的分裂与伸长。一般情况下，低于 0℃时，高等植物不能生长；高于 0℃时，生长开始缓慢进行，随着温度的增高，生长逐渐加快，到 20～30℃时，生长速率达到最大值；如果温度继续升高，反而使生长速率下降，甚至停止生长。植株生长对温度要求有三基点，即最低温度、最适温度和最高温度。其中，最适温度是植物生长最快的温度，但不是使植物生长健壮的温度。通常把能使植物生长健壮，略低于最适的温度称为协调最适温度。

植物生长的温度三基点因植物的地理起源、植物的种类、器官和生育期的不同而异（表 9-5）。原产于热带或亚热带的植物温度三基点较高，其最低温度为 10℃，最适温度为 30～35℃，最高温度为 45℃；原产于温带的植物，温度三基点较低，分别为 5℃、25～30℃和 35～40℃；原产于寒带的植物，其温度三基点最低，在 0℃或 0℃以下时仍能生长，最适温度很少超过 10℃。根生长的温度三基点较低，地上部分较高，幼苗最适温度较低，果实或种子成熟时最适温度较高。

表 9-5　几种主要农作物生长的温度三基点　℃

作　物	最低温度	最适温度	最高温度
水稻	10～12	30～32	40～44
小麦	0～5	25～30	31～37
大麦	0～5	25～30	31～37
向日葵	5～10	31～35	37～44
玉米	5～10	27～33	40～50
大豆	10～12	27～33	33～40
南瓜	10～15	37～40	44～50
棉花	15～18	25～30	31～38

在自然条件下，温度的昼高夜低的周期性变化影响植物的生长。昼夜温度变化对植物生长发育的效应称为温周期现象。试验证明，这种昼夜变温对植物的生长是有利的。例如，番茄在昼温 23～26℃和夜温 8～15℃条件下生长最快，产量也最高。而马铃薯在日温 20℃，夜温 10～14℃下块茎产量最高。这是因为，白天温度较高有利于光合作用，合成更多的有机物质；夜间温度低使呼吸速率降低，有机物质消耗减少，有利于物质的积累，促进生长。反之，如夜温高昼温低将导致有机物质积累减少，不利于生长。

二、光照

光对植物生长的影响有间接的和直接的两个方面。光主要通过影响光合作用和蒸腾作用而间接影响植物的生长。一般强光加快蒸腾失水，促进分化，抑制生长。光对植物生长的直接影响包括光强和光质两个方面。

（1）光强对植物生长的影响 强光抑制细胞伸长，促进细胞分化，降低株高，缩短节间，使叶片浓绿，叶小而厚，根系发达。弱光促进细胞伸长生长，但不利于细胞分裂和分化，减少纤维素合成，使细胞壁变薄，节间伸长，株高增加，叶色浅，叶片大而薄，根系不发达，植株柔弱。所以在农业生产上，如果种植密度过大，株间通风透光较差，植株徒长倒伏，抗逆性降低，导致严重减产。黑暗条件下也有利于细胞伸长，但不利于细胞分化，因此，植株细长，顶端弯曲，叶小而不展开，呈鳞片状，细胞大而壁薄，纤维素含量低，多汁，茎叶呈黄白色，故称黄化苗。在黑暗条件下栽培植物的方法称为黄化栽培，如韭黄和蒜黄的栽培。

（2）光质对植物生长的影响 不同波长的光对植物生长的作用是不同的。研究表明，短波长的蓝光、紫光，特别是紫外光，对植物伸长生长具有强烈的抑制作用，其原因之一是降低IAA的水平。高山上的植物矮小，与高山顶大气层稀薄，紫外光容易透过，使植物体内的生长素遭受破坏有关。光质直接影响植物的形态建成，例如，暗中生长的豌豆黄化幼苗每昼夜只要照光5～10min，即使光源很弱，也足以使黄化苗转化为正常苗。将光对植物形态建成（如高矮、株形、叶色等）的直接影响，称为光的范型作用。在光的范型作用中，将黄化苗转化为正常苗最有效的光为红光（660nm），而且其效应可被远红光逆转。植物受光诱导和调节的形态建成称为光形态建成（photomorphogenesis）。在植物形态建成调节中，光受体是光敏素和隐花色素，介导了和形态建成有关的基因的表达，引起植物的形态建成反应。

在温室生产中使用人工光照时，要用发射短波光多的光源，如日光灯。在薄膜育苗时采用浅蓝色薄膜，既能吸收大量的橙光，提高膜内温度，又能透过400～500nm波长的蓝紫光，抑制徒长，使秧苗健壮生长。

三、水分

植物的正常生长，不论是细胞的伸长还是分化都需要足够的水分，尤其是细胞伸长需要更多的水分。同时，水分还通过影响体内各种代谢活动而间接影响生长。在植物生长旺盛期，也是植物需水最多的时期，这个时期（如拔节、抽穗和开花期）缺水就会严重影响生长，导致减产。

四、矿质元素

土壤中含有植物生长必需的矿质元素。这些元素中有些属原生质的基本成分，有些是酶的组成或活化剂，有些能调节原生质膜透性，并参与缓冲体系以及维持细胞的渗透势。植物缺乏这些元素便会引起生理失调，影响生长发育，并出现特定的缺素症状。另外，土壤中还存在许多有益元素和有毒元素。有益元素促进植物生长，有毒元素则抑制植物生长。

第五节 植物的运动

高等植物不能像动物一样自由移动整体的位置，但植物的器官在空间可以产生位置移动，这就是植物的运动（movement）。高等植物的运动根据对刺激源的反应不同，可分为向性运动（tropic movement）和感性运动（nastic movement）两大类。

一、植物的向性运动

向性运动是指外界因素的单方向刺激所引起的植物定向生长运动。依外界因素的不同，向性运动又可分为向光性、向重力性、向化性和向水性。

（一）向光性

植物向着光源方向而弯曲的现象称为向光性（phototropism）。这是植物对单方向光刺激的一种反应。例如，将盆栽植物放在室内窗台上，茎枝发生明显的向光弯曲。根据植物在单方向光刺激下，所发生的弯曲方向不同，可将向光性分为三种类型：正向光性，指茎向光源方向弯曲，如向日葵、马齿苋、棉花等；负向光性，某些植物的根具有背光生长的特性，如芥子的根、常青藤的气生根等；横向光性，指器官向与光线垂直的位置进行运动的特性，如叶片通过叶柄扭转使其处于受光最合适的位置。

植物的向光性与生长素的不均匀分布有关，早在 1928 年，F. W. Went 用燕麦胚芽鞘所做试验表明，在单方向光作用下，IAA 分布不均匀，向光侧较少（占 35%），背光侧较多（占 65%）。因此，背光侧生长快，向光侧生长慢，因而引起向光弯曲。20 世纪 70 年代后期，有人分别用生物测定法和现代的物理化学方法重复了上述的实验，发现用生物测定法得到的结果与上述试验相同，但是，用物理化学方法测定的结果表明，向光侧和背光侧的生长素含量没有差异（表 9-6），而是由于向光侧的生长抑制剂的含量高于背光侧。

表 9-6　不同方法测定单侧光刺激后从燕麦胚芽鞘扩散进入琼脂的 IAA 分布

测定方法	含量或相对活性	向光侧	背光侧	黑暗(对照)
生物测定法	pgIAA/半芽鞘	38.7±3.4	101.1±7.8	92.9±5.5
(燕麦芽鞘弯曲法)	相对活性/%	21	54	50
	Went 测定值/%	27	57	50
物理化学法	pgIAA/半芽鞘	269±18	250±26	232±19
(气相色谱法)	相对数量/%	58	54	50

注：据 Went，1928；Hasegawa，1989 测定值换算。

已在燕麦胚芽鞘、绿色向日葵下胚轴、萝卜下胚轴等器官中证实单侧光照射会引起其生长抑制剂在两侧的不对称分布。但尚不清楚的是，这种不对称分布是由于两侧抑制剂合成水平不同，还是由于抑制剂从背光侧向照光侧转移的结果。因此植物的向光性也可能是植物生长抑制剂的不均匀分布引起。不同植物所含有的生长抑制剂的种类不同，例如，引起绿色向日葵下胚轴向光弯曲的生长抑制剂是黄质醛（其抑制活性比 ABA 高 10 倍）（表 9-7），引起萝卜下胚轴向光弯曲的抑制物质是萝卜宁、萝卜酰胺。

表 9-7　向日葵下胚轴受单侧光照射后生长抑制物质活性的分布（引自 Franssen，1981）

刺激持续时间/min	抑制剂/%		弯曲度
	向光侧	背光侧	
0	51.5	48.5	0°
30～45	66.5	33.5	15.5°
60～80	59.5	40.5	34.5°

注：采用水芹根生物测定法，幼苗平均抑制物含量相当于每克鲜重 60ng 顺式黄质醛。

研究表明，不同波长的光所引起的向光性反应不同，蓝紫光最强，黄光最弱，红光居二者之间。经研究测定了向光性的作用光谱，如图 9-8，发现主要有两个峰区，第一个峰区处在近紫外光区 340～380nm 之间，第二个峰区在可见光区 420～480nm 之间。如将向光作用光谱与已知存在于胚芽鞘中的某些色素物质的吸收光谱进行比较，向光性作用光谱可见光部分的两个高峰和类胡萝卜素相似，而紫外光部分的高峰与核黄素的高峰较一致。因此，许多专家推测，这两种色素可能是光的直接受体。但较多的看法是核黄素可能是向光性反应的光受体。这是因为研究者发现，一些胡萝卜含量很低的高等植物突变体却仍有向光性反应。用能阻碍类胡萝卜素合成的抑制剂处理，仍不能阻止植物向光性反应。

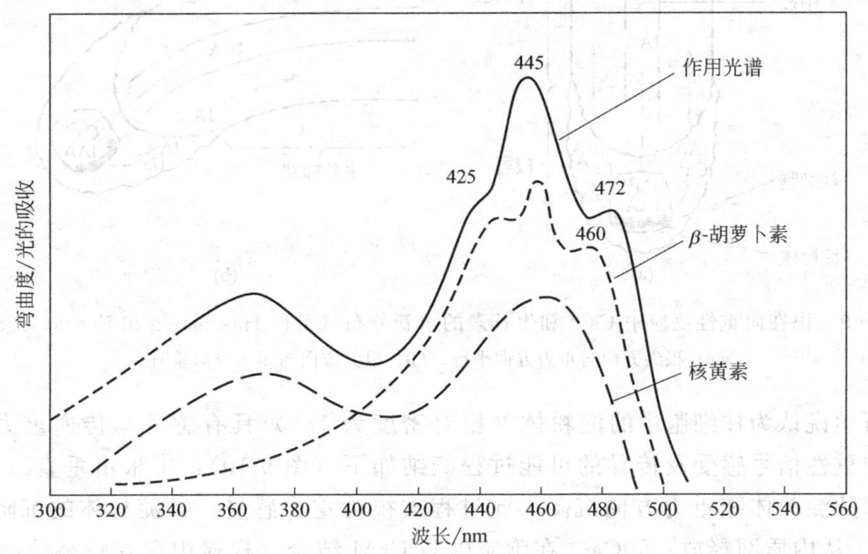

图 9-8　燕麦胚芽鞘的向光性作用光谱及核黄素和胡萝卜素的吸收光谱

（二）向重力性

种子萌发时，不论其胚位置如何，总是向固定方向生长，胚根总是向下生长，称为正向重力性（positive geotropism）；茎总是向上生长，称为负向重力性（negative geotropism）。某些植物（如芦苇）的地下茎呈水平方向生长，称为横向重力性（diageotropism）。试验表明，向重力性运动只发生在正在生长的部位。如稻麦倒伏后，植株茎部又能恢复直立生长，其原因在于茎节的居间分生组织具有负向重力性生长的缘故。

关于负向重力性产生的机理，早在 19 世纪初，就引起人们的关注。1868 年，Frank 证实了重力导致的弯曲运动和向光性弯曲一样，都是由器官两侧的生长差异而引起的。1924 年 Cholodny 指出，向重力性的产生是与某种延长细胞物质的不对称分布有关，以后发现这种物质是 IAA。如果把燕麦胚芽鞘水平放置时，由于重力作用使胚芽鞘顶端 IAA 从上侧向下侧转移，上侧 IAA 含量降低，下侧 IAA 升高，使下侧比上侧生长快，茎向上弯曲，呈负向重力性。如果将根横放时，虽然 IAA 的分布与水平胚芽鞘相同，但由于根对 IAA 的敏感性高于芽，所以上侧生长快，下侧生长慢而向下弯曲。经研究发现，根冠能合成 ABA，根横置时，引起 ABA 分布不匀，上侧少而下侧多。

有人认为，在植物细胞内存在着一种感受重力反应的受体。经研究发现，这种受体是一些特殊的淀粉体，称为平衡石（statolith）。据推测，在根冠、胚芽鞘尖和茎的内皮层细胞中均存在作为平衡石的淀粉体，每个淀粉体约有两个或两个以上的淀粉粒。处在根冠中的平衡石当感受到重力刺激时，例如将根与重力线垂直方向放置时，受地心引力的影响，平衡石开始移动并沉降到偏离原有重力线方向的细胞一侧。根依靠平衡石的沉淀过程感受到重力作用，触发以后的生长运动，使根向一定方向生长。有人提出，玉米和大麦的淀粉体是与细胞中的微丝束紧密结合的，以致平衡石在根受重力刺激后在细胞中沉降时，牵动质膜、内质网等，从而触发重力反应。此外，还有人认为钙也可能因重力影响而分布不均，并参与感重力性（图 9-9）。

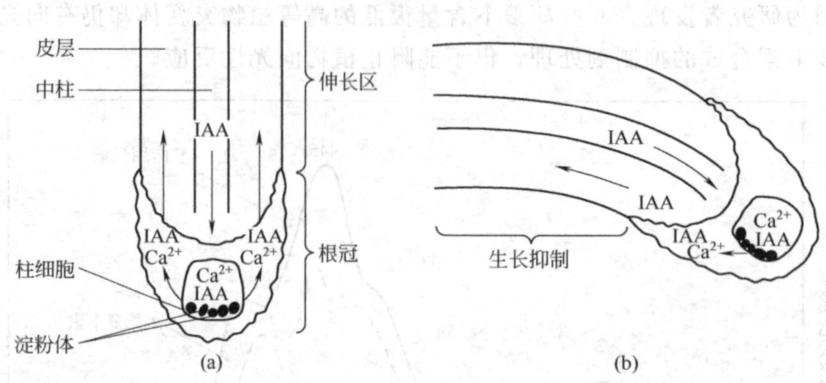

图 9-9 根在向重性反应中 Ca^{2+} 和生长素的重新分布（引自 Hasenstein 和 Evans，1988）

（a）根尖方向与重力方向平行；（b）根尖方向与重力方向垂直

平衡石学说认为柱细胞中的淀粉体（相对密度为 1.3）具有感受与传递重力信息的功能。根的向重性信号感受及传导的可能过程归纳如下（图 9-10）：①根由垂直改为水平后，柱细胞下部的淀粉体随重力方向沉降，此过程被视为重力感受；②淀粉体的沉降触及内质网，使 Ca^{2+} 从内质网释放；③Ca^{2+} 在胞质内与 CaM 结合（根冠中存在较高浓度的 CaM）；④Ca^{2+}-CaM 复合体激活质膜 ATPase；⑤活化的 ATPase 把 Ca^{2+} 和 IAA 从不同通道运出柱细胞，并向根尖运输。

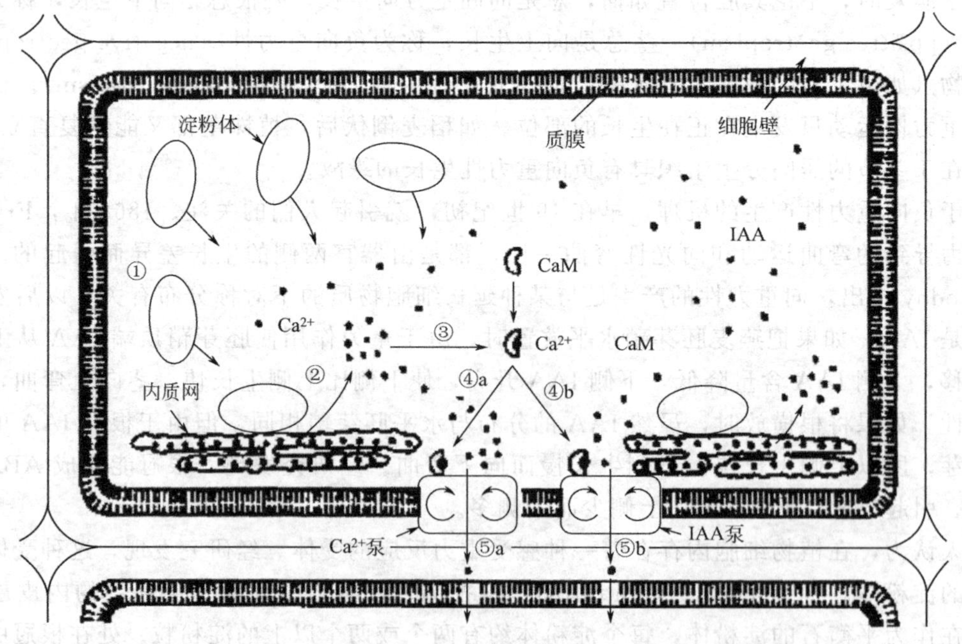

图 9-10 根向重力性反应在柱细胞中的信息感受与传导（引自王忠，2000）

（三）向水性与向化性

植物的向水性（hydrotropism）是指土壤水分分布不均匀时，根总是向着湿润地方生长的特性。苗期土壤适当干旱促使根系向潮湿的土壤深层生长，所以蹲苗有利于根的发育。

植物的向化性（chemotropism）是指某些化学物质分布不均时，根总是向着化学物质含量高的方向生长的特性。例如，植物的根总是向着肥料较多的地方生长，胚珠细胞分泌物诱导花粉管进行向化性生长等。

二、植物的感性运动

植物的感性运动（nastic movement）是指由外界刺激引起但运动方向与刺激方向无关的运动。感性运动包括感夜性和感震性。

（一）感夜性运动

植物感夜性运动是指由于昼夜交替，光照与温度的变化而引起的生长运动。例如，某些植物的花或叶片，随昼夜的交替变化而开放或闭合。其中一些是由于光照引起的，如酢浆草的花和菊科植物（如蒲公英）的头状花的昼开夜合，烟草与月见草等植物花的夜开昼闭。另一些是由于温度引起的，如番红花、郁金香的花从冷处移入温暖室内，经 3～5min 就开放。这类运动是由于 IAA 在器官上下两面分布不均匀而引起生长不平衡所致。

此外，豆科植物的某些种类（如大豆、花生、三叶草、合欢等）的叶片，白天展开，夜间小叶合拢。叶片的开闭运动是由于叶轴、叶枕细胞膨压改变所引起的。

（二）感震性运动

植物的感震性运动（seismonastic movement）是由于机械刺激而引起的与生长无关的植物运动。例如，含羞草的部分小叶受到震动或机械刺激时，小叶立刻成对合拢；如刺激再加强时可传至其他部位甚至全株，使全部小叶合拢，复叶叶柄下垂。

含羞草感受震动复叶下垂，其机理是由于复叶的叶柄基部叶褥细胞的膨压变化引起的。从解剖结构上看，叶褥下半部组织的细胞壁薄，间隙较大，其质膜透性对震动或机械刺激敏感；而上半部组织则正好相反，细胞壁厚，细胞间隙较小，质膜透性对机械刺激迟钝。当叶片受到机械刺激时，叶褥下半部细胞质膜透性很快增加，水分与溶质由液泡中排出，进入细胞间隙，使下部组织的细胞紧张度下降，组织疲软；而上半部组织的细胞仍保持紧张状态，使复叶叶柄即叶褥处弯曲，因此产生下垂运动。小叶运动机理与此相同，只是小叶的叶褥较小，其结构与叶柄基部的叶褥结构恰好上下相反。所以，当机械刺激时上半部组织疲软，于是小叶成对合拢。

三、植物的近似昼夜节奏——生物钟

最早注意到的植物昼夜节奏运动是菜豆叶片的就眠运动，即菜豆的叶片在白天呈水平方向伸展，而在夜间下垂。而且，即使在连续黑暗和恒温条件下，这种就眠运动仍然存在。因此，认为它是受一种内生的计时系统所控制，这种内生的计时系统周期不是准确的 24h，而是在 22～28h 之间，被称为近似昼夜节奏，也称为生物钟或生理钟（biological clock）。

生物钟具有两个特点。一是生物钟可被重新调拨。由于生物钟的昼夜节奏周期不是正好的 24h，而在自然条件下，生物钟的周期性运动与昼夜变化能够保持同步，说明其计时系统的周期经常被调拨，其调拨因子是光。二是生物钟的运动周期对温度不敏感（温度系数为 1.0～1.1），说明它不是以化学变化为基础的。

近似昼夜节奏现象，广泛存在于生物界。例如小球藻的细胞分裂，许多种藻类和真菌的孢子成熟与开放，某些高等植物的气孔开闭运动，伤流的流量及其中氨基酸的成分和浓度，以及恒定条件下组织培养材料的生长速度和膨压的改变，都可以看到有不依赖于环境因素变化的内在节奏活动。甚至植物体内的代谢速率如呼吸作用、光合作用和中间代谢也可观察到受内生节奏调节的变化。

人们对生物钟已有相当深入的了解。图 9-11 说明了植物体内生物钟的运行机制：光敏色素（PHYA、PHYB、PHYD、PHYE）和隐花色素（Cry1、Cry2）分别接受红光和蓝光的信号，促进生物钟的 2 个关键基因 *CCA1* 和 *LHY* 的表达，再由 CCA1 和 LHY 蛋白引起与生物钟有关的生理生化反应；同时，CCA1 和 LHY 蛋白通过抑制 *TOC1* 基因的转录，反馈抑制自身的合成，削弱相应的生理生化反应——于是，形成了光信号诱导的精确的反馈调节机制，从而产生了内生节奏，即生理钟。

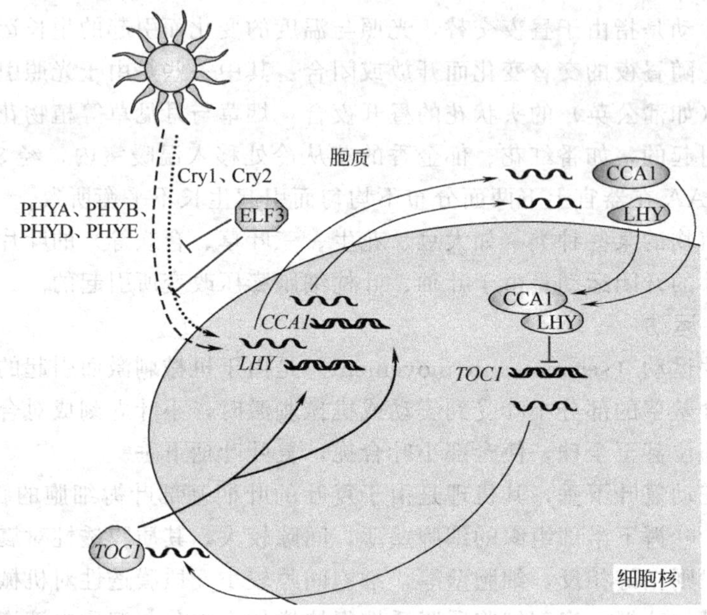

图 9-11　植物体内生物钟的运行机制

（引自 Michael W. Young 和 Steve A. Kay，2001）

John Love 等（2004）发现，植物细胞质每日的钙振荡也具有节奏性，并且和光周期的信号密切相关。

复习思考题

1. 简述生长、分化和发育三者之间的区别与联系。
2. 试述植物组织培养的理论基础和意义，以及组织培养一般的步骤。
3. 试述种子萌发三阶段，以及各阶段的代谢特点。
4. 简述植物地下部分和地上部分的相关性。在生产中如何调节植物的根冠比？
5. 产生顶端优势的可能原因是什么？举出实践中利用或抑制顶端优势的 2～3 个例子。
6. 营养生长和生殖生长的相关性表现在哪些方面？如何协调以达到栽培上的目的？
7. 试述环境条件如何影响植物的生长。
8. 试述植物体内生物钟的运行机制。

第十章 植物的生殖、衰老和脱落

植物的生殖生长是在营养生长（vegetative growth）的基础上进行的，当植物的营养器官根、茎、叶生长到一定阶段，就开始生殖生长（reproductive growth）。生殖生长是指生殖体的形成过程，也就是花、果实和种子的形成过程。

生殖生长可分为三个阶段：花原基分化和花器官形成（花芽分化）；配子体形成和受精过程；种子和果实的形成。对于单稔植物，开花结实后迅速衰老死亡，而多稔植物则经历多次营养生长和开花结实，逐渐衰老死亡完成生活周期。

第一节 植物的成花诱导

在植物的生活周期中，从营养生长向生殖生长的过渡是一个关键时期。花芽分化是生殖生长开始的标志。花芽是由植物营养体的顶端分生组织分化而来的。这种分化首先要求植物处于一定的发育阶段，即经过幼年期达到成熟状态；其次往往要求特定的环境因子诱导。花芽分化主要受低温和光周期的诱导。

一、低温对成花的诱导——春化作用

成花过程受低温影响的植物主要是一些一年生冬性植物（如冬小麦、冬黑麦等）和一些二年生植物（如白菜、萝卜、芹菜、甜菜、芥菜、胡萝卜和天仙子等）。例如，种用甜菜块根的贮藏温度不能高于15℃，否则所形成的植株将持续进行营养生长，一直到第二年仍不能抽薹和形成花芽。尚未抽薹的甜菜植株，在15～26℃下连续栽培，可以在若干年内不进行生殖生长。

大量试验结果表明，上述植物在花原基分化之前，必须经过一段时期的0℃以上低温，否则不能形成花原基。这种低温诱导植物花原基形成的现象称为春化作用（vernalization）。在自然条件下，秋末至冬初的低温是诱导这类植物开花所必需的外界条件。若满足不了低温条件，这类植物就不开花。早在1918年，Gassner就已发现，冬黑麦春播不能开花结实，只有在萌发期或苗期经历一定的低温阶段才能开花结实；而春黑麦春播就能开花。1928年Lysenko将吸水萌动的冬小麦种子进行低温处理后春播，可在当年夏季抽穗开花，并把这种低温处理方法称为“春化”。

（一）春化作用的特性

1. 低温的感受时期和部位

不同植物感受低温的时期不同。小麦等可在种子萌发期间和幼苗期感受低温而通过春化作用，其中三叶期最有效。而有些植物，如甘蓝、胡萝卜、洋葱和月见草等感受低温的时期比较严格，只能在绿色的营养体进行。例如甘蓝只有当幼苗茎粗达0.6cm、叶宽达5cm以上时才能感受低温，而月见草至少要有6～7片叶才能通过春化作用。

试验表明，萌动的种子感受低温诱导的部位是胚。例如，培养在含蔗糖培养基上的冬黑麦离体胚可通过春化作用。对于绿色营养体，植物感受低温的部位是茎尖生长点，例如，将芹菜栽培在温室中，凡是茎尖生长点给予3℃低温处理的植株，均可通过春化，在适宜光照

下开花结实；如果将芹菜栽培在低温条件下，但茎尖却给予25℃左右的较高温度处理，则不能开花。

2. 春化作用的条件

(1) 温度和时间 低温是春化作用的主导因子。通常，春化的温度范围为0～15℃，并需要一定的持续时间。不同作物的春化温度不同，如冬小麦、萝卜、油菜等冬性作物为0～5℃，春小麦为5～15℃。根据完成春化所需的温度和时间（天），可将小麦分为冬性、半冬性和春性三种类型。冬性品种要求0～3℃的低温，持续35～45天才能完成春化；半冬性品种要求5～8℃低温，持续20～30天；而春性品种在10～12℃低温下5～15天即可完成春化。

一般来说，冬性愈强，要求春化的温度愈低，要求春化的时间也愈长。据研究，中国小麦以北纬33°为界，33°以北的栽培品种，要求温度为0～7℃，经过36～51天，才能通过春化作用；而33°以南的栽培品种一般要求0～12℃，持续12～26天即可通过春化。

进一步研究发现，不同类型的植物对低温的反应不同。例如，一年生冬性植物（如冬小麦、冬黑麦等）春化时所要求的低温是量的反应，或者说是相对的需要。当低温处理的时间缩短时，从播种到开花的时间延长；当春化处理的时间延长时，从播种到开花的时间缩短。此外，试验还表明，如果春化温度稍偏高，这类植物从播种到开花的时间也将延长。但是，对于一些二年生植物（如白菜、甘蓝、芹菜、甜菜等）春化时对低温的要求则是质的反应，或者说是绝对的需要。因为第一年只形成莲座状的营养体，越冬时必须经过几天至几周的略高于0℃的低温，才能于第二年初夏抽薹、开花、结实，否则，就一直保持营养生长状态。很多二年生植物在低温之后还需长日照才能开花。

(2) 水分 试验表明，植物通过春化作用需要适当的含水量。例如将已萌动的小麦种子干燥处理，使其含水量低于40%时，用低温处理，则不能通过春化，即40%是小麦种子通过春化的临界含水量，而活跃生长时的含水量则为80%～90%。

(3) 氧气 充足的氧气也是植物通过春化作用必需的外界条件。试验证明，在真空、氮气或缺氧条件下萌发的小麦种子含水量即使超过40%，仍不能完成春化作用。

(4) 养分 通过春化时必须具有足够的营养物质，否则低温处理无效。例如，将小麦的胚培养在富含蔗糖的培养基中，在低温下可通过春化；若培养基缺乏蔗糖，尽管其他条件具备，仍然不能通过春化。

3. 春化作用的解除和再春化作用

在春化作用真正结束之前，把植物放到较高的温度下，低温的效果可被消除，即不能诱导植物成花。这种由高温条件解除春化的现象称为去春化作用（devernalization）。一般说来，解除春化的温度为25～40℃。例如，冬黑麦在35℃下4～5天即可。此外，缺氧也能解除春化。通常，春化时间愈长，去春化愈困难。在高温下去春化之后，在低温下又可重新春化。这种去春化之后，再次恢复春化的现象称为再春化作用。植物通过春化后，春化状态可持续数月至数年。

(二) 春化作用的机理

1. 春化作用的传递

春化效应是否能传递，有关的试验得到两种完全相反的结果。

将菊花已春化植株和未春化植株顶芽嫁接，未春化植株不能开花；如将春化后的芽移植到未春化植株上，则这个芽长出的枝梢将开花。但是将未春化的萝卜植株顶芽嫁接到已春化的萝卜植株上，该顶芽长出的枝梢却不能开花。这些试验结果说明，植物完成了春化的感应状态只能随细胞分裂从一个细胞传递到另一个细胞，传递时应有DNA的复制。

但用天仙子做的试验结果表明，可以通过嫁接经某种特殊物质传递春化效应，诱导未被春化的植株开花，但是至今也未能分离鉴定出这类物质来。

2. 春化作用的分子机理

在诱导植物的开花过程中，有一个重要的开花抑制因子（flowering repressor）——FLC（flowering locus C），对开花起到关键的调控作用，相当于开花控制的开关。在没有春化等诱导条件下，*FLC*基因正常表达，FLC是活化的，于是维持植物的营养生长，不开花；只有FLC受到抑制，植物才能开花。在低温处理下，春化相关基因*VRN 1,2*被诱导表达，产生VRN1和VRN2蛋白，再通过甲基化等作用修饰*FLC*基因，阻抑*FLC*基因的表达，于是使开花相关基因（如*SOC1*，*FT*）得以表达，引起植物的开花。此外，还有参与开花的自主途径（如*FCA/FY*等基因），尽管该途径不受春化和光周期诱导，但通过对FLC进行负调控，如组蛋白去乙酰基化（Yuehui He等，Science，2003），抑制了FLC的表达，促进开花（图10-1）。

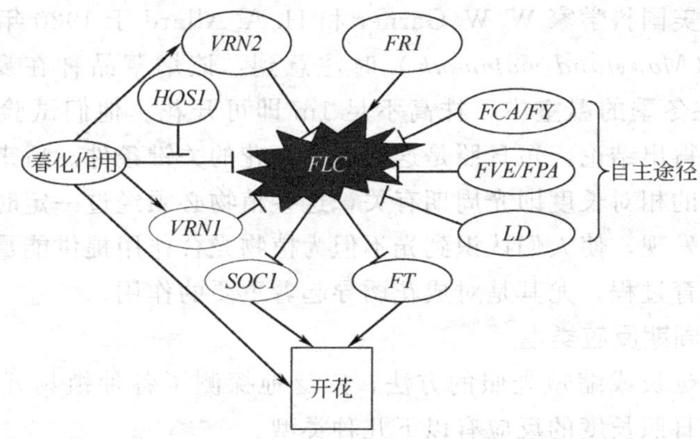

图10-1 春化作用的分子机理

3. GA与春化作用

用低温处理小麦、燕麦、菊花和油菜时，体内GA含量增加。此外，用GA处理甘蓝、萝卜、天仙子、胡萝卜等长日植物，可以代替低温，促使抽薹开花。由此可见，GA与春化密切相关。现已明确，GA通过信号转导，诱导了与开花有关的基因的表达，从而促进了开花过程。

但是，对多数短日植物来说，GA不能代替低温诱导花芽分化。

（三）春化作用的应用

1. 调种引种

由于中国各地区的气温条件不同，引种时首先要考虑品种的春化特性和当地的低温条件。比如，需要春化的植物北种南引，因南方温度较高而不能通过春化作用，植株不开花（或仅有少部分开花），而处于持续的营养生长状态，导致引种失败。

2. 调节成熟期和播期

春小麦如能在播前进行春化处理，可提早成熟5～10天，避开干热风的不利影响；冬小麦已萌动的种子埋在雪地里越冬，第二年春播，照样抽穗结实，这对于冬季严寒地区更有意义。

3. 控制开花

在花卉栽培上，用低温预先处理，可使秋播的一年生、二年生草本花卉改为春播，当年开花。例如，用0～5℃低温处理石竹可促进花芽分化。生产上还可利用解除春化的方法抑制植物开花。例如，中国四川省种植的当归为二年生药用植物，当年收获的块根质量很差，不宜入药，往往需要第二年栽培。为此，第一年将当归块根挖出，贮藏在高温下防止其通过春化。这样，可减少第二年的抽薹率获得较高质量的块根，提高药用价值。

二、光照对成花的诱导

自然界一昼夜间的光暗交替称为光周期（photoperiod）。生长在地球上不同地区的植物，在长期适应和进化过程中表现出生长发育的周期性变化，植物对昼夜长度发生反应的现象称为光周期现象（photoperiodism）。植物的开花、休眠和落叶以及鳞茎、块茎、球茎等地下贮藏器官的形成都受昼夜长度的调节。

通常，需要低温诱导形成花原基的植物，经过春化作用之后往往还需要给予一定长度的日照才能完成花芽分化。还有些植物，虽不要求特殊低温，但需要一定长度的日照才能形成花芽。

光周期现象是由美国科学家 W. W. Garner 和 H. A. Allard 于 1920 年发现的。他们在研究烟草的一个变种（*Maryland mammoth*）时注意到：该烟草品种在夏季，株高可达3～5m，但不开花，而在冬季的温室中，株高不足 1m 即可开花。他们试验了温度、光照、营养等各种条件，最后得出结论，短日照是这种烟草开花的关键条件。后来的实验也证明，许多植物的开花与昼夜的相对长度即光周期有关，这些植物必须经过一定时间的适宜光周期后才能开花。光周期的发现，使人们认识到光不但为植物光合作用提供能量，而且还作为环境信号调节着植物的发育过程，尤其是对成花诱导起着重要的作用。

（一）植物的光周期反应类型

人们通过用人工延长或缩短光照的方法，广泛地探测了各种植物开花对日照长度的反应，发现植物开花对日照长度的反应有以下几种类型。

(1) 长日植物（long-day plant，LDP） 指在 24h 昼夜周期中，日照长度只有长于一定时间，才能开花的植物。对这些植物延长光照可促进或提早开花，相反，延长黑暗则推迟开花或不能成花，如小麦、大麦、黑麦、油菜、菠菜、萝卜、白菜、甘蓝、芹菜、甜菜、胡萝卜、金光菊、山茶、杜鹃、桂花、天仙子等。

(2) 短日植物（short-day plant，SDP） 指在 24h 昼夜周期中，日照长度只有短于一定时间才能开花的植物。对这些植物适当延长黑暗或缩短光照可促进或提早开花，相反，如延长日照则推迟开花或不能成花，如水稻、玉米、大豆、高粱、苍耳、紫苏、大麻、黄麻、草莓、烟草、菊花、秋海棠、腊梅、日本牵牛等。

(3) 日中性植物（day-neutral plant，DNP） 这类植物的成花对日照长度不敏感，在任何长度的日照下均能开花。如月季、黄瓜、茄子、番茄、辣椒、菜豆、君子兰、向日葵、蒲公英等。

除了以上三种典型的光周期反应类型以外，还有一些其他类型的光周期反应。

(4) 长-短日植物（long-short-day plant） 即在先长日后短日的日照条件下才能开花的植物，如大叶落地生根、芦荟、夜香树等。

(5) 短-长日植物（short-long-day plant） 即在先短日后长日的日照条件下才开花的植物，如风铃草、鸭茅、瓦松、白三叶草等。

(6) 中日照植物(intermediate-daylength plant) 只有在某一定中等长度的日照条件下才能开花，而在较长或较短日照下均保持营养生长状态的植物，如甘蔗的成花要求每天有11.5～12.5h的日照。

(7) 两极光周期植物(amphophotoperiodism plant) 在中等日照条件下保持营养生长状态，而在较长或较短日照下才开花的植物，如狗尾草等。

许多植物成花有明确的极限日照长度，即临界日长(critical daylength)。许多长日植物和短日植物都有明确的临界日长，这样的植物称为绝对长日植物或绝对短日植物。但也有不少长日植物和短日植物没有明确的临界日长，它们在不适宜的日照长度下，经过较长时间也能或多或少地形成一些花，这样的植物称为相对长日植物或相对短日植物。

应该说明的是，临界日长往往随植物品种、植株年龄和环境条件的改变而有很大变化。

在光周期反应中，光照固然是主导因素，但其他外界条件也有一定的作用，并且会对植物的光照要求发生影响，其中以温度的作用最为显著。温度不仅影响光周期通过的迟早，而且可以改变植物对日照的要求：对长日植物来说，降低温度可以使之在较短的日照下开花。例如，在较低的夜温下，豌豆、黑麦、苜蓿失去对日照长度的敏感性而表现出日中性植物的特征。甜菜通常只在长日照下开花，而在10～18℃的较低温度下，8h的日照也能开花。

对短日植物来说，温度降低可以使它们在较长的日照下开花。如烟草的短日品种在18℃夜温下需要短日照才能开花，而当夜温降到13℃时，在长日照下(16～18h)也能开花。牵牛花在21～23℃下是短日性，而在13℃低温下表现为长日性。短日植物一品红、苍耳在低温下也表现为长日性。

应该注意的是，长日植物开花所需的临界日长并不一定长于短日植物的临界日长。长日植物在长于临界日长的条件下开花，日照愈长，开花愈早；短日植物则在短于临界日长的条件下开花，日照愈短，开花愈早。例如，短日植物大豆的一个变种临界日长为14h，长日植物冬小麦为12h，在13h的日照长度下，两者都能开花。

(二) 植物的光周期诱导特性

1. 光周期诱导的周期数

植物只要得到足够日数的适合光周期，以后再置于不适合的光周期下仍可开花，这种现象称为光周期诱导(photoperiodic induction)。不同种类植物的光周期诱导时间不同，有些短日植物如苍耳、日本牵牛，只需1天短日照处理，以后即使在不适合的光周期下，仍可进行花芽分化。长日植物白芥、毒麦也只需1天长日照处理，就可诱导开花。多数植物光周期诱导需要几天、十几天到二十几天。例如，天仙子需2～3天，一年生甜菜需15～20天。

2. 植物感受光周期刺激的部位

人们早已证明光周期的感受部位是叶片(图10-2)。以短日植物菊花为试材，当顶端接受长日照，而全部叶片作短日照处理时，植株开花；反之则无花。Hamner和Bonner(1938年)发现将生长在长日照条件下的苍耳(短日植物)，用短日照处理一个叶片，就可以形成肉眼可见的花原基。但是，叶片必须达到一定的个体发育年龄才能感受光周期刺激。所谓叶的个体年龄，是指叶的生长节位，节位愈高，个体愈老。苍耳长出4～5片完全展开叶时，才有接受光周期诱导的能力，而就生理年龄来说，刚刚充分展开的叶对光周期最敏感，幼叶和老叶的敏感性较低。

在一定条件下，植物的其他部分也可能接受光周期刺激。明显的例子是，一种藜去叶后仍能接受短日照条件的诱导而成花。在这种情况下，接受光周期诱导的器官可能是茎，也可

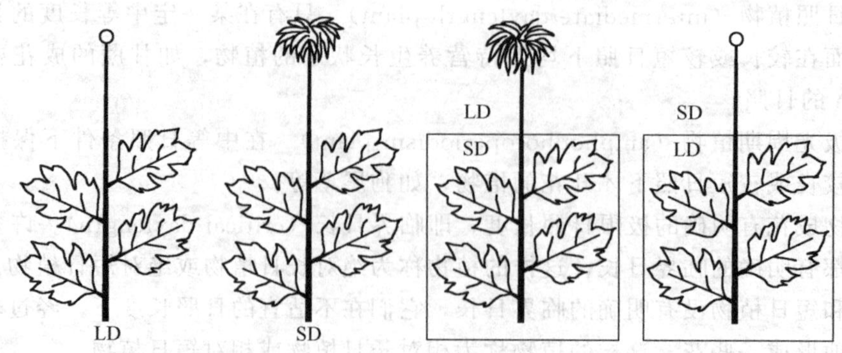

图 10-2 菊花的光周期感受部位试验

能是顶芽中非常年幼的叶。另外，有人将不带芽的紫雪花的茎切段置于短日照下诱导 4 周，结果产生了花芽。看来某些植物的茎组织确实可以接受光周期刺激，但对完整植物而言，叶片肯定是起主导作用的。

3. 暗期与光周期诱导

在一天 24h 周期中，光期与暗期交替出现。利用间断光期和暗期的试验证明，在光周期诱导中暗期的作用更为重要。例如，用短时间的黑暗打断光期，并不影响光周期诱导的结果；但是，如果用闪光中断暗期，则使短日植物不开花，处于营养生长状态，相反却诱导了长日植物开花。此外，在短日照条件下缩短黑暗抑制短日植物开花，促进长日植物开花，在长日照条件下延长黑暗，诱导短日植物开花，抑制长日植物开花（图 10-3）。由此可见，在光周期诱导中暗期比光期更重要。但是光期过短也会影响花芽分化，如短日植物在日照短于 2h 的条件下，就不开花。利用植物光周期反应的这个特点，可鉴定植物类型和调节开花。利用不同波长光的闪光试验发现，中断暗期最有效的光是红光（R），即在暗期利用红光进行闪光处理，结果是抑制短日植物开花，而诱导长日植物开花，但在红光照射之后立即用远红光（FR）照射，暗期中断的效应消失，即红光的暗期中断效应被远红光所抵消。这种反应可反复多次，而植物能否开花则决定于最后一次照射的是红光还是远红光。对短日植物来说，红光抑制开花，远红光促进开花；对长日植物而言则恰好相反，红光促进开花，而远红光则抑制开花。光敏素参与成花过程对光周期信号的感受。

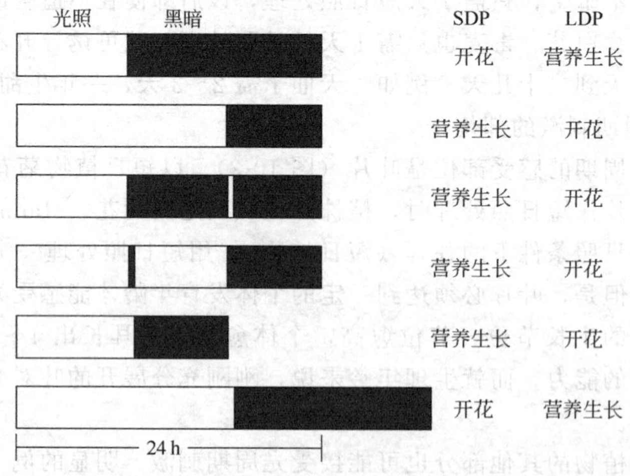

图 10-3 暗期光间断对短日植物和长日植物开花的影响

4. 光强与光周期诱导

在自然条件下，植物通过光周期诱导所需的光强是极其微弱的，低于光合作用所需的光强。一般认为，光周期诱导的光强在50～100lx。因此认为，植物每天光周期诱导的开始与停止的时间是太阳处于地平线下6°时的清晨与傍晚，在这期间的光照强度均可以满足光周期诱导的需要。

(三) 光周期诱导的机理

1. 光周期诱导的传递

由于感受光周期的部位是叶片，而形成花的部位在茎顶端分生组织，在最初的感受部位和发生成花反应的部位之间存在着叶柄和一小段茎的距离，这使人们想到，必然有信息自感受了光周期的叶片传导至茎顶端。前苏联学者柴拉轩（Chailakhyan）用嫁接实验来证实这种推测：将5株苍耳嫁接串联在一起，只要其中一株的一片叶接受了适宜的短日光周期诱导，即使其他植株都在长日照条件下，最后所有植株也都能开花（图10-4）。这证明确实有刺激开花的物质通过嫁接在植株间传递并发挥作用。

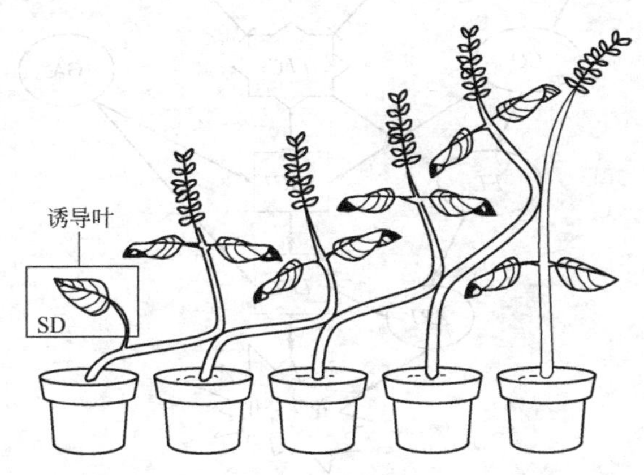

图10-4　苍耳嫁接实验

2. 成花刺激物的性质

柴拉轩最早提出了有关成花素的假说：①感受光周期反应的器官是叶片，它经诱导后产生成花刺激物；②成花刺激物可向各方向运转，到达茎生长点后引起成花反应；③不同植物的开花刺激物具有相似的性质；④植株在特定条件下产生的成花刺激物不是基础代谢过程中产生的一般物质。上述的嫁接和去叶等实验结果都支持这一假说，肯定植物在经过适宜的光周期诱导后，产生了可传递的成花刺激物。成花刺激物即为所谓的成花素（florigen），但是对成花素的分离与鉴定并未得到预期的结果。

3. 光敏色素与成花诱导

让植物处于适宜的光照条件下诱导成花，并用各种单色光在暗期进行闪光间断处理，几天后观察花原基的发生，结果显示：阻止短日植物（大豆和苍耳）和促进长日植物（冬大麦）成花的作用光谱相似，都是以600～660nm波长的红光最有效；但红光促进开花的效应又可被远红光逆转（表10-1）。这表明光敏色素参与了成花反应。

表10-1　在诱导暗期中间给予红光和远红光交互照射对短日植物开花的影响

夜间间断处理	苍耳成花阶段	菊花成花阶段
对照(无夜间间断)	6.0	18.0
红光	0.0	0.0
红光—远红光	5.6	8.0
红光—远红光—红光	0.0	0.0
红光—远红光—红光—远红光	4.2	7.0
红光—远红光—红光—远红光—红光	0.0	0.0
红光—远红光—红光—远红光—红光	2.4	—

注：1. 对苍耳红光和远红光都持续2min，对菊花红光和远红光都持续3min。

2. 成花阶段为相对的成花数值。

光敏色素虽不是成花激素，但影响成花过程。光的信号是由光敏色素接受的。光敏色素对成花的作用与 Pr 和 Pfr 的可逆转化有关，成花作用不是决定于 Pr 和 Pfr 的绝对量，而是受 Pfr/Pr 的比值的影响。

短日植物要求低的 Pfr/Pr 的比值。在光期结束时，光敏色素主要呈 Pfr 型，这时 Pfr/Pr 的比值高。进入暗期后，Pfr 逐渐逆转为 Pr，或 Pfr 因降解而减少，使 Pfr/Pr 的比值逐渐降低，当 Pfr/Pr 的比值随暗期延长而降到一定的阈值水平时，就可促发成花刺激物质形成而促进开花。对于长日植物成花刺激物质的形成，则要求相对高的 Pfr/Pr 的比值，因此长日植物需要短的暗期，甚至在连续光照下也能开花。如果暗期被红光间断，Pfr/Pr 的比值升高，则抑制短日植物成花，促进长日植物成花。一般认为，长日植物对 Pfr/Pr 的比值的要求不如短日植物严，足够长的照光时间、比较高的辐照度和远红光光照对于诱导长日植物开花是必不可少的。有实验表明在用适宜的红光和远红光混合照射时，长日植物开花最迅速。

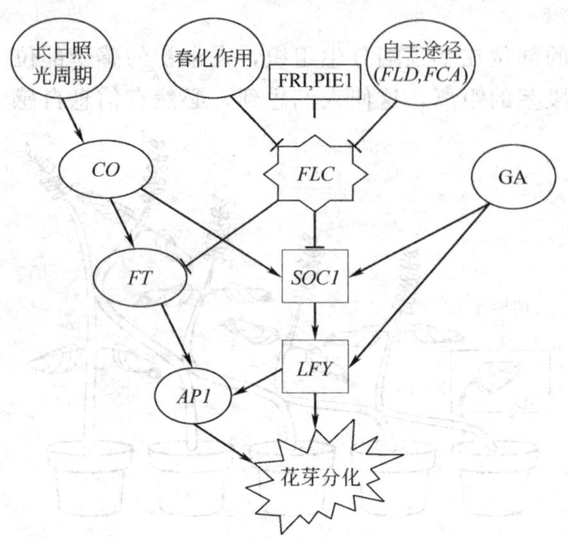

图 10-5 植物开花的分子机制总结
（仿 Thomas Jack，2004）

4. 光周期诱导的分子机理

在合适的光周期下，植物通过光敏色素（PHYA、PHYB、PHYD、PHYE）和隐花色素（Cry1、Cry2）感受光信号，在生物钟的参与下，调节开花过程的一个重要基因 *CO*（*CONSTANS*）的表达，由 CO 诱导其他基因的表达，如 *SOC1*、*LFY*、*FT*、*AP1* 等基因，最终引起花芽分化（图 10-5）。GA 对某些开花相关基因（如 *SOC1*、*LFY* 等）的表达有明显的促进作用。

（四）光周期理论在农业上的应用

1. 育种

(1) 人工调节花期　具有优良性状的某些作物品种间有时花期不遇，给育种带来困难。通过人工调节光周期就可解决这个问题。例如，早稻与晚稻杂交育种时，可在晚稻秧苗 4～7 叶期进行遮光处理，促使提早开花，以使杂交亲本花期相遇。

(2) 加速世代繁育　根据中国气候多样的特点，可进行南繁北育。例如，水稻和玉米是短日植物，冬季可在海南岛繁育种子。这样，一年内可繁殖 2～3 代，加速育种进程。

2. 引种

生产上常常需要从外地引进优良品种。对此，应该注意三点：一是了解被引进品种的光周期反应特性；二是了解作物原产地与引种地生长季节日照条件的差异；三是考虑被引进作物的栽培目的。以收获果实或种子为主要栽培目的的作物，为使其及时开花成熟，应遵循以下原则：将短日植物从北方引种到南方，会提前开花，应选择晚熟品种；而从南方引种到北方，则应选择早熟品种。如将长日植物从北方引种到南方，会延迟开花，宜选择早熟品种；而从南方引种到北方时，应选择晚熟品种。

以收获营养器官为主要栽培目的时，引种应遵循与上述相反的原则，例如短日植物南种北引应引晚熟品种，可以推迟开花延长营养生长期，提高产量。

同纬度地区的日照长度相同，相互引种容易成功。

3. 维持营养生长

对以收获营养体为主的作物，可采取适当措施抑制其开花。如烟草为短日植物，原产热带或亚热带，南种北引（至温带）可提前至春季播种，利用夏季的长日照促进营养生长，可提高烟叶产量。麻类也是如此，南种北引可推迟成花，提高纤维产量，并改善品质。此外，利用暗期中断，即夜间闪光处理可抑制短日植物甘蔗开花，从而提高茎秆和蔗糖的产量。

4. 控制开花时期

采用人工控制光周期的办法，可以提早或延迟花卉植物开花。菊花是短日植物，在自然条件下秋季开花。为使其提早开花，可进行遮光处理，使其在6～7月（甚至5月初）开花。而对于长日照花卉（如杜鹃、山茶花）进行人工照光，满足长日要求，能够提早开花。

三、植物营养和成花

在20世纪初，Klebs通过大量试验证明，植物体内的营养状况可以影响植物的成花过程。他观察到植物体内碳水化合物与含氮化合物的比值高时，植物开花，而比值低时不开花，据此提出开花的碳氮比（C/N）理论。此后有人用番茄做试验，也证实决定番茄开花的是C/N，这个比值高则开花，反之，则延迟或不开花。但是后来发现，C/N高促进开花的植物仅是某些长日植物或日中性植物，而对短日植物不适用。植物的成花涉及基因表达，用碳氮比学说显然不能很好地解释成花诱导的本质。但是，植物开花过程的实现也确实需要营养物质的保证。

在农业生产上可以通过控制肥水的数量和施用时期来调节C/N，从而控制营养生长和生殖生长。如水稻生育后期，如果肥水过大，引起C/N过小，则营养生长过旺，生殖生长延迟，从而导致徒长、贪青晚熟；如果在适当的时期，进行落干烤田，提高C/N，可促使幼穗分化，提早成熟。在果树栽培中，也可用环状剥皮等方法，使上部枝条积累较多的糖分，提高C/N，促进花芽分化，提高产量。

四、植物生长物质与开花诱导

植物激素参与调节植物生长发育的每一个过程，植物开花诱导也不例外。但激素与植物开花诱导的关系却相当复杂。几乎每类激素都可诱导部分植物在适宜的条件下成花，但尚未发现可以诱导所有光周期特性相同的植物成花的植物激素。

在植物激素中，GA影响成花的效应最大。有研究结果表明，GA可促进30多种长日植物在短日照条件下成花，并可代替20多种植物对春化的要求。施用抗GA的CCC则抑制长日植物开花。

IAA可抑制短日植物成花。例如将苍耳插条浸入IAA溶液中，则其由光周期诱导的成花反应受到抑制；但用IAA极性运输的抑制剂三碘苯甲酸处理时，则又促进苍耳开花。相反，IAA能促进一些长日植物如天仙子、毒麦等的成花。乙烯能有效地诱导菠萝的成花。

细胞分裂素能促进藜属、紫罗兰属、牵牛属和浮萍等短日植物的成花，甚至还能促进长日植物拟南芥的成花。不过紫罗兰属植物体内细胞分裂素含量的增加不是出现在光周期诱导过程中，而是在光周期诱导之后。

ABA可代替短日照促使一些短日植物在长日照条件下开花。如将ABA溶液喷于黑醋栗、牵牛、草莓和藜属的植物叶片上，可使它们在长日照下开花。但是ABA却使毒麦、菠菜等长日植物的成花受到抑制。并且，ABA 抑制毒麦成花的时间是在花发育开始之时，抑制作用的部位是在茎尖而不是在叶片。

有人提出：植物的成花过程（包括花芽分化和发育）可能不是受某一种激素的单一调控，而是受几种激素以一定的比例在空间上（激素作用的部位）和时间上（花器官诱导与发育时期）的多元调控，植物的成花过程是分阶段进行的，在不同的阶段，可能有不同的激素起主导作用。因此，在不同的光周期条件下，是通过刺激或抑制各种植物激素之间的协调平衡来控制植物成花的，在适宜的光周期诱导下或外施某种植物激素，可改变原有的激素比例关系而建立新的平衡。新建立的平衡可诱导与成花过程有关的基因的开启，合成某些特殊的 mRNA 和蛋白质，从而起到调节成花的作用。

第二节 植物花芽分化与性别表现

植物在营养生长期，顶端分生组织不断地产生叶原基，只有经过光周期诱导（有的还需低温诱导）之后，顶端才开始发生剧烈的形态上的变化，产生花原基，再由花原基分化形成花器官。

一、花芽分化

（一）花芽分化初期茎生长点的变化

1. 形态变化

不论是禾本科植物（小麦、水稻、玉米等）的穗分化过程，还是双子叶植物（棉花、苹果等）的花芽分化过程，都是以茎生长锥伸长开始，并伴随着生长锥表面积扩大。现以小麦为例介绍花芽分化情况。小麦在春化过程结束时，生长锥的形态没有什么变化，只有通过光周期诱导之后，生长锥才开始伸长。生长锥表面一层或数层细胞分裂加速，这些细胞体积小，细胞质浓厚，细胞内无淀粉粒；而中部细胞分裂较慢并逐渐停止，细胞较大，细胞质稀薄，出现液泡，并有淀粉粒。此后，由于表层分生细胞的迅速分裂，使生长锥表面出现皱褶，在原来形成叶原基的地方形成花原基，然后再由花原基分化出花的各部分原基。

2. 生理变化

在花芽分化过程中花原基代谢旺盛，内部有机物质发生显著变化。开始分化时，可溶性糖（葡萄糖、果糖和蔗糖）含量增加，氨基酸和蛋白质含量也增加，核酸的合成速率加快。用 RNA 合成抑制剂 5-氟尿嘧啶（5-FU）和蛋白质合成抑制剂环己亚胺处理植物的芽，均能抑制营养生长锥向生殖生长锥的转化。

（二）影响花芽分化的环境因素

在植物成花过程中，成花诱导与花芽分化是两个既相互联系又相对独立的过程。因此，当植物在外界条件（主要是低温与光周期）的影响下，完成了成花诱导之后，花器官形成还需要适宜的外界条件。这样，才能完成成花的全部过程，并保证成花的质量与数量。

影响花芽分化的环境因素主要有光照、温度、水分和营养状况。其中，光对花器官形成影响最大。光照时间越长，光照越强，形成的有机物质越多，对开花越有利。大豆遮光试验表明，光照越强成花数量越多。温度对花器官形成的影响也很大。比如水稻，在高温下穗分化过程明显缩短，在低温下则延迟甚至停止。在减数分裂期，如遇到低温（17～20℃），花粉母细胞损坏，进行异常分裂，四分体分离不完全。同时，绒毡层细胞肿胀肥大，养料不能运至花粉粒，致使花粉粒发育异常。

雌蕊与雄蕊分化期、花粉母细胞与胚囊母细胞减数分裂期对水分亏缺特别敏感。当土壤水分不足时，幼穗形成延迟，并引起颖花退化。肥料（尤其是氮肥）对花的形成十分重要。氮肥适中时，再配以磷肥和钾肥，促使花芽分化加快，并增加成花数量。如氮肥不足，花芽分化缓慢，且成花数量减少；若氮肥过多，则造成贪青徒长，减少对花芽的同化物供应，使花的发育不良。

二、性别表现

不少作物如玉米、瓜类、银杏等的产量决定于雌雄生殖器官的数量和质量，许多工业上很有价值的油料果实，如油桐、山毛榉、胡桃和大麻等，它们的油产量与质量也往往决定于雌花发育的多少与好坏。因此在雌雄同株植物（如玉米、瓜类）中，如何使雌花出现得早和数量较多，是一个重要问题。在雌雄异株植物中，尤其是木本植物（如银杏、油桐等），只有在栽培多年以后才开花。为了发展雌株栽培，如何在苗期就能鉴别出树木的性别，是一个有重要实践意义的课题。

（一）性别表现（sex expression）的类型

大多数高等植物是雌雄同株同花植物（hermaphroditic plants）或雌雄异株植物（dioecious plants），也有一些是雌雄同株异花植物（monoecious plants）。此外，经过长期人工选择，人们还得到了一些特别品系，如在某些同株异花植物中有仅开雄花的雄性系（androecious line）；仅开雌花的雌性系（gynoeciousline）；既开雄花又开两性花的雄花、两性花同株植物（andromonoecious plants）；既开雌花也开两性花的雌花、两性花同株植物（gynomonoecious plants）。在一些雌雄异株植物（如大麻、菠菜）中，在雌、雄株之间还有一些中间类型。表 10-2 列出了高等植物性别表现的主要类型。

表 10-2　高等植物性别表现的主要类型（引自武维华，2003）

性别表现类型	同一植株上可能形成的花型	代　表　植　物
雌雄同株同花型(hermaphroditism)	两性花	水稻、大豆、番茄、棉花
雌雄同株异花型(monoecism)	雄花和雌花	玉米、黄瓜、白麦瓶草
雌雄异株型(dioecism)	雄花或雌花	菠菜、银杏、杨、柳
雌花两性花同株型(gynomonoecism)	**雌花和两性花**	**金盏菊、灰绿藜**
雌花两性花异株型(gynodioecism)	**雌花或两性花**	**小蓟**
雄花两性花同株型(andromonoecism)	**雄花和两性花**	**硬毛茄**
雄花两性花异株型(androdioecism)	**雄花或两性花**	**柿树**
三性花同株型(trimonoecism)	雌花和雄花和两性花	番木瓜
三性花异株型(trioecism)	雌花或雄花或两性花	番木瓜

注：表中黑体字表示该性别表型来自于长期的人工选择。

（二）雌雄个体的生理差异

（1）呼吸速率　雄株高于雌株，如桑、大麻、番木瓜等植物。

（2）酶活性　雄株的过氧化氢酶活性比雌株高 50%～70%。

（3）同工酶　据报道，银杏、菠菜等植物雄株幼叶的过氧化物酶同工酶数量少于雌株。

（4）氧化还原能力　雌株具有较高的还原能力，而雄株具有较高的氧化能力。

（5）内源激素含量　大麻雌株叶片中 IAA 含量较高，雄株叶片中 GA 含量较高。玉米雌穗原基中 IAA 含量水平较高，GA 含量水平较低，但在雄穗原基中恰恰相反，IAA 浓度较低，而 GA 浓度却较高。此外，在雌雄异株的野生葡萄中还发现，雌株的 CTK 含量高于雄株。

(6) 核酸　雌株的 RNA 含量以及 RNA/DNA 的比值高于雄株。

(7) 其他物质　雌株的叶绿素、胡萝卜素和碳水化合物的含量也高于雄株。

(三) 影响性别表现的因素

据研究，有花植物开始进入生殖阶段时，都能分化出雌蕊与雄蕊，只是由于某种原因使一方得到继续发育，另一方受到抑制而退化，于是出现单性花。但在某些因子影响下，这种抑制作用被部分或全部解除，于是就产生了性别转化现象。

1. 遗传控制

植物性别表现类型的多样性有其不同的遗传基础。

(1) 性染色体　在许多雌雄异株植物中发现了性染色体。有的植物和动物相同，雄性个体有 XY 型染色体，而雌性个体中为 XX 染色体。如大麻的染色体是 $2n=20$，其中 18 个是常染色体，2 个是性染色体。

(2) 性基因　在雌雄同株异花植物中，在同一植株上产生不同性别的花，是由相关的性基因在时空上控制雄花或雌花的产生。如已经鉴定了影响黄瓜性别表达的多个基因位点；通过对玉米突变体的研究也发现了一些与其性别决定有关的基因，如 *ts1* 和 *ts2* 两个位点调节雄穗中产生雄花或雌花，它们的突变并不影响营养体发育，而是影响了正常的性别决定过程。

2. 植株年龄

在雌雄同株异花植物中雌花和雄花出现时间不同，通常是雄花早于雌花。例如西葫芦，最初只形成雄花，之后出现雌花和雄花，最后只形成雌花。黄瓜也有类似现象。

3. 环境条件

包括光周期、温周期和营养状况等。植物经过光周期诱导后，长度适宜的日照促进多开雌花，长度不适宜的日照则促进多开雄花。例如，蓖麻是长日植物，在花芽形成前 10 天，如果每天光照延长至 22h，雌花大大增加；黄瓜为短日植物，如果给予连续光照，雄花数量急剧增加，而雌花则寥寥无几。试验表明，光周期对某些植物种类性别表现产生更加深刻的影响。如长日植物菠菜，光周期诱导后给予短日照，雌株上也可形成雄花。

低温与昼夜温差大对许多植物的雌花发育有利。例如番木瓜，在低温下雌花占优势，适温时雌雄同花比例增加，高温时雄花占主导。夜间低温对菠菜、麻、葫芦等植物的雌花发育有利，而对黄瓜则相反，夜温低雌花减少，夜温高雌花增加。

通常水分充足、氮肥较多促进雌花分化，土壤较干旱、氮肥较少促进雄花分化。

4. 生长物质

植物激素、多胺、生长调节剂具有控制性别分化的作用。IAA 对性别分化的影响比较稳定，一般总是增加雌株和雌花，这对雌雄同株植物尤为明显。例如用 IAA 处理黄瓜，不仅可降低第一朵雌花的着生节位，而且增加雌花数目；GA 与 IAA 恰好相反，主要促进雄性器官的发育，不利于雌性器官的分化。这种作用对雌雄同株的瓜类与雌雄异株的大麻更加明显。如大麻用 GA 处理之后，雄株由 50% 增加到 80%，而雌株却由 50% 下降至 20%。CTK 有利于雌花的形成，例如促进黄瓜增加雌花数量。ETH 与 IAA 的作用一样，促进雌花发育。

在自然情况下，雌性植株和雄性植株出现的比例基本上是相等的。这种分化受叶片和根系所形成的激素平衡的影响。根系主要合成 CTK，叶片主要合成 GA。用雌雄异株植物大麻和菠菜进行试验，如果去掉根系时，叶片中合成 GA 运输到茎的顶芽，促使顶芽分化成雄花；当去掉叶片时，根内形成的CTK被运送到顶芽，促进雌花分化。因此，GA/CTK的比值影响到雌雄异株植物的性别。

在天南星科植物中发现，雄花和雌花中酚酰胺（多胺与酚以酰胺键结合形成的一类化合物）组成是有差异的。例如，雄花比雌花含有更多的中性酚酰胺，而雌花比雄花含有更多的碱性酚酰胺。根据花中所含酚酰胺的种类与数量，可区分出雄花和雌花。

人工合成的植物生长的物质对植物的性别表现也产生一定的影响。例如，三碘苯甲酸和马来酰肼可抑制雌花的产生，矮壮素则能抑制雄花的形成。这类物质很可能是通过调节内源激素的水平而起作用的。

5. 其他因素

熏烟可增加雌花的数量，其原因是烟中含有ETH与CO。CO对黄瓜性别表现影响显著，用0.3% CO处理黄瓜幼苗，可大大增加雌花/雄花的比例，而且雌花出现提早。CO的作用是抑制IAA氧化酶的活性，保持较高水平的IAA；机械损伤也能改变某些植物的性别，黄瓜的茎折断后长出的新蔓全开雌花，番木瓜植株的根部受伤或地上部分折伤后新长出的植株全是雌株。这可能与受伤后产生的ETH有关。

（四）花器官发育的基因调控

花器官的形成依赖于器官特征基因在时空上的正确表达。Coen等提出了花形态建成遗

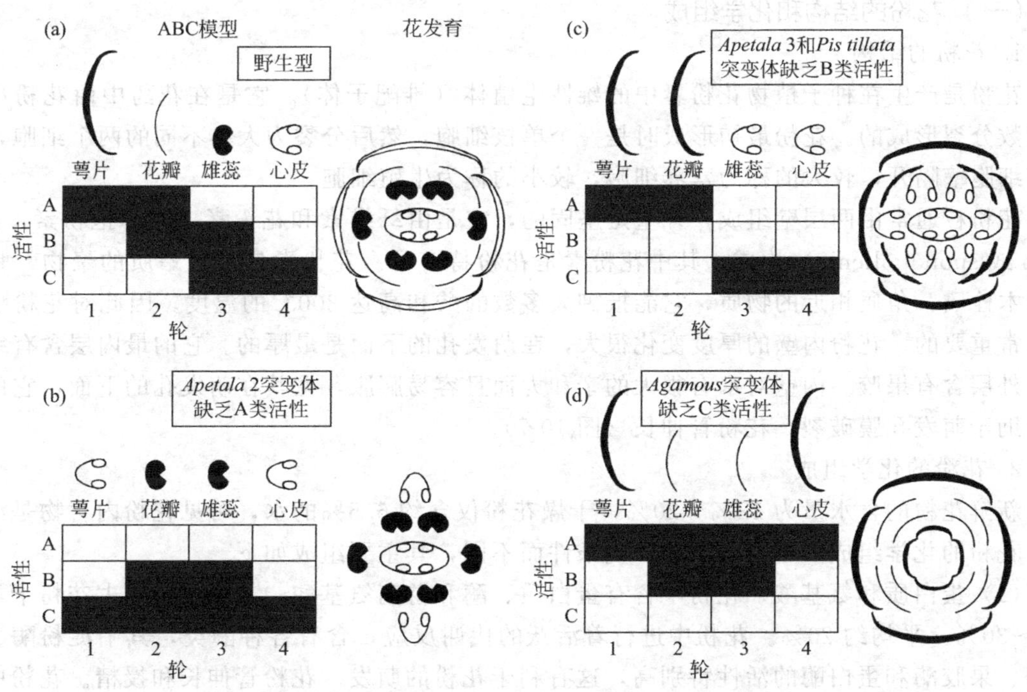

图10-6 花发育时决定花器官特征的ABC模型

各图右边是拟南芥的花图式，左边是3类基因不同活性决定花器官特征的ABC模型

(a) 野生型，第1轮只有A类有活性形成萼片；第2轮A、B两类有活性，形成花瓣；第3轮B和C类共同有活性，形成雄蕊；第4轮只有C类有活性，分化成心皮。此外，A类活性抑制第1、2轮的C类活性，而C类活性则抑制第3、4轮的A类活性。

(b) 缺乏A类活性则使C类功能扩充到整个花分生组织。

(c) 丧失B类活性会使第2轮形成萼片代替花瓣，第3轮形成心皮代替雄蕊。

(d) 缺乏C类活性导致A类功能扩大到顶端，再次改变器官特征

传控制的“ABC模型”(图10-6)。认为典型花器官的形成按如下次序进行：萼片、花瓣、雄蕊和心皮。控制花结构的这些基因按功能可分为三大类：A组基因控制第1、2轮花器官的发育，其功能丧失会使第1轮萼片变成心皮，第2轮花瓣变成雄蕊；B组基因控制第2、3轮花器官的发育，其功能丧失会使第2轮花瓣变成萼片，第3轮雄蕊变成心皮；C组基因控制第3、4轮花器官的发育，其功能丧失会使第3轮雄蕊变成花瓣，第4轮心皮变成萼片。花的四轮结构萼片、花瓣、雄蕊和心皮分别由A、AB、BC和C组基因决定。可以看出，这三类基因突变都会影响花形态建成，尤为重要的是影响花的性器官产生，其中控制雄蕊和心皮形成的那些同源异型基因是最基本的性别决定基因。

第三节　植物的授粉与受精

植物的生活周期可大致分为胚胎发生、营养生长和生殖生长三个阶段。处在营养生长期的茎尖分生组织通过成花诱导之后形成花原基，分化出花芽，从而转入生殖生长，花芽发育成花。在适宜的条件下，花朵开放(闭花授粉的花不用开放)，花粉落到柱头上进行授粉，进而受精，形成合子，这就是有性的生殖过程。

一、花粉生理

(一) 花粉的结构和化学组成

1. 花粉的结构

花粉是产生在种子植物花粉囊中的雄性生殖体(雄配子体)。它是在花药中由花粉母细胞减数分裂形成的。花粉最初形成时是一个单核细胞，然后分裂为大小不同的两个细胞，但没有细胞壁隔开，较大的称为营养细胞，较小的称为生殖细胞。

花粉粒通常由两层壁组成，外壁是坚固的，它是由纤维素和花粉素(亦称孢粉素，pollenin或sponopollenin)构成，其中花粉素是花粉特有的。花粉素是一种蜡质的聚物，是一种与木栓质、角质相近的物质，它能抵御大多数的酸和高达300℃的温度，因此对花粉贮藏是非常重要的。花粉内壁的厚度变化很大，在萌发孔的下面是最厚的。它的最内层含有纤维素，外层含有果胶。内壁对水有很大的亲和力而且容易膨胀，尤其在萌发孔的下面，它的膨胀有助于萌发孔膜破裂，花粉管伸长(图10-7)。

2. 花粉的化学组成

新鲜花粉的含水量为12%～20%，干燥花粉仅含约6.5%的水，可见花粉内含物是浓缩的。花粉的化学组成因植物种类和环境条件而不同，其主要组成如下。

(1) 蛋白质和氨基酸　花粉中含有蛋白质、酶和游离氨基酸。其中蛋白质占花粉干重的7%～30%，平均约20%。花粉中进行着活跃的代谢反应，含有各种酶类，其中淀粉酶、蔗糖酶、果胶酶和蛋白酶的活性特别高，这有利于花粉的萌发、花粉管伸长和授精。花粉中含有全部组成蛋白质的氨基酸，其中游离精氨酸和丙氨酸相对较少，而游离脯氨酸含量特别高，可占花粉干重的0.2%～2%。脯氨酸含量与育性密切相关，正常硬粒小麦花粉中含较多脯氨酸，而不育花粉中几乎不含脯氨酸。

(2) 糖和脂类　不同植物花粉中，糖和脂类的含量及糖的组成是不同的。据此可将花粉分为淀粉型和脂肪型两大类。在淀粉型花粉中，淀粉含量的高低可作为判断花粉发育状况的指标。例如水稻、甘蔗和高粱等的正常花粉为球形，遇碘呈蓝色，而不育花粉呈三角形，遇碘不呈蓝色。

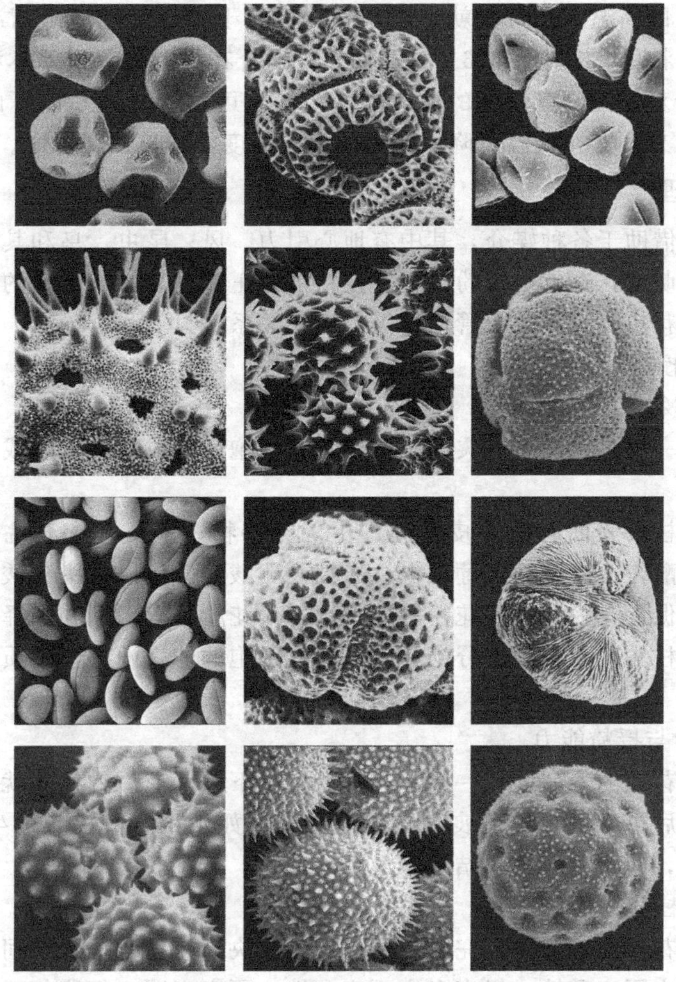

图 10-7　几种花粉的扫描电镜图（引自 Buchannan 等，2000）

(3) 矿质元素　花粉与其他植物组织一样，含有钙、氯、钾、钠、镁、硫、硅和许多微量元素。

(4) 激素　花粉中含有生长素、赤霉素、细胞分裂素等激素类物质，在授粉中起着重要的调节作用。不授粉的柱头，其子房往往不生长，这可能与花粉激素未能作用于子房有关。

(5) 色素　成熟的花粉含有花色素和类胡萝卜素，它们以油脂的形式存在于花粉外壁。这些色素的存在，不仅可吸引昆虫，还可防止紫外线对花粉的伤害，当正常的花粉颜色改变时，常导致萌发率降低。

(6) 维生素类　维生素作为酶的辅基，在花粉中广泛存在，如烟酸、抗坏血酸（维生素C)、肌醇、维生素 E 等。

（二）花粉的生活力与贮藏

在杂交育种中，如果亲本花期不遇，就必须采集花粉并贮藏备用。因此了解花粉的生活力及贮藏条件是非常重要的。在自然条件下，各种植物花粉的生活力差异很大。一般作物花粉的生活力较短，水稻约为几分钟，小麦约为数小时，玉米 1～2 天，荞麦 7～10 天，梨、苹果可保持 70～210 天，向日葵可保持 1 年。

花粉的生活力也与外界条件有关。在高温条件下，花粉很容易丧失生活力。棉花开花时，遇到40℃以上的高温，花粉粒就不能萌发。极度干旱或特别潮湿情况下，花粉也容易丧失生活力。一般来说，相对湿度6%～40%，最适合花粉贮藏。但禾本科花粉要求相对湿度40%以上。花粉对低温具有较强的适应能力，甚至可忍受－20℃以下的低温。一般花粉贮藏的最适温度是1～5℃，低温可降低花粉的代谢强度，延长贮藏寿命。

二、授粉生理

花粉形成后，借助于各种媒介，其中有地心引力、风、昆虫、鸟和其他动物，传播到柱头上，并在柱头上萌发，这就是授粉过程。授粉能否正常进行，与柱头的授粉能力、花粉与柱头的相互识别及花粉萌发和花粉管伸长等有密切关系。

（一）柱头的授粉能力

1. 柱头的生理特点

植物花的柱头一般是由许多乳突状细胞或毛状细胞所构成，呈毛刷或羽毛状。成熟的柱头可分为两类。

(1) 湿润型　柱头表面有由表皮细胞产生的分泌物，主要有十五烷酸、1,2-羧基硬脂酸、亚麻酸等脂肪酸，还有蔗糖、葡萄糖、果糖及硼酸等，所以柱头为酸性，柱头分泌物的作用是黏着花粉、促进花粉萌发和花粉管伸长，并对花粉具有识别和选择作用。

(2) 干燥型　柱头表面不产生分泌物，但表皮细胞的外表面有蛋白质膜存在，对花粉有识别作用。

2. 柱头的寿命与授粉能力

柱头的寿命比花粉的寿命要长一些。在一般情况下，开花后的柱头就具有授粉能力，以后加强，达到高峰后再下降，最后丧失授粉能力。例如水稻，其柱头的生活力为6～7天，以开花当天授粉的，花粉萌发率及结实率最高。

（二）花粉与柱头的相互识别

落在柱头上的花粉能否萌发，完成受精作用，取决于花粉与柱头之间的亲和性。在自然界中，植物既有杂交不亲和性，又有自交不亲和性。研究表明，细胞相互识别是亲和性的前提。识别（recognition），是细胞分辨“自己”与“异己”的一种能力，是细胞表面在分子水平上的化学反应和信号传递。在高等植物中，凡是杂交亲和的植物，花粉与柱头能相互识别；而在杂交不亲和植物之间，花粉与柱头相互排斥。

花粉与柱头的相互识别有两种类型。一种类型与花粉所含特殊色素和柱头所含特殊酶类有关。例如，药用植物连翘具有雌雄蕊异长的两种类型的两性花：一种是雌蕊长雄蕊短称为长柱花；另一种是雌蕊短雄蕊长称为短柱花。两种类型的花存在于同植株上。连翘不仅自花不育，而且异株同型花授粉亦不育。其原因是，长柱花的花粉中含有槲皮苷，而在短柱花的花粉中却含有芸香苷，这两种物质均抑制花粉的萌发。但是，在长柱花的柱头中含有分解芸香苷的酶（不能分解槲皮苷），而短柱花的柱头中却含有分解槲皮苷的酶（不能分解芸香苷）。这样，长柱花的花粉只能在短柱花的柱头上萌发，而短柱花的花粉也只能在长柱花的柱头上萌发，从而保证不同类型的异花授粉受精。

第二种类型，识别与花粉外壁糖蛋白和柱头外膜蛋白（称为识别蛋白）有关。例如，菊科与十字花科植物的花粉落在柱头上立即吸水，接着花粉外壁的糖蛋白释放出来，与柱头表面的外膜蛋白相互作用，进行识别。在这里，来自绒毡层的花粉外壁糖蛋白是识别物质，柱头外膜蛋白是识别的感受器。如果花粉与柱头经过识别是亲和的，花粉粒膨大并正常萌发，花粉管尖端分泌角质酶，消化柱头表面角质层，花粉管沿花柱伸长；如果是不亲和的，花粉的角质酶为柱头所抑制，花粉管不能生长，或者柱头表面的细胞迅速产生胼胝质沉积，阻止花粉管进入花柱。

（三）花粉萌发与花粉管伸长

1. 花粉萌发

花粉落在柱头上，经过识别之后开始从柱头的分泌物中吸取水分，使其内部压力增大，花粉粒的内壁从外壁上的萌发孔向外突出形成细长的花粉管，这个过程称为花粉的萌发。落在柱头上的花粉萌发时间因植物种类而异。例如，水稻、高粱和甘蔗等很短，几乎是在传粉后立即萌发，玉米需 5min。有些作物所需时间较长，甜菜为 2h，棉花为 1～4h，甘蓝为 2～4h。

2. 花粉管伸长

花粉管长出后，在角质酶的作用下，穿过柱头的角质膜，经过乳头的果胶质-纤维素壁，向下进入柱头组织的细胞间隙，沿花柱生长。花粉管的伸长是定向的，总是朝向花柱、子房、胎座、胚珠、胚囊方向伸长。据研究，在雌蕊中存在着控制花粉管生长方向的向化性物质。有人发现，钙对金鱼草等植物的花粉管伸长有特别明显的诱导效应，并且钙在金鱼草的雌蕊（从柱头到胚珠）的分布呈一定的梯度。因此，把钙看作是雌蕊中诱导花粉管定向生长的向化性物质。但后来发现，钙的这种作用并不具普遍性，即在其他科植物未被证实。由此看来，花粉管的向化性生长不是由单纯一种物质决定的，而可能是几种物质综合作用的结果。

3. 影响花粉萌发与花粉管伸长的因素

(1) 温度　通常，花粉萌发的最适温度与开花温度差不多，一般是 20～30℃，例如苹果为 10～25℃，葡萄为 27～30℃，水稻为 28～30℃，温度过高过低均造成不良影响。

(2) 湿度　如花期雨水过多，花粉易破裂，但太干燥（空气相对湿度低于 30%）也影响花粉萌发，水稻花粉萌发最适湿度为 70%～80%。

(3) 集体效应　落在柱头上的花粉密度越大，萌发的比例越高，花粉管的生长越快，这种现象称为集体效应（group effect）。这是因为花粉中存在着生长促进物质 IAA 之故。花粉数目多时，IAA 也就越多，所以促进花粉萌发和花粉管生长。

（四）授粉后花粉与柱头的代谢变化

1. 花粉的代谢变化

经过相互识别，亲和的花粉在柱头上吸水，开始萌发，代谢加快。

(1) 蛋白质合成加强　花粉从柱头上吸水后 mRNA 与 rRNA 数量增多，蛋白质合成增强，用于花粉萌发和花粉管伸长。

(2) 呼吸作用提高　在柱头的酸性条件下，花粉中的酶类活性提高（如磷酸化酶、淀粉酶、转化酶的活性提高 6 倍），呼吸速率加快，某些酶类甚至分泌到花柱中，以加速花柱中物质转化。

(3) 高尔基体活跃　花粉管开始伸长前，高尔基体非常活跃，产生许多分泌囊泡，其内含有多种酶和果胶质等造壁物质，不仅可利用自身的贮藏物质，而且能利用雌蕊中的物质，进行花粉管壁的建成，以满足其伸长生长的需要。

2. 柱头的代谢变化

授粉后，花粉的萌发与花粉管的伸长对柱头、花柱和子房产生极为深刻的影响。这是因为花粉管在伸长过程中，在摄取柱头与花柱内物质的同时，还主动分泌一些物质到雌蕊中。

(1) 呼吸速率提高　授粉后雌蕊组织的呼吸速率通常比未授粉时增加 0.5~1 倍。例如，兰科植物授粉几十小时后合蕊柱的呼吸速率和过氧化氢酶活性增加约 1 倍。

(2) 物质代谢加强　授粉后雌蕊组织吸水与吸盐能力大大加强。例如，兰科植物授粉后雌蕊吸水增加 1/3，花被中的氮磷向雌蕊转移。

(3) IAA 含量激增　授粉后雌蕊中 IAA 含量急剧增加。其原因有二：一是授粉后花粉中的 IAA 扩散到雌蕊中；二是在花粉管伸长过程中花粉中含有的使色氨酸转变为 IAA 的酶系分泌到雌蕊中，引起雌蕊合成大量的 IAA。

三、受精生理

雌、雄性细胞，即卵细胞与精子相互融合的过程，称为受精作用（fertilization）。被子植物的卵细胞位于胚囊内，因此必须借助花粉管将精子送入胚囊才能完成受精。一个成熟的胚囊，包含 7 个细胞：接近珠孔端有 3 个细胞，中间为卵细胞，两侧为助细胞；在合点端群集有 3 个反足细胞；胚囊中央为一个带有 2 个极核的大细胞。

在花粉管进入胚囊以前，花粉粒中的生殖细胞核，通过有丝分裂形成两个精核，而营养细胞核，则不进行分裂。精核和大部分的细胞质集中于生长着的花粉管顶端，花粉管进入胚囊后，其顶端即自行解体，释放出两个精核。其中一个精核与卵核结合进一步发育成胚，另一个精核与两个极核融合形成中央细胞，进一步发育成胚乳，形成三倍体的初生胚乳核，这就是双受精过程。胚囊中的助细胞、反足细胞不久解体。

四、无融合生殖

被子植物的胚通常是受精卵发育而成的。但有些植物的卵不经受精作用可直接发育成胚，或由胚珠内的反足细胞、助细胞发育成胚，形成种子，产生有籽果实。不经受精作用而产生有籽果实的现象，称为无融合生殖（或无配子生殖）。通常，无融合生殖有三种类型。

1. 单倍体胚无融合生殖

单倍体胚无融合生殖有三种情况：①单倍体孤雌生殖，即胚囊中的卵细胞未经受精，而形成单倍体的胚，如天麻属、蒲公英属的一些植物；②无配子生殖，由助细胞、反足细胞等不经受精而发育成单倍体的胚，如葱属、百合属、鸢尾属、兰科等植物；③单雄生殖，由精子单独分裂形成单倍体的胚，这种现象在玉米、水稻、百合、曼陀罗等植物中均有发现。这三种情况所形成的种子虽有生活力，但一般不育，若用秋水仙素处理，使染色体数目加倍成为二倍体，则可得到纯合自交种子。

2. 二倍体胚无融合生殖

胚囊中未经减数分裂的孢原细胞（胚囊母细胞），或者珠心组织中某些二倍体细胞可形成胚（二倍体）。

3. 不定胚无融合生殖

有些植物可由胚囊外面的珠心或珠被细胞直接发育成胚（二倍体），这类胚称为不定胚。例如柑橘具有多胚现象，其中只有一个还是由受精作用产生的合子发育来的，其余的胚是由珠心、珠被细胞进入胚囊而发育成的不定胚，其后代是可育的，由这种种子繁育的实生苗称为珠心苗，因无父本基因，故完全是母本性状，变异程度不大。

第四节　种子和果实发育

当植物受精后，受精卵发育成胚，中央细胞（有一个精核与两个极核）发育成胚乳，珠被发育成种皮，子房壁发育成果皮，于是形成了果实。种子与果实形成时，不只是发生形态上的变化，而且发生剧烈的生理生化变化。种子与果实的发育好坏，对植物下一代的发育极为重要，同时也决定作物产量的高低与品质的优劣。所以，种子和果实的发育生理研究在理论上和实践上均有重要意义。

一、胚胎发生和种子形成

被子植物通过双受精过程分别形成的合子和初生胚乳核，经过分化发育最终形成胚和胚乳，导致种子形成。

(一) 胚的分化发育

卵细胞在受精后表现出明显的极性，例如荠菜卵细胞受精后，在珠孔端为液泡所充满，而在合点端则是细胞质和核。随着受精卵发育，细胞体积不断扩大，细胞开始不均等分裂，形成两个细胞。其中一个为大的液泡化的基细胞，以后发育成胚柄；另一个为小的细胞质浓密的顶端细胞，以后形成幼胚。胚柄用来维持胚的定位和定向，使胚能伸入到胚乳体中吸取营养。

根据胚胎的形状可将胚胎发育分为球形期、心形期、鱼雷形期和子叶期。在球形期已分化出明显的胚和胚柄，心形期二裂片发育成子叶，而子叶期的胚已分化出根分生组织和茎分生组织。在胚发育过程中胚经由细胞扩大达到它的最终大小，这个时期是有机物的合成和贮藏期。最后，在胚发育后期，RNA 和蛋白质合成结束，种子失去 95% 以上水分，胚进入休眠。

(二) 种子发育过程中的生理生化变化

高等植物的种子发育实际上包括两个过程：一是受精后的合子经过细胞分裂，形成了能够发育成新个体的胚；二是从营养器官输入的可溶性小分子化合物（如葡萄糖、蔗糖、氨基酸等），逐渐转化为不溶性的大分子化合物（如淀粉、脂肪、蛋白质等）在胚乳或子叶中贮藏起来。而且，伴随着物质的转化与积累，种子逐渐脱水，细胞质由溶胶状态转变为凝胶状态。

1. 贮藏物质的变化

胚乳是禾本科植物如水稻、小麦、玉米等种子的贮藏库，主要贮藏物质为蛋白质、淀粉。椰子为液体胚乳，其中含糖、激素和维生素。子叶是双子叶植物种子的贮藏库，如大豆子叶以贮藏蛋白质、脂肪为主，豌豆以贮藏淀粉为主。

(1) 糖类的变化　小麦、水稻、玉米等禾谷类种子和豌豆、菜豆、蚕豆等豆类种子，其贮藏物质以淀粉为主，通常称之为淀粉种子。在发育过程中这类种子的可溶性糖含量逐渐降低，而不溶性的糖含量不断升高。例如，小麦种子发育时胚乳中的蔗糖与还原糖（果糖和葡萄糖）的含量迅速减少，而淀粉的积累急剧升高（图 10-8）。而且，在形成淀粉的同时，还形成构成细胞壁的不溶性物质（纤维素和半纤维素）。禾谷类种子发育要经过乳熟、糊熟、蜡熟和完熟四个时期。淀粉的积累以乳熟和糊熟两个时期最快，因此干重迅速增加。某些豆

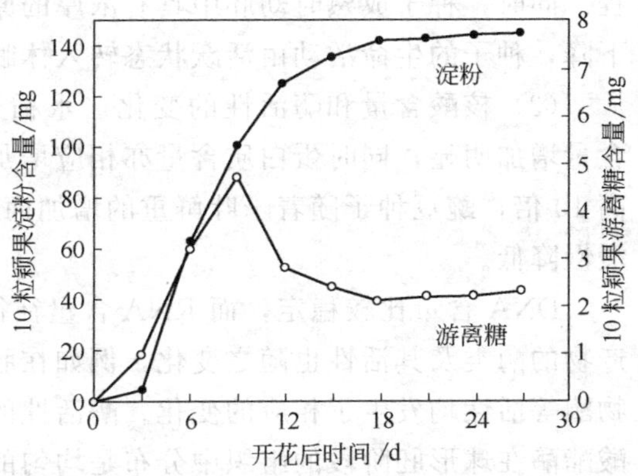

图 10-8　水稻成熟过程中颖果内淀粉和可溶性糖含量的变化

科植物的淀粉种子在成熟过程中，糖类物质的变化与禾谷类种子基本相同。

淀粉种子成熟期间，催化淀粉合成的酶类活性变化与淀粉的积累率一致。

(2) 脂肪的变化　大豆、花生、油菜、蓖麻、向日葵的种子中脂肪含量很高，因此称之为脂肪种子。这类种子成熟过程中脂肪代谢具有明显的特点：第一，脂肪是由糖类物质（果糖、葡萄糖和淀粉等）转化来的，因此伴随着种子重量的不断增加，脂肪含量不断升高，而糖类物质含量相应降低；第二，种子成熟初期形成大量的游离脂肪酸，以后随着种子成熟游离脂肪酸用于脂肪的合成，含量降低；第三，随种子发育，脂肪酸不饱和程度与含量升高。这就是说，在种子发育过程中，初期先合成饱和脂肪酸，以后在去饱和酶的作用下饱和脂肪酸转化为不饱和脂肪酸。

(3) 蛋白质的变化　豆科植物种子富含蛋白质，因此有时也称之为蛋白质种子。这类种子积累蛋白质的特点是：首先，叶片或其他器官中的氮素以氨基酸或酚胺的形式运至果荚，在果荚中氨基酸或酚胺转化为蛋白质，暂时贮藏。以后，随着种子发育暂存的蛋白质分解，以酰胺态运至种子，转变为氨基酸，再合成蛋白质。

玉米、小麦等淀粉种子也含有大量的蛋白质，玉米胚乳中含有玉米醇溶蛋白（zein），贮存在蛋白体中。除玉米醇溶蛋白外，水稻醇溶蛋白、小麦的醇溶蛋白、大豆球蛋白等均为种子贮藏蛋白。贮藏蛋白没有明显的生理活性，其主要功能是提供种子萌发时所需的氮和氨基酸。一般认为，贮藏蛋白的氨基酸组成往往反映了幼苗发育时对氨基酸需要的比例。

(4) 肌醇六磷酸钙镁的变化　在种子成熟过程中，由茎叶运来的有机物，大多数是与磷酸结合的，如磷酸蔗糖。磷酸蔗糖在种子中转变为淀粉时脱下磷酸，可是游离的磷酸却不利于淀粉的合成，因此需要使游离出来的无机磷酸转化为结合态磷。其主要途径是与肌醇及钙、镁结合为肌醇六磷酸钙镁，即非丁（phytin），或称植酸钙镁。水稻成熟时，有80%的磷酸以非丁的形式贮存于糊粉层。非丁是禾谷类等淀粉种子中磷酸的贮备库与供应源，当种子萌发时非丁分解释放出P、Ca、Mg，供胚生长之用。

2. 其他生理生化变化

(1) 呼吸速率的变化　种子成熟过程是有机物质合成与积累的过程，需要呼吸作用提供大量能量。因此，种子内有机物质的积累与呼吸速率存在着平行的关系，即干物质积累迅速时，呼吸速率亦高；干物质积累缓慢（种子接近成熟）时，呼吸速率也逐渐降低。

(2) 含水量的变化　随着种子的发育，含水量逐渐降低。有机物质的合成是个脱水过程。同时，种子成熟时幼胚中具有浓厚的原生质而无液泡，自由水含量极少。随着含水量的下降，种子的生命活动由活跃状态转入休眠状态。

(3) 核酸含量和酶活性的变化　水稻开花后15～25天，核酸含量增加缓慢，但RNA含量增加明显，同时蛋白质含量亦相应增加，在小麦的成熟籽粒中RNA含量比DNA含量高10倍，豌豆种子随着子叶鲜重的增加而RNA与DNA的含量增加，当达到最大值时开始缓慢降低。

DNA含量比较稳定，而RNA含量往往是变化的。在RNA变化的同时，作为基因表达产物的酶类及其活性也随之变化，例如在胚胎发育过程中磷酸酯酶、呼吸代谢酶类、过氧化物酶等活性均发生了相应的变化。酶活性的分布也随胚的发育阶段而变化。例如，芥菜胚磷酸酯酶在球形胚阶段的组织中分布是均匀的，转变为心形胚时，酶活性主要出现在子叶和根中，以后又集中到胚轴中，在成熟胚中主要分布于根尖、子叶和芽尖。

3. 内源激素的变化

种子成熟过程中到多种内源激素的调节与控制，因此种子中内源激素的种类与含量在不断地发生变化，现以小麦为例加以说明：CTK 在胚珠受精前其含量极低，受精末期达到最高，然后下降；GA 在受精后籽粒开始生长时其浓度迅速升高，受精后第 3 周达到高峰，然后减少；IAA 在胚珠内含量极低，受精时略有增加，然后降低，籽粒膨大时再度升高，当籽粒鲜重最大时其含量最高，籽粒成熟时几乎测不出其活性；ABA 在籽粒成熟时含量剧烈升高。在种子发育过程中，内源激素的顺序出现及其有规律的变化可能与这些激素的功能有关。首先出现的是 CTK，可能调节籽粒形态建成的细胞分裂过程；其次是 GA 与 IAA，可能调节有机物质向籽粒运输与积累的过程；最后是 ABA，可能与控制籽粒的休眠过程有关。

（三）种子发育过程中基因的表达

从受精卵的不均等分裂开始的植物胚胎发育过程是一个有序的基因表达过程，在胚胎发育的特定阶段和特定部位，特定的基因在细胞核内有选择地转录，使特异的 mRNA 水平发生改变，从而合成特异的蛋白质或酶，最终导致胚成熟和种子的形成。

用不同种子 mRNA 进行 DNA-RNA 杂交实验，结果表明，在种子发育的任何一个阶段大约有 2 万个不同基因在 mRNA 水平上被表达，而且不同发育阶段有不同的基因表达。植物胚中大量基因的表达及表达变化表明胚胎形成过程的复杂性。

关于调节种子基因表达的发育信号目前还了解不多，脱水是种子发育过程中重要的生理特点之一，脱水过程又常常和 ABA 含量的增加伴随发生，为此有人研究了 ABA 对贮藏蛋白基因表达的影响。结果表明，ABA 在调节某些胚专一基因表达中起重要作用，如胚胎成熟阶段专一的贮藏蛋白 mRNA 和 LEA（late embryogenesis abundant）mRNA 的累积，在油菜中 napin 是一种贮藏蛋白，当未成熟胚欲萌发时，这种贮藏蛋白合成就减慢，但当加入 ABA 处理时，则合成恢复。ABA 处理提高 napin mRNA 的水平，可见 ABA 是在转录水平上调节贮藏蛋白的累积。ABA 可能与保持胚胎发生途径运行和防止种子成熟后期的过早萌发有关。

二、果实的发育

果实是由包裹胚珠的组织发育而成的整个构造。根据其包含组织的不同可分为真果和假果。纯由子房发育形成的果实称为真果，如番茄、桃等；由子房、花托、花萼或花序轴等部分共同发育而形成的果实称为假果，如苹果、梨等，它们的食用部分主要是由花托发育成的。果实发育包括果实生长和成熟两个阶段。成熟是指果实生长停止后发生的，使之达到可食状态的生理生化变化过程。

（一）果实的生长

果实的大小和形状与构成果实的细胞数目、细胞体积、细胞密度有关。果实在收获时的细胞数目，是果实在其形成过程中进行细胞分裂的结果。分裂后细胞的扩大决定了细胞的体积，而细胞的质量则是由有机物积累和水分相对增加决定的。

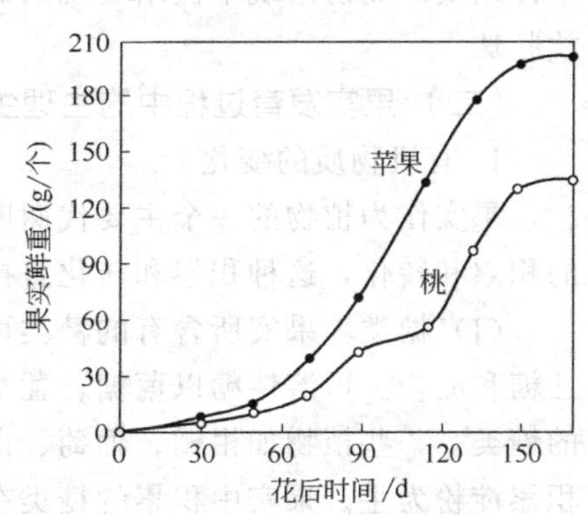

图 10-9　果实的两种生长曲线模式

1. 果实生长曲线

果实生长曲线有两种类型，单 S 形曲线和双 S 形曲线（图 10-9）。苹果、番茄、梨、豌豆、草莓和白兰瓜等果实生长曲线属单 S 形；桃、李、杏等果实生长曲线呈双 S 形。就一个果实的各个组成部分来说各有其自身的生长行为。如大豆荚先生长，然后胚和子叶进行生长，虽然果实生长是单S形曲线，但种子的生长呈双峰曲线。葡萄果实的生长与种子有关，有种子的果实呈双S形曲线，而无籽果实的双S形曲线不明显。

有关果实生长呈双S形曲线的原因，有人认为中期生长的减慢是由于植株其他部分生长，如营养枝或花芽分化用去了营养物质，使果实得不到充足的有机营养供应的缘故。但也有人用环剥或疏果方法消除这些影响，仍不能改变双S形生长曲线，看来果实生长曲线可能与其内在的遗传因子有关。

在许多果实中，种子数目与果实的最终大小之间以及种子的分布与果实的形状之间有显著的相关关系。这是因为受精以后，种子是产生激素的中心，它使胚珠、子房与营养器官之间形成一个较高的代谢梯度，使营养物质从营养器官向生殖器官转移。草莓果实上的部分瘦果如果未经授粉，或在授粉后的早期人工摘除，则这部分的果肉不能生长，形成畸形的果实，草莓的发育瘦果数与花托重量呈正相关。苹果如果只有一侧有种子，则只有有种子的一侧充分发育，结果生成不对称的畸形果实。苹果果实的大小也和种子数量呈正相关。梨在无种子时常呈卵形，而有种子时为典型的梨形。

在呈双S形生长曲线的果实中，种子的发育与果实生长有一定的矛盾，果实生长停顿的时间，也就是种子迅速生长的时间，这可能与两者竞争养分供应有关。

2. 单性结实

植物不经受精作用而使子房膨大形成无籽果实的现象，称为单性结实（parthenocarpy），单性结实分为两类。

（1）天然单性结实　凡不经授粉或其他任何刺激而形成无籽果实的现象，称为天然单性结实。如葡萄、柿子、香蕉、无花果、无核蜜橘等的个别植株或枝条发生突变而形成无籽果实（把突变枝条剪下进行无性繁殖可形成无核品种）。有些植物授粉受精后，由于各种原因而使胚停止发育，但子房或花托继续发育，亦形成无籽果实，这种现象称为假单性结实（或伪单性结实），例如无核柿子、无核白葡萄。

（2）刺激性单性结实　在外界环境条件的刺激下而引起的单性结实。例如，较低温度和较高光强可诱导番茄产生无籽果实，短光周期和较低夜温可引起瓜类作物单性结实。

此外，利用某些生长物质处理花蕾也可引起子房膨大而形成无籽果实。在园艺上用低浓度的2,4-D或NAA处理番茄花蕾，用GA浸葡萄花序均可诱导单性结实，产生无籽果实。这都属于人工诱发单性结实。值得注意的是，胚珠较少的植物（如桃、杏、李等）一般没有单性结实，而易出现单性结实现象的植物（如西瓜、番茄、柑橘等），其子房内通常含有多枚胚珠。

（二）果实发育过程中的生理生化变化

1. 有机物质的变化

果实作为植物的一个主要代谢库，一个贮藏器官，在其发育过程中不断进行着有机物质的积累和转化，这种积累和转化直接与水果、蔬菜的品质和商品价值有关。

（1）糖类　果实所含有的糖类可分为贮藏性糖和结构性糖两类。贮藏性糖主要包括可溶性糖和淀粉。可溶性糖以蔗糖、葡萄糖、果糖为主。不同植物在果实发育过程中，积累不同的糖类：一些植物如柑橘、葡萄、白兰瓜以积累可溶性糖为主，而很少积累淀粉；另一些以积累淀粉为主。果实中积累的糖类在发育过程中不断变化，如葡萄在生长时，果实中葡萄糖占总糖的85%，成熟期葡萄糖与果糖比例接近，而在成熟果实中，果糖略占优势。苹果果实在生长初期开始积累淀粉，至生长停止时达最高峰，以后随果实的成熟淀粉含量急剧下降，转化成可溶性糖。在未成熟的绿色香蕉果肉中，淀粉占鲜重的20%～25%，成熟后，淀粉水解，只剩下1%～20%。反之，绿色果实果肉可溶性糖占1%～2%，至成熟后，达15%～25%。随果实成熟，贮藏性多糖的分解使果实的甜度增大。

结构性糖主要是指果胶类物质，它是构成果实细胞的细胞壁物质，是由多聚半乳糖醛酸组成，主要存在于胞间层和初生细胞壁中，在果实成熟时果胶在果胶酶作用下分解，细胞分离，果实变软。

(2) 有机酸 各种果实都具有一定酸味，这是含有机酸的缘故。果实中的有机酸一般以游离酸、酯或糖苷等形式存在。每种果实以一种或两种有机酸为主，如葡萄以酒石酸、苹果酸为主，苹果和梨以苹果酸为主。在果实生长过程中，有机酸含量逐渐增高，但随果实成熟，有机酸含量下降，使果实酸味下降。这是因为一部分有机酸转化为糖，一部分为呼吸消耗，另一部分被K^+、Ca^{2+}等中和为盐。

(3) 维生素 果实内含有丰富的维生素，它是人类摄入维生素的主要来源之一。其中对水果营养价值十分重要的是维生素C（抗坏血酸）。不同果实维生素C的含量差异很大，以100g鲜重计算，鸭梨144mg，香蕉1～9mg，白兰瓜10mg，番茄8～33mg，红辣椒128mg，而毛花猕猴桃达1000mg，刺梨可高达2000mg。在果实成熟过程中，维生素C含量下降。

(4) 色素 果实的颜色与其品质和商品价值有密切关系。一般果实在未成熟时为绿色，至成熟后大多数果实转为黄、橙、红等颜色。这是由于随着果实成熟，叶绿素分解，类胡萝卜素和花色素的颜色显现。脂溶性色素类胡萝卜素存在于质体中，使果实呈橙黄色。水溶性色素花色素属于类黄酮类物质，以糖苷形式存在，分布在液泡中。苹果、草莓、李、桃、葡萄等多种果实的红色或紫色均由于花色素的存在。花色素由糖类物质转化而来，其转化受光照的影响，因此，果实向阳面总是比较鲜艳。

(5) 单宁 果实中广泛存在单宁物质，如柿子、香蕉等果实未成熟时含有较多单宁，使果实苦涩难以食用，成熟时，单宁被氧化为无涩味的过氧化物或转变不溶性物质，涩味消失。

(6) 芳香物质 在果实成熟过程中产生一些有香味的物质。这些物质包括脂肪族和芳香族的酯和一些特殊的醛类物质，如香蕉的芳香物质主要为乙酸乙酯，橘子为柠檬醛。

2. 果实的呼吸变化

果实呼吸速率的高低同果实的发育时期有密切关系，伴随着果实的生长和成熟，呼吸作用也发生着规律性的变化。在细胞分裂迅速的幼果期呼吸速率很高，当细胞分裂停止，果实体积增大时期呼吸速率逐渐下降，某些果实在生长完成和进入成熟之前，呼吸速率再次升高，几天之内达到最高峰，然后又下降至很低的水平。果实在成熟之前发生的这种呼吸突然升高现象，称之为呼吸跃变。在发育过程中发生呼吸跃变的果实，称为跃变型果实，如香蕉、苹果、梨、桃、杏、白兰瓜、番茄、哈密瓜等肉质型果实。许多研究证明呼吸跃变标志着果实生长阶段的结束与成熟阶段的开始，对于果实贮藏质量有重要影响。也有一些果实在成熟前不表现呼吸跃变现象，这些果实由幼果期到成熟，呼吸速率一直在稳定下降，期间没有明显的升高时期。这类果实称为非跃变型果实，如葡萄、橙子、柠檬、草莓、凤梨等。

研究测定表明，呼吸跃变的出现是与果实内乙烯含量的变化密切相关的。在果实呼吸跃变期或跃变开始前，果实内乙烯的含量明显升高，乙烯的升高使果皮细胞透性加大，内部氧化过程加速，从而使呼吸速率加快，出现呼吸高峰。

跃变果实与非跃变果实对乙烯的反应不同。乙烯对跃变果实的刺激作用，只在跃变前期才能发生，它可引起呼吸跃变与乙烯的自我催化作用，但不改变呼吸高峰的高度，它所引起的反应是不可逆的，一旦反应发生后，即可自动进行下去，即使将乙烯除去，反应仍可进行，而且反应的程度与所使用乙烯的浓度无关。非跃变果实在任何时候都可以对乙烯发生反应，乙烯引起的呼吸反应大小，与所用乙烯浓度的高低成比例，但乙烯处理不能触发果实本身内源乙烯的产生，一旦除去外源乙烯，其影响也就消失。有人认为跃变果实与非跃变果实在成熟机理与代谢变化方面，没有本质上的区别，只是非跃变果实的成熟变化进行得很慢，持续的时间较长，而跃变果实则时间较短。

(三) 果实保鲜的基因工程

绝大多数食用的果实都是从植株上采下的新鲜产品，在生产上如何保持果实的新鲜特性是十分重要的。除用常规方法保鲜外，近年开始利用基因工程方法来控制果实的成熟。人们利用基因沉默技术，抑制 ACC 合成酶的活性，成功地抑制了乙烯的产生（达 99%），并阻止了番茄成熟，转基因番茄在美国已批准上市，此外，转基因的桃子、苹果、香蕉、甜瓜等也已相继获得。

第五节　植物的衰老与器官脱落

一、植物的衰老

衰老（senescence）是指导致生物体或生物体的一部分自然死亡的一系列恶化过程。

(一) 衰老的方式和意义

1. 衰老的方式

衰老可在细胞、组织、器官和整体水平上表现出来。在植物的生长发育过程中，构成植物体的细胞和组织逐渐衰老死亡，构成植物体的器官也在不断地衰老。但不同植物的器官衰老方式不同，有的以脱落方式衰老，如由于气象因子导致的叶片季节性衰老脱落，有的植物甚至整个地上部分同时衰老，如多年生草本植物。整株植物的衰老则有两种方式：一是整体同时衰老，例如季节性或一年生草本植物；二是渐近衰老，例如多年生的木本植物。

应该注意的是，在同一植株上可发生多种形式的衰老，例如整体衰老的一年生植物，在生长季中也会发生器官脱落衰老或渐近衰老，多年生木本植物在进行脱落衰老时，也在进行渐近衰老。

2. 衰老的意义

对于季节性或一年生植物，在整体衰老过程中，其营养体的营养物质可转移至种子或块根、块茎、球茎等延存器官中，以备新个体形成时利用，这类植物可通过延存器官渡过寒冬、干旱等不利条件，使物种得以延续；对于多年生植物，叶片脱落有利于植物渡过不利的环境条件，而较老的器官和组织衰老退化，由新生的器官和组织取代则有利于植株维持较高的生活力，果实的衰老脱落有利于种子的传播。植物的衰老也与农业生产密切相关，例如农作物的叶片和根系早衰将严重影响产量，据估算，在作物成熟期如能设法使功能叶片的寿命延长 1 天，则可增产 2%。

(二) 衰老过程中的生理生化变化

在植物的衰老过程中，植物体内发生一系列的生理生化变化，使植物的生活力下降，最后死亡。下面主要介绍叶片衰老过程中的生理生化变化。

1. 光合速率下降

光合速率下降是叶片衰老的早期事件，当叶片面积达到最大值不久就开始下降。目前认为光合速率的下降有三个原因：气孔阻力增大；光合细胞活力下降；光呼吸速率相对增加。光合速率下降使叶片的同化物质减少。

2. 呼吸速率变化

呼吸作用在衰老的前、中期平稳，而在后期发生跃变，然后迅速下降。例如离体燕麦置于暗中衰老，第二天或第三天时叶片变黄，呼吸速率比开始时增加 2.5 倍，然后迅速下降。在离体叶片衰老时，呼吸底物也发生改变，由利用糖类物质转变为利用衰老时产生的氨基酸。在衰老过程中氧化磷酸化解偶联，ATP 合成减少，从而影响细胞的生物合成，更促进衰老。

3. 叶绿素含量下降

叶片衰老过程最明显的一个特点是叶绿素含量不断下降，外观上叶片由绿变黄，这就是经常用叶绿素含量作为叶片衰老指标的原因。小麦等植物的离体叶片在暗中强迫衰老时，叶绿素含量持续下降。在活体叶片衰老过程中，叶绿素含量也不断下降，叶绿素含量下降晚于光合作用的下降，但当叶绿素含量降低时，光合速率剧烈下降。随叶片衰老，叶绿素 a 降解快于叶绿素 b，因此，叶绿素 a/叶绿素 b 的比值可作为衰老的指标。有试验表明，叶绿素的降解与细胞中的水解酶作用有关：从黑暗中衰老的燕麦离体叶片分离的叶绿体在 26℃下 7 天，叶绿素含量下降 5%～10%，而完整叶片在相同条件下叶绿素含量则下降 80%；丝氨酸是蛋白酶活性中心的组成部分，促进叶绿素降解；RNA 合成抑制剂放线菌素 D 抑制叶绿素降解。

4. 蛋白质含量降低

在离体叶片和活体叶片衰老过程中，蛋白质含量下降，并早于叶绿素降解。例如燕麦离体叶片在暗中第一天蛋白质即下降，但叶绿素分解则晚一些时间。当大麦、黄瓜等叶片充分展开后，Rubisco 活性和含量就开始下降。

在离体叶片中，在蛋白质降解时，氨基酸积累。但活体叶片衰老时游离氨基酸并不积累，而是运到植物的其他部位。蛋白质分解是由蛋白酶引起的。然而有试验表明，在叶片衰老时，水解酶活性并不升高，但蛋白质的合成能力下降，例如旱金莲离体叶片将^{14}C-亮氨酸掺入蛋白质的能力下降，用延缓衰老的激素处理，其掺入量稳定在一定水平，而用促进衰老的 ABA 处理，则掺入量低于对照。因此，衰老叶片蛋白质含量下降是由于蛋白质代谢失调，分解速率大于合成速率所致。

5. 核酸含量降低

在叶片衰老时，RNA 总量下降，其中 rRNA 减少最明显，DNA 含量也下降，但下降速率小于 RNA。例如，烟草叶片衰老 3 天，RNA 下降 16%，DNA 只减少 3%；牵牛花在花瓣衰老时，DNA、RNA 的水平都下降，与此同时，DNA 酶、RNA 酶活性却有所增加。核酸含量的下降趋势与蛋白质一致。

6. 不饱和脂肪酸比例下降

随着叶片衰老，不饱和脂肪酸比例下降。

7. 细胞超微结构的变化

在叶片衰老过程中，大部分有膜的细胞亚单位破裂。

① 随叶片衰老，叶绿体膜脂相变温度升高，部分膜脂固化，叶绿体膨胀，类囊体解体，

间质积累嗜锇体，随之外膜破裂。

② 核糖体和粗糙型内质网减少。

③ 对活体叶片和离体叶片的研究表明，在叶片衰老时线粒体稍有膨胀和嵴发生扭曲，但出现的时间较晚。

④ 在衰老时，细胞核在形态上变化很少，有时在黄化期还可观察到完整的核。

⑤ 在衰老过程中，液泡膜破坏，释放水解酶，使细胞自溶解体。

⑥ 在衰老时，质膜透性增大，选择功能丧失。水稻离体叶片细胞膜透性不断升高，在叶片黄化时剧烈升高，而活体叶片在黄化前细胞膜透性变化较小，是在黄化时才发生较大变化。

（三）衰老的机理

1. 营养竞争

单稔植物在开花结实后，往往导致营养体衰老、凋萎、枯死，摘除果实可延迟叶片衰老。因此有人认为其主要原因可能是生殖生长消耗大量的营养物质，使营养体发生养分亏缺而衰老死亡。然而也有的试验结果不支持这个理论，例如雌雄异株植物，雄株开花后，也导致植株死亡（如菠菜）；一年生植物苍耳在连续的短日条件下不开花，但仍要衰老。

2. 差误理论

该理论认为细胞在蛋白质合成过程中出现差误，如氨基酸顺序错误或多肽链折叠错误形成无功能蛋白，当这种错误的产生超过某一阈值时，生理代谢失常，细胞衰老死亡。

3. 活性氧伤害

在逆境条件下活性氧的产生量增加。活性氧可损伤核酸、蛋白质和脂类物质，影响正常的基因表达，使酶变性失活和破坏膜结构，从而导致细胞衰老。

4. 内源激素失衡

试验表明外源的细胞分裂素和赤霉素处理可延迟叶片衰老，乙烯和脱落酸处理促进衰老，导入细胞分裂素合成基因的转基因植株的衰老延迟，离体叶片生根后延迟衰老。因此，在衰老过程中，激素平衡起着重要作用。

总之，植物或其器官的衰老主要受遗传基因的支配，同时也受到环境因子的影响。

二、器官的脱落

植物器官（如叶片、花、果实、种子或枝条等）自然离开母体的现象称为脱落（abscission）。脱落可分三种类型：一是正常脱落，即由于衰老或成熟引起的脱落，如叶片和花朵的衰老脱落，果实和种子成熟后的脱落；二是胁迫脱落，即因环境胁迫和病、虫害引起的脱落；三是生理脱落，即因植物本身生理活动失常而引起的脱落，比如营养生长与生殖生长的竞争、光合产物运输受阻引起的脱落。胁迫脱落与生理脱落都属于异常脱落。在生产上异常脱落现象比较普遍，如茄果类、果树都存在落花落果问题，尤其是棉花（蕾铃脱落率达70%左右）和大豆（花荚脱落率高达70%～80%）。虽然异常脱落在理论上可影响作物产量，但在某些情况下可减少水分散失，合理分配养料，延缓营养体衰老进程，使剩余果实和种子得以良好的生长和发育。研究和了解脱落的机制，有助于人为地控制器官脱落。

（一）脱落的机理

1. 离层的形成

一般来说，器官在脱落之前必须形成离层。离层位于叶柄、花柄、果柄以及某些枝条的基部。现以双子叶植物叶片为例说明离层形成过程（图10-10）。离层是在叶柄的基部经横向分裂而形成的几层细胞，它们排列紧密，有浓稠的原生质和较多的淀粉粒，核大而突出。离层是器官脱落的部位，于叶片达到最大面积之前形成。在叶片脱落之后木栓化形成保护层，可使未脱落部分免受干旱和微生物的伤害。

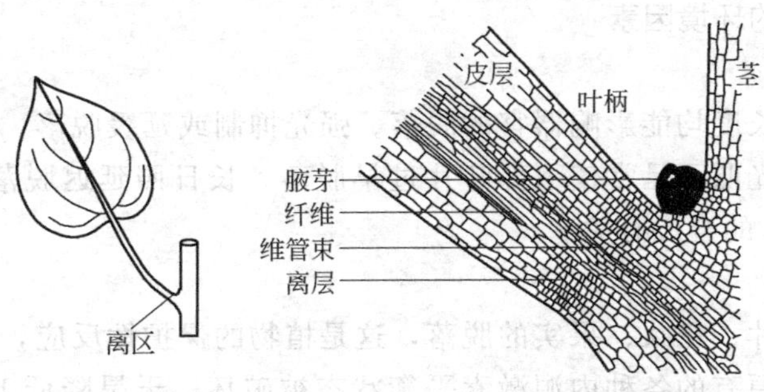

图 10-10　双子叶植物叶柄基部离层结构示意

器官脱落时离层细胞先行溶解，其溶解的方式有三种：一是位于两层细胞间的胞间层发生溶解，于是相邻两个细胞分离，分离后的初生细胞壁依然完整；二是胞间层与初生壁均发生溶解，只留一层很薄的纤维素壁包着原生质体；三是一层或几层细胞整个溶解，即细胞壁和原生质均溶解。其中，前两种方式通常出现在木本植物的叶片，后一种方式则常见于草本植物叶片。

2. 激素与脱落

脱落是植物衰老的结果，而衰老又与内源激素的变化密切相关。因此，器官的脱落必然受植物体内各种激素的调节与控制。

(1) 生长素（IAA）　植物叶片内源 IAA 含量升高有抑制叶片脱落的作用。外源 IAA 对器官脱落的效应与 IAA 的浓度、处理部位有关。一般来说，较高浓度 IAA 抑制器官脱落。脱落还与离层两端的 IAA 含量密切相关。用四季豆带有叶柄的茎切段所做试验发现，如果用 IAA 处理叶柄离层远茎端（距茎远的一端）可降低脱落率；若用 IAA 处理离层近茎端（距茎近的一端）可提高脱落率。对此 F. T. Addicott 等曾提出生长素梯度（auxin gradient）学说加以解释。该学说认为，离层两端 IAA 含量（远茎端/近茎端）的比值决定该器官是否脱落。当远茎端/近茎端的 IAA 比值较高时，抑制或延缓离层溶解；当两者比值较低时，会加速离层溶解。根据这一学说，幼嫩器官中 IAA 含量高，远茎端/近茎端的 IAA 比值高，不产生脱落；而衰老器官 IAA 含量低，远茎端/近茎端的 IAA 比值偏低，因而产生脱落。

(2) 乙烯（ETH）　在器官脱落时，内源 ETH 含量升高，而且外源乙烯促进脱落。外源 ETH 不仅能诱发果胶酶、纤维素酶的合成，而且能提高这两种酶的活性，从而促进离层细胞壁的溶解，引起器官的脱落。据测定，脱落前离层纤维素酶的活性要比周围组织高 2～10 倍。Osborne（1978）认为，双子叶植物的离层内存在着特殊的 ETH 反应靶细胞，受 ETH 激发，使其分裂扩大，并产生和分泌多聚糖水解酶，使细胞壁胞间层结构松弛，细胞分离，导致脱落。ETH 对脱落的效应与组织对 ETH 的敏感性有关，而这种敏感性又受内源 IAA 含量的影响，IAA 含量越高，离层细胞对 ETH 越不敏感。

(3) 脱落酸（ABA）　ABA 促进叶片脱落。正常生长的叶片中 ABA 含量极微，而衰老叶片中含量增高，秋天短日照促进 ABA 合成，因此该季节落叶与此有关。ABA 促进脱落的机理可能与其抑制生长有关。

(4) 赤霉素（GA）和细胞分裂素（CTK） GA 和 CTK 能够拮抗 ABA 的作用，故能抑制器官的衰老和脱落。

综上所述，器官的脱落并非受某一种激素的控制，而是多种激素相互平衡的结果。

（二）影响脱落的环境因素

1. 光照

光照强度和日照长度均能影响器官的脱落。强光抑制或延缓脱落，弱光则促使脱落，如作物种植密度过大、光照不足常使下部叶片过早脱落。长日照延迟脱落，短日照促进脱落，这可能与 GA 和 ABA 的合成有关。

2. 水分

干旱缺水引起叶片、花朵、果实的脱落，这是植物的保护性反应，以减少水分散失。缺水导致脱落可归因于原有的各种内源激素平衡状态被破坏，干旱降低 IAA 和 CTK 的含量，提高 ETH 与 ABA 的含量，促进离层形成，引起脱落。此外，淹水条件也造成叶、花、果的大量脱落，其原因是淹水使土壤中氧分压降低促进 ACC 合成，从而产生逆境 ETH。

3. 温度

异常温度加速器官脱落。高温一方面抑制光合，提高呼吸而加速物质消耗，另一方面促进蒸腾而引起植物缺水导致叶片脱落，也妨碍花粉管的伸长导致花朵脱落；低温既降低酶的活性又影响物质的运输，还影响植物的开花传粉，造成花果脱落。

4. 矿质

缺乏 N、P、K、S、Ca、Mg、Zn、B、Mo、Fe 都可导致脱落。其中，N、Zn 是 IAA 合成必需的，Ca 是细胞壁胞间层果胶酸钙的重要组分，所以缺乏 N、Zn、Ca 导致脱落。此外，缺 B 常使花粉败育，导致不孕或果实退化，也能引起脱落。

复习思考题

1. 什么是春化作用？春化作用在农业生产实践中有何应用价值？

2. 什么是光周期现象？举例说明植物的主要光周期类型。

3. 如果你发现一种尚未确定光周期特性的新植物种，怎样确定它是短日植物、长日植物或日中性植物？

4. 为什么说光敏色素参与了植物的成花诱导过程？它与植物成花之间有何关系？

5. 试述植物激素与成花的关系。

6. 试述植物营养与成花的关系。

7. 举例说明光周期理论在农业实践中的应用。

8. 植物的性别表现受哪些因素的调控？

9. 试述种子发育过程中的生理生化变化。

10. 试述果实发育过程中的生理生化变化。

第四篇
植物的类型变异

第十一章 植物的逆境生理

第一节 植物逆境生理生化基础

一、逆境生理的有关概念

在自然界中，植物并非总是生活在适宜的条件下，植物所需要的某种物理的、化学的或生物的环境因子的水平经常会低于或超出植物的正常需要，如干旱、低温、高温、盐碱、病虫、杂草以及大气、土壤和水体污染等，这些都影响植物的生存与生长。

凡是对植物生存与生长不利的环境因子总称为逆境（stress）。对植物而言，逆境就是环境胁迫，因此，stress 一词也被译为胁迫。对植物的胁迫有生物性胁迫（biotic-stress）（如病虫害和杂草等）和非生物性胁迫（abiotic-stress）（图 11-1）。

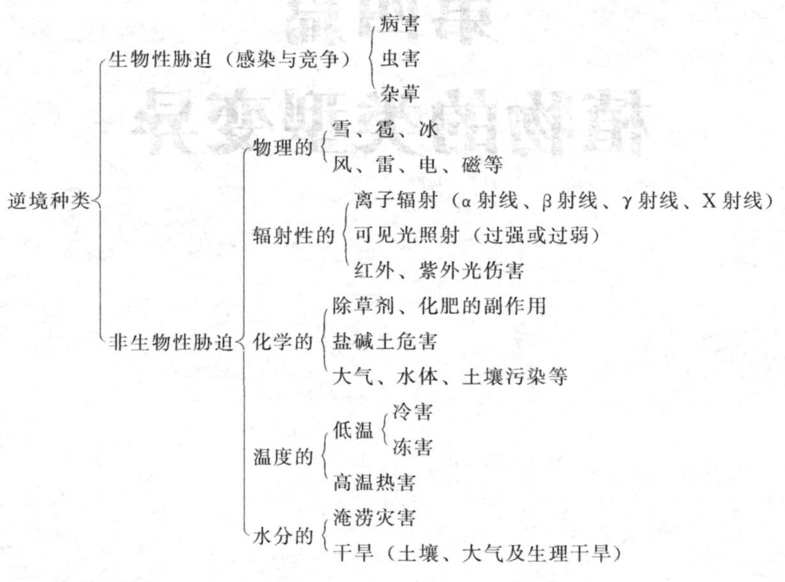

图 11-1 逆境的种类（引自王忠，2000）

植物在环境胁迫下发生的相应变化称为胁变（strain）。胁变可以是物理的，也可以是化学的，如原生质流动停止、代谢方向改变等。胁变在一定范围内是可逆的，胁迫解除后可恢复正常的胁变称为弹性胁变（elastic strain）；胁迫解除后不能恢复正常的胁变称为塑性胁变（plastic strain）。急剧胁迫或长时间胁迫产生的弹性胁变都可引起塑性胁变。

逆境对植物的伤害轻则表现为生长发育受抑制，重则表现为某些细胞受伤死亡或器官出现坏死症状，甚至整株死亡。逆境对植物的伤害有三种方式：原初直接伤害、原初间接伤害和次生胁迫伤害。原初直接伤害是原初胁迫对细胞结构产生的直接损伤；原初间接伤害是由原初环境胁迫通过降低代谢速度、改变代谢方向、造成代谢紊乱、产生有毒物质等对植物和细胞产生的伤害；次生胁迫伤害是由原初胁迫引起次生胁迫所导致的伤害，例如高温胁迫引起植物水分亏缺所产生的伤害。

生活在自然环境中的植物对于环境胁迫都具有一定的抵抗能力，这种能力称为植物的抗逆性（stress resistance），简称抗性。抗性是植物对不利环境的适应性（adaptation）反应，是在长期进化过程中形成的。在生活周期中，植物的抗逆遗传特性需要特定的环境因子的诱导才能表现出来，这种诱导过程称为抗性锻炼（hardening）或驯化（acclimation），例如越冬植物经过秋季逐渐降低的低温锻炼，可忍受冬季的严寒，而同种植物在夏季由于未经过低温锻炼，突然给予低温处理就会引起死亡。

植物抗逆性主要有两种形式：一是避逆性（stress avoidance），即植物整个发育过程不与逆境相遇，或在逆境到来之前，植物已完成生育周期，例如沙漠中的植物只在雨季生长；二是耐逆性（stress tolerance），即植物通过自身的生理生化变化来适应环境的能力。

据统计，地球上比较适宜于栽种作物的土地还不足10%，其余为干旱、半干旱、沙土和盐碱土。中国有近$465\times10^4km^2$，即占国土面积48%的土地处于干旱、半干旱地区。因此，研究植物在不良环境下生命活动规律及忍耐或抵抗生理，对于提高农业生产力，保护环境有现实意义。

二、植物在逆境下的形态变化与代谢特点

（一）形态结构变化

逆境条件下植物形态有明显的变化。如干旱会导致叶片和嫩茎萎蔫，气孔开度减小甚至关闭；淹水使叶片黄化、枯干，根系褐变甚至腐烂；高温下叶片变褐，出现死斑，树皮开裂；病原菌侵染叶片出现病斑。

逆境往往使细胞膜变性、龟裂，细胞的区域化被打破，原生质的性质改变，叶绿体、线粒体等细胞器结构遭到破坏。

植物形态结构的变化与代谢和功能的变化是相一致的。

（二）生理生化变化

在冰冻、低温、高温、干旱、盐渍、土壤过湿和病害等各种逆境发生时，植物体的水分状况有相似变化，即吸水力降低，蒸腾量降低，但蒸腾量大于吸水量，使植物组织的含水量降低并产生萎蔫。植物含水量的降低使组织中束缚水含量相对增加，从而又使植物抗逆性增强。

在任何一种逆境下，植物的光合作用都呈下降趋势。在高温下，植物光合作用的下降可能与酶的变性失活有关，也可能与脱水时气孔关闭，增加气体扩散阻力有关；在干旱条件下由于气孔关闭而导致光合作用的降低则更为明显；土壤盐碱化、土壤过湿或积水、低温、二氧化硫污染等都能使植物的光合作用显著下降。

逆境下植物的呼吸作用变化有三种类型：呼吸强度降低，呼吸强度先升高后降低和呼吸作用明显增强。冰冻、高温、盐渍和淹水胁迫时，植物的呼吸作用都逐渐降低；零上低温和干旱胁迫时，植物的呼吸作用先升高后降低；植物发生病害时，植物呼吸作用极显著地增强，且这种呼吸作用的增强与菌丝体本身呼吸无关。

低温、高温、干旱、淹水胁迫等促进淀粉降解为葡萄糖等可溶性糖，这可能与磷酸化酶活力的增加有关；在蛋白质代谢中，低温、高温、干旱、盐渍胁迫促使蛋白质降解，可溶性氮增加。

三、渗透调节作用

（一）渗透调节的概念

多种逆境都会对植物产生水分胁迫。水分胁迫时植物体内积累各种有机和无机物质，以

提高细胞液浓度，降低其渗透势，这样植物就可保持其体内水分，适应水分胁迫环境。这种由于提高细胞液浓度，降低渗透势而表现出的调节作用称为渗透调节（osmotic adjustment）。渗透调节是在细胞水平上进行的，植物通过渗透调节可完全或部分维护由膨压直接控制的膜运输和细胞膜的电性质等，且渗透调节在维持气孔开放和一定的光合速率及保持细胞继续生长等方面都具有重要意义（图 11-2）。

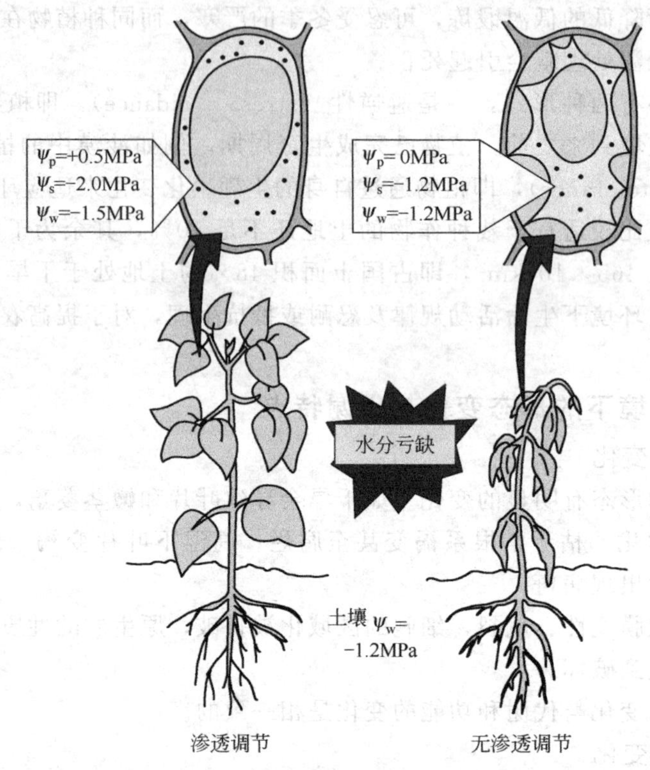

图 11-2 渗透调节提高了植物的抗旱性
（引自 Buchannan 等，2000）

（二）渗透调节物质

渗透调节物质的种类很多，大致可分为两大类：一类是由外界进入细胞的无机离子；另一类是在细胞内合成的有机物质。

1. 无机离子

逆境下细胞内常常累积无机离子以调节渗透势，特别是盐生植物主要靠细胞内无机离子的累积来进行渗透调节。无机离子累积量、种类因植物种、品种和器官的不同而有差异。例如，野生番茄与栽培种相比，前者能积累更多的 Na^+、Cl^-；洋葱不积累 Cl^-，而菜豆和棉花则积累 Cl^-。K^+、Na^+、Ca^{2+}、Mg^{2+}、Cl^-、SO_4^{2-}、NO_3^- 对盐生植物的渗透调节贡献较大。

植物对无机离子的吸收是一主动过程，故细胞中无机离子浓度可大大超过外界介质中的浓度。无机离子进入细胞后，主要累积在液泡中，成为液泡的重要渗透调节物质。

2. 脯氨酸

脯氨酸（proline）是最重要和有效的有机渗透调节物质。几乎所有的逆境，如干旱、低温、高温、冰冻、盐渍、低 pH、营养不良、病害、大气污染等都会造成植物体内脯氨酸的

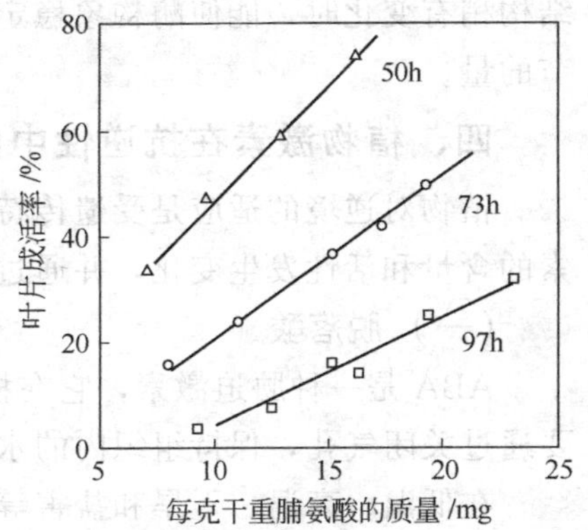

图 11-3　大麦叶子成活率和叶中脯氨酸含量的关系

（在－2.0MPa 的聚乙二醇中）

累积，尤其干旱胁迫时脯氨酸累积最多，可比处理开始时含量高几十倍甚至几百倍。

大麦叶片在水分胁迫下，成活率与脯氨酸之间有密切关系（图 11-3）。水稻等作物中也有类似的关系。

在逆境下脯氨酸累积的原因主要有三：一是脯氨酸合成加强；二是脯氨酸氧化作用受抑，而且脯氨酸氧化的中间产物还会逆转为脯氨酸；三是蛋白质合成减弱，干旱抑制了蛋白质合成，也就抑制了脯氨酸掺入蛋白质的过程。

脯氨酸在抗逆中有两个作用：一是作为渗透调节物质，用来保持原生质与环境的渗透平衡，它可与胞内一些化合物形成聚合物，类似亲水胶体，以防止水分散失；二是保持膜结构的完整性。脯氨酸与蛋白质相互作用能增加蛋白质的可溶性和减少可溶性蛋白的沉淀，增强蛋白质的水合作用。

有人用甜菜贮藏根组织为研究材料，发现细胞质中的脯氨酸含量远比与液泡中含量高。故脯氨酸属于细胞质渗透物质（cytoplasmic osmoticum）。

除脯氨酸外，其他游离氨基酸和酰胺也可在逆境下积累，起渗透调节作用，如水分胁迫下小麦叶片中天冬酰胺、谷氨酸等含量增加，但这些氨基酸的积累通常没有脯氨酸显著。

3. 甜菜碱

甜菜碱（betaines）是细胞质渗透物质，属于季铵化合物。植物中的甜菜碱主要有 12 种，其中甘氨酸甜菜碱（glycinebetaine）是最简单也是发现最早、研究最多的一种，丙氨酸甜菜碱（alaninebetaine）、脯氨酸甜菜碱（prolinebetaine）也都是比较重要的甜菜碱（图 11-4）。植物在干旱、盐渍条件下会发生甜菜碱的累积，主要分布于细胞质中。在正常植株中甜菜碱含量比脯氨酸高 10 倍左右；在水分亏缺时，甜菜碱积累比脯氨酸慢，解除水分胁迫时，甜菜碱的降解也比脯氨酸慢。如大麦叶片水分胁迫 24h 后甜菜碱才明显增加，而脯氨酸在 10min 后便积累。

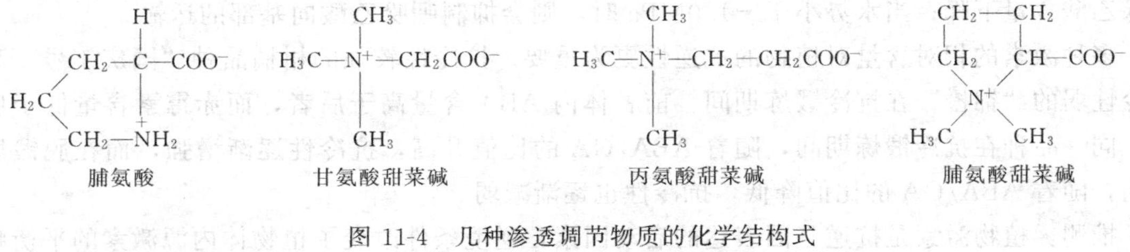

脯氨酸	甘氨酸甜菜碱	丙氨酸甜菜碱	脯氨酸甜菜碱
H $CH_2—C—COO^-$ H_2C $CH_2—\overset{+}{N}H_2$	CH_3 $H_3C—N^+—CH_2COO^-$ CH_3	CH_3 $H_3C—N^+—CH_2—CH_2COO^-$ CH_3	$CH_2—CH_2$ CH_2　$CH—COO^-$ N^+ H_3C　CH_3

图 11-4　几种渗透调节物质的化学结构式

4. 可溶性糖

可溶性糖是另一类渗透调节物质，包括蔗糖、葡萄糖、果糖、半乳糖等。比如低温逆境下植物体内常常积累大量的可溶性糖。可溶性糖主要来源于淀粉等碳水化合物的分解，以及光合产物如蔗糖等。

（三）渗透调节物的特点

渗透调节物质种类虽多，但它们都有如下共同特点：相对分子质量小、易溶解；有机调节物在生理 pH 范围内不带静电荷；能被细胞膜保持住；引起酶结构变化的作用极小；在酶结构稍有变化时，能使酶构象稳定，而不致溶解；生成迅速，并能累积到足以引起渗透势调节的量。

四、植物激素在抗逆性中的作用

植物对逆境的适应是受遗传特性和植物激素两种因素制约的。逆境能够促使植物体内激素的含量和活性发生变化，并通过这些变化来影响生理过程。

（一）脱落酸

ABA 是一种胁迫激素，它在植物激素调节植物对逆境的适应中显得尤为重要。ABA 主要通过关闭气孔，保持组织内的水分平衡来增加植物的抗性。

在低温、高温、干旱和盐害等多种胁迫下，体内 ABA 含量大幅度升高，这种现象的产生是由于逆境胁迫增加了叶绿体膜对 ABA 的通透性，并加快根系合成的 ABA 向叶片的运输及积累所致。

在逆境条件下，多种植物增加的内源 ABA 含量与其抗性能力呈正相关。冬小麦的抗旱品种（Kanking）在干旱期间积累 ABA 能力较不抗旱品种（Ponca）强。抗冷性强的水稻品种“单生一号”在低温 5 天，体内 ABA 含量达 18.5ng/g 鲜重，而抗冷性弱的品种“汕优二”，其体内 ABA 的含量只有 6.8ng/g 鲜重。用盐处理（3% NaCl）较耐盐的大麦品种时，叶片出现的 ABA 积累高峰强于抗盐性弱的品种。

（二）乙烯与其他激素

植物在干旱、大气污染、机械刺激、化学胁迫、病害等逆境下，体内逆境乙烯成几倍或几十倍地增加，当胁迫解除时则恢复正常水平，组织一旦死亡乙烯就停止产生。逆境乙烯的产生可使植物克服或减轻因环境胁迫所带来的伤害，促进器官衰老，引起枝叶脱落，减少蒸腾面积，有利于保持水分平衡。乙烯可提高与酚类代谢有关的酶类，间接地参与植物对伤害的修复或对逆境的抵抗过程。

当叶片缺水时，内源赤霉素活性迅速下降，赤霉素含量的降低先于 ABA 含量的上升，这是由于赤霉素和 ABA 的合成前体相同的缘故。抗冷性强的植物体内赤霉素的含量一般低于抗冷性弱的植物，外施赤霉素（1000mg/L）能显著降低某些植物的抗冷性。

番茄叶水势在－0.2～－1.5MPa 之间，吲哚乙酸氧化酶活性随叶水势下降而直线上升，吲哚乙酸含量下降；当水势小于－1.0MPa 时，则会抑制吲哚乙酸向基部的运输。

多种激素的相对含量对植物的抗逆性更为重要。抗冷性较强的柑橘品种“国庆 1 号”和抗冷性弱的“锦橙”在抗冷锻炼期间，前者体内 ABA 含量高于后者，而赤霉素含量低于后者。同一品种在抗冷锻炼期间，随着 ABA/GA 的比值升高，抗冷性逐渐增强，而在脱锻炼期间，随着 ABA/GA 的比值降低，抗冷性也逐渐减弱。

推测：植物激素是抗逆基因表达的启动因素，逆境条件改变了植物体内源激素的平衡状况，从而导致代谢途径发生变化，这些变化很可能是抗逆基因活化表达的结果。

五、膜保护物质与活性氧平衡

（一）逆境下膜的变化

生物膜的透性对逆境的反应是比较敏感的，如在干旱、冰冻、低温、高温、盐渍、SO_2 污染和病害发生时，质膜透性都增大，内膜系统出现膨胀、收缩或破损。

在正常条件下，生物膜的膜脂呈液晶态，当温度下降到一定程度时，膜脂变为晶态。膜脂相变会导致原生质流动停止，透性加大。膜脂碳链越长，固化温度越高，抗冷性越弱；相同长度的碳链不饱和键数越多，固化温度越低，抗冷性越强。

膜脂的饱和脂肪酸和抗旱力密切有关。抗旱性强的小麦品种在灌浆期如遇干旱，其叶表皮细胞的饱和脂肪酸较多，而不抗旱的小麦品种则较少。

膜蛋白与植物抗逆性也有关系。例如，甘薯块根线粒体，在0℃条件下几天后，线粒体膜蛋白对磷脂的结合力明显减弱，磷脂中的PC等就会从膜上游离下来，随后膜解体，组织坏死。

（二）逆境胁迫下植物的活性氧伤害

各种环境胁迫都可引起活性氧积累，这可能是逆境伤害的一个重要原因（图11-5）。活性氧（reactive oxygen species，ROS）是指化学性质活泼、氧化能力极强的氧代谢物及其衍生的含氧物质的总称。

1. 活性氧与自由基

动植物离开氧气都不能生存，所以，过去人们总认为氧对需氧生物有益无害，但20世纪70年代后人们发现氧的某些代谢产物及其衍生物的积累将会严重地干扰正常的代谢过程，甚至导致死亡，这类物质就是活性氧。

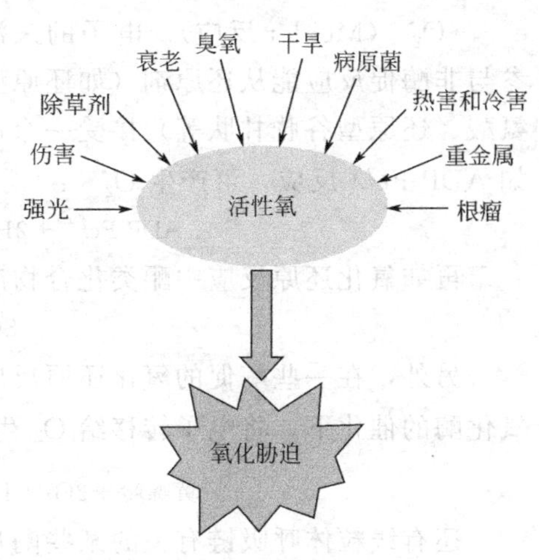

图 11-5 植物体内活性氧的产生

在植物体内的活性氧中，一类是含氧自由基，另一类是激发态的氧，如单线态氧（$^1O_2$）以及H_2O_2。凡含有未配对电子的原子、分子或离子都称为自由基（free radical）。在书写上为表示出不成对电子的特征，常在带有不成对电子的原子符号的上角标出一个圆点，例如$CH_3^{\cdot}$、$H^{\cdot}$。其中含氧自由基如超氧阴离子自由基（$O_2^{\cdot -}$）、羟基自由基（$HO^{\cdot}$）、氢过氧自由基（$HOO^{\cdot}$），这些都属无机自由基。再如脂氧自由基（$RO^{\cdot}$）、脂过氧自由基（$ROO^{\cdot}$）等属有机自由基。

多数自由基极不稳定，寿命极短只能瞬时存在，但自由基的未配对电子有强烈夺取一个电子达到反向配对而使其他物质氧化的特点，化学性质非常活泼，氧化能力极强，极易与周围的物质发生反应。同时，具有连锁反应特点，自由基引发的化学反应往往是链式反应，只要极少量的引发剂就可以使反应启动，一经启动，新的自由基就与底物进一步反应，形成各种有毒的中间产物，并对机体造成损害，潜在危害极大。只有当新的自由基被清除或者自由基间相互碰撞结合成稳定分子而猝灭时才能使反应终止。自由基的一个未配对电子在外层轨道上的自旋方向可正可逆，即有两种能量水平，并在吸收光谱上出现两条谱线，故称二线态。氧分子最外层有两个自旋方向相同的电子（未反向配对），分别占据着两个轨道，这称为双自由基。但这种存在状态决定了它不能同时从其他成对电子的物质中夺取两个电子而起反应，所以其氧化能力没有其他自由基的氧化能力强。这就使同时接受双电子的化学反应受到了所谓的自旋遏制（spin hindrance）。由于氧分子最外层的两个电子可能有三种运行组合状态，因此具有三个能量水平，在吸收光谱上呈现三条谱线，故称三线态（$^3O_2$），也称基态。

单线态氧（$^1O_2$）是氧分子得到能量受激发时，最外层的一个电子克服了另一个电子的排斥力而反向配对，从而空出一个轨道。由于这时两个电子的运行具有一种能量状态，在光谱上只出现一条谱线，故称单线态。它虽不是自由基，但由于空出一个轨道，所以也具有强烈夺取电子而使其他物质氧化的能力。H_2O_2 虽不是自由基，但它是许多氧自由基的来源，也具有很强的氧化能力。

2. 活性氧的产生

在正常条件下，活性氧的产生与清除处于平衡状态，植物不受其害。但在逆境条件下，如高温、低温、干旱、水涝、大气污染等不良条件下，植物体内就可能通过多种途径，大量产生积累活性氧，并造成不同程度的危害。活性氧的产生主要在细胞壁、细胞核、叶绿体、线粒体等部位。活性氧的主要来源是植物体内氧分子的单电子还原产生超氧阴离子自由基，再经多种反应途径，不断形成其他多种活性氧。

(1) 超氧阴离子自由基（$O_2^{\cdot -}$）的产生　氧分子发生单电子还原生成 $O_2^{\cdot -}$，即 $O_2 + e \longrightarrow O_2^{\cdot -}$（Mehler 反应）。电子的来源在光合电子传递链中是 PQ、P_{430}、Fd 等。如果 O_2 参与非酶促反应能从还原剂（如还原型核黄素、黄素单核苷酸、黄素腺嘌呤二核苷酸、半胱氨酸、还原型谷胱甘肽等）接受一个电子也可生成 $O_2^{\cdot -}$。植物体内的 H_2O_2 与金属复合物如 ADP-Fe^{2+} 反应，可产生 $O_2^{\cdot -}$：

$$\text{ADP-Fe}^{2+} + 2H_2O_2 \longrightarrow \text{ADP-Fe}^{3+} + O_2^{\cdot -} + 2H_2O$$

再如氧化还原反应中醌类化合物产生的半醌自由基（$SQ^{\cdot}$）可与 O_2 反应产生 $O_2^{\cdot -}$：

$$SQ^{\cdot} + O_2 \longrightarrow Q + O_2^{\cdot -}$$

另外，在一些酶促的氧化还原反应中也可能产生 $O_2^{\cdot -}$，如黄嘌呤或次黄嘌呤在黄嘌呤氧化酶的催化下，将电子转移给 O_2 生成 $O_2^{\cdot -}$ 和尿酸：

$$\text{黄嘌呤} + 2O_2 + H_2 \xrightarrow{\text{黄嘌呤氧化酶}} \text{尿酸} + 2O_2^{\cdot -} + 2H^+$$

还有线粒体呼吸链有关的某些酶反应过程中可产生 $O_2^{\cdot -}$；微粒体电子传递系统有关的某些酶，如黄素蛋白、细胞色素等反应能产生 $O_2^{\cdot -}$。

(2) 羟基自由基的产生　$HO^{\cdot}$ 的化学性质非常活泼，寿命极短，毒性极大，产生部位常为其危害部位。植物体内 $HO^{\cdot}$ 的产生可能主要是通过 Fenton 反应、Haber-Weiss 反应以及光解反应等形成。

$$H_2O_2 + O_2^{\cdot -} \xrightarrow[\text{Haber-Weiss 反应}]{Fe^{3+}\text{-螯合物}} HO^{\cdot} + OH^- + {}^1O_2 + Fe^{2+}$$

$$H_2O_2 + Fe^{2+} \xrightarrow[\text{Fenton}]{\text{反应}} HO^{\cdot} + OH^- + Fe^{2+}$$

所需 Fe^{2+} 可来自前一反应。

H_2O_2 的光解可产生 $HO^{\cdot}$：

$$H_2O_2 \xrightarrow{\text{光解}} HO^{\cdot} + HO^-$$

(3) 过氧化氢的产生　植物体内的 H_2O_2 主要是通过酶促反应生成的，如 $O_2^{\cdot -}$ 再接受电子和质子在超氧化物歧化酶（SOD）的作用下生成 H_2O_2：

$$O_2^{\cdot -} + e + 2H^+ \xrightarrow{SOD} H_2O_2$$

$$2O_2^{\cdot -} + 2H^+ \xrightarrow{SOD} H_2O_2 + {}^1O_2 \text{（歧化反应）}$$

其他许多酶促反应也可产生 H_2O_2：

$$\text{D-氨基酸} + O_2 \xrightarrow{\text{D-氨基酸氧化酶}} \text{酮酸} + H_2O_2 + NH_3$$

$$\text{胺类化合物} + O_2 + H_2O \xrightarrow{\text{单胺氧化酶}} \text{醛类} + H_2O_2 + NH_3$$

$$D\text{-葡萄糖}+O_2 \xrightarrow{\text{葡萄糖氧化酶}} D\text{-葡萄糖酸}+H_2O_2$$

$$\text{乙醇酸}+O_2 \xrightarrow{\text{乙醇酸氧化酶}} \text{乙醛酸}+H_2O_2$$

(4) 单线态氧的产生　植物体内$^1O_2$的产生有多条途径，在Haber-Weiss反应和$O_2^{\cdot-}$的歧化反应中都可产生$^1O_2$。$O_2^{\cdot-}$把电子交给某一氧化型受体后也可产生$^1O_2$：$O_2^{\cdot-}+y^+ \longrightarrow {}^1O_2+y$。在光下激发态的叶绿素把能量交给分子氧，发生光化学反应也可产生$^1O_2$：$chl^*+O_2 \longrightarrow {}^1O_2+chl$。

在光合作用和呼吸作用的电子传递受阻时O_2可发生一系列单电子还原，并经相互转化形成多种活性氧。另外在脂质过氧化过程中也会产生多种有机活性氧。

3. 活性氧的伤害

活性氧对机体的伤害是多方面的，其中最主要的是引发膜脂过氧化作用。

(1) 膜脂过氧化作用　膜脂过氧化作用是活性氧引起生物膜中不饱和脂肪酸（PUFA）所发生的一系列自由基反应。由于脂质的过氧化作用，不仅影响了膜脂的有序排列和膜蛋白酶的空间构型，使膜的透性增大，胞内物质外渗，导致细胞代谢紊乱，而且由于脂质过氧化的链锁反应，使脂质进一步氧化，产生恶性循环（图 11-6）。在多元不饱和脂肪酸（RH）的丙烯片段，丙烯α-亚甲基氢原子受邻近双键的激发而易被抽提形成脂自由基（$R^\cdot$）：

$$\underset{(RH)}{R^1—CH═CH—CH_2—R^2}+HO^\cdot \longrightarrow \underset{(R^\cdot)}{R^1—CH═CH—CH^\cdot—R^2}+H_2O$$

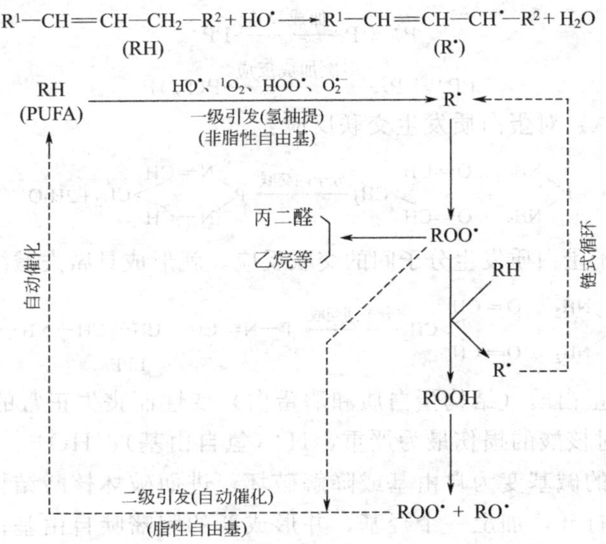

图 11-6　脂质过氧化示意图

$R^\cdot$经共轭化和氧化形成脂过氧自由基（$ROO^\cdot$）：

$$R^1—CH═CH—CH^\cdot—R_2+O_2 \longrightarrow R^1—CH═CH—CH(—O—O^\cdot)—R_2$$

$ROO^\cdot$抽提另一分子不饱和脂肪酸上同一位置的H，形成新的脂自由基（$R^\cdot$），并进行链式循环而本身则形成脂氢过氧化物（ROOH）：

$$ROO^\cdot+RH \longrightarrow ROOH+R^\cdot$$

ROOH不稳定，在金属离子作用下形成$ROO^\cdot$或脂氧自由基（$RO^\cdot$）和$HO^\cdot$：

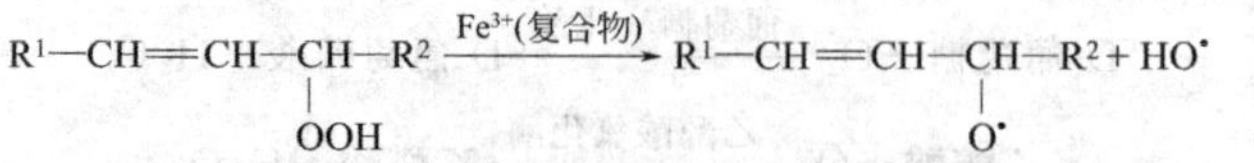

$$R^1—CH═CH—\underset{\substack{|\\ OOH}}{CH}—R^2 \xrightarrow{Fe^{3+}(复合物)} R^1—CH═CH—\underset{\substack{|\\ O^{\cdot}}}{CH}—R^2 + HO^{\cdot}$$

脂性自由基再进入二级引发的自动催化循环。ROO˙ 也可分解为丙二醛（MDA）和乙烷等：

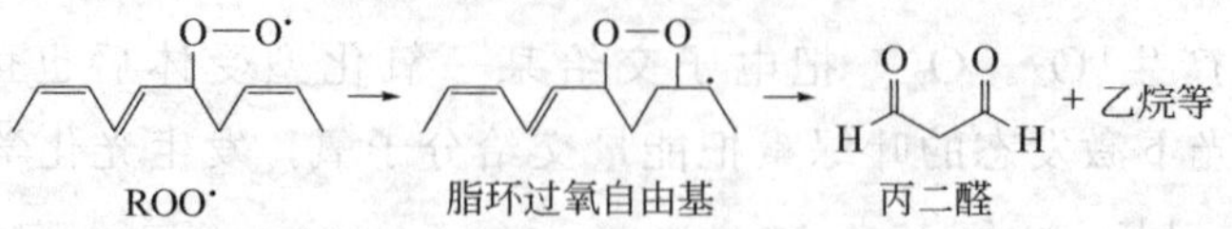

ROO˙ → 脂环过氧自由基 → 丙二醛 + 乙烷等

丙二醛能与带游离氨基的磷脂酰乙醇胺、蛋白质或核酸等发生交联反应，形成具有共轭二烯的席夫（Schiff）碱结构（—N═C—C═C—N═）的脂褐素（lipofuscin，LPF）。所以，常以 MDA、乙烷及 LPF 作为脂质过氧化的指标。

（2）对蛋白质和核酸的伤害　在脂质过氧化过程中所产生的脂性自由基（如 RO˙、ROO˙）等对蛋白质的伤害主要有以下三种方式。

① 脂性自由基使蛋白质的硫氢基（—SH）氧化成二硫键，发生蛋白质分子间的交联：

$$P^1—SH + HS—P^2 \xrightarrow{RO^{\cdot}、ROO^{\cdot}} P^1—S—S—P^2 + H_2O$$

② 脂性自由基能对蛋白质分子引发氢抽提作用，形成蛋白质自由基（P˙）：

$$PH + ROO^{\cdot} \xrightarrow{氢抽提反应} P^{\cdot} + ROOH$$

蛋白质自由基能与另一分子的蛋白质发生加成反应，生成二聚体蛋白质自由基或多聚体蛋白质自由基：

$$P^{\cdot} + P \xrightarrow{加成反应} PP^{\cdot}$$

$$PP^{\cdot} + P_n \xrightarrow{多次加成反应} P(P_n)P^{\cdot}$$

③ 丙二醛（MDA）对蛋白质发生交联反应：

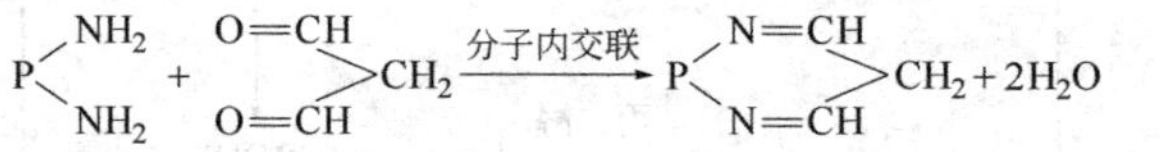

$$P\begin{matrix} NH_2 \\ NH_2 \end{matrix} + \begin{matrix} O═CH \\ O═CH \end{matrix} > CH_2 \xrightarrow{分子内交联} P\begin{matrix} N═CH \\ N═CH \end{matrix} > CH_2 + 2H_2O$$

丙二醛如与两分子蛋白质发生分子间的交联反应，就形成具席夫碱结构的脂褐素（LPF）：

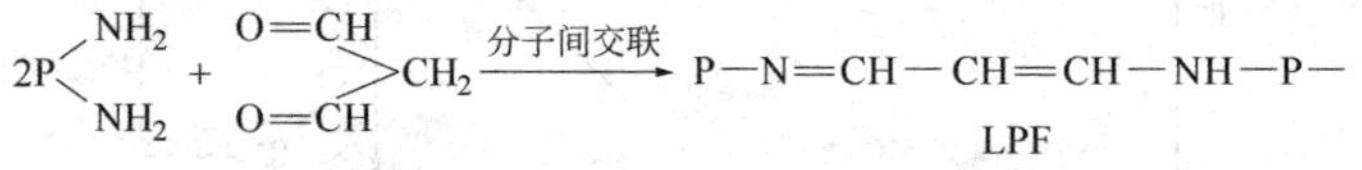

$$2P\begin{matrix} NH_2 \\ NH_2 \end{matrix} + \begin{matrix} O═CH \\ O═CH \end{matrix} > CH_2 \xrightarrow{分子间交联} \underset{LPF}{P—N═CH—CH═CH—NH—P—}$$

由于以上反应使蛋白质（结构蛋白质和酶蛋白）变性而丧失正常的生理功能。

活性氧中 HO˙ 对核酸的损伤最为严重，H˙（氢自由基）、HO˙、$O_2^{\cdot-}$ 通过加成反应和抽氢反应，可使核酸的碱基变为自由基或降解破坏，进而破坏核酸结构。加成反应如 HO˙ 将胞嘧啶的一个双键打开，加上一个羟基，并形成新的胞嘧啶自由基；抽氢反应如 HO˙ 将胸腺嘧啶变为新的自由基。

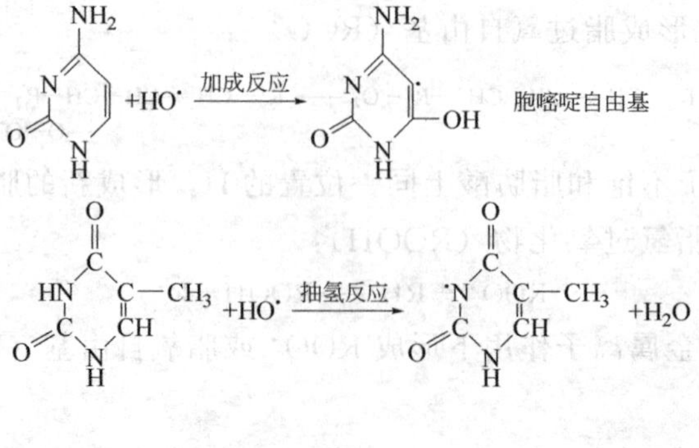

胞嘧啶 + HO˙ —加成反应→ 胞嘧啶自由基

胸腺嘧啶 + HO˙ —抽氢反应→ 胸腺嘧啶自由基 + H_2O

（三）活性氧的清除

植物体内存在着酶促与非酶促两类活性氧清除系统。前者主要包括超氧化物歧化酶（SOD）、过氧化氢酶（CAT）、过氧化物酶（POD）、谷胱甘肽还原酶（GR）、脱氢抗坏血酸还原酶（DHAR）等。后者主要包括还原型谷胱甘肽（GSH）、抗坏血酸（维生素 C）、α-生育酚（维生素 E）、类胡萝卜素（Car）、巯基乙醇（MSH）、半胱氨酸、苯甲酸钠等，这些也叫抗氧化剂。

1. 酶促活性氧清除系统

SOD 是最重要的自由基清除剂之一，它的主要功能是清除 $O_2^{\cdot -}$，产生 H_2O_2。

$$2O_2^{\cdot -}+2H^+ \xrightarrow[\text{歧化反应}]{\text{SOD}} H_2O_2+{}^1O_2$$

细胞中 H_2O_2 的积累会抑制光合暗反应的许多酶，从而降低 CO_2 的固定效率。尤其是 H_2O_2 和 $O_2^{\cdot -}$ 通过 Haher-Weiss 反应和 Fenton 反应能产生毒性更大的 $HO^{\cdot}$ 和 $^1O_2$，所以及时清除 H_2O_2 对防止活性氧伤害十分重要。过氧化氢酶（CAT）主要分布在过氧化物体中，它可将高浓度的 H_2O_2 清除：

$$2H_2O_2 \xrightarrow{\text{CAT}} 2H_2O+O_2$$

过氧化物酶（POD）可清除线粒体或胞浆中产生的低浓度 H_2O_2。抗坏血酸过氧化物酶（ASAPOD）能清除叶绿体中的 H_2O_2 和 $O_2^{\cdot -}$，SOD、CAT、POD 三者协同配合，使生物活性氧维持在一个低水平上，防止活性氧的伤害，其配合关系如下式所示：

$$3O_2^{\cdot -}+4H^+ \xrightarrow{\text{SOD}} \begin{cases} O_2 \\ 2H_2O_2 \xrightarrow{\text{CAT、POD}} 2H_2O+O_2 \end{cases}$$

因此，把这三种酶统称为保护酶系统。

2. 非酶促活性氧清除系统

抗氧化剂一般能直接与活性氧反应，清除活性氧。

维生素 E 是植物体内天然的抗氧化剂，主要存在于叶绿体的类囊体膜上，对叶绿体膜系统的结构具有一定的稳定作用，维生素 E 可猝灭 $^1O_2$，是 $^1O_2$ 的有效清除剂。在脂质过氧化过程，起链锁反应关键作用的 $ROO^{\cdot}$ 在遇到维生素 E 时，可转化为化学性质较为不活泼的 ROOH，使脂质过氧化的链式反应中断。它还能与 $O_2^{\cdot -}$ 起反应，但反应速度较慢。

维生素 C 是植物体内普遍存在的一种抗氧化剂，可以清除多种自由基。如抗坏血酸与 $O_2^{\cdot -}$、$HO^{\cdot}$、$R^{\cdot}$ 反应，分别生成 H_2O_2、H_2O、RH。叶绿体中的维生素 C 清除 $O_2^{\cdot -}$、H_2O_2 和 $^1O_2$，有利于保护叶绿体。

GSH 与维生素 C 一起能清除叶绿体中的 H_2O_2：

H_2O　脱氢抗坏血酸　　　　GSH　$NADP^+$

H_2O_2　— AsAPOD　　— DHAR　　— GR

O_2^{-}　抗坏血酸　　　　GSSG　NADPH

GSH 也能清除有机自由基修复原有机化合物：

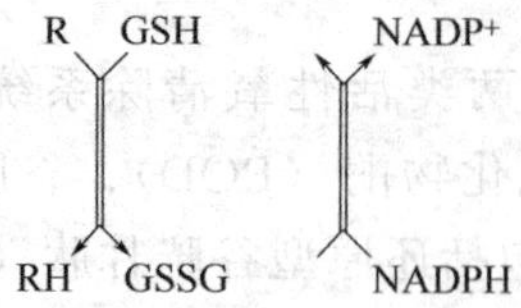

此外，细胞色素 f、甘露糖醇、胡萝卜素等，能直接或通过酶促反应清除 $O_2^{\cdot-}$、H_2O_2、$HO^{\cdot}$ 等活性氧，胡萝卜素还能直接猝灭 $^1O_2$ 而保护叶绿素。

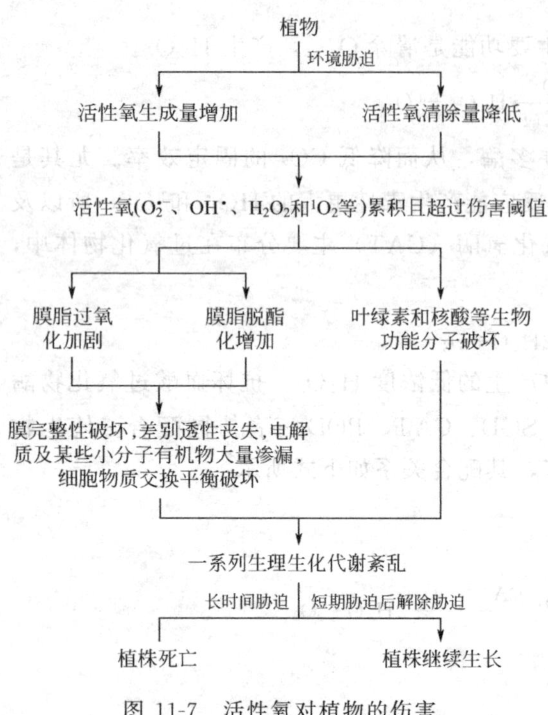

图 11-7 活性氧对植物的伤害

（引自萧浪涛和王三根，2004）

图 11-7 是活性氧对植物伤害的总结。

活性氧是细胞代谢的正常产物，也是一些生理反应的参加者，如已经证明 ATP、前列腺素、木质素等合成需要 $O_2^{\cdot-}$ 的参加。但是如果活性氧的水平过高就会对细胞以及整个机体造成损害。植物体内有许多清除和抑制活性氧形成的系统，使体内活性氧水平处于平衡状态，这对保证植物的正常生长发育是极其重要的。

六、逆境蛋白

随着分子生物学的发展，人们对植物抗逆性的研究不断深入。现已发现多种因素如高温、低温、干旱、病原菌、化学物质、缺氧、紫外线等能诱导形成新的蛋白质（或酶），这些蛋白质统称为逆境蛋白（stress protein）。

1. 热激蛋白

由高温诱导合成的热激蛋白（heat shock protein，HSP）现象广泛存在于植物界，已发现在酵母、大麦、小麦、谷子、大豆、油菜、胡萝卜、番茄以及棉花、烟草等植物中都有热激蛋白。

植物对热激反应是很迅速的，热激处理 3～5min 就能发现 HSP mRNA 含量增加，20min 可检测到新合成的 HSP。处理 30min 时大豆黄化苗 HSP 合成已占主导地位，正常蛋白合成则受阻抑。

热激蛋白是植物对高温胁迫短期适应的必需组分，有些 HSP 可促进错误折叠的蛋白质降解；有的作为分子伴侣（chaperonins），防止蛋白的错误折叠（如 HSP70 和 HSP60）；还有的使高温变性的蛋白重新恢复活性构象（HSP100），对减轻高温胁迫引起的伤害有重要作用。

2. 低温诱导蛋白（low-temperature-induced protein）

不但高温处理可诱导新的蛋白合成，低温下也会形成新的蛋白，称冷响应蛋白（cold responsive protein）或冷激蛋白（cold shock protein）。低温诱导蛋白的出现还与温度的高低及植物种类有关。水稻用 5℃，冬油菜用 0℃处理均能形成新的蛋白。在常温下，ABA 处理可诱导冷响应蛋白的合成。

3. 病原相关蛋白

病原相关蛋白（pathogenesis-related protein，PR）也称病程相关蛋白，这是植物被病原菌感染后形成的与抗病性有关的一类蛋白。自从在烟草中首次发现以来，至少有20多种植物中发现了病原相关蛋白的存在。

大麦被白粉病侵染后产生过敏反应，可诱导10种新的蛋白形成。不但真菌、细菌、病毒和类病毒可以诱导病原相关蛋白产生，而且与病原菌有关的物质也可诱导这类蛋白质产生。如几丁质、β-1,3-葡聚糖以至高压灭菌杀死的病原菌及其细胞壁、病原菌滤液等也有诱导作用。

病原相关蛋白的相对分子质量往往较小，一般不超过40000，且主要存在于细胞间隙，病原相关蛋白常具有水解酶活性，几丁质酶和β-1,3-葡聚糖酶就是常见的代表，这两种酶对病原真菌的生长有抑制作用。

4. 渗调蛋白（osmotin）

植物在受到盐胁迫时，会产生一种新的26kD蛋白质。由于其合成总是伴随渗透调节的开始，故称为渗调蛋白。到目前为止，已从几十种植物中发现渗调蛋白。

5. 其他逆境蛋白

（1）厌氧蛋白（anaerobic protein） 缺氧使玉米幼苗需氧蛋白合成受阻，而一些厌氧蛋白质被重新合成。大豆中也有类似结果。特别是与糖酵解和无氧呼吸有关的酶蛋白合成显著增加。

（2）紫外线诱导蛋白（UV-induced protein） 紫外线照射可诱导苯丙氨酸解氨酶、4-香豆酸CoA连接酶等酶蛋白的重新合成，因而促进了可吸收紫外线辐射、减轻植物伤害的类黄酮色素的积累。

（3）干旱逆境蛋白（drought stress protein） 植物在干旱胁迫下可产生逆境蛋白。用聚乙二醇（PEG）设置渗透胁迫处理，可诱导高粱、冬小麦等合成新的多肽。

（4）化学试剂诱导蛋白（chemical-induced protein） 多种多样的化学试剂如ABA、乙烯等植物激素，水杨酸、聚丙烯酸、亚砷酸盐等化合物，亚致死剂量的百草枯等农药，镉、银等金属离子都可诱导新的蛋白合成。

由此可见，无论是物理的、化学的还是生物的因子在一定的情况下都有可能在植物体内诱导出某种逆境蛋白。

七、植物的交叉适应

早在1975年，Boussiba等就指出，植物也像动物一样，存在着“交叉适应”（cross adaptation）现象，即植物经历了某种逆境后，能提高对另一些逆境的抵抗能力，这种对不良环境之间的相互适应作用，称为交叉适应。Levitt指出，低温、高温等刺激都可提高植物对水分胁迫的抵抗力。缺水、缺肥、盐渍等处理可提高烟草对低温和缺氧的抵抗能力；干旱或盐处理可提高水稻幼苗的抗冷性；低温处理能提高水稻幼苗的抗旱性；外源ABA、重金属及脱水可引起玉米幼苗耐热性的增强；冷驯化和干旱则可增加冬黑麦和白菜的抗冻性。这些交叉适应或交叉忍耐（cross tolerances）往往包括了多种保护酶的参与。

在多种逆境条件下，植物体内的ABA、乙烯含量往往会增加，从而提高了对多种逆境的抵抗能力。

逆境蛋白的产生也是交叉适应的表现。一种刺激（逆境）可使植物产生多种逆境蛋白。如一种茄属（*Solanum commerssonii*）植物茎愈伤组织在低温诱导的第一天产生相对分子质量 21000、22000 和 31000 三种蛋白，第七天则产生相对分子质量均为 83000 而等电点不同的另外三种蛋白。多种刺激可使植物产生同样的逆境蛋白。缺氧、水分胁迫、盐、脱落酸、亚砷酸盐和镉等都能诱导热激蛋白的合成；多种病原菌、乙烯、乙酰水杨酸、几丁质等都能诱导病原相关蛋白的合成。此外，脱落酸在常温下可诱导低温锻炼下才形成相对分子质量为 20000 的多肽。

多种逆境条件下，植物都会积累脯氨酸等渗透调节物质，植物通过渗透调节作用可提高对逆境的抵抗能力。

生物膜在多种逆境条件下有相似的变化，而多种膜保护物质（包括酶和非酶的有机分子）在胁迫下可能发生类似的反应，使细胞内活性氧的产生和清除达到动态平衡。

不同的逆境信号，常常会分享同样的信号转导途径，这也是交叉抗性产生的重要原因。图 11-8 以盐、旱、冷胁迫和 ABA 处理为例，说明它们在肌醇磷脂信号系统中具有相同的途径。

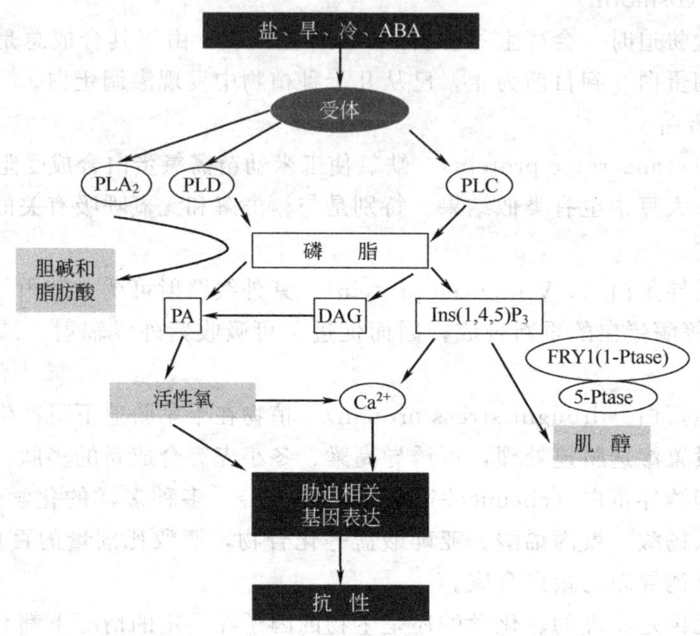

图 11-8　盐、旱、冷胁迫和 ABA 共用肌醇磷脂信号系统

（引自 Jian-Kang Zhu，2002）

必须指出，不同的逆境信号，其信号转导途径常常有其独特的组分和各自不同的转导途径，尽管有交叉，但差异是主要的。因此，不同的逆境胁迫，引起的反应可能相近，但不会完全相同。

第二节　植物的旱害及抗旱性

环境中水分过多或过少都会对植物生长与生存产生不利的影响。水分过多称为水涝胁迫（flooding stress）；水分过少称为干旱胁迫（drought stress）或水分亏缺胁迫（water deficit stress），简称为水分胁迫（water stress）。

一、干旱及旱害

干旱是因长期无雨或少雨而使土壤水分缺乏，空气干燥的气候现象。目前，全球干旱、半干旱地区面积占陆地总面积的34.9%；就耕地而言，干旱、半干旱耕地面积占世界总耕地面积的48%。据统计，在造成作物减产的所有胁迫中，干旱的贡献位居首位，相当于其他所有胁迫之和。

干旱在气象学上有两个含义：一是指干旱性气候，即干旱和半干旱地区气候的基本情况；二是指气候异常，即某段时间内降水显著少于多年的平均值。

旱害是干旱胁迫使植物发生水分亏缺而产生的伤害。根据植物水分亏缺产生的原因，可将干旱分为三种类型，即土壤干旱、大气干旱和生理干旱。土壤干旱是指土壤缺乏植物能够吸收的可利用水。在土壤干旱时，根系吸水减少，满足不了蒸腾失水的需要，植物体内水分的动态平衡被破坏，发生水分亏缺而导致伤害。大气干旱是指大气湿度过低。大气干旱往往伴随着高温，在大气干旱时，蒸腾过强，失水速率大于根系吸水速率，导致体内发生水分亏缺而发生伤害。生理干旱是指土壤水分并不缺乏，只是因为土温过低、土壤溶液浓度过高或积累有毒物质等原因，妨碍根系吸水，造成植物体内水分平衡失调，从而使植物受到干旱危害。

旱害的主要表现是生长受抑、发育延迟、生殖器官发育不良、叶片早衰，花、果实脱落、生殖能力降低，甚至整株死亡。

二、干旱胁迫对植物生理生化过程的影响

植物发生旱害的核心是水分亏缺。水分亏缺可引起一系列的不利于植物生长发育的生理生化变化，甚至直接破坏植物细胞结构，从而导致伤害。

1. 改变膜的结构及透性

当植物细胞失水时，原生质膜的透性增加，大量的无机离子和氨基酸、可溶性糖等小分子被动向组织外渗漏。细胞溶质渗漏的原因是脱水破坏了原生质膜脂类双分子层的排列所致。正常状态下的膜内脂类分子靠磷脂极性同水分子相互连接，所以膜内必须有一定的束缚水时才能保持这种膜脂分子的双层排列。而干旱使得细胞严重脱水，膜脂分子结构即发生紊乱，膜因而收缩出现空隙和龟裂，引起膜透性改变，严重影响膜的功能（图11-9）。

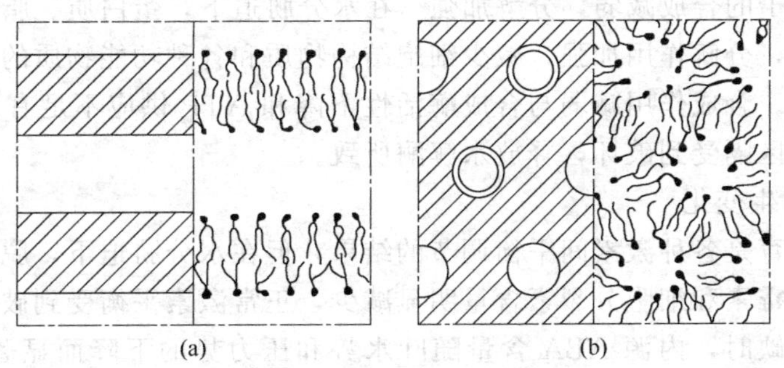

图11-9 膜内脂类分子排列

(a) 在细胞正常水分状况下双分子分层排列；(b) 脱水膜内脂类分子成放射的星状排列

2. 抑制细胞扩大和分裂

生长分化是个复杂的过程，涉及细胞的分裂和扩大，易受水分胁迫抑制。植物生长对水分胁迫非常敏感，一般认为是水分胁迫时第一个可测出的生理反应，但不同种类的植物对水分胁迫的敏感性不同。例如，向日葵叶片的伸展在叶片水势为−0.4MPa时完全停止，而玉米叶片则在−0.5MPa时完全停止。叶片生长对水分胁迫的反应比光合作用更敏感。例如，大豆苏协1号在开花期生长受抑制50%时的水势为−0.88MPa，而光合作用受抑制50%时

的水势则为－1.22MPa。

植物细胞的生长是膨压引起的细胞壁不可逆扩展，至少涉及三个过程：一是溶质积累；二是细胞壁松弛；三是细胞吸水。当组织发生水分亏缺时，细胞不能吸水膨胀，细胞扩大停止。

缺水对细胞分裂也有显著影响，但比对细胞扩大的影响小得多。如烟草叶片水势为－0.75MPa时，伸长生长完全停止，但细胞分裂仍在继续，由于细胞的分裂与扩大不易分开，所以细胞分裂与水势的关系还不很清楚。

由于水分胁迫影响细胞的扩大和分裂，所以显著地影响花器官的发生和发育。干旱缺水主要延迟花原基的产生，抑制花器官的发育，使生长发育延迟。

3. 破坏正常代谢

植物水分亏缺影响代谢的主要特点是抑制物质合成，加快分解，使细胞缺少结构物质和执行各种生理功能的物质。

(1) 抑制光合作用，减少同化物生产　水分胁迫抑制光合作用，其抑制因素有气孔因素和非气孔因素。在轻度干旱胁迫下，光合作用降低主要是由气孔因素引起的，即由于气孔关闭，CO_2 供应减少所致。在严重水分胁迫下，气孔虽然关闭，但叶组织内 CO_2 浓度反而升高，人为增大 CO_2 分压，光合速率也不升高——说明这时光合作用降低不是由气孔因素引起的，而是由非气孔因素，即光合细胞光合能力降低所致。导致光合细胞光合能力下降的原因有：光合膜损伤、光合电子传递和光合磷酸化活力下降、固定和还原 CO_2 的酶活性下降和叶绿素降解等。

(2) 呼吸作用失调　水分胁迫对呼吸作用的影响小于光合作用，而且比较复杂。有些植物在水分胁迫下呼吸作用持续下降，如番茄、苹果等；而另一些植物，如小麦、油菜等，呼吸速率则是先上升后下降。此外，水分胁迫还导致氧化磷酸化解偶联，P/O 的比值下降，降低呼吸效率和加快糖酵解过程。长时间的干旱胁迫会使植物处于饥饿状态，抑制植物的生长发育。

(3) 生物大分子的合成减弱，分解加强　在水分胁迫下，蛋白质、脂类和核酸等生物大分子合成作用减弱，分解作用加强，减少细胞结构物质和各种功能物质的供应，对细胞的结构和功能产生伤害。合成作用减弱与合成酶活性下降和 ATP 供应不足有关，而分解作用加强则可能是细胞内区隔受到破坏，释放水解酶所致。

4. 激素平衡发生变化

植物的生长发育是各种激素间平衡调节的结果，但在水分胁迫下，脱落酸和乙烯含量增加，而生长素、赤霉素和细胞分裂素含量明显减少，正常激素平衡受到破坏，使生长发育受到抑制。在水分亏缺时，内源 ABA 含量随叶水势和压力势的下降而显著升高。ABA 积累提高植物时干旱的适应能力，但同时也抑制光合作用，从而延缓生长发育。在乙烯生物合成过程中 ACC 合成酶是限速酶，在水分亏缺时，该酶活性增强，导致乙烯的大量合成，促进叶绿素分解，叶片衰老和脱落。细胞分裂素等主要在根中合成，在干旱胁迫时，根系合成和向地上部分运输的细胞分裂素减少，也加剧了地上部分的生长发育抑制。

5. 水分分配异常

干旱时，由于来自导管的水分供应不足，植物组织间按水势高低争夺水分：幼叶从老叶吸水，促使老叶枯萎死亡。有些蒸腾强烈的幼叶向分生组织和其他幼嫩组织夺水，影响这些组织的物质运输。例如禾谷类作物穗分化时遇旱，则小穗和小花数减少；灌浆时缺水，影响到物质运输和积累，籽粒就不饱满。对于其他植物，也常由此造成落花落果，影响产量。

旱害是一个十分复杂的现象，图11-10概括了旱害的机理。

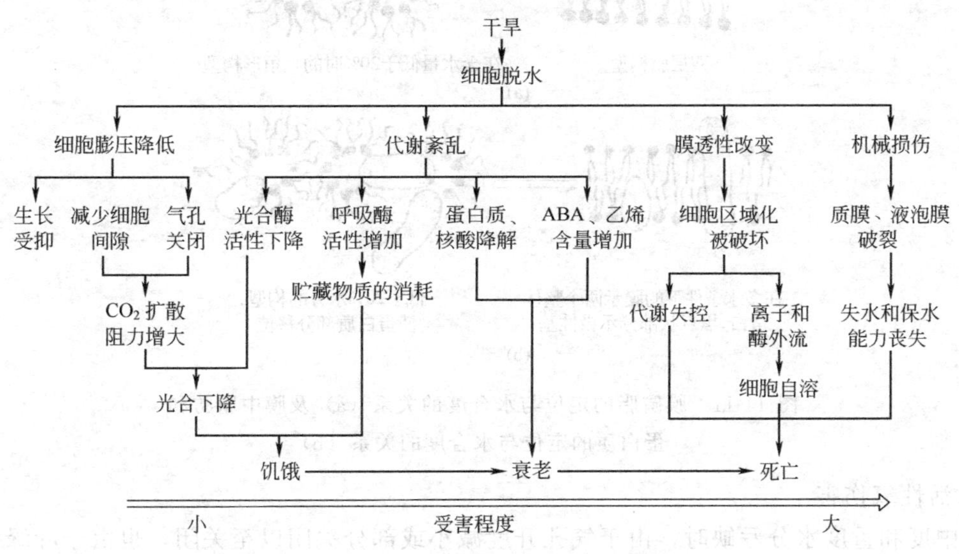

图11-10 干旱引起的伤害（引自王忠，2002）

三、干旱伤害植物的机理

1. 机械伤害

在重度水分亏缺下，特别是在快速脱水或突然复水，都会造成严重的直接机械伤害。如我国北方干热风（气温≥34℃、相对湿度≤25%、风速≥3m/s）对小麦的危害、大量追施化肥的“烧苗”、重旱后突然的小雷阵雨或浇灌少量低温水，往往会造成“青枯”死亡。这种情况下的伤害主要是机械伤害。伤害首先发生在亚细胞结构上，由于液泡强烈失水收缩，使内质网及细胞器膜系统受到机械撕拉伤害，进而引起细胞结构的伤害。在干旱脱水时，细胞壁和原生质同时收缩，在细胞壁上形成许多锐利内陷的折叠，能刺破原生质。当细胞壁因弹性限制不能再收缩，而原生质继续收缩时，原生质体就可能被撕破。另外，当细胞突然吸水复原时，由于细胞壁吸水膨胀速度大于原生质，这种不协调膨胀，就可撕破粘连在细胞壁上的原生质。由于这样脱水或复水造成的机械损伤都可导致细胞死亡，这也是植物组织器官以至整体植株死亡的重要原因。对于中度至重度水分胁迫下的伤害，目前认为可能是膜构型改变和活性氧伤害造成的。

2. 膜构型改变

与膜成分（膜脂和膜蛋白）紧密结合的水分子层是膜脂双层结构稳定的重要因素。膜内必须束缚一定量水分子才能保持膜中脂类分子的双层排列，当发生水分胁迫时，磷脂分子重组呈放射状排列。膜结构由双层脂流动镶嵌型变为六方晶体构型，膜脂双分子层的内外层脂质分子翻转，形成微团，出现非双层脂的脂三层、脂四层或脂六层的紊乱结构（图11-11）。

在膜不均匀加厚的同时，出现了水腔道和裂缝，细胞内容物质向外泄漏。膜蛋白从膜中置换出来，留在充水腔道中，膜蛋白的结构虽未被破坏，但某些酶蛋白、酶复合体或关键性结构成分被置换出来而丧失膜蛋白的功能。膜脂非双分子层结构也可从膜脂层中游离出来聚集而成脂滴（电镜片中观察到的脂球）。这时细胞虽未死亡，但已受到伤害。所以可用测定外渗电导值的方法来判断膜伤害。

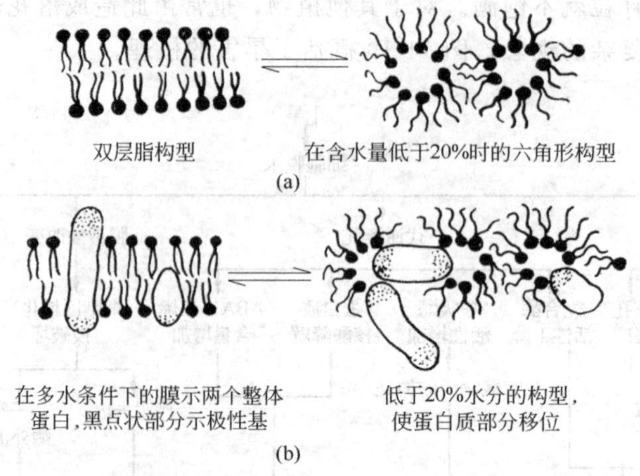

图 11-11 膜磷脂的定位与水合度的关系（a）及膜中脂肪和蛋白质的定位与水合度的关系（b）

3. 活性氧伤害

在中度和重度水分亏缺时，由于气孔开度减小或部分关闭以至关闭，也由于叶绿体光合性能降低，使固定 CO_2 的暗反应能力降低，其结果必然使 $NADP^+$ 的再生受阻，而叶绿体光合电子传递对水分胁迫相对不敏感，电子不能传递给 $NADP^+$，就泄漏给氧分子，在类囊体膜内发生单电子还原生成 $O_2^{\cdot -}$ （Mehler 反应），再经膜的表面扩散，由基质中的 SOD 催化生成 H_2O_2，并转化为其他多种活性氧。

活性氧量如超过伤害阈值，其伤害反应有：①激活膜蛋白酶，使膜蛋白分解破坏；②激活脂氧合酶，引发膜脂过氧化作用；③直接引发膜脂过氧化作用，膜脂过氧化的许多中间产物（有机自由基）和最终产物丙二醛都会使膜蛋白和酶蛋白发生聚合、交联或断裂而变性；④激活磷脂酶，引发膜磷脂的脱酯化作用。最终导致膜系统和细胞器受伤害，使膜的选择透性、物质吸收运输、信息传递和代谢过程等正常功能受损，严重时会造成细胞或整株死亡。水分亏缺时的膜伤害特别是叶绿体的膜伤害，是造成光合作用降低的非气孔因素之一，而光合作用的降低，又加剧了活性氧代谢的失调，活性氧的积累进而又伤害了膜系统，这也是水分亏缺时造成的一种恶性循环过程。

四、抗旱性的机理及其提高途径

1. 抗旱性的机理

抗旱性是植物对旱害的一种适应，通过生理生化的适应变化减少干旱对植物所产生的危害。通常农作物的抗旱性主要表现在形态与生理两方面。

（1）形态结构特征　抗旱性强的作物往往根系发达，伸入土层较深，能更有效地利用土壤水分。根冠比大可作为选择抗旱品种的形态指标。抗旱作物叶片的细胞体积小，这可减少失水时细胞收缩产生的机械伤害。有的作物品种在干旱时叶片卷成筒状，以减少蒸腾损失。不同植物可通过不同形态特征适应干旱环境。

（2）生理生化特征　保持细胞有很高的亲水能力，防止细胞严重脱水，这是生理性抗旱的基础。最关键的是在干旱条件下，水解酶类（如 RNA 酶、蛋白酶、脂酶等）保持稳定，减少生物大分子分解，这样既可保持原生质体，尤其是质膜不受破坏，又可使细胞内有较高的黏性与弹性，通过黏性来提高细胞保水能力，同时弹性增高又可防止细胞失水时的机械损伤。原生质结构的稳定可使细胞代谢不致发生紊乱异常，使光合作用与呼吸作用在干旱下仍维持较高水平。植物保水能力或抗脱水能力是抗旱性的重要指标。脯氨酸、甜菜碱和脱落酸等物质积累变化也是衡量植物抗旱能力的重要指标。

在干旱等渗透胁迫下，植物常常会诱导抗性基因的表达，以提高对渗透胁迫的抗性（图11-12）。

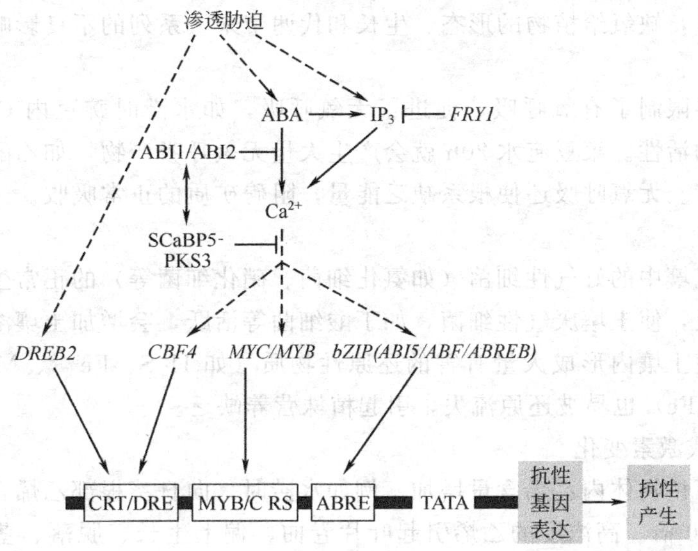

图 11-12 渗透胁迫下（如干旱）植物抗性产生的分子机制

2. 提高作物抗旱性的途径

（1）抗旱锻炼 所谓抗旱锻炼，是将植物处于一种致死量以下的干旱条件中，让植物经受干旱，以提高其对干旱适应能力的方法。在农业生产上有很多锻炼方法。如玉米、棉花、烟草、大麦等广泛采用在苗期适当控制水分，抑制生长，以锻炼其适应干旱的能力，称为“蹲苗”。蔬菜移栽前拔起让其适当萎蔫一段时间后再栽，这叫“搁苗”。甘薯剪下的藤苗很少立即扦插，一般要放置阴凉处一段时间，这叫“饿苗”。通过这些措施处理后，植株根系发达，保水能力强，叶绿素含量高，干物质积累多，抗逆能力强。

（2）化学诱导 用化学试剂处理种子或植株，可产生诱导作用，提高植物抗旱性。如用0.25% $CaCl_2$ 溶液浸种 20h，或用 0.05% $ZnSO_4$ 喷洒叶面都有提高植物抗旱性的效果。

（3）矿质营养 合理施肥可使植物抗旱性提高。磷、钾肥能促进根系生长，提高保水力。氮素过多对作物抗旱不利，凡是枝叶徒长的作物，蒸腾失水增多，易受旱害。

一些微量元素也有助于作物抗旱。硼在提高作物的保水能力与增加糖分含量方面与钾类似，同时硼还可提高有机物的运输能力，使蔗糖迅速地流向结实器官，这对因干旱而引起运输停滞的情况有重要意义。铜能显著改善糖与蛋白质代谢，这在土壤缺水时效果更为明显。

（4）生长延缓剂与抗蒸腾剂的使用 脱落酸可使气孔关闭，减少蒸腾失水。矮壮素、B_9、S_{3307} 等能增加细胞的保水能力。合理使用抗蒸腾剂也可降低蒸腾失水。

第三节 植物的涝害和抗涝性

水分过多对植物的危害称涝害（flood injury），植物对积水或土壤过湿的适应力和抵抗力称植物的抗涝性（flood resistance）。

在低湿、沼泽地带、河边以及在发生洪水或暴雨之后，常有涝害发生。涝害会使作物生长不良，甚至死亡。

一、涝害对植物的影响

水分过多对植物的危害，并不在于水分本身，因为植物在营养液中也能生存。核心问题是液相中含氧量少，缺氧给植物的形态、生长和代谢带来一系列的不良影响。

1. 代谢紊乱

水涝缺氧主要限制了有氧呼吸，促进了无氧呼吸，如水涝时豌豆内 CO_2 含量达 11%，强烈抑制线粒体的活性。菜豆淹水 20h 就会产生大量无氧呼吸产物，如乙醇、乳酸等，使代谢紊乱，受到毒害。无氧呼吸还使根系缺乏能量，阻碍矿质的正常吸收。

2. 营养失调

水涝缺氧使土壤中的好气性细菌（如氨化细菌、硝化细菌等）的正常生长活动受抑，影响矿质供应；相反，使土壤厌气性细菌，如丁酸细菌等活跃，会增加土壤溶液的酸度，降低其氧化还原势，使土壤内形成大量有害的还原性物质（如 H_2S、Fe^{2+}、Mn^{2+} 等），一些元素（如 Mn、Zn、Fe）也易被还原流失，引起植株营养缺乏。

3. 乙烯增加或激素变化

在淹水条件下植物体内乙烯含量增加。例如水涝时，向日葵根部乙烯含量大增，美国梧桐乙烯含量提高 10 倍。高浓度的乙烯引起叶片卷曲、偏上生长、脱落、茎膨大加粗；根系生长减慢；花瓣褪色等。水分过多引起乙烯增加的原因可能是：①合成加强；②向空气扩散量减少；③土壤微生物合成的乙烯增多。

4. 生长受抑

水涝缺氧可降低植物的生长量。玉米在淹水 24h 后干物质生产降低 57%。受涝的植物生长矮小，叶黄化，根尖变黑，叶柄偏上生长。淹水对种子萌发的抑制作用尤为明显。水稻种子淹没水中使芽鞘伸长，不长根，叶片黄化，必须通气后根才出现。

二、植物的抗涝性

不同作物抗涝能力有别。如旱生作物中，油菜比马铃薯、番茄抗涝；荞麦比胡萝卜、紫云英抗涝。沼泽作物中，水稻比藕更抗涝。水稻中，籼稻比糯稻抗涝；糯稻又比粳稻抗涝。

同一作物不同生育期抗涝程度不同。在水稻一生中以幼穗形成期到孕穗中期最易受水涝危害，其次是开花期，其他生育期受害较轻。

作物抗涝性的强弱决定于对缺氧的适应能力。

1. 通气系统

很多植物可以通过胞间空隙把地上部吸收的 O_2 输入根部或缺 O_2 部位，发达的通气系统可增强植物对缺氧的耐力。据推算，水生植物的胞间隙约占植株总体积的 70%，而陆生植物只占 20%。水稻幼根的皮层细胞间隙要比小麦大得多，且成熟以后根皮层内细胞大多崩溃，形成特殊的通气组织，而小麦根的结构上没有变化。水稻通过通气组织能把 O_2 顺利地运输到根部。

2. 提高抗缺氧能力

缺氧所引起的无氧呼吸使体内积累有毒物质，而耐缺氧的生化机理就是要消除有毒物质，或对有毒物质具忍耐力。某些植物（如甜茅属）淹水时刺激糖酵解途径，以后即以磷酸戊糖途径占优势，这样消除了有毒物质的积累。有的植物缺乏苹果酸酶，抑制由苹果酸形成丙酮酸，从而防止了乙醇的积累。有一些耐湿的植物则通过提高乙醇脱氢酶活性以减少乙醇的积累。有人发现，耐涝的大麦品种比不耐涝的大麦品种受涝后根内的乙醇脱氢酶的活性高。

第四节 植物的冷害与抗冷性

低温对植物造成的伤害称为寒害。按照低温程度和受害情况，可分为冷害和冻害。把植物对低温的适应能力与抵抗能力称为抗寒性。

一、冷害

冰点以上低温对植物的伤害称为冷害（chilling injury）。而植物对冰点以上低温的适应能力称为抗冷性（chilling resistance）。

冷害经常发生于早春和晚秋，对作物的危害主要表现在苗期与籽粒或果实成熟期。种子萌发期的冷害，常延迟发芽，降低发芽率，诱发病害。苗期冷害主要表现为叶片失绿和萎蔫。作物在减数分裂期和开花期对低温也十分敏感。晚稻灌浆期遇到寒流会造成籽粒空瘪。10℃以下低温会影响多种果树的花芽分化，降低其结实率。果蔬贮藏期遇低温，表皮变色，局部坏死，形成凹陷斑点。在很多地区冷害是限制农业生产的主要因素之一。

根据植物对冷害的反应速度，可将冷害分为直接伤害与间接伤害两类。直接伤害是指植物受低温影响后几小时，至多在1天之内即出现伤斑，说明这种影响已侵入胞内，直接破坏原生质活性。间接伤害主要是指由于引起代谢失调而造成的伤害。低温后植株形态上表现正常，至少要在五六天后才出现组织柔软、萎蔫，而这些变化是代谢失常后生理生化的缓慢变化而造成的，并不是低温直接造成的。

二、冷害时植物体内的生理生化变化

冷害对植物的影响不光表现在叶片变褐、干枯，果皮变色等外部形态上，更重要的是在细胞的生理生化上发生了剧烈变化：膜透性增加；原生质流动减慢或停止；水分代谢失调；光合速率减弱；呼吸速率大起大落；有机物分解占优势。

三、冷害的机理

目前公认冷害的原初部位是生物膜，植物在遭受冷害时，不论是膜脂还是膜蛋白都会受到影响。

1. 膜脂相变与冷害机理

膜脂的物理状态（物相）随温度而变化，或者由流动的液相经液晶相向固态的凝胶相转变，或者反向变化。膜脂这种随温度变化而发生的流动性变化，称为膜脂相变。发生相变的温度称为相变温度或相变点。但这不是一个严格的点，它只是具有低限与高限的温度区。当前已将膜脂相变温度作为鉴定膜流动性的一种指标。

当温度下降至某一临界低温时，膜脂由液晶相转变为固态的凝胶相。如果固化引起脂质分子的收缩是均匀的，膜面积缩小，分子间排列更紧密，则会降低膜对水分和水溶性物质的透性。这也是冷敏植物次生水分胁迫的主要原因，当土温降低，根细胞膜缓慢均匀收缩，结果降低了对水分的吸收，而地上部的蒸腾作用降低不明显，于是破坏了体内的水分平衡，发生水分亏缺。

膜透性降低也可使代谢受到影响，如冷敏的棉花种苗在5℃时，其乙醛酸体对琥珀酸的

透性降低，导致琥珀酸在这一细胞器中积累并抑制柠檬酸酶的活性，于是抑制细胞中贮藏脂肪通过乙醛酸循环转变为碳水化合物，从而降低棉苗的生长速率。

如果冷温突然袭击，膜及其组分的收缩可能是不均匀的，这将导致机械损伤，使膜产生断裂或裂缝，出现离子和其他可溶性物质的渗漏。膜脂相变的可逆性只有在质变性伤害以前回暖才可能恢复正常代谢。如果在冷温下的时间延长，细胞内含物渗漏之后继而破坏了离子或物质平衡，引起代谢失调，出现分解性代谢并导致崩溃变化，则纵然回暖，膜的损失也是不可恢复的，这也就必然引起生理生化方面的异常变化。

但一些实验与脂相变理论并不相符，如试验证明，K^+ 的渗漏是通过膜上的蛋白质部位，即由于离子泵发生伤害而造成的，这时通过脂层的透性并未因低温而改变。再如菜豆叶片中电解质的渗漏只有当冷（5℃）处理结合叶片部分脱水（水分胁迫）才出现，如这两种处理单独进行，均不引起离子渗漏。由此可见，还存着膜脂相变以外的伤害机理，不能简单地把冷害机理全归之于膜脂相变的反应。

2. 蛋白质低温损伤与冷害机理

对维持蛋白质的空间构象来说，疏水键更为重要。低温对蛋白质的直接作用是使其分子中的疏水键削弱，引起蛋白质（酶）构象发生变化，尤其是引起活性中心的构象变化，从而影响许多变构酶的调节，导致代谢平衡上的变化。许多植物在正常生长温度下积累淀粉，而在低温下则大量积累糖。甘蓝遇低温时，15～30min 内就引起叶中淀粉水解（Dear，1973）。这样快的反应既不可能是由于有新酶产生而引起，也不会是因为原有酶的活化，而是由于具有较高活化能的酶被低温抑制的程度较另一些酶更甚，导致后者的相对被促进，从而引起某一特异代谢途径增强，伴随其最终产物的积累。再如马铃薯在 2℃下糖酵解受抑制程度比蔗糖合成酶更甚，从而出现蔗糖的净积累（Pollock，Ap Rees，1975a）。

疏水键的削弱也可引起多聚酶解离为亚单位而失活，如多聚 tRNA 合成酶、PEP 羧化酶、丙酮酸磷酸二激酶和 RuBP 羧化酶等多聚酶均有冷失活现象。C_4 植物的丙酮酸磷酸二激酶（使 PEP 再生）在低温下由四聚体解离为二聚体，其冷失活程度与植物的耐冷性相关。多聚酶冷失活除由蛋白质解聚引起外，还可由构象变化造成，RuBP 羧化酶在冷温下可发生构象改变而暴露其蛋白质的—SH 和疏水区。膜结合酶一般含有较多的疏水键，而且是通过疏水键与膜结合，当这些疏水键被低温削弱后，可能导致此类蛋白质自膜脱落和冷失活。

细胞中一些对低温敏感的多聚蛋白结构的微管和微丝，也可在低温下解聚，从而影响到细胞在低温下的结构和功能进而干扰正常生理过程。如低温可使微管蛋白解聚为 a、β 微管蛋白亚基，从而引起减数分裂和有丝分裂的纺锤体消失，这可能是造成某些冷敏植物花粉形成期在低温下败育的原因。ABA 提高植物抗低温的作用是与其对微管稳定性的维持有关。因此，低温对蛋白质袭击的原初反应虽然只是疏水键，但后继反应却是多层次多途径的。

3. 活性氧伤害与冷害机理

许多研究表明，冷敏植物在冷胁迫下，活性氧产生增多，清除能力减弱，造成活性氧积累，进而引起了膜脂过氧化作用和蛋白质（特别是膜蛋白）的交联、聚合作用，使细胞膜系统的结构和功能破坏，导致细胞受害。刘鸿先等（1985）对黄瓜幼苗研究表明：随温度的下降，子叶中 SOD 活性的显著下降比子叶电解质渗出率的增高出现早。子叶细胞的各细胞器中 SOD 对低温的反应，以叶绿体最敏感，其酶活性下降最多，其次为线粒体，而以细胞溶质的 SOD 最稳定，这种顺序也与各部分对冷胁迫的敏感性相一致。光对冷胁迫下的膜脂过氧化有促进（加剧）作用，王以柔等（1986）指出，水稻幼苗在光照和黑暗两种条件下，5℃处理 48h 后，叶中 MDA 都显著增加，但以光下低温处理增加最多。从叶绿体超微结构的破坏程度和叶绿素含量的降低程度看，也是光下低温处理更重。

过氧化氢酶（CAT）和过氧化物酶（POD）的活性也受冷胁迫而降低或失去消除活性氧的功能。膜脂过氧化产物（MDA）对保护酶系统也有害。植物体内的抗氧化物质如抗坏血酸（ASA）、谷胱甘肽（GSH）等也随冷胁迫加重而减少，最终造成植物在冷胁迫下活性氧清除能力降低，使活性氧积累而造成伤害。

根据膜脂相变理论、蛋白质损伤理论和活性氧伤害理论，对冷敏植物的冷害机理，可用图 11-13 表示其伤害的可能途径。

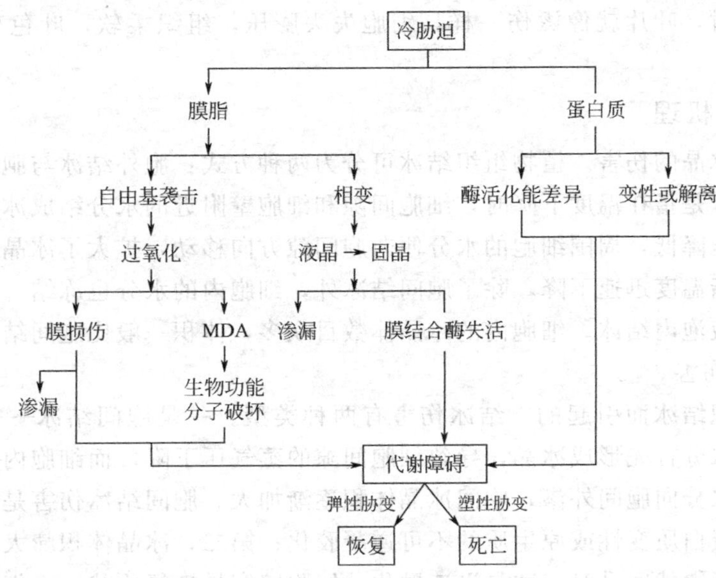

图 11-13　冷胁迫伤害途径总结图解

四、提高植物抗冷性的措施

1. 低温锻炼

很多植物如预先给予适当的低温锻炼，而后即可抗御更低的温度。

春季在温室、温床育苗，进行露天移栽前，必须先降低室温或床温。如番茄苗移出温室前先经一两天 10℃处理，栽后即可抗 5℃左右低温；黄瓜苗在经 10℃锻炼后即可抗 3～5℃低温。

2. 化学诱导

细胞分裂素、脱落酸和一些植物生长调节剂及其他化学试剂可提高植物的抗冷。如玉米、棉花种子播前用福美双 $[(CH_3)_2NCSS]_2$ 处理，可提高植物抗寒性；将 2,4-D，KCl 等喷于瓜类叶面则有保护其不受低温危害的效应；PP_{333}、S_{3307}、抗坏血酸（维生素 C）、油菜素内酯等于苗期喷施或浸种，也有提高水稻幼苗抗冷性的作用。

3. 合理施肥

调节氮磷钾肥的比例，增加磷、钾肥比重能明显提高植物抗冷性。

第五节　植物的冻害与抗冻性

一、冻害

冰点以下低温对植物的伤害称为冻害（freezing injury）。植物对冰点以下低温的适应能力称为抗冻性（freezing resistance）。

冻害发生的温度限度，可因植物种类、生育时期、生理状态、组织器官及其经受低温的时间长短而有很大差异。大麦、小麦、燕麦、苜蓿等越冬作物一般可忍耐－7～－12℃的严寒；有些树木（如白桦）可以经受－45℃的严冬而不死；种子的抗冻性很强，在短时期内可经受－100℃以下冷冻而仍保持其发芽能力；某些植物的愈伤组织在液氮下，即在－196℃低温下保存4个月之久仍有活性。

一般剧烈的降温和升温以及连续的冷冻，对植物的危害较大；缓慢的降温与升温解冻，植物受害较轻。

植物受冻害时，叶片就像烫伤一样，细胞失去膨压，组织柔软，叶色变褐，最终干枯死亡。

二、冻害的机理

冻害主要是冰晶的伤害。植物组织结冰可分为两种方式：胞外结冰与胞内结冰。胞外结冰又叫胞间结冰，是指在温度下降时，细胞间隙和细胞壁附近的水分结成冰。随之而来的是细胞间隙的蒸气压降低，周围细胞的水分便向胞间隙方向移动，扩大了冰晶的体积。

胞内结冰是指温度迅速下降，除了胞间结冰外，细胞内的水分也冻结。一般先在原生质内结冰，后来在液泡内结冰。细胞内的冰晶体数目众多，体积一般比胞间结冰的小。

1. 结冰机械伤害

冻害是由组织结冰而引起的。结冰伤害有两种类型。一是胞间结冰——温度缓慢下降时，细胞间隙的水分首先形成冰晶，导致细胞间隙的蒸气压下降，而细胞内的蒸气压仍然较大，使细胞内的水分向胞间外渗，胞间冰晶体积逐渐加大。胞间结冰伤害是：第一，原生质过度脱水，导致蛋白质变性或原生质的不可逆凝胶化；第二，冰晶体积膨大对细胞产生机械损伤；第三，温度骤然回升时，冰晶迅速融化，细胞壁容易恢复原状，而细胞质则较慢，易被撕破。如果冰冻时间较短，温度回升较慢，胞间结冰不一定导致细胞死亡。例如，白菜、雪菜等很多作物能够忍受胞间结冰。二是胞内结冰——降温迅速或温度过低，不仅胞间结冰，而且胞内结冰，即原生质与细胞液相继结冰。胞内结冰伤害主要是机械损伤，冰晶直接破坏生物膜、细胞器和衬质结构，从而影响酶的活性与代谢正常进行。胞内结冰常常给植物带来致命的伤害。

2. 膜的伤害

马克西莫夫曾认为，结冰伤害一定是膜被破坏。许多实验证明了这一点。膜对结冰最为敏感，如柑橘细胞在－6.7～－4.4℃下，质膜、液泡膜、叶绿体膜、线粒体膜也显著破坏。电导法测定结果表明，冰冻处理后因膜的破坏而使电解质外渗极为严重。膜伤害的另一种表现是膜脂相变，使一部分与膜结合的酶游离而失去了活性。叶绿体类囊体膜的光合磷酸化和线粒体内膜的氧化磷酸化解偶联，ATP形成明显减少，导致代谢失调。

关于结冰造成膜伤害的原因，有些实验发现，结冰温度主要引起构成膜的脂类与蛋白质结构发生变化，如具有不饱和脂肪酸的磷脂水解、脂类的过氧化等均可破坏膜内脂类分子的排列。以冰冻蚀刻法直接观察到受冻后细胞质膜脂类分子层的破裂。低温能引起蛋白质变性则是常见的现象，比如失去四级结构，使大分子解体为亚基；由于丧失四级结构，使分子伸长外露，在分子之间重新形成新的化学键，如二硫键，从而引起分子不可逆的凝聚，其过程大致如下：

$$\text{自然状态} \underset{\text{常温}}{\overset{\text{低温}}{\rightleftharpoons}} \text{变性状态} \xrightarrow{\text{持续低温}} \text{凝聚状态}$$

由于构成膜的脂类与蛋白质的结构发生变化，使膜失去流动镶嵌状态，甚至出现孔道或龟裂，破坏了膜与酶的结合，丧失了物质的控制能力。

3. 巯基假说

1962 年，Levitt 提出植物细胞结冰引起蛋白质损伤的巯基假说。当组织结冰脱水时，由于蛋白质分子内部失水或相邻蛋白质分子的失水，使巯基（—SH）形成二硫键（—S—S—）的概率增加；当解冻时，肽链松散，氢键断裂，但—S—S—键还保存，肽链的空间位置发生变化，蛋白质分子的空间构象改变，因而蛋白质结构被破坏，进而引起细胞的伤害和死亡。所以，组织抗冻性的基础在于阻止细胞中蛋白质分子间二硫键的形成。

发生冻害是诸多因素的综合结果（图 11-14）。

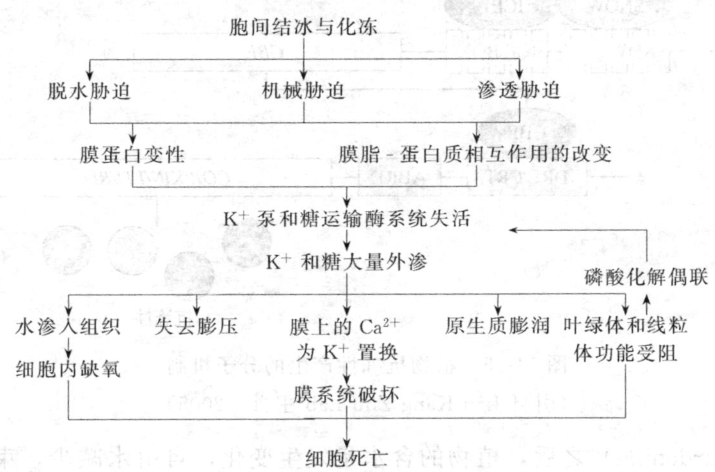

图 11-14　冻害的机理（引自萧浪涛和王三根，2004）

三、植物对冻害的适应性

植物在长期进化过程中，在生长习性和生理生化方面都对低温具有特殊的适应方式。如一年生植物主要以干燥种子形式越冬；大多数多年生草本植物越冬时地上部死亡，而以埋藏于土壤中的延存器官（如鳞茎、块茎等）渡过冬天；大多数木本植物或冬季作物除了在形态上形成或加强保护组织（如芽鳞片、木栓层等）和落叶外，主要在生理生化上有所适应，增强抗寒力。

经过逐渐的降温，植物在形态结构上也有较大变化，如秋末温度逐渐降低，抗寒性强的小麦质膜可能发生内陷弯曲现象。这样，质膜与液泡相接近，可缩短水分从液泡排向胞外的距离，排除水分在细胞内结冰的危险。

冬季低温到来前，植物在生理生化方面对低温的适应变化主要有：植株含水量下降；呼吸减弱；激素含量发生变化；生长停止，进入休眠；保护物质增多。

总之，在严冬来临之前，植物接受到各种信号，主要是光信号（日照变短）和温信号（气温下降），就会在生理上产生一系列适应性反应，如生长基本停顿、代谢减弱、含水量降低、抗冻蛋白合成增加（图 11-15）、原生质胶体性质改变等，以适应低温条件，安全越冬。

四、提高植物抗冻性的措施

1. 抗冻锻炼

在植物遭遇低温冻害之前，逐步降低温度，使植物提高抗冻的能力，是一项有效的措

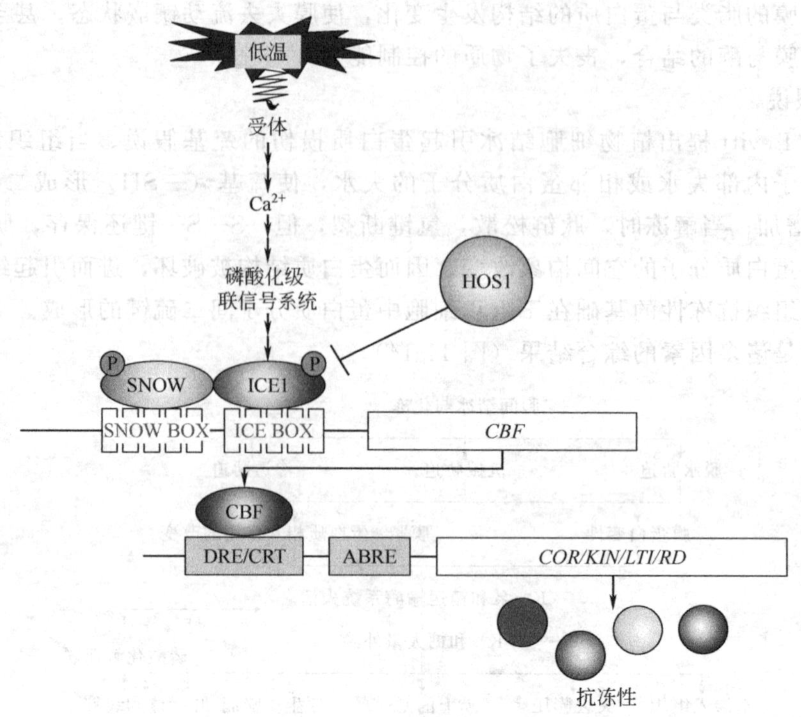

图 11-15 植物抗冻性产生的分子机制
(引自 Jian-Kang Zhu Lab 主页，2005)

施。通过锻炼（hardening）之后，植物的含水量发生变化，自由水减少，束缚水相对增多；膜不饱和脂肪酸也增多，膜相变的温度降低；同化物积累明显，特别是糖的积累；激素比例发生改变，脱水能力显著提高。经过低温锻炼后，植物组织的含糖量（包括葡萄糖、果糖、蔗糖等可溶性糖）增多，还有一些多羟醇，如山梨醇、甘露醇与乙二醇等也增多。

2. 化学调控

一些植物生长物质可以用来提高植物的抗冻性。比如用生长延缓剂 B_9、2,4-D、矮壮素、脱落酸等来控制生长和抵抗逆境（包括冻害）已成为现代农业的一个重要手段。

3. 农业措施

作物抗冻性的形成是对各种环境条件的综合反应。要采取有效农业措施，加强田间管理，防止冻害发生。

① 及时播种、培土、控肥、通气，促进幼苗健壮，防止徒长，增强秧苗素质。

② 寒流霜冻来前实行冬灌、熏烟、盖草，以抵御强寒流袭击。

③ 实行合理施肥，可提高钾肥比例，也可用厩肥与绿肥压青，提高越冬或早春作物的御寒能力。

④ 早春育秧，采用薄膜苗床、地膜覆盖等对防止冷害和冻害都很有效。

第六节 植物的热害与抗热性

一、热害

由高温引起植物伤害的现象称为热害（heat injury）。而植物对高温胁迫（high temperature stress ）的适应则称为抗热性（heat resistance）。但热害的温度很难定量，因为不同类的植物对高温的忍耐程度有很大差异。根据不同植物对温度的反应，可分为如下几类。

(1) 喜冷植物 例如某些藻类、细菌和真菌，生长温度为在零上低温（0～20℃），当温度在15～20℃以上即受高温伤害。

(2) 中生植物 例如水生和阴生的高等植物、地衣和苔藓等，生长温度为10～30℃，超过35℃就会受伤。

(3) 喜温植物 其中有些植物在45℃以上就受伤害，称为适度喜温植物，例如陆生高等植物、某些隐花植物。有些植物则在65～100℃才受害，称为极度喜温植物，例如某些蓝细胞、真菌和细菌等。

发生热害的温度和作用时间有关，即致伤的高温和暴露的时间成反比，暴露时间愈短，植物可忍耐的温度愈高。

在中国许多地方发生的“干热风”，即高温低湿，并伴有一定风力的农业气象灾害性天气，可以认为是高温和干旱相结合对农作物危害的典型事例。

二、热害的机理

(一) 热害的症状

植物热害的一般症状是：叶片出现明显的坏死斑，叶绿素破坏严重；叶色变成褐黄；器官脱落；木本植物树干（尤其是向阳部分）干燥，开裂；鲜果（如葡萄、番茄等）灼伤，以后在受伤与健康两部分之间形成木栓，有时甚至整个果实死亡；出现雄性不育、花序或子房脱落等异常现象。

(二) 热害的机理

1. 直接伤害

(1) 膜脂液化 在高温作用下，膜脂流动性显著增高，生物膜的蛋白质与脂类之间的化学键易于断裂，使脂类脱离膜而形成一些液化的小囊泡，从而破坏了膜的结构，导致膜丧失选择透性与主动吸收的能力。膜脂液化程度与脂肪酸的饱和程度有关，饱和程度愈高，液化温度愈高，耐热性则愈强。

(2) 蛋白质变性 由于维持蛋白质空间构型的氢键和疏水键的键能较低，因此高温易使其断裂，导致蛋白质的空间结构破坏，失去其原有的特性。蛋白质的变性最初是可逆的，但在持续高温作用下很快转变为不可逆的凝聚状态。

2. 间接伤害

间接伤害是指高温导致代谢的异常，渐渐使植物受害，其过程是缓慢的。高温常引起植物过度的蒸腾失水，此时同旱害相似，因细胞失水而造成一系列代谢失调，导致生长不良。

(1) 饥饿 高温下呼吸作用大于光合作用，即消耗多于合成，若高温时间长，植物体就会出现饥饿甚至死亡。因为光合作用的最适温度一般都低于呼吸作用的最适温度，如马铃薯的光合最适温度为30℃，而呼吸最适温度接近50℃。

(2) 有毒物质积累 高温使氧气的溶解度减小，抑制植物的有氧呼吸，积累无氧呼吸所产生的有毒物质，如乙醇、乙醛等。如果提高高温时的氧分压，则可显著减轻热害。氨（NH_3）毒害也是高温的常见现象。高温抑制含氮化合物的合成，促进蛋白质的降解，使体内氨过度积累而毒害细胞。

(3) 缺乏生理活性物质 高温使某些生化环节发生障碍，使得植物生长所必需的活性物质如维生素、核苷酸缺乏，从而引起植物生长不良或出现伤害。

（4）蛋白质合成下降　高温一方面使细胞产生了自溶的水解酶类，或溶酶体破裂释放出水解酶使蛋白质降解；另一方面破坏了氧化磷酸化的偶联，减少了为蛋白质生物合成提供的能量。此外，高温还破坏核糖体和核酸的生物活性，从根本上降低蛋白质的合成能力。

3. 次生胁迫伤害

高温常引起叶片过度蒸腾失水，与干旱类似，导致细胞脱水，脱水与高温一起，引起一系列的不利于植物生长发育的生理生化变化和细胞结构损伤，从而引起伤害。

图 11-16 总结了植物的热害。

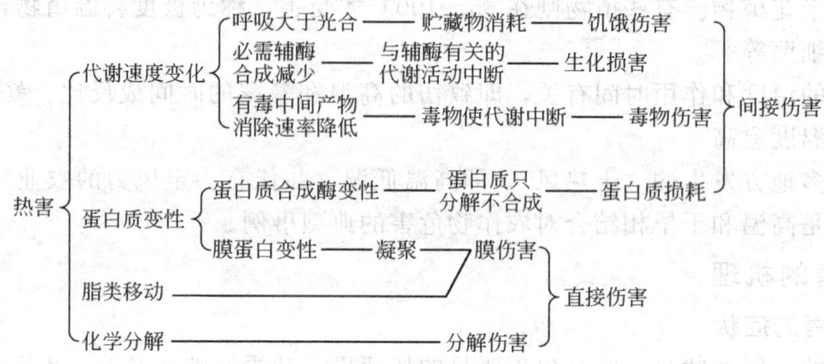

图 11-16　植物的热害（引自萧浪涛和王三根，2004）

三、植物的抗热性及提高途径

植物的抗热性与地理起源和长期生活的环境有关。通常，生长在干燥和炎热环境的植物，其抗热性高于生长在潮湿和阴凉环境的植物。例如，景天科等肉质植物半小时的热致死温度是50℃，而阴生植物（如酢浆草等）则为40℃左右。C_4 植物起源于热带和亚热带，其抗热性高于 C_3 植物。C_3 植物光合最适温度在 20～30℃，C_4 植物光合最适温度则为 35～40℃。C_4 植物的温度补偿点也高于 C_3 植物。当气温在 35～40℃时，C_3 植物因贮藏物质消耗而处于饥饿状态，而 C_4 植物尚有净光合积累，故抗热性较强。

植物不同的部位和不同的生育期，其抗热性也存在差异。成熟叶片的抗热性大于嫩叶，更大于衰老叶；休眠种子抗热性最强，随着种子吸胀萌发，其抗热性逐渐降低；油料种子抗热性高于淀粉种子；果实愈成熟抗热性愈强；细胞内自由水含量愈低，蛋白质愈不易变性，因而抗热性愈强。

植物的抗热性更与其体内的代谢有关。

第一，与蛋白质（包括酶）的热稳定性有关。凡是抗热性强的植物，其蛋白质不致因高温而变性和凝聚，仍可维持一定的正常代谢。蛋白质的热稳定性主要取决于分子内化学键键能的大小。据测定，分子内的二硫键键能高，热稳定性高，而氢键键能低，受热易断裂。因此，分子内二硫键越多的蛋白质抗热性就越强。键的强弱还受各种离子的影响，一价阳离子使蛋白质的键松弛，降低抗热性；二价阳离子（如 Mg^{2+}、Zn^{2+}）能连接相邻的两个基团增强分子结构的稳定性，因而抗热性提高。

第二，与核酸的热稳定性有关。核酸的热稳定性可维持正常的蛋白质合成，从根本上保证了蛋白质的代谢。当核酸损伤时，修复能力的大小也与抗性的强弱有密切的关系。

第三，与膜的热稳定性有关。在高温下膜透性增加较小的植株抗热性较强。

第四，与有机酸的代谢有关。有机酸可消除因蛋白质分解而释放的 NH_3 的毒害。生长在高温环境中的植物有机酸代谢旺盛，抗热能力相对较高。

提高植物抗热性的生理途径主要有以下几个方面。

1. 高温锻炼

高温锻炼能够提高植物的抗热性。例如，把一种鸭跖草在28℃下栽培5周，与对照（生长在20℃下3周）相比，其叶片耐热性从47℃提高到51℃。

2. 改善栽培措施

补充土壤水分，促进蒸腾，降低植株体温；采用间种套作，高秆与矮秆、抗热作物与不抗热作物适当搭配；人工遮荫（可用于人参等经济作物栽培）；树干涂白，防止日灼；增施磷、钾肥等。

3. 化学药剂处理

例如，喷洒 $CaCl_2$、$ZnSO_4$、KH_2PO_4 等可增加生物膜的热稳定性，提高抗热性。

第七节 植物的盐害与抗盐性

在某些地区土壤含盐量较高。造成土壤含盐量较高的原因有地理的、气象的和人为的。例如沿海地区土壤含盐量高。某些干旱地区降雨量少，蒸发强烈，盐分不断积累于地表；长期不合理使用化肥或用污水灌溉也能使土壤盐分升高。一般说来，钠盐是造成盐分过高的主要盐类，习惯上把含 Na_2CO_3 和 $NaHCO_3$ 为主的土壤称为碱土，而把含 NaCl 和 Na_2SO_4 为主的土壤称为盐土，但在多数土壤中二者常常同时存在，因此统称为盐碱土。通常，土壤含盐量在0.2%～0.5%时就不利于植物的生长，而有些盐碱土的含盐量却可高达0.6%～10%，严重地影响植物的生存与生长。

世界上盐碱土面积很大，约占灌溉农田的1/3。中国盐碱土主要分布于西北、华北、东北和海滨地区，总面积3亿～4亿亩[❶]。这些地区多为平原，土层深厚，有巨大的农业生产潜力。因此，研究盐害及抗盐性具有重要的实践意义。

土壤中可溶性盐过多对植物的不利影响称为盐害（salt injury）。植物对盐分过多的适应能力称为抗盐性（salt resistance）。

盐害症状主要表现为，种子萌发延迟或不萌发，叶色暗绿，边缘呈烧灼状，落叶，植株矮小，发育不良，甚至死亡。

一、植物的盐害

土壤含盐量过高对植物的伤害有多种原因，主要有以下几点。

1. 渗透胁迫

由于高浓度的盐分降低了土壤水势，使植物不能吸水，甚至体内水分外渗，因而盐害通常表现为生理干旱。这是一种次生胁迫伤害。

多数植物在土壤含盐量达0.2%～0.25%时，出现吸水困难；含盐量高于0.4%时，植物就易外渗脱水，生长矮小，叶色暗绿。在大气相对湿度较低的情况下，随蒸腾的加强，盐害更为严重。

❶ 1亩=666.67m^2。

2. 矿质营养失调

盐碱土中 Na^+、Cl^-、Mg^{2+}、SO_4^{2-} 等含量过高，会引起 K^+、HPO_4^{2-} 或 NO_3^- 等离子的缺乏。Na^+ 浓度过高时，植物对 K^+ 的吸收减少，同时也易发生磷和 Ca^{2+} 的缺乏症。植物对离子的不平衡吸收，不仅使植物发生营养失调，抑制了生长，而且还容易产生单盐毒害作用。

3. 生理代谢紊乱

盐分胁迫抑制植物的生长和发育，并引起一系列的代谢失调。

(1) 光合作用受阻　盐分过多使 PEP 羧化酶和 RuBP 羧化酶活性降低，叶绿体趋于分解，叶绿素和类胡萝卜素的生物合成受干扰，气孔关闭，光合作用受到抑制。

(2) 呼吸作用受抑　高盐时植物呼吸受到抑制，氧化磷酸化解偶联。

(3) 蛋白质合成降低　盐分过多会降低植物蛋白质的合成，促进蛋白质分解。

(4) 有毒物质积累　盐胁迫使植物体内积累有毒的代谢产物。如小麦和玉米等在盐胁迫下产生的游离 NH_3 对细胞有毒害作用。

二、植物抗盐性

植物对土壤盐分过多的适应能力或抵抗能力称为抗盐性。植物抗盐的机制主要是避盐、耐盐和避渗透脱水。

1. 避盐

有些植物以某种途径或方式来避免体内盐分过多，称为避盐。避盐又可分为拒盐、泌盐和稀盐。例如，不同品种大麦生长在同一浓度的盐溶液中，抗盐品种积累的 Na^+ 与 Cl^- 明显低于不抗盐品种。其原因在于，抗盐品种的选择吸收能力强，而不抗盐品种的选择吸收能力较弱。

(1) 拒盐　所谓拒盐就是不让外界的盐分进入植物体内，从而避免体内盐分含量升高。例如，不同品种大麦生长在同一浓度的盐溶液中，抗盐品种积累的 Na^+ 与 Cl^- 明显地低于不抗盐品种。其原因在于，抗盐品种的选择吸收能力强，而不抗盐品种的选择吸收能力较弱。一般来说，这种选择透性与一价阳离子（K^+、Na^+ 等）和二价阳离子（Ca^{2+} 等）的平衡（平衡时二者的比例为 10∶1）有关，当一价阳离子过多破坏平衡时选择透性降低引起伤害，一般拒盐植物对 Na^+ 有较低的透性，而对 Ca^{2+} 有较大的透性。

(2) 泌盐　植物吸盐后不存留在体内，而是通过茎叶表面的分泌腺将盐排出体外，即所谓泌盐。例如红柳、大米草等的茎叶表面常存在一些 NaCl、Na_2SO_4 的结晶。玉米、高粱等也有泌盐作用。有人认为泌盐是消耗 ATP 的主动过程。此外，有些盐生植物将所吸收的盐转运至老叶中，最后脱落，避免了盐分的过度积累。

(3) 稀盐　某些盐生植物将吸收到体内的大量盐分以不同的方式稀释到不致发生毒害的水平，即为稀盐。稀盐有两种方式：一种是通过快速生长稀释盐分，如非盐生植物大麦生长在轻度盐渍土壤中，拔节前细胞内盐分浓度很高，但随拔节快速生长盐分浓度降低，某些抗盐的作物或品种都具有这种特点；另一种稀盐方式其主要是增加水分的吸收。

2. 耐盐

有些植物通过生理或代谢上适应来耐受已进入细胞内的过多盐分，耐盐方式如下。

(1) 区域化　某些盐生植物和非盐生植物将吸收的盐分集中于细胞内的某一区域，从而降低细胞质中离子浓度，避免毒害作用。例如，肉质植物将盐分集中于液泡，使水势下降，保证吸水。研究发现栽培于 NaCl 溶液中的玉米，其根系吸收的 Na^+ 主要附着在膜上，还有一部分存在于细胞壁中。

（2）代谢稳定性　耐盐植物在代谢上具有一定的稳定性，这种稳定性与某些酶类的稳定性密切相关。例如，大麦幼苗在盐渍时仍保持丙酮酸激酶的活性；玉米幼苗用 NaCl 或 Na_2SO_4 处理时过氧化物酶仍保持较高活性；玉米、向日葵等在高浓度 NaCl 下使光合磷酸化保持在较高水平上。而不耐盐的植物则缺乏这种代谢上的稳定性。

此外，某些盐生植物在盐渍条件下可将原来的 C_3 途径转变为 C_4 途径。例如，盐生植物 *Aelujopus litoralis* 在低盐浓度下光合作用以 C_3 途径进行，若在高盐浓度下叶片中 PEP 羧化酶的活性增加，向 C_4 途径转化。非盐生植物小麦在盐渍条件下也有这种趋势，随着 NaCl 浓度的提高，叶片中 RuBP 羧化酶的活性明显受到抑制，而 PEP 羧化酶的活性则逐渐升高，其原因是 Cl^- 在细胞中可以活化 PEP 羧化酶，而此酶则是 C_4 途径与 CAM 途径的关键酶。这种转变是植物对盐渍环境的一种适应性表现。

（3）解毒能力　有些植物在盐渍环境中诱导形成二胺氧化酶以分解有毒的二胺化合物（如腐胺、尸胺），消除其毒害作用。

（4）避渗透脱水　细胞脱水是土壤盐分过多伤害植物的一个重要原因，植物可通过细胞的渗透调节以适应由于土壤盐分过多而产生的水分胁迫。例如，小麦等作物在盐胁迫时将吸收的盐离子积累于液泡中，提高其溶质含量，降低水势以防止细胞脱水。有些植物则是通过积累蔗糖、脯氨酸、甜菜碱等有机物质来调节渗透势，提高细胞的保水力。

（5）耐营养缺乏　有些盐生植物在盐分过多的条件下能吸收较多的 K^+，某些蓝细胞在吸收 Na^+ 的同时增加对 N 素的吸收。这样，能较好地防止单盐毒害，维持营养元素平衡，耐营养缺乏。

（6）与盐结合　通过代谢产物与盐类结合，减少游离离子对原生质的破坏作用。细胞中的清蛋白可提高亲水胶体对盐类凝固作用的抵抗力，从而避免原生质受电解质影响而凝固。

三、盐胁迫及维持离子平衡的 SOS 途径

人们对盐胁迫下植物维持离子平衡的机制已有深入研究，即所谓 SOS 途径（图 11-17）：在高盐胁迫下，胁迫信号通过质膜上的受体，促进胞内 Ca^{2+} 浓度增加，激活 SOS 途径，从而将胞内的 Na^+ 转移到液泡中或胞外，维持了细胞内的离子平衡态。

四、提高抗盐性的途径

1. 抗盐锻炼

植物耐盐能力常随生育时期的不同而异，且对盐分的抵抗力有一个适应锻炼过程。种子在一定浓度的盐溶液中吸水膨胀，然后再播种萌发，可提高作物生育期的抗盐能力。如棉花和玉米种子用 3% NaCl 溶液预浸 1h，可增强耐盐力。

2. 使用植物生长物质

用植物激素处理植株，如喷施 IAA 或用 IAA 浸种，可促进作物生长和吸水，提高抗盐性。ABA 处理能诱导气孔关闭，减少蒸腾作用和盐的被动吸收，提高作物的抗盐能力。

3. 改良土壤

其措施有合理灌溉，泡田洗盐，增施有机肥，盐土种稻，种植耐盐绿肥（田菁等），种植耐盐树种（白榆、沙枣、紫穗槐等），种植耐盐碱作物（向日葵、甜菜等）。

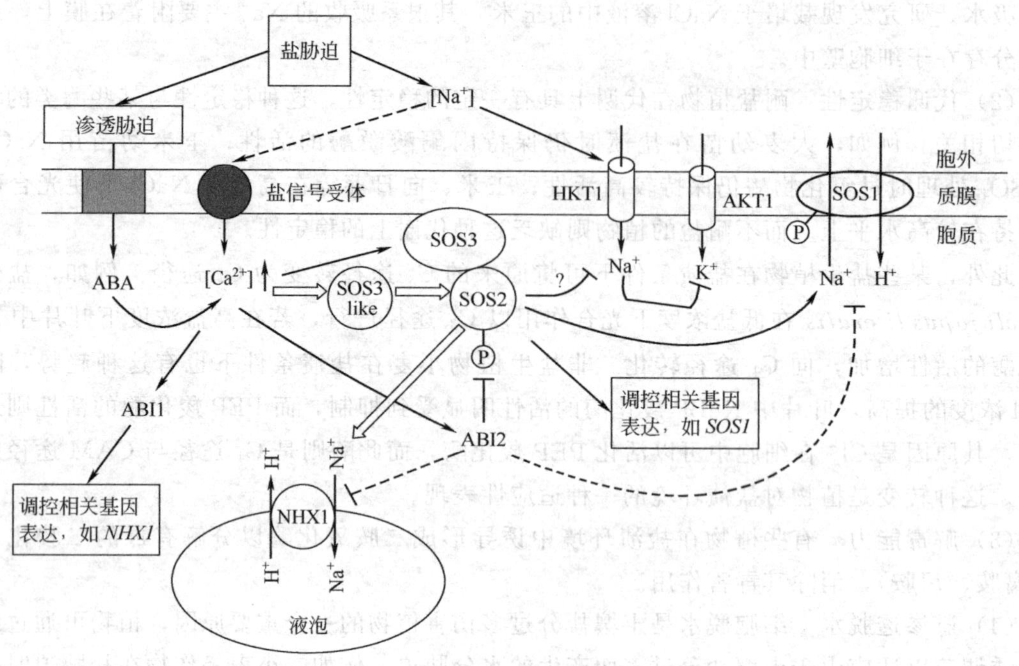

图 11-17 盐胁迫下植物维持胞质离子稳态的 SOS 途径

（引自 Jian-Kang Zhu，2005）

复习思考题

1. 植物的抗性有哪几种方式？
2. 在逆境中，植物体内积累脯氨酸有什么作用？
3. 冰点以上低温对植物细胞的生理生化变化有哪些影响？
4. 干旱对植物的伤害有哪些？
5. 抗寒锻炼为什么能提高植物的抗寒性？
6. 植物抗旱的生理基础有哪些？如何提高植物的抗旱性？
7. 植物耐盐的生理基础表现在哪些方面？如何提高植物的抗盐性？
8. 写出植物体内能清除自由基的抗氧化物质与抗氧化酶类。
9. 植物氧代谢失调会引起哪些伤害？

附录　汉英名词对照表

ABC 模型　ABC model
ACC 氧化酶　ACC oxidase
ATP 磷酸水解酶　ATP phosphorhydrolase
cAMP 响应元件结合蛋白　cAMP response element binding protein，CREB
CO_2 饱和点　CO_2 saturation point
CO_2 补偿点　CO_2 compensation point
CO_2 同化　CO_2 assimilation
GA 特异结合蛋白　gibberellin binding protein，GBP
GTP 结合蛋白　GTP-binding protein
Kok 钟　Kok clock
Mg-原卟啉　Mg-protoporphyrin
PEP 羧化酶　PEP carboxylase，PEPC
RNA 干涉　RNA interference，RNAi

A

阿拉伯半乳聚糖蛋白　arabinogalactan protein，AGP
阿司匹林　aspirin
1-氨基环丙烷-1-羧酸　1-aminocyclopropane-1-carboxylic acid，ACC
氨基甲酸　carbamate
氨甲酰化作用　carbamylation
暗反应　dark reaction
暗呼吸　dark respiration

B

胞间层　intercellular layer
被动吸收　passive absorption
被动转运　passive transport
苯丙氨酸　phenylalanine
避逆性　stress avoidance
丙氨酸转氨酶　alanine aminotransferase
N-丙二酰-ACC　*N*-malonyl-ACC，MACC
捕光色素复合体Ⅱ　PSⅡ light-harvesting complex，LHCⅡ
卟啉原　porphyrinogen

C

菜油甾醇　campesterol
茶甾醇　teasterone
赤霉素 A　gibberellins A，GA
赤霉烷　gibberellane
出胞现象　exocytosis
初级共转运　primary cotransport
刺激感应能力　excitability
次级共转运　secondary cotransport

D

代谢库　metabolic sink
代谢还原　metabolic reduction
代谢性吸水　metabolic absorption of water
代谢源　metabolic source
单向传递体　uniport
单性结实　parthenocarpy
单盐毒害　toxicity of single salt
胆色素原　porphobilinogen
蛋氨酸（甲硫氨酸）　methionine，Met
蛋白激酶　protein kinase，PK
蛋白磷酸酶　protein phosphatase
第二单线态　second singlet state
第一单线态　first singlet state
第一三线态　first tripler state
4-碘苯氧乙酸　4-iodophenoxyacetic acid
电负性　electronegative
电子传递抑制剂　electron transport inhibitor
冻害　freezing injury
短-长日植物　short-long-day plant，SLDP
短日植物　short-day plant，SDP
短夜植物　short-night plant，SLP
堆叠区　appressed region

E

二甲胺琥珀酰胺酸　dimethyl amino succinamic acid，B_9
1,1-二甲基哌啶烨氯化物　1,1-dimethyl piperidinium chloride
1,3-二磷酸甘油酸　1,3-diphosphoglyceric acid，DPGA

1,5-二磷酸核酮糖　ribulose-1,5-bisphosphate，RuBP
2,4-二氯苯氧乙酸　2,4-dichlorophenoxyacetic acid，2,4-D
二羟丙酮磷酸　dihydroxy acetone phosphate，DHAP
2,4-二硝基苯酚　dinitrophenol，DNP
二脂酰甘油　diacylglycerol，DAG

F

反式肉桂酸　*trans*-cinnamic acid
反向传递体　antiport
反应中心　reaction centre
反应中心色素　reaction centre pigment
范德华力　Van der Waals force
泛醌　ubiquinone，UQ
放线菌素 D　actinomycin D
放氧复合体　oxygen-evolving complex，OEC
非堆叠区，非紧贴区　nonappressed region
非环式光合磷酸化　noncyclic photophosphorylation
分化　differentiation
酚氧化酶　phenol oxidase
粪卟啉原Ⅲ　coproporphyrinogen Ⅲ
蜂蜡醇　myricyl alcohol
6-呋喃氨基嘌呤　N^6-furnanaminopurine
腐胺　putrescine，Put
脯氨酸　proline
富含羟脯氨酸的糖蛋白　hydroxyproline rich glycoprotein，HRGP
富硫蛋白　thionin
负向重力性　negative geotropism

G

钙调素　calmodulin，CaM
钙稳态　calcium homeostasis
干旱逆境蛋白　drought stress protein
干旱胁迫　drought stress
甘油三酯　triacylglycerols，TAG
感性运动　nastic movement
感夜性　nyctinasty
感震性　seismonasty
感震性运动　seismonastic movement
高尔基体　Golgi body，Golgi apparatus
高温胁迫　high temperature stress
根冠比　root/top ratio
根压　root pressure
共向传递体　symport
共质体　symplast
共质体途径　symplast pathway
共转运　cotransport
谷氨酸合成酶　glutamate synthetase，GOGAT
谷氨酰胺合成酶　glutamine synthetase，GS
寡糖素　oligosaccharin
光饱和　light saturation
光饱和点　light saturation point
光补偿点　light compensation point
光反应　light reaction
光合单位　photosynthetic unit
光合链　photosynthetic chain
光合磷酸化　photophosphorylation
光合膜　photosynthetic membrane
光合色素　photosynthetic pigment
光合速率　photosynthetic rate
光合碳还原循环　photosynthetic carbon reduction cycle，PCR 循环
光合途径　C_3 photosynthnetic pathway
光合作用　photosynthesis
光呼吸　photorespiration
光敏色素　phytochrome
光受体　photoreceptor
光形态建成　photomorphogenesis
光周期　photoperiod
光周期现象　photoperiodism
光周期诱导　photoperiodic induction
光子　photon
果胶酶　pectic enzyme
果胶物质　pectic substance
果糖-1,6-二磷酸　fructose-1,6-bisphosphate，FBP
果糖-1,6-二磷酸磷酸酶　fructose-1,6-bisphosphate phosphatase
过敏反应　hypersensitive reaction，HR
过氧化氢酶　catalase，CAT
过氧化物酶　peroxidase，POD
过氧化物体　peroxisome

H

核仁　nucleolus
核糖体　ribosome
核酮糖-1,5-二磷酸　ribulose-1,5-bisphosphate，RuBP

核酮糖-1,5-二磷酸羧化酶/加氧酶　RuBP carboxylase/oxygenase，Rubisco
核酮糖-5-磷酸　ribulose-5-phosphate
核酮糖-5-磷酸差向异构酶　ribulose-5-phosphate epimerase
横向重力性　diageotropism
红降　red drop
后熟　after-ripening
呼吸链　respiratory chain
呼吸商　respiratory quotient，RQ
呼吸速率　respiratory rate
呼吸系数　respiratory coefficient
呼吸作用　respiration
胡萝卜素　carotene
化学试剂诱导蛋白　chemical-induced protein
环式光合磷酸化　cyclic photophosphorylation
环脂肪酸　cyclic fatty acid
还原的戊糖磷酸途径　reductive pentose phosphate pathway
黄素腺嘌呤二核苷酸　flavin adenine dinucleotide，FAD
黄素氧化酶　flavin oxidase
灰分元素　ash element
活性氧　reactive oxygen species，ROS

J

积累　accumulation
积累比　accumulation ratio
基粒　grana
基粒类囊体　grana thylakoid
基粒片层　grana lamella
基态　ground state
基因活化学说　gene activation theory
基质　matrix，stroma
激动素　kinetin，KT
激发态　excited state
激素受体　hormone receptor
激素抑制　hormonal inhibition
级联系统　protein kinase cascades
极性　polarity
极性运输　polar transport
嵴　cristae
几丁质酶　chitinase
己糖磷酸途径　hexose monophosphate pathway，HMP
季节周期性　seasonal periodicity
5′-甲硫基腺苷　5′-methylthioadenosine，MTA
甲瓦龙酸　mevalonic acid，MVA
间质　stroma
间质类囊体　stroma thylakoid
间质片层　stroma lamella
交叉适应　cross adaptation
交替途径　alternative pathway
交替氧化酶　alternative oxidase，AO
结合蛋白　binding protein
结合转化机制　binding change mechanism
解偶联剂　uncoupling agent
紧贴区　appressed region
精胺　spermine，Spm
景天庚酮糖-1,7-二磷酸　sedoheptulose-1,7-bisphosphate，S-1,7-BP
景天庚酮糖-1,7-二磷酸磷酸酶　sedoheptulose-1,7-bisphosphate phosphatase
景天庚酮糖-7-磷酸　sedoheptulose-7-phosphate，S-7-P
景天酸代谢　crassulacean acid metabolism，CAM
净光合速率　net photosynthetic rate
静止状态　quiescence
聚光色素　light-harvesting pigment

K

卡尔文循环　Calvin cycle
抗冻性　freezing resistance
抗旱性　drought resistance
抗冷性　chilling resistance
抗逆性　stress resistance
抗氰呼吸　cyanide resistant respiration
抗性　resistance
抗性锻炼　hardening
抗盐性　salt resistance
可激活蛋白激酶C　protein kinase C，PKC
矿质营养学说　mineral nutrition theory
矿质元素　mineral element
扩张蛋白　expansin

L

离子拮抗（或对抗）　ion antagonism
离子通道　ion channel
邻香豆酸　ocoumaric acid
临界日长　critical daylength
临界夜长　critical nightlength
磷光　phosphorescence
3-磷酸甘油醛　3-phosphoglyceraldehyde，GAP
3-磷酸甘油酸　3-phosphoglyceric acid，3-PGA

3-磷酸甘油酸激酶　3-phosphoglycerate kinase，PGAK
6-磷酸果糖　fructose-6-phosphate
磷酸解　phosphorolysis
6-磷酸葡萄糖　glucose-6-phosphate
磷脂　phospholipid
流动镶嵌模型　fluid mosaic model
硫氧还蛋白　thioredoxin，Td
硫氧还蛋白体系　thioredoxin system
2-氯乙基三甲基氯化铵　chlorocholine chloride，CCC
4-氯-吲哚-3-乙酸　4-chloro-indole-3-acetic acid，4-Cl-IAA

M

莽草酸　shikimic acid
锰聚集体（锰簇）　Mn cluster
敏感性　sensitivity
膜间空间　intermembrane space
茉莉酸　jasmonic acid，JA
茉莉酸甲酯　methyl jasmonate，JA-Me
茉莉酸类　jasmonates，JAs
木葡聚糖半转糖基酶　xyloglucan endotransglycosylase，XET
木酮糖-5-磷酸　xylulose-5-phosphate，Xu-5-P

N

耐逆性　stress tolerance
萘氧乙酸　naphthoxyacetic acid，2,4,5-T
内聚学说　cohesion theory
内膜　endomembrane，inner membrane
内在蛋白　integral protein
内质网　endoplasmic reticulum，ER
能荷　energy charge，EC
逆境　stress
逆境蛋白　stress protein
拟脂体　lipid body
凝集素　lectin
浓缩效应　concentration effect

P

苹果酸　malic acid，Mal
平衡溶液　balanced solution
平衡石　statolith

Q

气孔频度　stomatal frequency
气培法　aeroponics
前质体　proplastid
强迫休眠　imposed dormancy
亲和性　affinity
氢过氧物环化酶　hydroperoxide cyclase
青鲜素　maleic hydrazide，MH
区域化　compartmentation
去春化作用　devernalization
去极化作用　depolarization
去镁叶绿素　pheophytin，Pheo
全能性　totipotency
醛缩酶　aldolase

R

热休克蛋白，热激蛋白　heat shock protein，HSP
韧皮部装载　phloem loading
韧皮蛋白　phloem protein
溶酶体　lysosome
溶液培养法　solution culture
溶质势　solute potential

S

三重反应　triple response
三碘苯甲酸　2,3,5-triiodobenzoic acid，TIBA
三磷酸肌醇　inositol-1,4,5-triphosphate，IP_3
2,4,5-三氯苯氧乙酸　2,4,5-trichlorophenoxyacetic acid，2,4,5-T
三羧酸循环　tricarboxylic acid cycle
砂培法　sand culture
筛分子装载　sieve-element loading
伤流　bleeding
伤流液　bleeding sap
伸展蛋白　extensin
渗透势　osmotic potential
渗透调节　osmoregulation，osmotic adjustment
生理碱性盐　physiologically alkaline salt
生理酸性盐　physiologically acid salt
生理休眠　physiological dormancy
生理中性盐　physiologically neutral salt
生物测定法　bioassay
生物膜　biomembrane，biological membrane
生物钟　biological clock
生长曲线　growth curve
生长素　auxin
生长素结合蛋白　auxin-binding protein，ABP
生殖生长　reproductive growth

尸胺　cadaverine，Cad
适应酶　adaptive enzyme
寿命　longevity
受体　receptor
束缚水　bound　water
双光增益效应　enhancement effect
水分代谢　water metabolism
水分胁迫　water stress
水分子裂解　water splitting
水合作用　hydration
水孔蛋白　aquaporin，AQP
水培法　hydroponics
水势　water potential
水杨基氧肟酸　salicylhydroxamic acid，SHAM
水杨酸　salicylic acid，SA
水氧化分解钟　water oxidizing clock
丝状亚基　fibrous subunits
四氢叶酸　tetrahydrofolic acid，THFA
酸生长理论　acid growth theory
羧化效率　carboxylation efficiency，CE

T

胎萌　vivipary
碳酸酐酶　carbonic anhydrase，CA
天冬氨酸　aspartic acid，Asp
天冬氨酸转氨酶　aspartate aminotransferase
天线色素　antenna pigment
铁氧还蛋白　ferredoxin，Fd
同化力　assimilatory power
同化作用　assimilation
吐水　guttation
脱落素Ⅱ　abscisinⅡ
脱落酸　abscisic acid，ABA

W

外膜　outer membrane
外植体　explant
晚期丰富蛋白　late embryogenesis abundant protein，LEA
微量元素　minorelement
微体　microbody
微团　micell
微纤丝　microfibril
温度系数　temperature coefficient，Q_{10}
无土栽培法　soil-less culture
无氧呼吸　anaerobic respiration

X

稀释效应　dilution effect
稀土元素　rare-earth element
吸收光谱　absorption spectrum
吸胀作用　imbibition
喜暗种子　dark seed
细胞壁　cell wall
细胞骨架　cytoskeleton
细胞膜　cell membrane
细胞色素 b_6-f 复合体　cytochrome b_6-f complex，Cytb_6-f
细胞色素 c 氧化还原酶　cytochrome c oxidoreductase
细胞信号转导　signal transduction
细胞质泵动学说　cytoplasmic pumping theory
系统素　systemin，SYS
纤维素　cellulose
线粒体　mitochondria
相关蛋白　pathogenesis related protein，PR
相关性　correlation
向光色素　phototropin
向光性　phototropism
向化性　chemotropism
向水性　hydrotropism
向性运动　tropic movement
硝酸还原酶　nitrate reductase，NR
胁迫激素　stress hormone
形态建成　morphogenesis
休眠　dormancy
休眠素　dormin
休眠芽　dormant bud
需水量　water requirement

Y

压力流动学说　pressure flow theory
压力势　pressure potential
亚胺环己酮　cycloheximide
亚精胺　spermidine，Spd
亚麻酸　linolenic acid
亚麻酸经脂氧合酶　lipoxygenase
亚硝酸还原酶　nitrite reductase，NiR
烟萌素　smokegermin
盐害　salt injury
厌氧蛋白　anaerobic protein
氧化磷酸化　oxidative phosphorylation
叶绿素　chlorophyll

叶绿体　chloroplast
乙醇酸　glycollic acid
乙醇酸途径　glycolate pathway
乙醇酸氧化酶　glycolate oxidase
乙醇酸氧化途径　glycollic acid oxidation pathway
乙醛酸体　glyoxysome
乙醛酸循环　glyoxylic acid cycle，GAC
乙烯　ethylene
乙酰水杨酸　acetylsalicylic acid
吲哚丙酸　indole propionic acid，IPA
吲哚-3-丁酸　indole-3-butyric acid，IBA
吲哚乙酸　indole acetic acid，IAA
隐花色素　cryptochrome
荧光　fluorescence
荧光黄　lucifer yellow
营养生长　vegetative growth
营养转移　nutrient diversion
油菜素　brassin
油菜素内酯　brassinolide，BR
油体　oil body
油体蛋白　oleosins
有丝分裂原活化蛋白激酶　mitogen activated protein kinase，MAPK
有益元素　beneficial element
诱导酶　induced enzyme
诱导休眠　induced dormancy
鱼藤酮　rotenone
玉米赤霉烯酮　zearalenone
玉米素　zeatin，ZT
原卟啉Ⅸ　protoporphyrin Ⅸ
原初电子受体　primary electron donor
原初电子供体　primary electron acceptor
原初反应　primary reaction
原初主动转运　primary active transport
原生质　protoplasm
圆球体　spherosome
越膜途径　transmembrane pathway
运动　movement

Z

再春化作用　revernalization
载体　carrier
增效作用　synergism
蒸腾速率　transpiration rate
蒸腾系数　transpiration coefficient
蒸腾效率　transpiration efficiency
蒸腾作用　transpiration
整合　integration
正向重力性　positive geotropism
脂层扩散　lipid diffusion
植保素　phytoalexin
植物发育　development
植物反应能力　response capacity
植物激素　plant hormone，phytohormone
植物生理学　plant physiology
植物生长调节剂　plant growth regulator
植物生长物质　plant growth substance
致电泵　electrogenic pump
质膜　plasma membrane
质体　plastid
质外体　apoplast
质外体途径　apoplast pathway
质子动力势　proton motive force，PMF
中间丝　intermediate filament
中央液泡　central vacuole
周期性　periodicity
昼夜周期性　daily periodicity
主动吸收　active absorption
主动转运　active transport
主效酶　master enzyme
转酮酶　transketolase
转移细胞　transfer cell
自催化作用　autocatalysis
自由能　free energy
自由水　free water
组织培养　tissue culture

参 考 文 献

[1] 白宝璋主编．植物生理学．北京：中国农业科技出版社，1996.
[2] 曹仪植，宋占午主编．植物生理学．兰州：兰州大学出版社，1998.
[3] 李合生主编．现代植物生理学．北京：高等教育出版社，2002.
[4] 李宗霆，周燮著．植物激素及其免疫检测技术．南京：江苏科学技术出版社，1996.
[5] 潘瑞炽主编．植物生理学．第五版．北京：高等教育出版社，2004.
[6] 潘瑞炽，李玲编著．植物生长发育的化学控制．北京：高等教育出版社，1995.
[7] 沈允钢，施教耐，许大全著．动态光合作用．北京：科学出版社，1998.
[8] 汪堃仁，薛绍白，柳惠图主编．细胞生物学．第二版．北京：北京师范大学出版社，1998.
[9] 王镜岩，朱圣庚，徐长法主编．生物化学．第三版．北京：高等教育出版社，2002.
[10] 王忠主编．植物生理学．北京：中国农业出版社，2000.
[11] 吴平主编．植物营养分子生理学．北京：科学出版社，2001.
[12] 武维华主编．植物生理学．北京：科学出版社，2003.
[13] 萧浪涛，王三根主编．植物生理学．北京：中国农业出版社，2004.
[14] 许智宏，刘春明主编．植物发育的分子机理．北京：中国农业出版社，1998.
[15] 余叔文，汤章城主编．植物生理与分子生物学．第二版．北京：科学出版社，1998.
[16] 张立军，郝建军，刘延吉主编．植物生理学．长春：吉林科学技术出版社，1999.
[17] 张宪政，陈凤玉主编．植物生理学，长春：吉林科学技术出版社，1996.
[18] 翟中和，王喜忠，丁明孝主编．细胞生物学．北京：高等教育出版社，2000.
[19] 周云龙主编．植物生理学．北京：高等教育出版社，1999.
[20] Bob B Buchannan，Wilhelm Gruissem，Russell L Jones. 植物生物化学与分子生物学（影印本）．北京：科学出版社，2000.
[21] BoslNoh，Anindita Bandyopadhyay，Wendy Ann Peer，Edgar P Spalding，Angus S Murphy. Nature，2003，423：999-1002.
[22] Candice C Sheldon，Dean T Rouse，E Jean Finnegan，W James Peacock，Elizabeth S Dennis. PNAS，2000，97：3753-3758.
[23] Carl S. Thummel and Joanne Chory. GENES & DEVELOPMENT，2002，16：3113-3129.
[24] Caroline Dean. Nature，2004，427：164-167.
[25] Chentao Lin. The Plant Cell，2002：S207-225.
[26] Chinnusamy V，Jagendorf A，Zhu J K．Crop Sci，2005，45：437-448.
[27] Claire E Hutchison，Joseph J Kieber. The Plant Cell，Supplement 2002：S47-S59.
[28] Daniel J Cosgrove. Nature，2000，407：321-326.
[29] David E Clapham. Cell，2003，115：641-646.
[30] Eberhard Schäfer，Chris Bowler. EMBO reports，2002，3：1042-1048.
[31] Gary Yellen. Nature，2002，419：35-42.
[32] Gavin R Flematti，Emilio L Ghisalberti，Kingsley W Dixon，Robert D Trengove. Science，2004，305：977.
[33] Gerald Karp. 分子细胞生物学（影印本）．第 3 版．北京：高等教育出版社，2002.
[34] Gordon G Simpson，Anthony R Gendall，Caroline Dean. Annu Rev Cell Dev Biol，1999，99：519-550.
[35] Haixin Sui，Bong-Gyoon Han，John K Lee，Peter Walian，Bing K Jap. Nature，2001，414：872-878.
[36] Harry Smith. Nature，2000，407：585-591.
[37] Heven Sze，Xuhang Li，Michael G Palmgren. The Plant Cell，1999，11：677-689.
[38] Hongwei Guo，Joseph R Ecker. Cell，2003，115：667-677.
[39] James C Carrington，Victor Ambros. Science，2003，301：336-338.
[40] Jen Sheen. Science，2002，296：1650-1652.
[41] Jian-Kang Zhu. Annu Rev Plant Biol，2002，53：247-273.
[42] John G Turner，Christine Ellis，Alessandra Devoto. The Plant Cell，Supplement 2002：S153-S164.
[43] John Love，Antony N Dodd，Alex A R Webb. The Plant Cell，2004，16：956-966.
[44] Jose M Alonso，Anna N Stepanova. Science，2004，306：1513-1515.
[45] Julian I Schroeder，June M Kwak & Gethyn J Allen. Nature，2001，410：327-330.

[46] Lincoln Taiz, Eduardo Zeiger. Plant Physiology. 2nd ed. The Benjamin/Cummings Publishing Company, USA, 1998.

[47] Marcelo J Yanovsky, Steve A Kay. Nature Reviews, 2003, 4: 265-275.

[48] Michael W Young, Steve A Kay. Nature Reviews, 2001: 702-715.

[49] Neil Olszewski, Tai-ping Sun, Frank Gubler. The Plant Cell, Supplement 2002: S61-S80.

[50] Nicholas H Battey, Nicola C James, Andrew J Greenland, Colin Brownlee. The Plant Cell, 1999, 11: 643-659.

[51] Paul K Boss, Ruth M Bastow, Joshua S Mylne, Caroline Dean. The Plant Cell, Supplement 2004, 16: S18-S31.

[52] Paul M Hasegawa, Ray A Bressan, Jian-Kang Zhu, Hans J Bohnert. Annu Rev Plant Physiol Plant Mol Biol, 2000, 51: 463-499.

[53] Ruth Bastow, Joshua S Mylne, Clare Lister, Zachary Lippman, Robert A Martienssen & Harry Smith. Nature, 2000, 407: 585-591.

[54] Ruth R Finkelstein, Srinivas S L Gampala, Christopher D Rock. The Plant Cell, Supplement 2002: S15-S45.

[55] Shu-Hua Cheng, Matthew R Willmann, Huei-Chi Chen, Jen Sheen. Plant Physiology, 2002, 129: 469-485.

[56] The Arabidopsis Book (网络版 http://www.aspb.org/publications/arabidopsis/). 2002. American Society of Plant Biologists, USA, 2002.

[57] Thomas Jack. The Plant Cell, 2004, 16: S1-S17.

[58] Toshinori Kinoshita, Michio Doi, Noriyuki Suetsugu, Takatoshi Kagawa, Masamitsu Wada & Kenichiro Shimazaki. Nature, 2001, 414: 656-660.

[59] Viswanathan Chinnusamy, Masaru Ohta, Siddhartha Kanrar, Byeong-ha Lee, Xuhui Hong, Manu Agarwal, Jian-Kang Zhu. GENES & DEVELOPMENT, 2003, 17: 1043-1054.

[60] William M Gray, Stefan Kepinski, Dean Rouse, Ottoline Leyser & Mark Estelle. Nature, 2001, 414: 271-276.

[61] Yair Dorsett, Thomas Tuschl. Nature, 2004, 3: 318-329.

[62] Yuehui He, Scott D Michaels, Richard M Amasino. Science, 2003, 302: 1751-1754.

[63] Zachary Lippman & Rob Martienssen. Nature, 2004, 431: 365-370.

[64] Zuhua He, Zhi-Yong Wang, Jianming Li, Qun Zhu, Chris Lamb, Pamela Ronald, Joanne Chory. Science, 2000, 288: 2360-2363.